普通高等教育网络空间安全系列教材

数字取证技术、方法与系统

李炳龙　著

科　学　出　版　社

北　京

内 容 简 介

　　数字取证是一个交叉前沿技术，涉及计算机科学、法学、刑侦学以及网络空间安全等学科的技术。本书首先讲述数字取证过程模型；接着从数字证据提取和分析着手，介绍磁盘、网络和内存等不同存储介质的取证原理、关键技术，以及相应的系统，针对智能手机取证的热点问题，探讨即时通信取证技术；最后分析云计算取证模型和技术。本书在学术理论上具有交叉性、前沿性、创新性和可读性，在实践应用中注重可操作性和实用性。

　　本书可作为网络空间安全、法学专业的本科教材，也可作为数字取证相关方向的研究生教材，对于司法工作者、律师、司法鉴定人员和 IT 安全从业人员，也具有良好的参考价值。

图书在版编目 (CIP) 数据

数字取证技术、方法与系统/李炳龙著. —北京：科学出版社，2020.11
(普通高等教育网络空间安全系列教材)
ISBN 978-7-03-064749-8

Ⅰ. ①数⋯　Ⅱ. ①李⋯　Ⅲ. ①计算机网络－网络安全－高等学校－教材　Ⅳ. ①TP393.08

中国版本图书馆 CIP 数据核字 (2020) 第 051374 号

责任编辑：于海云　张丽花 / 责任校对：王　瑞
责任印制：张　伟 / 封面设计：迷底书装

科 学 出 版 社 出版
北京东黄城根北街 16 号
邮政编码：100717
http://www.sciencep.com

滁州市报阁文化传播有限公司 印刷
科学出版社发行　各地新华书店经销
*
2020 年 11 月第 一 版　开本：787×1092　1/16
2023 年 12 月第五次印刷　印张：19 1/2
字数：500 000

定价：88.00 元
(如有印装质量问题，我社负责调换)

前　言

随着网络空间技术的迅猛发展，数字取证技术不仅应用于传统的司法领域，同时也成为网络空间安全防御领域的重要研究方向之一。数字取证技术作为一门新型技术，在本科教育、研究生培养以及相关业务培训等方面也有很大需求。

本人自 2003 年起攻读博士学位期间开始研究数字取证技术，2010 年负责国家自然科学基金项目《文件雕刻理论与碎片文件雕刻技术研究》（项目编号：60903220）。多年来围绕磁盘取证、内存取证、即时通信取证以及云计算取证等进行了研究，主持完成的《跨平台电子取证系统》项目获得 2019 年河南省科技进步奖二等奖。本书是基于数字取证技术多年研究成果精练而成的。

本书从数字取证模型入手，强调遵循严格的取证流程是确保数字证据有效的关键，以磁盘取证、网络取证和内存取证为主线，介绍各类不同易失性存储介质中数字证据的提取和分析技术方法，可扩展性强，同时兼具智能手机取证和云计算取证技术热点研究内容。本书共 8 章。其中，第 1 章介绍数字取证技术概述，第 2 章介绍数字取证模型，第 3 章介绍磁盘取证技术，第 4 章介绍网络证据获取技术，第 5 章介绍网络证据分析技术，第 6 章介绍物理内存取证技术，第 7 章介绍即时通信取证技术，第 8 章介绍云计算取证。

本书由中国人民解放军战略支援部队信息工程大学李炳龙主笔，其中周振宇参与第 3 章中"基于 2DDPCA 的隐藏文件类型识别算法"的编写；周伦钢参与第 3 章中"交互分区取证算法"的编写；唐慧林参与第 4 章中"监控和维护全内容数据"的编写；孙怡峰参与第 5 章中"基于 Wireshark 会话重组方法"和第 8 章中"云计算取证模型"的编写；马庆杰和高元照参与第 7 章和第 8 章中部分图的修改。

本书出版得到了很多人的支持和帮助，借此机会，向他们表示真挚的谢意。感谢我的博士生导师王清贤教授带领我走进数字取证技术研究领域。感谢本书编写人员唐慧林、周振宇、周伦钢、孙怡峰等。感谢我的学生韩宗达、吴熙曦、马庆杰、高元照、位丽娜、姜皇勤、鲁越、刘洋、王伟、王龙江等为本书所做出的前沿技术创新实践工作。

特别感谢林辉院长在本书内容把关和质量审核等方面对数字取证技术研究团队的鼓励和支持，感谢张红旗教授从本科教学角度为本书的撰写提供了很好的建议，感谢常朝稳教授对本书"即时通信取证技术"章节的内容结构和具体细节提出了有益的指导和帮助，感谢孙磊老师、任志宇老师在本书编写过程中对编写人员的大力支持，感谢刘振老师、李小鹏老师在本书出版方面提供的大力支持与帮助。

尽管作者做出了努力，但书中仍难免存在不妥之处，敬请各位专家和读者批评指正，邮箱：lbl2017@163.com。

李炳龙

2020 年 2 月

目　　录

第1章 数字取证技术概述

1.1 研 究 背 景

1. 研究意义

随着计算机和网络技术的飞速发展，整个世界越来越依赖数字化信息，越来越多的人依靠网络进行工作和学习，网络传送着大量重要的信息，如财政、电子货币和数字签名等信息。然而，数字技术是一把双刃剑，它在给人们带来巨大利益的同时，又给人类留下许多隐患，各种形态的数字犯罪应运而生，如电子商务诈骗、侵占知识产权、入侵计算机破坏及篡改计算机记录等。与传统的犯罪相比，利用数字技术进行的犯罪更为隐蔽、手段更为高明、造成的损失更为巨大。据统计资料表明：平均每起计算机犯罪造成的损失高达45万美元，而传统的银行欺诈与侵占案平均损失只有1.9万美元；与财产损失相比，利用计算机及网络技术进行恐怖活动则更为可怕。

传统的以防御为主的信息安全技术，如访问控制、数据加密、身份鉴别、安全审计、入侵检测等，通常是采用预先发现网络或者信息系统存在的漏洞，然后通过打补丁的方式来阻塞这些漏洞，或者采用类似于防火墙的机制阻塞外部的恶意通信，从而增强系统安全性。然而，这种安全技术存在固有的缺陷，首先，很难找出系统中所有的漏洞，即使已经修补了系统已有的漏洞，也不能保证有新的漏洞存在；其次，计算机及网络系统因其设计和实现的复杂性，难以完全避免漏洞；再次，随着Internet网络规模的增大，其结构变得越来越复杂，也有可能引进新的漏洞，同时由于网络结构的复杂性，因此较难发现这些漏洞；最后，防御性的安全机制只能对计算机及网络系统的子系统或者部分功能起到保护作用。

因此，其他类型的信息安全技术变得尤为重要，这些技术不是阻止数字犯罪的发生，而是从计算机等数字系统中获取进行数字犯罪的证据，并利用法律手段对犯罪行为予以制裁，这就是数字取证技术。数字取证是指采用证明或者推理的方法，对计算机等系统中的数据进行收集、验证、识别、分析、解释以及归档和出示，其目的在于对犯罪事件进行重建，或者预测即将发生的未授权行为。

数字取证技术涉及计算机科学、法学以及刑侦学等多个学科，世界各国非常重视数字取证技术的研究和发展。在美国，70%的司法机构拥有自己的数字取证实验室。在法律方面，美国先后通过了多项法律来支持数字取证，并承认数字证据在法庭上的合法性。此外，很多学术机构也开展了数字取证技术的研究，如普渡大学设置了数字取证学科。目前也出现了许多商用的取证软件产品，如 NTI（New Technology Inc）公司提供的取证套件以及Guidence公司开发的取证开发平台 Encase 等。据统计，数字取证技术在打击和威慑数字犯罪方面起到了积极的作用。

2. 研究必要性

数字取证技术是打击当前不断增长的数字犯罪的主要手段。为了有效地惩罚数字犯罪，数字取证技术必须紧跟时代步伐，才能有效地侦破数字犯罪案件。近年来，数字取证理论和软件在网络空间安全领域越来越受到重视，网络安全人员和军事决策者也越来越关注数字事件中的数字证据。越来越多的公司（尤其是银行及跨国公司等）需要收集他们自己公司的网络数据，其目的在于，一方面及时响应可能遭受到的黑客入侵、网络欺诈、知识产权盗窃，甚至暴力犯罪等事件；另一方面希望通过司法途径，在遭受到网络攻击时，提供法庭认可的数字证据，从而保护公司免受网络攻击，同时保护单位隐私。

除了关注数字证据外，越来越多的公司和军事人员面临着需要快速响应安全事件，并从中恢复，以减少由安全事件带来的损失。然而，目前许多公司的网络安全人员每月需要处理几百个小的网络安全事件，没有足够的时间和资源，或者渴望针对每个事件进行完整的取证调查。因此，许多网络安全人员更多关注于安全事件给公司造成的损失，并且尽可能快地完成每个事件的调查。这种处理方法有一定的局限性。首先，每个未报告的事件剥夺了律师和司法机构人员了解数字犯罪的基本知识，即使是风险高且复杂的网络犯罪事件也仅仅是参与，并不了解网络犯罪事件的详细过程。其次，网络安全人员处理安全事件和司法机构处理数字证据的习惯不同，不太重视数字犯罪证据收集和分析等严格的流程，使得司法机构人员和律师很难裁决犯罪人员。最后，这个方法导致网络犯罪事件活动没有进行合理的统计分析，可能造成政府在打击网络犯罪事件方面经费的削减。

从理论上讲，数字取证人员能否找到犯罪的数字证据取决于以下三个条件：首先，有关犯罪的数字证据必须没有被覆盖；其次，取证软件必须能够找到这些数据；最后，取证人员还要知道文件的内容并且能够证明它们和犯罪有关。然而，现有的取证工具多是针对磁盘介质的取证系统，如 dd、EnCase 等。有些公司尝试通过改造入侵检测系统（IDS）等类似系统，致力于解决网络数据证据的提取和分析。目前，缺乏针对物理内存取证、智能手机取证以及云计算环境取证的技术。要注意的是，犯罪分子也关注数字证据，并且将尝试操纵数字系统来避免逮捕。

在本书提供了数字取证技术通用的概念和取证方法，并且介绍了一些典型取证案例。我们希望读者在掌握数字取证基本概念和方法的情况下，能够灵活应用这些概念和方法，将其应用到新的、不同的取证场景。

1.2　数字取证概念及其内涵演化

数字取证技术是一个新兴领域，它源自计算机取证，已经被扩展包含所有数字技术的取证。计算机取证的定义有很多种，如有学者从事件响应角度给出的计算机取证定义为：计算机数据的保护、识别、提取、归档及解释。取证专家 Reith Clint Mark 认为，计算机取证是从计算机中收集和发现证据的技术和工具。此外，数字证据科学工作组（the Scientific Working Group on Digital Evidence，SWGDE）给出相对前两者较为完善的定义，即以合法形式，对数字证据进行科学的检查、分析及评价等。随着计算机技术和网络技术的发展，与数字技术相关的犯罪已不单单局限在计算机和网络等领域，手机、PAD、MP3 等也成为计算机犯罪取证调查中新的数字设备。因此，为了更好地对涉及数字技术的犯罪进行取证调查，将这种扩大的计算机取证称为数字取证。有很多机构给出了数字取证的定义，其中比较典型的是数字取证研究工作组（Digital Forensic Research WorkShop，DFRWS）给出的定义，其具体内容是：为了促进对犯罪过程的再构，或者预见有预谋的破坏性的未授权行为，通过使用科学的、被证实的方法，对源于数字资源的数字证据进行保存、收集、确认、识别、分析、解释、归档和陈述等活动过程。

数字取证是传统取证科学的一个分支，它应用科学原理研究数字设备出现的痕迹信息，目的是理解和重构涉及数字设备中系列事件。数字取证包含数字证据的获取、检查、分析、归档以及犯罪过程中系列事件的重构。20 世纪 90 年代末至 21 世纪最初几年，由于基于计算机或者互联网的犯罪开始随着计算机使用频度的增加而日益增多，数字取证作为一个独立领域（或者方向）开始出现和发展。在早期阶段，数字取证被称为计算机取证，因为收集的证据局限于计算机设备。然而，随着信息技术的发展，多样化数字设备的大幅增长，并且在实际的数字调查中日益发现这样的数字设备，所以就出现了取证的新的术语——数字取证。

1.3　数字证据及其特点

与数字取证密切相关的是数字证据，数字证据与我们密切相关，且无处不在。比如，个人计算机在其系统中保留有个人处理的文档信息、网络行为信息，以及社交行为信息等。这些数字证据通过无线和有线方式进行传输。从数字证据来源进行分析，可以分为以下三类。

1) 开放计算机系统

开放计算机系统就是由计算机厂商、厂商的国际联盟、政府部门和世界范围的标准化组织定义的计算机系统，这些系统由硬盘、键盘、监视器构成，通常是笔记本电脑、台式计算机，以及遵循相应标准的服务器。这些系统具有日益增加的磁盘容量，含有丰富的数字证据。一个简单的文件可能含有犯罪信息，并且具有相关联的特性，这些信息在调查中非常有用。比如，文件创建的时间、谁创建的，以及在另一台计算机上创建等细节信息在调查中非常有用。

2) 通信系统

传统的电话系统、无线通信系统、互联网及网络等通常是证据源，如电信系统转发 SMS/MMS 消息、互联网携带世界各地的 E-mail 消息。一条消息发送的时间，由谁发送的，这条消息的内容是什么等对于取证调查都至关重要。为了验证消息发送的时间，有必要从消息处理的中间服务器和路由器上查看日志文件，有些通信系统被配置来能够获取全数据流，提给数字取证人员访问所有这些通信信息的权限，如消息文本、附件及电话通话记录等。

3) 嵌入式计算机系统

移动设备、智能卡，以及许多其他的具有嵌入式计算机的系统都含有数字证据。移动设备可能含有通信数据、数字照片、视频以及其他的个人信息。导航系统能被用于确定车辆曾经到过的位置(包括路线等)。许多车辆中的传感和故障诊断模块中含有的数据能够用于事故分析调查,包括事故发生最后 5 分钟内的车辆速度、制动状态等信息。现在使用的微波炉具有嵌入式计算机系统,能够从互联网上下载信息,有些家用设备允许用户通过无线网络或者互联网编程进行远程调控。在一个纵火案件调查中,从微波炉恢复的数据表明,通过对微波炉进行编程调控,触发了纵火事件的发生。

从上面可以看出,数字证据可能来源于开放计算机系统、通信系统及嵌入式计算机系统等情况。根据这三类系统的特性,能进一步归纳数字证据的存储介质可以归为磁盘、网络和内存三种情况。从数字证据的提取和分析来说,下面着重从这三类存储介质进行分析。

1.3.1 磁盘数据证据

计算机系统中的所有信息都是以文件形式存在的,文件以“块”形式存储在磁盘上。文件“块”称为文件数据单元。这些数据单元由文件系统来管理。文件系统是计算机用户和磁盘存储介质之间联系的纽带,也是操作系统的重要组成部分之一,它维持着文件在存储介质上的元数据信息。存储介质格式化后,存储空间被划分成多个“块”,一般称为“簇”。文件是以簇为单位存放在数据区中,一个文件至少占用一个簇,当一个文件占用多个簇时,这些簇不一定是连续的,但这些簇在存储文件时就确定了顺序,即每个文件都有其特定的“簇链”。文件的“簇链”由文件系统来维持。用户对文件进行操作时,首先要给文件系统发出相应的操作指令;其次文件系统对该指令进行解析,将其翻译成对存储介质的操作;最后读取数据到应用层。图 1-1 所示为文件操作、文件系统及存储介质之间的关系。

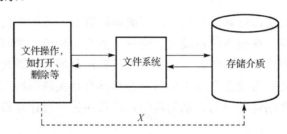

图 1-1　文件操作、文件系统及存储介质之间的关系

图 1-1 中虚线箭头表示:一旦失去文件系统维持的文件元数据信息,用户将不能直接访问存储介质上的碎片数据,此时,文件在存储介质上的数据就形成文档碎片。在计算机系统中,有多种原因导致文件元数据信息丢失,从而使得文件数据成为文档碎片。

1)磁盘碎片

磁盘碎片导致的结果是在存储介质上文件的各个数据单元不能连续存放。借助于碎片整理程序整理碎片,可以减少磁盘上碎片数量,但很难完全根除碎片,因为磁盘在运行过程中会不断产生碎片。当文件被删除或者磁盘被重新格式化后,文件的数据单元就会形成文档碎片。磁盘碎片产生的过程如图 1-2~图 1-4 所示。

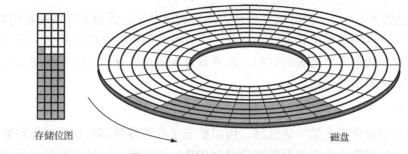

存储位图　　　　　　　　　　　　　　　磁盘

图 1-2　文件连续存放，无碎片化

图 1-2 所示的磁盘往往是一个新磁盘，有足够的存储空间，文件系统在给文件分配数据单元时，都是连续分配的。由于频繁使用磁盘，如用户可能删除文件或者修改文件等，磁盘空间就出现碎片化状态，如图 1-3 所示。碎片化的磁盘最有可能导致磁盘碎片，因为磁盘介质上未分配空间不是连续存放。在这种情况下，如果创建一个新文件，该文件在磁盘碎片化区域并没有找到足够的空间，那么该文件数据单元就不能连续存放而产生磁盘碎片。

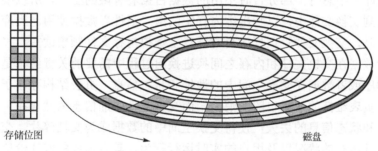

存储位图　　　　　　　　　　　　　　　磁盘

图 1-3　存储空间呈碎片化

图 1-4 表示新创建一个文件时，文件系统在给该文件分配数据单元过程中在连续的存储空间内找不到足够的空间，所以该文件的数据单元无法连续存放，从而形成磁盘碎片。

在文件的各个数据单元不能连续存放的条件下，当文件被删除后，它的数据单元就会形成文档碎片。

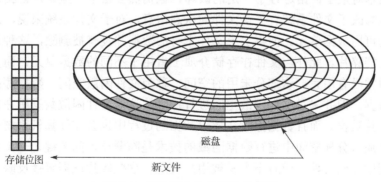

磁盘

存储位图　　　新文件

图 1-4　新分配文件呈碎片化存放

删除证据是数字犯罪分子破坏证据的方法之一。这种删除是指文件从操作系统中删除，它导致的结果是被删除文件在文件系统中的元数据(如文件名等)被删除，对于文件系统来说，这个文件已经不存在了，同时该文件所占用的数据单元也成为文件系统可用数据单元。但事实上，在该文件的数据单元被覆盖之前，文件数据仍然在存储介质上，因此，这些文档碎片中含有取证调查人员需要的数据。取证调查人员可以分析未分配空间的文档碎片中的数据，获取数字犯罪的证据。

2）交换空间

交换空间是磁盘介质上的一块区域，用以扩充主存的容量。内存管理机制会把正在运行程序暂时不用的数据或者代码存放到交换空间中，当需要使用这些数据时可重新调入到主存。交换空间在 Windows 系统中称为虚拟内存，而在 Linux 系统中，交换空间称为交换分区。无论是虚拟内存，还是交换分区，其实质是利用磁盘介质上部分空间，扩充主存容量，并起到内存的作用。

其工作原理是：当系统运行时，先要将所需的指令和数据从外部存储器（如硬盘、软盘、光盘等）调入内存中，CPU 再从内存中读取指令或数据进行运算，并将运算结果存入内存中。当运行一个程序需要大量数据、占用大量内存时，内存这个"仓库"就会被"塞满"，而在这个"仓库"中总有一部分暂时不用的数据占据着有限的空间，所以要将这部分"惰性"数据换出到交换文件中，以腾出主内存空间给"活性"数据使用。当应用程序所需的物理内存不足时，交换文件管理程序会对硬盘上虚拟内存文件频繁读写。

程序或者数据在交换文件和内存之间换进换出过程中需要的关键结构是页表结构。页表结构维持程序或者数据在交换空间中的地址和状态信息，页表结构存在于主内存中。一旦系统关机，页表维持的信息也随即消失，而交换文件中的信息依然存在。由于页表结构中维持的地址和状态信息的丢失，使得交换空间中的数据成为文档碎片。交换空间中的信息能够反映系统运行的状况以及用户的实时运行行为，具有重要的取证价值。

3）反取证技术

反取证技术的定义有很多种，目前还未出现统一的定义。但是学术界对反取证技术的目的有共同的看法，即反取证技术的目的在于限制对数字证据的识别、收集以及分析等。反取证技术通常的方法包括破坏证据、隐藏证据、擦除证据源以及伪造证据等。

反取证技术对数字证据进行了一定的破坏，但仍然会留下一些碎片证据。比如，删除文件时，只是修改了文件系统有关该文件的状态信息，对于文件系统来说，这个文件数据单元成为新的可用数据单元。但事实上文件本身的数据并没有被删除，这种情况下往往会留下大量的文档碎片。此外，文件在存储介质上占用了不同的数据单元，而文件的最后一个数据单元通常没有用完，这部分未用的空间，称为文件闲散空间，数据擦除往往只擦除文件本身的数据，但并未对文件闲散空间进行擦除，这样文件闲散数据所在的数据单元就转变为文档碎片数据。而且数据擦除在擦除数据的过程中也会在计算机系统中留下碎片数据。在存储介质未分配空间中进行数据隐藏的技术是隐藏技术的关键之一，这种技术可以在未分配空间中存储文件，而且不容易被用户发现。这些碎片证据直接反映了犯罪分子的犯罪行为，但是由于证据的碎片性给取证人员有效分析带来很大困难。

1.3.2　网络数据证据

在本书提及的网络数据证据不是电子商务网站等平台上存储的数据，也不是 Freenet、

Gnutella 和 Moot 等对等网络系统上存储的证据数据。从本质上这些数据都是存储在硬盘和内存上的证据。我们所说的网络数据证据是通过在内外网边界或者公司内部网络特定位置，安装网络监视组件，部署网络嗅探器，进而获得将要在网络上传输的网络数据。比如，司法机构官员怀疑犯罪成员（或者个体）在网络上进行毒品交易，这种怀疑通常要进行监视，以确认犯罪活动或者犯罪成员的可疑性，同时积累相关犯罪活动的相关证据，识别同谋。网络数据证据的原始状态是以二进制形式存在的，基本粒度是处于网络链路层的一条条数据报文。获取网络数据流只是网络取证工作的一部分，而基于网络数据流的分析，包括网络行为重构、网络低级协议分析，以及网络活动解释等则是网络取证的另一部分重要内容。

1.3.3　内存数字证据

内存数字证据是指在犯罪调查过程中从目标计算机或者服务器物理内存中获得有关犯罪活动的证据数据。这些犯罪证据包含在运行的物理内存中，许多重要的事实可以通过调查人员来确定，通常包括：

(1) 运行的进程；

(2) 正在运行的可执行文件；

(3) 网络端口、IP 地址，以及其他网络信息；

(4) 系统登录用户及其来源（如是网络用户，还是本地用户）；

(5) 某个用户打开的文件。

物理内存中有大量的信息能够帮助取证调查人员发现系统异常，利用这些信息能够创建系统状态的永久记录。这意味着，可疑程序，如计算机病毒和恶意软件能够在实验室被跟踪进行溯源分析。这是关键的，因为新型恶意软件在目前系统的硬盘上并不会留下恶意活动的任何痕迹，使得内存取证作为一种识别这样活动的工具尤其重要。

1.3.4　数字证据特点

数字证据的定义有很多种，综合起来，我们认为数字证据是指在计算机、网络、手机等数字设备在运行过程中形成的，以数字技术为基础，能够反映数字设备运行状态、活动以及具体思想内容等事实的各类数字数据或信息，如电磁或光电转换程序、数据编码与数据交换方式、命令与编程、被命名为病毒的破坏性程序、文字与图像处理结果、数字音响与影像等。数字证据与传统的证据相比较，有以下特点。

(1) 数字证据同时具有较高的精密性和脆弱易逝性。一方面，数字证据以信息技术为依托，很少受主观因素的影响，能够避免其他证据的一些弊端，如证言的误传、书证的误记等；另一方面，数字信息是用二进制数据表示的，以数字信号的方式存在，而数字信号是非连续性的，故意或因为其他差错对数字证据进行的变更、删除、删节、剪接、截取和监听等，从技术上讲很难查清。

(2) 数字证据具有较强的隐蔽性。数字证据在计算机等数字系统中可存在的范围很广，使得证据容易被隐藏。另外，由于数字证据在存储、处理的过程中，其信息的表示形式为二进制编码，无法直接阅读。一切信息都由编码来表示并传递，使得数字证据与特定主体之间的关系按照常规手段难以确定。

(3) 数字证据具有多媒体性。数字证据的表现形式是多样的，尤其是多媒体技术的出现，更使数字证据综合了文本、图形、图像、动画、音频及视频等多种媒体信息，这种以多媒体形式存在的数字证据几乎涵盖了所有传统证据类型。

(4)数字证据还具有收集迅速、易于保存、占用空间少、容量大、传送和运输方便、可以反复重现、便于操作等特点。

数字证据的这些特点表明数字取证面临不少难题，有完全不同于传统取证的问题需要研究。数字取证是信息安全领域中比较新的课题，特别是近几年数字取证技术成了信息安全领域的焦点。可以相信，数字取证仍将是未来几年信息安全领域的研究热点。考虑到与信息安全学科的差别，国外学者已提出建立数字取证新学科，并研究了教育与研究领域的人才培养体系与知识结构。据了解，国内有些学者也在关注数字取证作为学科发展的新领域。

1.4 数字取证技术研究现状

数字取证技术是指在取证调查过程中，在相关理论的指导下，使用合法的、合理的、规范的技术或手段，保证针对于计算机等数字设备取证的正确进行，同时产生真实、有效的结论。数字取证调查技术多数是为解决数字取证调查中的实际问题而发展起来的技术，没有进行充分的验证，缺乏一定的理论基础，从而在确定技术标准方面存在差异。此外，由于数字证据无处不在的特性，几乎没有人完全精通数字数据相关的、证据性的、技术性的以及司法方面的问题，因而可能忽略数字证据，造成证据收集方法不合适，或者证据分析效果不明显等问题。

本书的目的主要有两个：一是从技术层面，从硬盘、网络和内存存储介质方面介绍证据获取和技术分析，同时考虑到移动智能设备中即时通信在数字取证调查中的重要性以及云计算的日益普及性，介绍即时通信证据获取和分析的问题，以及云计算取证方面的问题；二是从数字取证模型和标准方面，介绍数字证据处理的合理流程和模型，目的是让读者了解数字取证必要的知识和技巧。

1.4.1 取证模型

随着数字取证技术的发展，人们逐渐关注数字取证中更为本质的内容，出现了抽象的取证模型，如数字取证研究工作组(Digital Forensic Research Workshop，DFRWS)的取证框架等。

为了进一步完善取证模型，产生了将物理犯罪调查与数字取证调查进行结合的抽象模型、针对安全事件的取证调查模型、针对调查目标的取证模型以及端到端取证模型等。这些工作有力地推动数字取证技术的发展，对取证标准化具有比较大的意义，为相关的立法工作也提供了支持。

目前，有很多数字取证模型和取证工具。然而，在现有的取证模型中有关模型取证能力讨论较少。取证模型往往是通过实例来阐述它们具有的取证能力，也有一些是通过与之前已有模型进行比较、推理等方法给出模型的取证能力。对于取证工具所具有的取证能力的评价，美国国家标准和技术研究所(National Institute of Standards and Technology，NIST)的计算机取证工具测试计划(Computer Forensic Tool Testing，CFTT)开发了通用的工具规范、测试过程、测试标准、测试硬件和测试软件，以建立用于测试计算机取证软件的方法。该测试方法是基于一致性测试和质量测试的国际方法，符合 ISO/IEC 17025—1999《测试和校准实验室能力的一般要求》，并且针对一些取证工具，如硬盘写保护软件工具能力评价标准，该计划已经取得研究成果，其中有些项目仍在研究和开发中，如磁盘映像软件能力标准等。这确实可以推动数字取证工具研究和开发，但是从取证模型的角度来探讨取证能力将更加有助于对取证抽象层次的解释和技术上的推动。从数字取证的本质来看，一个取证模型应该具备必要的能力才能完成取证任务。

此外，数字取证领域有很多取证模型，如数字犯罪现场模型、将数字犯罪现场同传统的物理犯罪现场结合而形成的取证模型、基于事件的数字取证调查框架、基于目标的层次框架以及端到端数字调查过程等。这些模型对数字取证研究和实践帮助极大，然而也存在不足。有些取证模型从取证调查人员的经验出发构建模型，这些模型缺乏通用性。还有一些模型是针对特定的场合而构建的，如数字犯罪现场模型指导取证调查人员进行数字证据的获取工作，所以难以推广到其他场合，而且现有的取证模型有较少对其所处理的数据进行详细规定。

数字取证还具有跨地域特点，对于某一个国家来说，其制定的法律法规又是针对较小的领域，但现实中发生的数字事件可以在不同的国家。这就需要如何制定科学合理的取证流程，才能满足不同国家，甚至不同单位的需求，并能够有效地对数字事件进行调查，并且需要在取证模型中明确数字证据类型及可能的取证分析技术。

1.4.2　证据获取技术

数字证据获取是数字取证理论和实践中的重要技术之一。获取的证据数据是数字取证分析调查的基础。如果不获取安全事件所有必要的数据，就有可能无法理解安全事件怎么发生，或者如何解析安全事件。所以一定要在执行任何调查之前获取相关的证据数据。早期的证据获取技术主要是获取主机上的日志、记录、文档和任何系统其他的信息等证据，以及整个磁盘映像等。然而，随着存储技术的飞速发展，磁盘容量越来越大，磁盘上的数字证据也相应增加，因此探索高速磁盘映像技术是一个最佳选择。此外，越来越多的情况表明，目前物理内存取证已经成为网络安全事件调查的重要内容，因此在本书中也着重探索物理内存证据的获取，即物理内存映像技术。同时，针对网络数据存在的瞬时性，越来越多的政府机构和公司日益重视网络数据流证据的获取，这也是我们重点研究的一个方面。从数字取证调查的综合性来说，全面获取网络安全事件的磁盘、内存和网络的证据，将有助于网络安全事件的调查分析。

1.4.3　证据分析技术

证据分析是数字取证理论和实践中的重要技术之一。证据分析通常需要针对日志文件、系统配置文件、信任关系、Web 浏览器历史文件、E-mail 信息及其附件、安装的应用程序，以及图像文件等进行分析。然而由于反取证技术的发展，犯罪分子为隐藏自己的犯罪行为，通过技术手段和方法，尝试破坏和销毁证据。因此需要整合磁盘、内存和网络等存储介质中的证据，进行全方位的分析。另外，伴随着操作系统的不断迭代更新，软件规模和大小也日益庞大和复杂，从而导致任何一种数字犯罪，其犯罪行为都是与对数字信息系统(犯罪对象)的各种操作紧密相连的，如对用户授权的变动、对应用系统或数据库数据的增删改、收发电子邮件等，其行为产生、变动的数字数据，都存储在数字系统相对应的缓存区、数据库或临时文件中，并和海量的正常数字数据混杂在一起。由于数字应用系统繁多、复杂，造成了犯罪行为产生的数字证据存储状态复杂、表现形式多样。因此需要针对磁盘证据，探索因反取证等造成的文件碎片的取证雕刻和恢复问题；另外需要针对物理内存中运行的实时证据，研究物理内存中安全事件重建和恢复，以及实时文档的提取和恢复问题；还有针对网络数据流证据，研究犯罪分子网络行为重建等内容。综合以上证据，我们可以从繁杂、海量的数字数据中，查找出与网络安全事件有关联的、能够反映案件客观事实的数字证据。

随着即时通信的广泛使用，利用即时通信进行网络诈骗、网络谣言传播、网络毒品交易、网络色情服务等犯罪行为也日益严重。现有数字取证研究结果表明，即时通信取证已经成为打击和威慑即时通信犯罪活动的重要技术手段之一。但是，即时通信取证在取证模型及证据提取和分析等方面还存在局限性。

另外，云计算在全球范围快速发展的同时，也成为数字犯罪新的攻击目标，外部攻击与内部恶意人员破坏日益严重。云计算取证(以下简称云取证)是打击和威慑云犯罪活动的重要手段之一。然而，云计算的大规模、虚拟性、分布性等固有特性带来了涉案数据量巨大、证据难以精确完整定位等问题，当前的取证模型、证据的收集与分析方法难以适用于云计算环境。因此，在本书也针对即时通信和云计算等取证分析问题进行了探讨和分析。

1.4.4　取证技术标准、规范

法律实施部门迫切需要保证数字取证工具的可靠性，即要求取证工具稳定地产生准确和客观的测试结果。然而，目前的数字取证领域中有大约 150 个取证工具很少是根据取证标准和规范进行研制的，甚至比较有名的专业取证软件产品，如专业取证软件公司 NTI(New Technology Inc)开发的系列取证产品、ENCASE 产品等多数是根据取证实践经验进行研制。许多开源的取证软件产品，如 dd、TCT、The Sleuth Kit 等产品也是如此。

为了获取具有法律效力的取证结果，美国国家标准与技术研究院(NIST)制定了计算机取证工具测试计划(CFTT)，目前，该计划组已经完成了硬盘写保护软件测试标准的制定，正在制定磁盘映像软件的测试标准，进一步将制定被删除文件恢复软件的测试标准。显然，CFTT 为数字取证标准化的探讨和实践提供了一个良好的开端，有效地促进了取证产品的行业标准和规范的制定工作。

1.4.5　国内数字取证调查技术现状

近年来，国内数字取证技术研究引起国家相关技术研究部门的高度重视。首先，在法律方面，《关于审理科技纠纷案件的若干问题的规定》《计算机软机保护条例》等分别对数字取证进行了立法支持。其次，在技术研究方面，计算机取证技术的全国性会议也开始陆续召开。2004 年 11 月，由北京人民警察学院、中国科学院软件研究所、北京市公安局网络信息安全监察处联合举办的首届全国计算机取证技术研讨会开幕。2005 年初，由北京市网络行业协会创办的我国首家电子数据司法鉴定中心在北京成立。首届中国计算机取证技术峰会于 2005 年 6 月在北京召开，中国、美国、英国、法国、德国、丹麦、意大利等国的专家介绍了计算机取证技术现状和最新成果并以沙龙形式进行讨论。随着取证技术的飞速发展，国内对数字取证的研究已经取得了初步成果，主要集中于对取证模型的研究，如提出的多维计算机取证模型等。同时也有学者对取证系统及工具进行了研究，如提出的基于日志的取证系统，一些研究机构也相继取得研究成果，如中科院高能物理所计算中心推出一部称为"取证机"的机器，据介绍，这部机器可以侦探黑客的入侵手段，向人们提交分析报告，并将成为法庭上合法的证据。厦门美亚柏科信息股份有限公司主持开发的计算机证据侦察箱，具有证据的提取、破解、分析和恢复等功能。

由于 Internet 是一个全球性的互联网，在 Internet 上发生的数字犯罪必然具有全球性。因此，国内取证调查人员也必将面临更加复杂的取证环境。并且在不远的将来，取证人员也将会经常遇到存储介质中各种文档碎片证据。因此，研究磁盘、内存及网络中的文档碎片取证技术，也将推动国内取证技术的发展，同时也有利于开发有自主知识产权的数字取证工具，为司法机关打击数字犯罪提供技术依据和理论支持。

1.5　发展动态

数字取证技术是一个交叉学科，具体来说涉及计算机科学、法学以及刑侦学等。经过这些年的发展，已经在理论和实践上取得了不少的成绩。由于新技术的出现，如反取证技术的发展等，对取证技术也是一个巨大的挑战。现在的数字取证技术还存在着较大的局限性，难以适应社会的需求，并且随着计算机与网络技术的迅速发展，数字取证还必须应对新的挑战。综合起来看，数字取证领域将向以下几个方向发展。

(1)跨域取证，即跨越地理界限进行远程数字取证。因特网将全球计算机网络连接在一起，加上网络访问具有较强的隐藏性以及匿名性，使得跨域取证异常困难。当前有很多基于 IDS 的取证系统以及网络取证系统，但是这些系统的取证范围也常常是一些较小的单位网络，如政府、企业网等。对于跨域发生的安全事件来说，如何进行取证目前缺乏有效的方法。因此，研究有效的跨域取证，即远程取证成为数字取证中的一个研究热点。

(2)取证工具智能化与专业化。计算机的存储容量以超过摩尔定律的速度增长，现在个人计算机的硬盘多数是几十吉(G)字节、上百吉字节，而对于大型服务器系统，则已经达到太(T)字节空间。这必将需要功能更强、自动化程度更高的取证工具，才能有效进行数字取证调查，否则将不能有效制裁数字犯罪分子，更不能起到威慑数字犯罪的目的。取证工具将不断利用人工智能技术，如数据挖掘等技术，以增强应对大数据量的取证能力。此外，现有的取证工作很多都依赖人工实现，这样大大降低了取证的速度和取证结果的可靠性，无法满足实际需求。由此，必须增强数字取证工具的智能性，才能提高数字取证调查的效率。

(3)取证理论逐步增强，取证流程的形式化分析方法有待增强。在传统的物理取证学科中，已有相关的基础理论。但是，在数字取证调查领域中，缺乏必要的基础理论。迄今为止，数字调查过程是根据所采用的调查技术和已有的取证调查工具指导进行的，其目的在于解决现实中存在并迫切需要解决的数字犯罪问题。从数字取证领域的长期需要考虑，数字取证调查技术和方法的发展将会受到很大限制，而现有的在法庭上出示证据的指导方针受到很多争议。

(4)新技术与数字取证结合的趋势。数字取证技术是多个学科的交叉融合，因此必将通过和其他数字技术进行结合才能取得发展。之外，随着技术的发展，各种新技术不断涌现，如当前信息安全的研究热点——可信计算技术，必将对数字取证技术的发展产生较大的影响，而在这种情况下，只有通过结合有效的手段才能有利于取证技术的发展。

(5)标准化工作将逐步展开，法律法规将逐步完善。标准化工作对于每个行业都具有重要意义，在取证工具评价标准与取证过程标准方面也是如此。与数字取证相关的法律法规将逐步出台和完善，为数字证据的使用提供法律上更明确的依据。

1.6　本书主要内容及结构

本书主要内容及结构安排如下。

第 1 章：数字取证技术概述。首先分析了数字取证的定义以及数字证据的特性。然后从取证模型、分析技术以及取证标准等方面重点阐述了数字取证技术发展现状。归纳了当前数字取证领域中存在的主要问题，针对这些问题，探讨了取证技术未来的发展趋势。

第 2 章：数字取证模型。分析了现有取证模型存在的问题以及存储介质中文档碎片证据的数据特性，并以此为基础，从文档碎片底层存储单元出发，设计了一个能够在磁盘、内存和网络数据流的取证分析模型。同其他的模型相比，该模型包含了的取证分析阶段较为全面，并且在模型中引入了取证分析阶段所对应的"信息流"概念。最后，应用该模型进行了具体的案例分析。

第 3 章：研究了磁盘取证问题。针对磁盘数据环境下的磁盘映像获取、痕迹分析以及证据提取等问题进行深入研究，设计了一种基于 GPU 的并行磁盘数据映像获取方法和基于磁盘映像的新型证据存储容器。提出了一种基于磁盘元数据的信息盗取行为取证分析方法、基于 k-low 的数据盗取取证分析算法、基于差分矩阵的数据盗取行为取证分析算法、基于回收站的删除行为取证分析方法。提出了基于文件特征可视化的隐藏证据识别与提取方法，以及 SQL、Office 等多种类型的文件雕刻恢复算法。

第 4 章和第 5 章：研究了网络取证问题。首先，讨论了利用 tcpdump、tcptrace、tcpflow 和 Wireshark 等软件获取网络数据流的基本方法，以及如何构建健壮、安全的网络证据收集系统，进行网络数据流的全内容(full-content)采集。其次，讨论了网络数据证据分析方法、原理和技术，通过分析收集到的网络流数据识别可疑网络数据流(可能的会话)、重放或重建可疑会话(无论它是 TCP、UDP、ICMP 或其他协议)，以及解释发生了什么事情。

第 6 章：研究物理内存取证问题。首先，讨论了物理内存映像技术。其次，基于物理内存映像，分析了基于 Windows 系统物理内存映像的进程识别与重建、文档信息雕刻与恢复、网络行为重建、即时信息搜索等算法，并基于以上技术设计并实现了基于 Windows 系统的物理内存取证分析系统。最后，给出了基于 Windows 系统的物理内存取证系统进行宙斯(Zeus)病毒入侵的详细分析案例，该案例表明，通过逆向分析 Windows 系统物理内存映像，能够实现被入侵系统的进程分析、文档信息恢复、网络行为与攻击行为重构以及即时信息搜索等功能。

　　第 7 章：研究了即时通信取证问题。针对即时通信取证在取证模型及证据提取和分析等方面还存在局限性。针对即时通信取证的关键问题进行了深入研究，设计了即时通信取证通用模型、基于语义倾斜的主题挖掘取证算法，提出了多源即时通信社交关系取证方法、基于即时通信的位置取证技术。

　　第 8 章：研究了云计算取证问题。针对云取证的关键问题进行了深入研究。为了指导云计算环境下的取证工作，针对云取证面临的主要挑战，分析了云计算特性，提出云取证模型。针对分布式云存储证据识别与收集困难的问题，以当今主流的分布式文件系统 HDFS 为研究对象，提出了基于三级映射的 HDFS 文件高效提取取证方法。在分布式云存储的数据窃取检测中，针对数据量大、内部窃取难以检测的问题，以 HDFS 为研究对象，提出了基于 MapReduce 的 HDFS 数据窃取随机检测算法。

1.7　小　　结

　　数字取证是数字技术在传统取证科学中的一个新兴且快速成长的领域。它对促进信息安全及威慑犯罪分子具有重要的作用。本章首先分析了数字取证的定义及数字证据的特性；然后从取证模型、分析技术及取证标准等方面，重点阐述数字取证技术的发展现状；针对当前数字取证领域中所存在的主要问题，探讨取证技术未来的发展趋势。在这一新的领域中，无论是数字取证技术的应用还是其研究发展，将对保障信息安全及威慑数字犯罪分子起到更大的作用。

第 2 章 数字取证模型

由于反取证技术的发展，数字证据容易形成文档碎片。文档碎片是取证调查人员经常遇到的重要证据之一，而且是计算机等存储系统底层数据单元，有不同的存在形式，如已删除的文件在存储介质上的数据块、交换文件产生碎片数据、文件闲散区域的文件数据、内存中的页面数据，以及通过网络技术将数据临时存放在磁盘上的数据等，这些数据是文件内容的组成部分之一，具有重要的取证价值。然而，由于文档碎片失去了文件系统等维持的元数据信息，使得文档碎片数据不容易理解，它的大部分数据都是二进制数据。对文档碎片数据的取证涉及对其进行获取、识别、分类及重组等分析，并且文档碎片作为证据在法庭上出示也必须遵循严格的流程。此外，文件内容是有多个不同的存储介质底层单元构成，这些底层单元构成关系由文件系统元数据进行定义和说明，而且构成文件的底层数据单元和文档碎片所对应的底层数据单元本质上是相同的。因此从数字取证调查的角度分析，可以一致性地将磁盘和内存等存储介质上的底层数据单元都看作文档碎片来处理。网络数据是通过网络数据流截取技术获取存储在磁盘介质上的动态数据，其本身可以看作磁盘数据。因此，设计一个合理、有效的包含存储介质文档碎片的数字取证模型具有重要的价值。

迄今为止，针对磁盘、内存及网络全局数据的数字取证模型的研究较为少见。现有的很多数字取证模型重点研究取证的流程，往往强调某一特定数据的取证分析，根据特定领域内的取证经验进行构建，并且多是针对存储介质中完整文件数据，未涉及存储介质碎片取证研究的问题。有学者在重点阐述碎片重组技术的同时，提出文档碎片过程取证模型，该模型仅包括预处理、比较及碎片重组三个过程，该模型未能对其中的取证阶段进行深入研究和分析，同时并没有包含文档碎片取证分析过程的所有其他分析阶段，如文档碎片的获取分析及结果出示等。虽然现有的取证分析模型为我们有效研究文档碎片取证技术提供了很多有价值的信息，但是简单地套用传统的数字取证模型进行文档碎片取证，不但会给文档碎片在法庭上出示带来不便，而且也可能会产生错误的取证分析结果。

目前，数字取证领域中的取证工具能够应用于文档碎片取证比较少见。专业取证软件公司 NTI（New Technology Inc）开发的 GetFileSlack 能够获取文件闲散区域中的内容，并能够利用搜索算法获取该内容的关键字等。还有一些取证工具（如 TCT、Encase 等）能够对存储介质连续存放的文档碎片进行恢复，但却不能对非连续的文档碎片进行取证分析。因此，采用合理有效的文档碎片取证模型，有利于发现现有文档碎片取证工具存在的不足，并且可以及时发现和识别未出现的碎片取证需求。这些不但有助于文档碎片取证工具的更加完善，而且可以根据新的取证需求，开发新的碎片取证工具。

为此，通过研究现有数字取证模型在应用过程中存在的问题，以及文档碎片数据特性，本节提出一个针对磁盘、内存及网络全局数据的数字取证模型。该模型能够识别取证调查过程中的取证行为以及这些行为所包含的主要信息流。通过与现有的取证模型进行比较，本节所提出的模型比现有的模型包含的取证阶段更加全面，而且能针对文档碎片这种底层的数据进行分析。该模型对数字取证分析工具的开发具有一定的指导作用,同时增强了取证技术和司法领域之间的共识问题,如采用该模型在司法领域内解释文档碎片取证的分析结果。最后,应用该模型进行案例分析。

本章主要内容如下:

(1)分析传统的数字取证模型中存在的主要问题。

(2)分析文档碎片的类型特性、内容特性以及逻辑特性。在借鉴现有取证模型的基础上,结合文档碎片的数据特性,提出一个文档碎片取证模型。

(3)对该模型以及现有的模型进行比较,分析文档碎片取证分析模型的优缺点,并运用文档碎片取证模型对两个数字犯罪案例进行分析。

(4)对本章内容进行总结。

2.1　相 关 工 作

本节简要描述现有取证模型中关键的几个模型,重点分析这些模型的目的、主要取证流程及模型要点。分析这些模型的优缺点,并说明模型缺点形成的原因,目的在于利用现有取证模型的优点,同时避免其缺点,设计一个合理的数字取证模型。

2.1.1　数字犯罪现场调查过程模型

美国国家司法研究所(NIJ)于 2001 年公布了关于数字犯罪现场调查过程模型,其目的在于提供有关数字犯罪现场调查指导方针,用于指导调查。该模型主要针对取证调查人员在首次调查数字犯罪过程中遇到不同类型的数字证据时,给予相应的处理流程,从而可以更加合理地获取相关的数字证据,其重点在于数字调查中的收集过程。该模型如图 2-1 所示。

图 2-1　数字犯罪现场调查过程模型

该模型要点如下。

(1)准备:准备在数字调查过程中执行任务所需要的工具和设备。

(2)收集:搜索文档,收集或者复制含有数字证据的物理对象。

(3)检查:识别证据源并解释其重要性,同时归档证据内容,并记录证据状态。

(4)分析:对检查阶段所产生的证据进行分析,寻找具有比较重要并且有证明力的证据。

(5)报告:调查数字事件的最后阶段,其目的在于向有关部门报告数字调查的结果及整个取证流程。

该模型的主要目标集中在收集阶段,因为检查和分析阶段仅仅给出了某一类型的犯罪证据,而没有详细列出其他细节,而且检查和分析阶段所要完成任务之间的界限并不明显。在检查阶段,数据约简技术只是后续分析阶段中经常被使用的技术之一,在分析阶段取证人员可以应用数据约简技术识别重要证据,或者应用该技术减少不重要的数据,而得到较为有价值的取证数据。因此,数字犯罪现场调查过程模型中的检查和分析阶段包含了相同的分析任务，在实际的调查过程中容易引起争议。改善的方法是将这两个阶段中相同的分析任务进行合并，从而减少不必要的争议，同时又提高了该模型应用的可操作性。该模型的优点是在该模型的检查和分析阶段之间添加了回溯机制（用双向箭头表示），这有利于取证调查人员在这两个阶段进行反复操作。另外，有一些学者提出的过程模型和抽象过程模型与数字犯罪现场调查过程模型类似。

2.1.2　综合数字调查过程模型

为了进一步完善取证模型，产生了将物理犯罪调查与数字取证调查进行结合的抽象模型，即综合数字调查过程模型（Integrated Digital Investigation Process Model，IDIPM）。该模型将数字犯罪现场同物理犯罪现场结合起来，含有物理犯罪现场和数字犯罪现场的高级抽象过程。其优点是：该模型既能够对含有计算机的物理犯罪现场进行调查，又适合进行数字犯罪现场的调查，而且这两个犯罪现场所发现的证据可以为对方提供相互支持。该模型首次给出了数字犯罪现场的定义，即由软件和硬件创建的含有犯罪或者事件的数字证据的虚拟环境。

综合数字调查过程模型分为五个阶段，如图 2-2 所示，其中"保护""调查"等取证阶段是借鉴物理犯罪现场调查过程而得出，但又不完全一样。

图 2-2　综合数字调查过程模型

图 2-2 中各个阶段的含义如下。

(1) 保护：保护数字犯罪现场的状态，即分别保护物理犯罪现场和数字犯罪现场，数字犯罪现场是指涉及犯罪事件的计算机系统。

(2) 调查：搜索与调查事件直接相关的证据。

(3) 归档：归档数字犯罪现场。

(4) 搜索：对于在调查阶段没有发现的证据进行详细搜索以获得尽可能多的数字证据。

(5) 事件重构：重构数字犯罪现场发生的事件序列，并对其进行合理的解释。

从技术角度考虑该模型的各个阶段，可以发现调查阶段中的搜索任务只是搜索阶段的一个基本形式。更明确地说，调查阶段的目的在于搜索符合特定事件类型的数字证据，如寻找计算机入侵事件中的 RootKits（攻击者用来隐藏自己的踪迹和保留根访问权限的工具），而这样的任务也可以在搜索阶段完成。

显然，该模型中没有必要包含调查阶段，因此可将该模型简化成保护、搜索及重构阶段。简化的模型就转变成基于事件的数字取证调查框架（Event-Based Digital Forensic Investigation Framework）。在基于事件的数字取证调查框架中，每个阶段的取证目标十分明确，并且各个阶段的取证需求也非常清楚。然而，该框架未能充分阐述利用其包含的保护、搜索及重构三个阶段对事件进行取证分析的有效性，使得该框架在实践应用时没有充分的可行性。此外，虽然将物理犯罪现场同数字犯罪现场进行结合有助于获取较多的证据以及了解两者的区别和联系，但是并未阐述如何结合才更有利于数字事件的重建。

2.1.3　基于目标的层次框架

基于目标的层次框架(Hierarchical Objectives-Based Framework)将取证过程分为两个层次，分别对应不同的调查阶段。其中，第一个层次所包含的调查过程类似基于现场的犯罪调查模型，但又有所不同。下面给出该框架第一个层次对应的调查阶段。

(1)准备：准备调查期间所需要的设备和为该事件的调查配备必需的人员。

(2)事件响应：主要是检测、验证及评估所调查的事件，并根据事件的性质确定调查过程应采取的响应策略。

(3)数据收集：根据事件响应策略，收集与事件有关的数字证据。

(4)数据分析：主要是调查、提取及重构所收集到的数据，目的在于获取真正支持事件响应策略的数字证据。

(5)出示：将取证调查过程中得到的结果和发现，以及获取结果和发现的关键方法和流程向法庭或者相应的安全部门报告。

(6)事件终止：即评估整个调查过程，研究调查过程中出现的问题，根据以往调查过程中的取证经验，提出相应的解决办法，同时积累本次调查过程中的宝贵经验。

第一个层次对应的取证调查结束后，开始第二个层次的取证调查。第二个层次主要针对数据分析，具体过程如下。

(1)调查：通过分析文件系统及其之间的内部联系，建立一个"数据地图"来显示已发现的数据类型及其位置关系。

(2)提取：根据事件调查目标，使用关键词搜索和过滤等技术提取数字证据。

(3)检查：检查提取阶段中提取的数据，其目的在于重构并证实所调查的事件或者驳斥该事件。

由此可见，基于目标的层次框架中提取和检查阶段与数字犯罪现场调查过程模型中的分析和检查阶段相似。该框架中，提取阶段的数据过滤过程与检查阶段的过滤过程相比，前者是否更具有一般性，该框架并未进行说明和解释。同其他的取证模型相比，基于目标的层次框架的优点是调查阶段的目标更加明确，通过分析文件系统数据及其特征，构建事件整个发生过程的"数据地图"。

2.1.4　端到端数字调查过程模型

端到端数字调查过程(End-to-End Digital Investigation Process)模型包含九个调查阶段，其重点在于分析过程。该模型有收集证据、分析事件及事件关联和规范化等阶段。该模型主要关注多个位置的事件融合。

同其他数字取证调查模型相比，该模型强调的重点是取证过程中的分析阶段。但实际上，该模型与它所强调的内容并不一致。比如，取证分析中的证据搜索和发现阶段应该在事件分析阶段之前进行，而且在分析阶段，发现和搜索证据过程复杂，需耗费大量时间。然而，该模型却将证据搜索、发现、收集以及保护划分成一个阶段。同已有的取证模型进行比较，该模型并未阐述其包含的取证阶段足够完备。

2.2　文档碎片数据特性

2.2.1　类型特性

计算机系统上有大量文件，这些文件属于不同的文件类型，如 Windows 平台上有 Microsoft Office Word、Excel 等文件类型，而在 Unix 系统上也有很多类型。有些类型既可以适合 Windows 系统，也可以适合 Unix 系统，如 Acrobat PDF 类型。在 Windows 系统通过文件扩展名来识别文件类型，而在 Unix 系统上通过"魔数"来识别文件类型。既然文件可以有不同的类型，那么当文件因某些操作，如删除或者格式化操作等，文件的各个数据单元转变成文档碎片的时候，这些文档碎片中所包含的数据依然是按照原有的文件类型方式进行存放。因此，可以认为这些文档碎片的类型就是该文件的文件类型。识别文件类型可以通过文件扩展名来识别或者文件的"魔数"来识别，但是对于文档碎片来说，识别其类型是一件困难的事情，因为它没有元数据信息。

2.2.2　内容特性

文档碎片是文件遗留在存储介质上的数据单元，包含有文件的部分数据。文档碎片数据反映了原始文件的部分内容。虽然文档碎片内所包含的数据是文件数据的一部分，但是取证调查人员所获取的文档碎片数据是底层存储单元数据，这些数据很多是二进制数据。因此理解文档碎片数据与理解文件不同，如对于一个由 Word 所创建的文件，用户可以打开它浏览所包含的内容(信息)；而对于应用程序文件来说，则可以通过执行它来了解其功能。但是对于文档碎片数据来说，取证人员则了解较少，包括文档碎片类型以及它所包含的内容。对这些内容的理解可以从以下三个方面来解释。

(1)纯文本类型的文件，理解这类文件所形成的文档碎片内容相对来说比较容易，可以通过十六进制编辑器(如 WinHex)打开该类型的碎片来了解其包含的内容。我们之所以能够了解其内容主要原因在于，该类型的文件在解析过程中不需要特殊的数据结构，存储介质中的数据与在内存中显示的内容都是相同的。

(2)结构化类型的文件，如 Word 类型、Acrobat PDF 类型等，这些类型的文件数据是根据该类型的数据结构管理底层存储介质上的数据。在将数据读到内存的过程中，必须利用该文件类型的数据结构，将该文件在存储介质上的数据单元中的数据解析到内存。转化到内存的数据可以以某种方式显示，如屏幕或者打印输出设备等。这通常是用户理解的数据。对于特定类型的文件来说，文件在内存中的数据和存储介质中数据单元之间可以相互转换，这种转换必须借助文件系统维持的元数据信息才能够成功。一旦失去这些元数据信息，这两者之间的转换则较难进行。

(3)可执行文件，用户可以通过执行该文件来了解它的功能。可执行文件是典型的二进制文件，它是一些机器指令代码和数据的集合。当可执行文件的数据单元转变为文档碎片数据之后，取证调查人员关心的不是它的机器指令和相关数据，而是该文件能够完成哪些功能。由单个文档碎片的数据来推测可执行文件的功能极其困难，因为取证调查人员不能执行文档碎片中的指令和相关数据，同时对这些文档碎片数据进行逆向分析也是不可行的，因为取证调查人员还不确定构成可执行程序的所有数据单元。而确定这些文档碎片原有程序的功能是取证调查人员的重要任务之一。

此外，内存区域中的一些文档碎片还有可能包含犯罪分子在进行犯罪过程中的用户名和口令数据。获取这样的数据可以帮助取证调查人员尽快发现数字犯罪的真实情况，并有利于数字犯罪的侦破。

2.2.3　逻辑特性

首先给出文档碎片逻辑特性的定义，即文件的数据单元在转变为文档碎片之后，这些文档碎片之间的邻接关系。文件数据单元之间的逻辑关系是由文件系统维持的，如图 2-3 所示。图 2-3 中箭头所指的数字表示存储介质数据块的物理地址。由图 2-3 可以看出，文件 File-B 的数据单元之间的逻辑关系主要由文件系统的存储位图维持，即根据存储位图，可以确定 File-B 的数据单元之间的排列顺序依次为存储介质中的第 1、2、5、8、9 数据块。现在的问题是当文件 File-B 没有存储位图信息后，如何获取 File-B 的文档碎片，以及如何知道构成文件 File-B 的数据单元之间的逻辑关系。文档碎片同传统的考古学科中的碎片不同，传统中的碎片有固定的形状特征，并且每个碎片经常可以与其周围的碎片进行匹配，存在着较强的空间特性，根据碎片的形状特征可以推断碎片之间的逻辑关系；但是文档碎片是构成文件的一块固定大小存储介质空间，它是构成文件的数据块之一，分析和推测各个文档碎片之间的逻辑关系是文档碎片取证的重要任务之一。

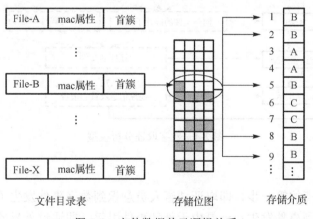

图 2-3　文件数据单元逻辑关系

2.3　取证分析模型

根据传统数字取证模型的优点，以及磁盘、内存及网络等介质文档碎片取证的数据特性，结合数字取证目标，提出了数字取证分析模型。从图 2-4 可以看出，该模型包含取证分析过程中必要的取证阶段：意识、授权、计划、识别、保护、收集、分类、分组、重组和还原、证据出示等。在取证模型中，还引入了各个取证分析阶段所产生的结果数据，这些数据能够使取证调查人员更加明确各个取证分析阶段的取证目标。该模型在各个调查阶段之间引入了回溯机制，作用是允许取证调查人员在取证分析的过程中，可以返回到之前的分析阶段，重新分析或者验证该阶段所产生的数据是否有效、全面。该模型中的意识和授权分析阶段，并不是与取证调查相关的技术阶段，而是与取证调查事件整体相关的分析阶段。将这两个阶段加入到取证模型中，能够更加明确事件调查的整个生命周期，并提示取证调查人员应该在事件发生的早期阶段重视事件调查，这更有利于事件调查相关证据提取的有效性。有关取证模型中各个分析阶段的含义描述如下。

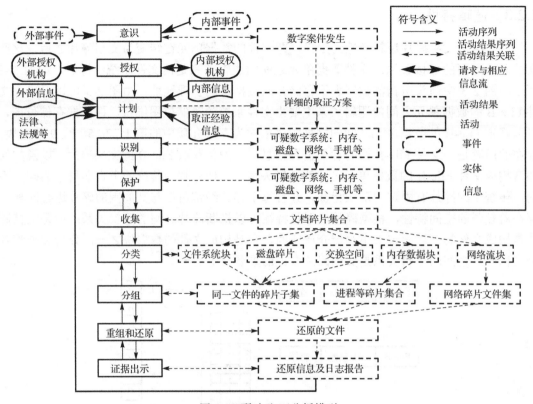

图 2-4　数字取证分析模型

1）意识

意识是取证调查的第一步，即取证调查人员意识到数字事件发生了。有两种情况使得取证调查人员意识到事件发生：一是由于外部事件引起，即通过外界的报告，意识到数字事件的发生，如某一组织或者个人向司法机构报告数字事件的发生，或者要求司法机构对其拥有的计算机及网络系统中的发生事件以及用户操作行为进行定期审计，以查看是否发生了有违其组织利益的数字事件或者一些与其业务不相关的操作行为；二是由内部事件引起的，如取证调查人员发现，防火墙、VPN 及入侵检测等系统的审计日志中含有攻击行为，显示系统受到某一网络攻击，并请求采取合理的安全措施。在这种情况下，取证调查人员也可以意识到事件发生。

现有很多取证模型并没有明确包含意识阶段，更没有解释其在取证调查中的作用和功能，尽管取证调查人员采用这些模型进行调查的时候，事实上也意识到了犯罪事件的发生。在取证模型中，明确提出意识阶段，其目的在于说明意识阶段是整个数字取证分析过程中重要组成部分之一。对于数字取证调查人员来说可以增强其取证意识，能够使之更加明确取证模型同发生事件之间的关系，有助于在犯罪事件发生的初期为事件调查提供更加丰富的资料。此外，取证调查人员的意识分析阶段也有助于对事件的整体调查形成一个合理的整体概念，因为每一个事件的调查都是不同的，如数字事件的审计调查同司法领域中的犯罪事件调查是不同的，前者可以与被审计的组织之间进行充分的合作，而对于司法领域中犯罪事件的调查，取证调查人员很难同数字事件的犯罪嫌疑人进行充分有效的沟通。取证调查人员如果在该阶段能够意识到不同事件之间的调查区别，则有助于选择正确的方法对事件进行后续调查。

2) 授权

取证调查人员一旦意识到数字事件发生之后，如果要对事件进一步调查，必须获取对该事件进行调查的授权。授权是指获得对数字事件进行调查的权利。授权方可能是司法机构，也有可能是某一组织的信息安全管理部门。授权的方法可能比较复杂，而且要求同外部及内部实体进行交流来获取必要的授权，授权的形式可以有多种，如果数字事件涉及司法领域，那么对该事件的调查就必须得到司法部门正式的授权；而对于一个组织内部来说，如果系统安全管理员发现某一安全事件，那么得到该组织安全部门的口头授权就可以对它进行调查。如果取证调查人员没有获取对安全事件的调查权利，原则上不允许对其进行调查，否则可能违反相关法律和法规。

3) 计划

取证调查人员在获取了事件的调查授权之后，就具备了该事件的调查权利。此时，取证调查人员必须构建初步取证调查方案，主要包括：该事件调查的目标是什么，如何来调查这个事件，以及调查该事件所采取的策略是什么，等等。为了使调查方案更加合理，取证调查人员必须获取尽可能多的信息，如获取组织内部与事件相关的信息，获取外部调查组织关于该事件的信息，甚至还有可能咨询组织内部人员有关该事件的看法，以及在意识阶段取证调查人员所获取的信息。这些信息并不是与事件在数字犯罪现场中的信息，而是一些与事件相关的间接信息，如事件发生的时间，事件所在的计算机系统的用户对事件所了解的信息等。取证调查人员在获取大量的信息后经过初步分析，制定对该事件的初步调查方案。该调查方案在后续的调查过程中，可以进行重新修订，有利于事件重建。因为在模型中采取了回溯机制，所以能够返回到该阶段进行调查方案的重新修订，这有利于取证调查人员对事件的调查分析。回溯机制并不意味着调查过程的不科学、不严格，而是为了充分获取事件信息，更加严格、准确地重建事件。取证调查初步方案对后续的取证调查有重要的影响，后续的调查必须根据该方案中的具体细节才能执行。

4) 识别

识别是指发现可疑计算机等数字系统以及证据的位置。识别阶段具有两个层次，即首先识别出嫌疑人员使用的计算机系统；其次，识别出可疑计算机系统中数字证据的位置源，如数字证据是在内存、磁盘(或者 U 盘)及网络等位置。对于可疑计算机系统的识别，有简单和复杂两种情况：在简单情况下，取证调查人员很容易发现嫌疑人员使用的计算机等数字系统；在复杂情况下，识别可疑的计算机系统并不容易，如对于涉及 Internet 的网络犯罪事件来说，直接识别出可疑的计算机系统很难，为了识别可疑的计算机系统，需要通过多个 Internet 供应商(Internet Services Providers，ISPs)才能跟踪到可疑计算机系统，而对于采用中间跳板方式的网络攻击，发现犯罪分子的计算机系统更是难上加难，因为这可能涉及不同国家的不同跳板系统等。识别可疑计算机系统的重点是识别出犯罪证据的具体位置。识别出犯罪证据的大致位置是比较容易的，如确定证据所在的内存、磁盘或者网络等。但是要识别出数字证据这些存储空间的具体位置比较难，因为现代的磁盘、内存及网络介质的容量不断增大，导致精准定位数字犯罪行为的证据难度较大。但是至少识别阶段为取证调查人员提供了犯罪证据可能的存储位置，主要包括三个层次：内存、磁盘及网络，取证调查人员可以根据犯罪事件的特性在磁盘存储介质的已分配空间和未分配空间中寻找相关文档碎片证据，在内存空间中，发现有取证线索价值的碎片数据，以及在网络数据流中识别可能的网络行为证据。需要说明的是，在该阶段并不排除非文档碎片数据(即完整的文件)，因为在取证调查中，可能有一些非文档碎片数据对事件的调查更加有用。对于非文档碎片数据，取证调查人员一旦识别到，则对这些数据进行取证分析。取证调查原则是识别能够对数字事件调查有用的数据。

5) 保护

保护是指当识别出可疑计算机系统及其证据源位置后，对证据源以及取证调查过程中所产生的证据进行保护，以免其遭到破坏。保护具有三种含义。首先，在数字犯罪事件证据获取过程中，保证获取的数字犯罪证据同原始的事件证据绝对相同，这一般通过数据完整性机制来保证。其次，在任何取证调查中，调查人员活动的一些痕迹会留在犯罪现场，这既包括物理犯罪现场，也包括数字犯罪现场。在数字犯罪现场中，理想情况下用于收集证据的工具和方法不会改变计算机系统中的证据，这可以通过一些安全机制来避免，如获取磁盘映像时可以通过安装防止对磁盘的写操作来避免对源磁盘数据的改变。尤其在数字犯罪现场，取证调查人员在计算机等数字系统上执行操作时，这些操作行为会造成计算机系统的状态信息发生变化，如获取内存等，取证调查人员势必会在内存中运行内存映像证据获取工具，这样很容易造成内存数据的改变。由于取证调查人员的取证行为(或者操作)会影响数字犯罪现场的完整性，所以为了尽可能保持数字犯罪现场，一方面必须保证犯罪现场中的证据，包括物理证据，改变最小；另一方面，如果必须要获取内存数据，必须确保内存映像获取工具对系统内存数据造成的影响。最后，当数字犯罪现场由于取证行为而遭到改变的时候，必须能够评价到底造成了数字犯罪现场的哪些改变，以及改变程度有多大等，以给出详细的变化衡量指标。这样做的好处是可以在法庭出示阶段给出更加详细的证明过程。

6) 收集

收集阶段通常与识别阶段紧密相连，交叉进行。在识别阶段，取证调查人员找到有价值的数据之后，记下证据的位置，然后对这些数据进行收集。因为数字取证调查领域中，原则上不允许在原始数据源上对数据进行取证分析，所以在收集过程必须注意三个因素。首先，不能向证据源写数据，避免破坏原始证据的完整性。其次，必须保证获取的数据与原始的数据位一位相同，这可以通过完整性机制保证。最后，在收集过程中，如有发现收集不成功或者其他错误，必须记录失败原因。在识别阶段，识别数据的范围既包含磁盘整个空间，也包含正在运行的内存空间，还包括网络数据流空间。但在收集阶段，将收集磁盘、内存及网络所有空间中的数据，具体包括存储介质的元数据和底层数据单元数据。这样做的目的在于建立犯罪事件的原始犯罪现场。这种处理方式不但保证了数字取证的一致性要求，符合数字取证模型的目的，而且获取了尽可能多的证据，并可以利用相关元数据对这些数据进行取证分析。

7) 分类、分组

分类和分组两个阶段是文档碎片取证分析中的重要分析阶段。将这两个阶段放在一起进行讨论是因为它们具有很强的相似性。在前面分析了文档碎片的类型特性，知道文档碎片可以根据多种方式进行类型划分。然而，从对文档碎片取证分析的目的看，直接从文档碎片集合中获取单一类型或者个体文件类型的文档碎片比较困难，所以在取证分析过程中，根据情况，可以将文档碎片分成结构化和非结构化类型的文档碎片，并根据取证目的，进一步将文档碎片进行分类。

分组是指将相同类型的碎片集合中的文档碎片分成一组一组的。每一个小组代表一个完整文件的碎片集合。分组是在文档碎片分类的基础之上，将相同类型的文档碎片子集合分成各个具体文件的碎片集合。

8) 重组

在分类和分组阶段取证调查人员获取了单个文件的碎片子集合。重组阶段的任务是对该子集中的碎片元素进行分析，找到它们之间的逻辑关系 (邻接关系)。单个文件碎片子集合的特征是集合中所有文档碎片能够构成一个文件 (假定碎片完整收集)。重组阶段的目的就是研究个体文件碎片集合中的文档碎片的特性及其连接规律，找到这些碎片之间的正确连接关系，恢复文件的原始内容。此外，即使获取一个文件的部分文档碎片，也可以通过重组阶段，重构文件的部分或者关键内容。这也有助于取证调查人员在法庭上提供数字证据。

9) 证据出示

证据出示阶段无论在传统数字取证模型，还是在文档碎片取证模型中都至关重要。首先，在法庭上出示的数字证据直接支持或者驳斥数字事件的假设。其次，产生数字证据的整个分析过程必须能够再现，即按照该分析过程可以重新获取与现有证据相同的证据。最后，在出示证据的时候，取证调查人员还必须提供尽可能确切的量化指标，如文档碎片收集过程中的完整性度量指标、碎片分类的精确度以及重组精度等。这些指标不但能够增强人们对数字证据科学性的理解，而且还能够增强数字证据在法庭上的说服力以及提高人们对文档碎片证据的认可程度。

2.4　模型优缺点

同现有的数字取证模型进行比较。我们提出数字取证分析模型具有以下优点。

1) 回溯机制

回溯机制是在分析结束后，可以根据分析结果重新调整"计划"活动，回到之前的某些步骤，重新进行数据获取和分析。随着数字技术的发展，犯罪分子的犯罪手段和方法也在不断更新和升级,回溯机制在取证过程中很有必要。在取证过程中,取证调查人员往往需要回溯到之前的调查阶段重新进行调查,以获取更加全面、有效的数据。同时,在回溯过程中,取证调查人员也可以根据取证需求及新的取证发现,重新采取不同的取证策略。

2)信息流

该模型在分析过程中引入了不同信息流。首先,在调查过程中,一个分析阶段可以根据特定的信息流过渡到下一个分析阶段。这可能在一个组织内部之间进行流动,或者在不同组织之间进行流动。这些信息流在整个调查过程中极其重要,但是不可能被形式化,因为它是在组织内部。此外,意识、计划等阶段的有效进行,也需要必要的信息流才能推动取证流程的有效进行。

3)取证结果

取证阶段产生的结果成为该模型的一个重要组成部分,该结果有助于取证调查人员明确取证过程中的阶段任务,同时这些结果有助于向司法人员解释最终产生的证据文件,增加取证过程的透明性,而且也有助于证据链监督过程。

4)分析层次

该模型直接获取磁盘、内存及网络等存储介质底层数据单元进行分析,利用与犯罪事件相关的所有底层数据进行犯罪事件的全局重建,而不仅仅是利用存储介质上的已有的完整文件证据等进行分析,这样就可以形成犯罪事件整个过程的证据链。这种分析方法不是根据实时取证调查和事后取证调查的角度进行的,而是不管什么类型的事件调查,该模型都将获取磁盘、内存及网络等存储介质的所有底层数据来进行分析。

该模型缺点在于:由于数字取证分析模型从存储介质底层获取数据,所以要求对磁盘、内存及网络底层数据组织单元的特性进行深入的了解,只有这样才能进行数字取证分析。此外,该模型并未对介质中原始文件的提取分析(也就是对非文档碎片数据的获取及其他方面)进行深入的讨论,但并不表示不重视非文档碎片数据,这样做的目的在于让取证调查人员集中从存储介质底层数据单元的角度展开取证调查。而在实际的取证调查中,在关注文档碎片证据的获取和分析之外,还必须高度重视非文档碎片证据的取证分析。

2.5　同现有模型比较

表 2-1 给出了数字取证模型同现有的取证模型在取证分析阶段上的比较。可以看出,文档碎片取证模型的分析阶段较为全面,而且其中有些取证阶段在现有取证模型中没有明确提出。碎片取证模型中分析阶段的目标和任务更加具体。数字取证分析模型中包含了各个分析阶段所产生的信息流,这在其他模型中也没有明确出现。

表 2-1　数字取证模型中各个分析阶段的比较

数字取证模型	数字犯罪现场调查过程模型	综合数字调查过程模型	基于目标的层次框架	端到端数字调查过程模型
意识				√
授权				

续表

数字取证模型	数字犯罪现场调查过程模型	综合数字调查过程模型	基于目标的层次框架	端到端数字调查过程模型
计划				
假设			√	√
识别	√	√		
收集	√	√	√	√
分类　分析	√	√	√	√
分组				
重组				
证据出示	√		√	√

表 2-2 分别给出了数字取证模型与其他取证模型所包含的术语的统计。数字取证模型中取证术语不但多于其他模型，而且每个术语的意义更加具体，这有助于不同领域的人员进行更为广泛的交流。此外，数字取证模型还有一个未能在表 2-2 中显示的优点，即在该模型中明确提出了取证模型中数据获取粒度概念。相比之下，其他的模型往往对其处理的数据未能进行明确定义。

表 2-2　模型中术语比较

数字取证模型	数字犯罪现场调查过程模型	综合数字调查过程模型	基于目标的层次框架	端到端数字调查过程模型
意识				识别
授权				
计划	准备		准备、响应	准备
假说				
识别		保护		
收集	收集	收集	提取	收集
分类	检查	调查	分析	分析
分组　分析	分析	归档	检查	关联
重组		搜索		
证据出示	报告	事件重构	出示、事件终止	

2.6　模型应用——案例1

1. 色情案件描述

广东省某市发生一起数字案件(由于涉及个人隐私问题，案例中用 X 先生表示涉及的人)：A 先生向 C 先生发送含有色情图片的电子邮件；C 先生在收邮件的时候，发现 A 先生发送的电子邮件中有色情图片，随后向当地警察机关举报 A 先生的犯罪事实；收到举报的警察机关命令网络警察介入该案件的调查。

2. 取证分析过程

根据案件描述可以看出，在整个司法过程，该事件调查涉及起诉人 C 先生、两个警察以及嫌疑人 A 先生。这表明获取该模型中这些组织之间的信息流是很重要的。从整体上来看，调查由三个重叠的过程构成，每个涉及该模型的活动以及同其他调查机构的信息交流。依据图 2-4 数字取证分析模型，分析过程如下。

意识：意识分析阶段在该调查中出现了三次。

(1)C 先生收到色情电子邮件，意识到有人传播色情图片信息。

(2)C 先生向警察机关举报案件，值班警察意识到色情事件要发生。

(3)警察机关将该案件的调查交给网络警察，网络警察意识到色情事件要发生。

授权：授权阶段涉及三种形式的授权。首先，警察机关接收到 C 先生的授权(即报案)，得到了进行初始调查授权；其次，网络警察得到警察机关的授权进行数字案件的调查，这里还包含对 C 先生的询问的权利；最后，网络警察在进行调查过程中，为了调查涉及调查的电子邮件服务器，必须获取拥有电子邮件服务器的组织的授权，才能进行调查。显然该调查事件的初始授权者是 C 先生，因为他是整个案件的受害者。

计划：该阶段发生在当他们决定调查发送电子邮件的可疑用户时。网络警察部门涉及计划要识别嫌疑人计算机的 IP 地址以及从该计算机上收集必要证据的方法。

识别：首先网络警察通过得到电子邮件服务器供应商的授权，查看电子邮件服务器，获得发送含有色情图片的邮件的 IP 地址；其次，通过 IP 地址，定位到嫌疑人 A 先生的计算机；最后，开始识别 A 先生的计算机。

当识别 A 先生的计算机时，需要确定从 A 先生的计算机上识别出什么内容。这时，就利用到了文档碎片取证分析模型，根据该模型，电子邮件的取证涉及大量的碎片信息取证。因此从文档碎片取证角度来说，调查人员要分析 A 先生给 C 先生发送了电子邮件。解决这个问题需要识别 A 先生计算机的交换分区空间，即虚拟内存中的碎片信息，以及 Internet 临时文件。

保护：根据识别阶段的结果，可以确定需要保护的证据源是 C 先生计算机上收到的电子邮件、A 先生计算机的交换分区以及 Internet 临时文件。此外，还需要保护与电子邮件相关的邮件服务器。

收集：通过识别活动可以知道，要收集两部分内容：交换分区和 Internet 临时文件。通过映像工具获取这两部分内容。该活动导致获取计算机以及保护存储介质信息作为一个物理证据。

分析：分析活动发生在交换分区和 Internet 临时文件的检查中。通过分析交换分区中的碎片信息，进行电子邮件模式匹配，查找邮件信息以及相关的色情图片信息。通过分析 Internet 临时文件，可以分析用户访问过的网站及相关网页。所有的分析过程都是在获取的映像存储介质上进行。

证据出示：这个活动发生了多次，并且随着调查的逐步进展和深入，证据出示的形式也更加严格，证据的真实性和正确性也逐步增加。

C 先生向警察机关出示 A 先生发送色情图片的证据，决定让警察机关进行处理该案件。

(1)警察机关将收集到的证据传达给网络警察，指示他们进行深一步的案件调查。

(2)网络警察将案件情况出示给拥有电子邮件服务器的机构，以获得授权调查。

(3)网络警察向警察机关出示证据获取搜查 A 先生计算机的许可证。

(4)网络警察在法庭上出示证据等，证明 A 先生确实给 C 先生发送了色情图片邮件。

2.7　模型应用——案例 2

1. 勒索案件描述

某公司的常务董事 G 先生受到勒索。他向警察机关报警，并交给警察一张软盘，该软盘含有可疑分子的勒索要求以及威胁 G 先生的信件等。已知该软盘来自他的朋友 E 先生。警察去走访 E 先生，发现他正在国外度假。在 E 先生度假归来后，警察获取了他的计算机，并询问他是否给 G 先生写信。E 先生承认他确实给 G 先生写了信，但否认在信中威胁和勒索 G 先生的事情。然后，E 先生还告知警察，他在度假期间，G 先生曾经访问过他的计算机。E 先生认为，G 先生有可能在信中添加勒索和威胁自己的事情，其目的是诬赖自己。

警察检查 E 先生的计算机硬盘后，在磁盘已分配空间发现了一封已经写好的信件，而在磁盘空间的未分配空间中识别出 16 个文档碎片含有与信件相关的内容，并进一步发现写好的信件中没有威胁的内容，而在未分配空间中的 16 个文档碎片中则含有勒索要求和威胁相关的内容。因此取证调查人员推断，由文档碎片构成的原始信件是 G 先生收到的勒索信件的初稿。

此外，取证调查人员在对文档碎片取证分析的过程中发现了 File 文件的闲散空间中含有与威胁电子邮件相关的内容，闲散空间的形成过程如图 2-5 所示。根据 File 的文件属性，可以发现 File 是在 E 先生出国度假之前创建的，并且 G 先生是在 E 先生出国之前收到那封电子邮件。从时间上可以确定，E 先生可能在出国前给 G 先生发送了电子邮件。对文档碎片的取证分析过程在下面"2. 取证分析过程"进行了详细描述。

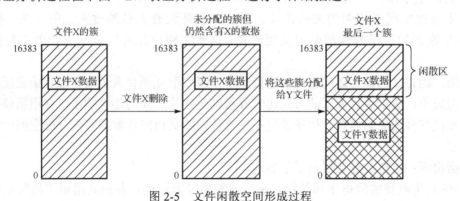

图 2-5　文件闲散空间形成过程

2. 取证分析过程

从勒索案件的描述看，在整个司法过程中，该案件涉及受害人 G 先生、嫌疑人 E 先生以及司法调查机构。根据图 2-4 所示的数字取证分析模型，该案件的取证分析流程如下。

意识：当 G 先生收到含有威胁勒索信息的电子邮件时，意识到自己受到威胁，因此向警察报告电子邮件的具体情况。

(1)G 先生向警察机关举报案件事实。

(2)警察将该案件的调查交给网络警察。

授权：授权阶段涉及三个方面：首先，警察得到 G 先生的授权进行初始调查；其次，网络警察得到警察的授权进行数字案件的具体调查；最后，网络警察在进行调查过程中，要得到 E 先生的授权，获取 E 先生的计算机，并对该计算机的磁盘进行取证调查。从授权阶段的三个方面可以明显看出，此次数字调查的初始授权者是 G 先生，因为他是此次数字事件的直接受害者。

计划：取证调查人员获得调查授权之后，并了解了事件的初步情况，需要对事件调查作进一步的规划。取证调查人员需要确定对 G 先生和 E 先生拥有的计算机系统中的磁盘进行取证分析的方法，并确定当从磁盘中识别出必要的证据后收集证据的方法。

识别：取证调查人员需要调查 G 先生的计算机，并确定 G 先生收到的电子邮件确实含有勒索和威胁信息。同时根据 G 先生提供的信息，需要调查 E 先生的计算机。经过进一步的取证检查，取证调查人员发现了 E 先生的计算机中磁盘的未分配空间的一些文档碎片与 G 先生的电子邮件内容直接相关。

保护：因为在识别阶段发现了与事件相关的信息，所以要对发现的数据进行保护，即保护 G 先生计算机系统中收到的威胁电子邮件，同时对 E 先生的计算机磁盘的未分配空间中的相关文档碎片进行保护。

收集：取证调查人员主要收集两种数据，一是 G 先生的计算机中的电子邮件，该邮件的内容将提供直接的证据；二是 E 先生的计算机磁盘上未分配空间中与邮件内容相关的文档碎片数据。

分类、分组：该事件中文档碎片的分类任务比较简单。首先，取证调查人员从 G 先生收到的电子邮件中提取相关的关键词。其次，利用这些关键词，识别出 E 先生计算机中未分配空间中相关的文档碎片。最后，取证调查人员通过人工的方法，筛选出与 G 先生收到的电子邮件相似的文档碎片，这些文档碎片可以重组成一个完整的电子邮件。

重组：确定文档碎片之间正确的连接顺序。因为取证调查人员取证过程中发现的文档碎片数量较小，所以通过人工的方式比较容易确定碎片之间的连接顺序，并根据碎片连接顺序，重组邮件的原始内容。活动发生在正常信件的文档碎片数据和未分配空间中的文档碎片数据。

证据出示：这个阶段证据出示了多次。

(1)G 先生收到威胁电子邮件后，决定向警察寻求帮助，并向其出示了威胁电子邮件内容。

(2)警察将从 G 先生获取的电子邮件交给相关取证调查人员，指示他们进行深一步的数字调查。

(3)取证调查人员向司法机构出示事件情况，获取对 E 先生的计算机进行取证调查的授权。

(4)取证调查人员向 E 先生出示调查其计算机的许可证明，获取 E 先生的计算机及其磁盘介质。

(5)取证调查人员经过对 E 先生的计算机的取证分析后，获取了文档碎片重组之后的电子邮件内容。在法庭上出示重组之后的电子邮件，以及从最初获取文档碎片到重组完成之间的必要阶段，证明 E 先生确实给 G 先生发送了威胁邮件。

2.8　小　　结

本章首先分析了传统的数字取证模型的研究现状，着重讨论这些模型的优缺点以及重点解决的取证问题；其次，分析了文档碎片数据的物理特性、内容特性及逻辑特性，在此基础上提出文档碎片取证分析模型，该模型引进了回溯机制和信息流等概念，包含的取证分析阶段较为全面；最后，将该模型同现有的取证模型中所包含的取证行为进行比较，并给出了模型应用案例分析。

第 3 章　磁盘取证技术

3.1　磁盘取证技术综述

3.1.1　磁盘取证技术研究背景

磁盘取证是计算机取证中的一种十分重要的取证调查手段，磁盘存储系统作为大规模数据存储的主要载体，历来是计算机取证领域的研究热点。随着磁盘存储系统的不断发展，信息储量日益增大，对海量数据环境下的磁盘取证带来了冲击。据 IDC 跟踪报告显示，仅 2014 年第三季度外置磁盘存储系统出货总容量为 25EB，相当于 2013 年总出货容量的 2/3，信息存储容量大幅度提高；2013 年用户和公司被数字盗贼偷去至少价值 140 亿美元的信息，并且大部分犯罪活动没有被发现或立案调查。数字犯罪事件日益猖獗，已严重影响到社会正常的生活秩序。

磁盘作为目前主要的信息存储介质，在未来的一段时间内，仍将是海量数据的主要存储设备。随着磁盘信息储量迅速增长、文件系统规模的不断升级和文件格式的多样复杂化，计算机犯罪手段更加多样化，涉及数据的覆盖面及信息量进一步扩大；犯罪人员结构复杂，内部人员犯罪的影响力巨大等因素为信息技术发展蒙上了阴影。传统的磁盘取证理论和技术研究相对滞后，数字证据获取难、检测难、定罪难的问题日益突显，难以跟上计算机犯罪技术的发展速度，已成为制约磁盘取证的重要因素，磁盘取证面临着许多新的挑战与困难。

(1) 已有的众多取证框架和检测方法大多是针对 GB 量级的数据进行的，着眼于小规模数据的检测而对相应海量数据的取证研究关注度不够，只是在理论上描述了海量文件检测标准和框架，并未给出对不同类型问题的具体检测方法。同时，取证分析工作主要依赖于取证人员的专业技术水平与经验，这难以保证取证分析的效率和取证结果的准确性。

(2) 传统的磁盘数字证据获取和存储方式关注于数据映像的完整性，对于小容量磁盘取证所需要的人力资源和时间开销均在可容忍范围内，而对于大容量的磁盘或磁盘组取证所需要的人力资源、时间开销是不可忽视的。犯罪案件的多发使得证据文件数量激增，大量证据管理难的问题也十分突出。

(3) 信息技术的逐步发展，磁盘存储密度越来越高，文件类型不断增多，文件系统正由独立的、小规模的系统向大型的、高性能的、分布式的复杂系统发展，文件系统元数据量在不断增加，文件系统与文件之间的链接形式也变得更加复杂，如何从纷杂的元数据中找到对定罪有用的信息变得困难。同时，反取证技术的不断发展，文件隐藏、文件篡改、文件删除等操作更加容易实现，进一步加深隐藏文件类型识别与文件数据恢复工作的困难程度。

3.1.2　磁盘取证相关概念

1. 磁盘取证概念

1991 年，在计算机专家国际联盟（International Association of Computer Specialists，IACIS）会议上首先提出计算机取证概念时，磁盘数据就是重点分析对象。磁盘取证技术可以概括为：按照法律法规的要求，利用现有的取证技术，通过分析计算机犯罪事件，提供符合事实的与磁盘有关电子证据的过程。

磁盘取证，其内涵就是控制案件现场并获得与磁盘相关的数字证据，进而展开对计算机上的磁盘和静态存储设备上存储的数据信息进行及时可靠的保护、转储和记录，经过相应的司法程序和法律审计成为被法庭认可的罪案证据的过程。

2. 磁盘取证流程

由于取证技术的先天条件限制，犯罪案件调查主要为事后取证，即在犯罪事件发生到取证调查之间存在物理迟缓期，主要的取证手段是取证人员到达计算机犯罪的现场，扣留相关硬件，获取证据映像，将映像数据存储到特定容器中进行取证分析，详细流程如图 3-1 所示。

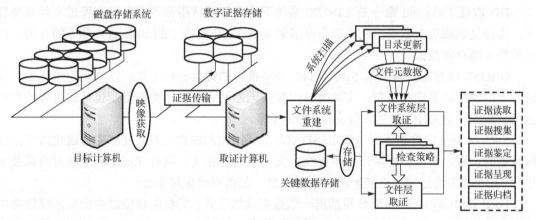

图 3-1　磁盘取证流程

证据获取阶段中的源数据可能存在多种数据接口和 PCI 配置，并受目标计算机的计算处理能力影响，获取速度可能有所差别。

证据存储阶段中要在保证数据不变的情况下，尽可能无损压缩文件以节约空间。同时，也应注意多种证据存储时的组织结构，一份源证据映像经过解析后可能分解为多份独立的证据，证据的保存要注意的是，证据信息应在必要情况下加密以防止信息泄露，证据管理不善会导致证据混乱或丢失，这将会增大开销并降低取证的公信力。

证据分析阶段中一项重要工作是恢复目标映像文件系统，然后才能够以文件形式浏览映像内容，取证工具必须能够兼容现存的多种文件系统，不仅仅是将原有系统恢复出来，同时要将文件系统之外的数据也要显示在系统中，不遗漏任何一个扇区。恢复文件系统后才是真正的数据分析，包括证据读取、证据搜集、证据鉴定、证据呈现四个阶段，最后为证据文件归档。

3.1.3 磁盘映像及证据存储技术

数字证据存储技术主要包括证据获取证据、证据转换与证据存储三个方面。证据获取主要用于获取目标设备内存储的信息以及与设备相关数字信息。证据转换是指将当前证据存储在相应的容器中以便于证据的传输、存储与分析。证据存储是指将获取的证据进行安全、高效的存储。

1. 数字证据映像技术

对于目标磁盘数据的获取和保存是进行取证分析的前提和基础。其中,目标磁盘数据的获取即为证据映像,映像过程中要保证所获取映像内的数据结构与目标磁盘内数据结构完全一致。数字证据映像技术包括基于硬件和基于软件的映像技术,基于硬件的映像获取技术中数据完整性高,映像速度快,但技术要求较高且取证开销较大。基于软件的映像获取技术取证代价较低、易操作,是目前比较常用的映像技术,也是本文研究的重点。

Windows 系统提供了数据复制功能,通过复制功能完成数据向新接入存储介质的转移,但数据传输速率低且需要经过文件系统释义后复制,导致文件系统元数据的改变。

DD 取证工具,dd 命令是 LINUX 系统下磁盘读写常用命令,可以不经过文件系统释义,直接复制磁盘内数据,利用该命令能够实现 DOS 系统下的 diskcopy 命令的作用,但不能够压缩存储数据。

GHOST 映像工具是美国 SIMENTIC 公司推出的硬盘备份工具,以扇区为单位将一个磁盘上的物理信息完整复制,实现磁盘内数据无差别读取,即能够复制包括磁盘碎片在内的所有数据,但 GHOST 工具仅支持 DOS 环境。

EnCase 取证工具是美国 ACCESSDATA 公司推出的映像工具,能够实现磁盘内指定区域数据的读取,数据读取操作不需要经过文件系统的释义。同时 EnCase 能够对映像数据进行 MD5 哈希值运算,逐扇区获取摘要信息,但数据映像速率低。

Forensic Imager 是 FTK 公司推出一款数据映像工具,能够实现磁盘内指定区域数据的读取,数据读取操作不需要经过文件系统的释义。同时 Forensic Imager 能够对映像数据实现 MD5/SHA1 哈希值运算、Zip 压缩算法,但数据映像速率低仍然是主要的制约因素。

上述软件的特点如表 3-1 所示,由于内存数据交换速度的大幅度提高,存储及传输设备的升级使得映像速度有了一定程度上的提高,相比磁盘容量的增长速度却远远不够,映像速度的影响因素不仅包含目标计算机的硬件条件,也包括映像工具对目标计算机的各类资源优化、整合,提高内核数据处理速度,从而提高磁盘映像速度。

表 3-1 数据映像工具对比

功能分类	DD	GHOST	EnCase	Forensic Imager
运行环境	LINUX/Windows	DOS	Windows	Windows
哈希	不支持	不支持	支持	支持
压缩	不支持	不支持	支持	支持
映像速度	一般	优	一般	一般
易用性	差	一般	优	优

2．数字证据转换技术

取证工作都是围绕着证据展开的，数字证据的获取、存储技术逐渐成熟。原始磁盘数据是以 raw 格式存储，计算机取证工具存储的证据数据为 raw 或专有容器存储证据数据；专有容器在 raw 映像文件的基础上增加了数据处理、专属元数据及完整性验证等过程。由于 raw 文件所需存储空间大、传输时间长、不能提供完整性及加密等服务限制，并不适合直接作为证物进行传输和管理。

由于证据存储并没有统一的标准，产生了大量不同类型的证据存储容器，如 E01、AFF等。由于证据容器间的结构差异，导致分布式取证工作中证据分析的困难，无法保证证据在多方取证下的法律效应。由于取证软件的利益和安全需求，统一使用一种取证工具是不现实的。因此需要利用证据本身去实现跨软件取证，尤其是在分布式取证中不同取证工具会使用同一数据源进行取证分析，以证明所获取证据的法律效力。

EnCase、FTK、AFFlib 等软件都提供了证据容器转换功能，EnCase 提供了对 DD、AFF、SafeBack 等容器间相互转换功能；FTK 提供了对 DD、SMART（1.10）、Safebacks（1.8）、E01等存储容器间的相互转换功能。

图 3-2 所示为目前使用频率较高的几种数字证据容器，用圆形表示，虚线包含了一个取证软件所支持的存储容器。其中 raw、AFF、E01 的兼容性最高，能够被两个以上的取证软件解析。

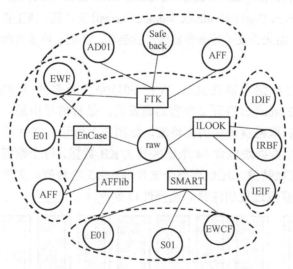

图 3-2　不同取证软件支持的证据容器

在大数据环境下，一份数字证据能够达到 TB、PB 数量级，为了便于证据的检索，缩减证据存储空间，会使用证据容器存储源证据，然而容器间转换的低效率会造成较大的时间开销。在 FTK Imager CLI 2.9.0_Debian 的测试报告中 USB2.0 Flash Disk raw 转换为E01（压缩）的测试速度为 247MB/min；在 ASR Data SMART 2010 版的测试报告中编号ATLAS10K2-TY092J 的 raw 映像转换为 S01（无压缩）速度为 461MB/min，远不能满足 TB、PB 级的数据量容器存储的需求。

在分布式取证中，数字证据可能被分配到不同的证据库中，查看不同证据库中不同类型的证据需要调用相应软件来打开证据完成检索，若证据库缺少此类容器的解析软件，则将会阻碍正常的取证工作。证据容器转换能够适应此类需求，但证据容器间的转换过程并没有统一的标准，即转换过程是否符合规定并没有相应的标准以供参考，如何度量转换过程的效率及完整性同样是需要解决的问题。

3. 数字证据存储技术

证据的安全存储是一切取证操作的基础，由于涉案数据量的大幅度增加，迫使证据存储技术不断提升。分布式取证工作平台为证据的存储分担了很大的压力，但并没有从根本上解决问题，学者们也提出了多种解决方案，仍然达不到证据简洁、综合性存储的目标，更为紧迫的是分布式取证组织中证据管理混乱问题也十分突出。

早期证据的获取主要依靠取证人员的专业素质，数字证据方面的主要挑战是证据发现的完整性和取证结论的可靠性。取证方面的研究人员和从业者针对这两个挑战，采取的解决办法是研究证据的获取和分析证据的工具，产生了很多类型的 ad-hoc 和专属证据容器以存储证据、分析结果和证据元数据（如证据完整信息、来源等），保证证据的合法性。

Turner 首先提出了"数字证据包"（Digital Evidence Bag，DEB）思想，即存储数字证据、证据元数据、完整性信息、访问和使用审计记录的容器；Schatz 扩展了证据包思想，提出了利用全球唯一标识符（Globally Unique Identification，GUI）以确定数字证据及相关元数据信息。

数字取证研究工作组（Digital Forensic Research Workshop，DFRWS）于 2006 年建立通用数据证据存储格式（Common Digital Evidence Storage Format）工作组，该工作组在 2006 年 9 月进行了磁盘映像存储调查，由此引发了证据容器研究的热潮，产生了许多性能优良的证据存储容器。

1）EnCase

EnCase 证据文件存储容器（EnCase V1，E01）是由著名的 EnCase 公司设计，基于EWF（Expert Witness Forensic）取证文件容器研发的，是目前使用最广泛的证据容器之一。E01 文件容器包含所获取磁盘数据的比特流，如图 3-3 所示。文件以"Case Info"的文件头开始，文件中的每个数据块包含 64 个扇区共 32KB 数据，每个数据段头部包含该数据段的 CRC 校验码，并在比特流末尾包含整个文件的 MD5 哈希值。文件头包含获取的日期和时间、获取人姓名、获取过程的注释、选择性口令等。

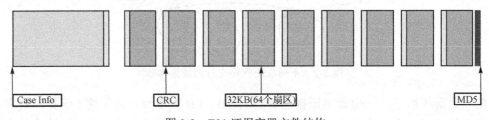

图 3-3　E01 证据容器文件结构

E01 主要限制在该文件最多能够存储 2GB 数据，证据量很大则需要多 E01 文件存储，命名方式为 FILE.E01、FILE.E02 等。E01 的另一个问题是，E01 中元数据限定了类型和数量，不能够存储其他与案件相关的元数据。由于 E01 已不能满足取证的需求，EnCase 公司推出了第 2 版（Encase V2，Ex01）。Ex01 继承了 E01 的数据存储方式，仍由数据段来存储二进制文件块。

图 3-4 中显示由 Ex01 存储的一个数据段,采用链接(Link)来记录取证文件元数据和不同证据段之间的联系,包含链接数据(LinkData)和链接记录(LinkResord)。链接数据记录该链接的内容,如事件数据、法庭信息等。

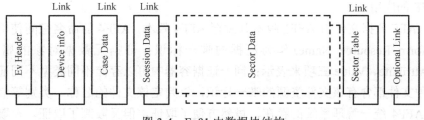

图 3-4　Ex01 中数据块结构

与 E01 相比较,Ex01 添加了多类型压缩文件的存储功能、按段队列排序、取证元数据分类有效存储等功能,相对于目前的取证形势,主要的问题是 Ex01 加密对数据块及相应的链接进行加密,仍然存在一部分信息泄露,因为文件头及链接头信息没有被加密;Ex01 能够兼容多个不同类型的证据文件,对每个文件的查询都需要读取 Case Data 中文件名信息,逐个进行文件名匹配直至找到目标文件,需要反复读取不同段以获取不同证据的文件名。

2) AFF 证据存储容器

Garfinkel 延伸了取证文件容器的想法,提出了一种专属磁盘映像存储容器——高级取证容器(Advanced Forensics Format,AFF),用来存储单个磁盘映像,将任意的元数据存储在一个单独的数字文档中。如图 3-5 所示的 AFF 文件及 AFF 段结构。AFF 文件由文件头、元数据段、数据段三部分组成,而 AFF 文件段由段头、段名、段数据、段尾四部分组成。AFF 元数据段并没有存储空间限制,理论上能够容纳无限制的元数据。

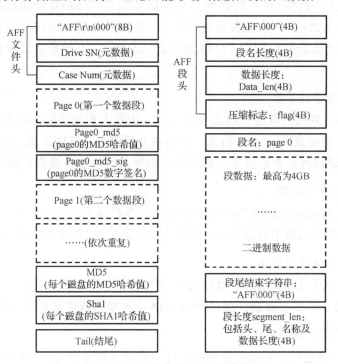

图 3-5　AFF 文件及 AFF 段结构

　　AFF 证据文件被设计用来存储单个磁盘映像，而现代取证调查中通常会对批量计算机或批量存储介质进行证据获取，则会产生很多单独的 AFF 证据文件；AFF 中元数据以名/值对进行数据存储，当元数据不仅存在一个属性时，则不支持相应的存储；加密机制等问题限制了 AFF 的应用。

　　目前，AFF 证据文件由 AFF1 版本开发至 AFF4 版本。AFF4 的命名空间使用全球唯一名称(Uniform Resource Name)作为证据的唯一标识；证据元数据对象的属性关系由 Subject、Attribute、Value 三项来表示；同一证据容器中可以存储不同类型不同证据源中的数据，每种文件都含有该文件资源的唯一标识，以判定该文件的名称、类别等信息。

　　由于 AFF4 统一管理系统的存在，虽然方便了取证，但又限制了取证。在取证网络不发达的地区，使用 AFF4 证据仍需将证据与元数据等分卷存储，造成管理不便。同时，此种管理形式只能够适用于同一法律标准或区域间法律机构相互合作的两个区域，在法律标准不同的两个区域，受到政治等因素的限制，阻碍了证据文件的使用和发展。

　　3) ILOOK 证据存储容器

　　ILook Investigator v8 和 IXimager 映像工具提供三种证据文件容器，即压缩(IDIF)、非压缩(RIBF)和加密(IEIF)。其中，有少部分资料是公开的：IDIF 提供了保护机制以检测从源映像实体至输出形式所发生的改变和支持在事件的界限内记录使用者活动。IRBF 类似于 IDIF，仅磁盘映像是压缩形式。IEIF 将磁盘映像加密。为了能够向下兼容，IXimager 将以上三种证据文件转换为 raw 格式。

　　4) ProDiscover 证据存储容器

　　Pathway 技术公司的 ProDiscover 安全软件集使用 ProDiscover 映像文件容器。它包括五个方面：16B 证据头(包括映像的签名和版本信息)、681B 映像数据头(包含使用者提供关于映像的元数据)、映像数据(包含一个未加密块或一组压缩的数据块)、压缩数据块大小，以及映像获取过程中 I/O 错误日志。该容器具有较好的文件记录结构，但是不能够扩展。

　　5) PyFlag 证据存储容器

　　PyFlag 是图形界面的取证和日志分析工具，由澳大利亚国防部研发的，它使用 sgzip 压缩格式，sgzip 是可查询的 gzip 格式。通过独立压缩每个 32KB 大小的数据块，sgzip 允许映像数据的快速访问而不需要事先解压整个映像，但该映像没有存储相应元数据。

　　6) RAID 证据存储容器

　　RAID(Rapid Action Imaging Device)快速映像设备提供了少数技术细节，包括"内在完整性检查"，在一个空白磁盘中创建了 raw 数据的可验证副本，副本被嵌入一个取证工作站。

　　7) SafeBack 证据存储容器

　　SafeBack 是基于 DOS 系统而设计的，用于创建整个或部分磁盘映像副本，提供映像"自我鉴定"功能，通过与数据一起存储的 SHA-256 哈希值以保证数据的完整性。

　　8) SMART 证据存储容器

　　SMART 是一款适用于 Linux 系统的软件，由专家取证(Expert Witness)设计。它以字节流的形式存储磁盘映像或存储为 ASR Data 的 EWCF(Expert Witness Compression Format)。映像在 SMART 中以单独文件或多重元数据文件形式存储,包括标准的 13 字节头、一系列数据段,段类型标志有 header、volume、table、next、done 五种。每个段包含类型字符串,到下一段的 64 比特偏移量、64 比特段大小,填充大小,CRC 校验码。容器头 header 数据段支持信息自由记录,但容器中只能存在一个 header 段。

9)证据存储容器间的比较

表 3-2 提供了不同证据容器间的特征对比,"公开"表示相关容器详细资料是否公开;"元数据存储"表示容器是否支持元数据;"压缩和搜索"表示容器中证据在压缩状态时能够搜索证据信息;"加密和防泄露"表示在容器加密状态下是否泄露证据相关的信息;"多证据"表示容器内能否存储多个证据文件。

表 3-2　不同证据容器间的特征对比

Evidence Type	公开	元数据存储	压缩和搜索	加密和防泄露	多证据
DEB	Y				Y
EnCase	Y	Y	Y		Y
AFF	Y	Y	Y	Y	
ILook			Y		
ProDiscover	Y		Y		
PyFlag	Y		Y		
RAID	Y				
Safeback			?		
SMART			Y		

注:Y 表示支持,空白表示不支持。

证据容器的复杂程度与取证工具的本体属性有关,缺乏一种具有代表性的通用元数据存储容器。取证的本质属性决定取证工作能处理大量多类型证据,高效、通用的证据存储能加速取证工作的良性发展。

3.1.4　磁盘元数据的取证分析技术

磁盘元数据包括文件系统元数据和操作系统元数据两部分。文件系统元数据取证主要用于获取与文件操作相关的计算机犯罪踪迹,包括文件操作(创建、访问、修改)行为分析和文件恢复,是进行磁盘底层数据检测的前提与基础。操作系统元数据主要是系统运行期间用户活动产生的静态日志或记录等非活动信息,是磁盘取证中重要的证据来源之一。

1. 文件活动取证分析技术

Farmer 提出了使用 MAC 时间戳(Modification、Access、Change)恢复过去某一时段内所发生过的文件操作行为。通过将 MAC 时间描绘的时间线上,取证调查人员可以通过回放文件系统活动来找到可疑行为,如敏感时间的文件创建或删除。Casey 通过绘制文件系统活动直方图来显示每个时间段的活动数据,通过文件活动强弱程度辅助判断入侵检测行为。但此过程需要较高的实时性,因为时间戳具有时新性特征,即发生新的活动行为后立即更新，对于取证调查的延时特性，不能较好地发挥作用。Jonathan 发现 MAC 时间戳在大量数据复制时所产生的统计特性，能够用于判断数据盗取行为产生的 atime①一致性特征。

数据盗取是数字犯罪调查中一个重要安全问题，对用户利益和系统安全造成很大的损害。Jonathan 并没有给出有效的检测方法，主要有两个限制因素，一是时间戳是可伪造的，二是海量文件系统中时间戳提取时间消耗问题及大量的元数据掩盖了具有一致性特征的元数据位置。Gym-Sang Cho 利用日志记录证明了过去时间戳的存在，能够证明时间戳是否被修改，但没有解决应急模式位置判断所需的时间开销问题和位置判定问题。若能够利用有效的分治策略对文件系统进行分块，缩小检测范围，使 atime 特征突显出来，则利于该特征的发现，提高检测效率。

2. 删除文件取证分析技术

删除文件通常包含大量用户不愿意"看见"的信息，在犯罪调查过程中，这些信息中往往隐藏着大量的犯罪证据，因此分析删除文件是取证工作中十分重要的一个环节。

磁盘中的 NTFS 结构是以卷组成，而卷建立在磁盘分区之上，当 NTFS 卷中一个文件被删除时，通常系统至少修改三个位置信息：一是修改文件 MFT 头偏移 16H 处字节值；二是修改其父文件夹 MFT 表项中的 INDEX_ROOT 属性（90H）或 INDEX_ALLOCATION 属性（A0H）；三是修改位图元数据文件$Bitmap，将已删除文件对应位置清零。

FAT 文件系统利用文件目录表（FDT）、文件分配表（FAT）实现对磁盘数据的管理功能，当系统删除 FAT 中的文件时，文件删除操作会把该文件目录项的第一个 ASCII 码字符标识修改为 E5，然后将 FAT 中相应的表项值清空填零，表示原属文件的 FAT 项所占的存储空间未被分配，但该文件除此之外的其他属性及文件内容并未被改变。

取证软件（如 EnCase、EasyRecorery 等）主要采取扫描文件系统元数据的方式来恢复删除文件，在删除文件元数据被覆盖时此种检测方法并不能恢复删除文件，而需要逐扇区扫描进行恢复，忽略了回收站对删除文件的影响。回收站中不仅存放了被删除的文件，也记录了文件的删除时间和文件的原始路径等信息。Tarun Mehrotra 利用 Windows 7 命令行完成了回收站文件的读取，但无法脱离系统完成回收文件的读取。

目前主要是针对 INFO2 文件进行分析，而对 Windows Vista 版本之后的回收站文件研究较少。同时，缺乏文件系统行为记录与回收站信息关联方法，若两者能够同步交叉回放，将会提高异常删除文件的筛选能力，提高检测效率。

3.1.5　磁盘文件数据识别与雕刻技术

1. 文件类型识别技术相关研究

文件伪造是反取证重要技术之一，恶意第三方利用篡改技术和隐写技术伪造文件达到信息盗取、扩散病毒、隐藏非法信息等目的。同时，复合文件类型数量增多、文件去特征化和检测周期长为隐藏文件的识别增加了难度。因此，有必要采取相应的检测措施，来正确识别文件类型，保护主机的信息安全。

---

① 在 POSIX 标准中，atime 指示文件的访问时间，即文件的内容上次被读取的时间。

文件类型识别方法分为两类：基于后缀名、魔数和文件内容识别技术。后缀、魔数信息识别技术是目前常见的方法，由于其特征明显且易修改，所识别的类型是不安全的。基于文件内容识别技术利用同类型文件内容相似性，提取共性特征以识别未知文件碎片，根据所分析内容可分为三类。

(1)对整个文件或文件头部分进行分析。利用文件的字节频率分布(Byte Frequency Distribution，BFD)，把文件看作是 ASCII 码集，转换为 256 个特征向量，通过统计每个字节的频次求解字节中最大字节值出现概率，并与目标集进行匹配，如图 3-6 所示，具有较高的成功率；也有学者采用多个中心点作为文件签名进行匹配，利用文件首部截断分析，对存在文件头部特征的文件达到 80%以上的成功率；Karresand 和 Shahmehri 对"多个中心点"方法改进，使用新的度量方式 RoC(Rate-of-Change)反映连续字节值的分布差异，但只针对 JPG 文件具有较高的精度。上述方法针对完整文件分析取得较好的效果，但对固定位置过度依赖，篡改者将文件固定位置的显性特征更改，误判率明显增加。

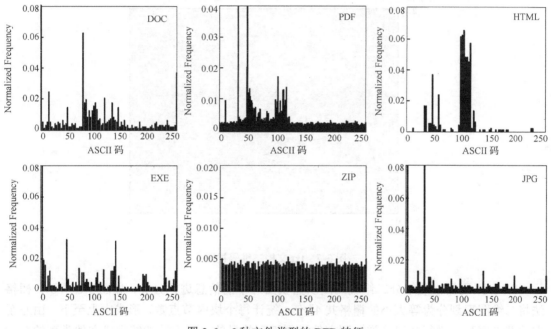

图 3-6　6 种文件类型的 BFD 特征

(2)对与文件头无关的文件片段或数据包进行分析，具有较高的可信度。Veenman 结合 BFD、香农熵，利用柯氏复杂度分辨文件类型，仅在 HTML 及 JPG 文件上达到较高的成功率；Erbacher 和 Mulholland 提出使用统计学测量方法完成文件类型识别，将文件大致分为几类，没有明确类型；Irfan 利用文件内部高频字段建立有效模型完成文件类型匹配，但对固定位置过度依赖，Irfan 给出的备用方案中利用文件内随机位置读取文件片段，但会增大时间开销。Mehdi 在网络数据交换频繁的情况下，提出使用主成分析(Principle Component Analysis，PCA)和神经网络技术实现文件类型判断，具有较高的实时性。该方法能够适应高频次网络数据交换，但面对海量静态文件，存在学习速度慢、"trial-and-error"耗时问题。

基于 BFD 的文件类型识别方法简单高效，但在文件"指纹"收集过程中，利用该类型训练样本中字节频率的均值作为度量，对极限值十分敏感，而极限值会反向影响均值，两者相矛盾。此类方法仅关注字节频度，没有依据字节序列相关性进行特征选择，对于相近类型文件及无明显特征的文件判别准确率不高。

（3）文件可视化技术。文件可视化技术即利用逆向工程（Reverse Engineering, RE）提供对整个文件系统或文件的形象化视图。

有学者利用逆向工程将不同类型文件映射成 $1\sim n$ 维图形结构，完成对整个文件由二进制数据段到图形的转换，尤其对大型文件及无明显特征的文件类型取得了较好的效果。一维图形是将扇区中每个节点 ASCII 值转化为整型值，范围为 $0\sim255$，其值是该点的灰度值，从而将整个扇区数据映射到一幅灰度图中。二维图形是将相邻的两个 ASCII 值作为一个二维平面坐标点，如图 3-7 所示。三维图形、四维图形等即取连续三个或四个 ASCII 值等，以此类推。此类方法能够将不同类型文件连续编码特性以图形方式直观呈现，但对于大量文件段存在时，存在识别效率低的问题。

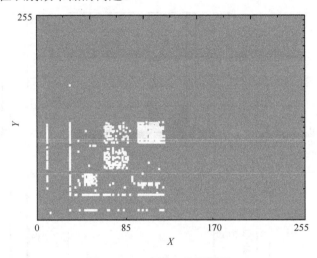

图 3-7　txt 文档二维码视图

Ellen 采用栅格法划分二维编码图以捕获图片中的信息进行分类，如图 3-8 所示。栅格法将二维图表划分为等大小的栅格共 4^n 个，统计每个块内节点数，形成由上至下、由左至右的节点序列，进行学习分类达到文件类型识别的目的。该方法能够完成文件类型的自动识别，由于取证识别需要较高的准确率，栅格的划分往往会忽略一部分节点间的特征以缩短检测时间。若能够在保持特征数不变的同时，不硬性去掉二维编码特征而采用度量算法去掉无贡献的点将会大幅度提高检测的准确率。

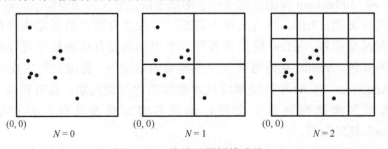

图 3-8　二维编码图栅格分块

2. 文件雕刻技术相关研究

文件雕刻(File Carving)技术是数字犯罪取证调查领域中的一项重要技术。磁盘、内存等电子设备中数字证据的易失、易损、易破坏等特性造成文件系统元数据的不可修复性损坏，导致该文件系统下的文件很难被恢复，文件雕刻能够恢复已成为碎片的文件或本身已经碎片化驱动下的文件，是提取特定类型文件数据的有效手段。

目前文件雕刻技术主要分为三种。

(1)文件结构雕刻。基于文件整体结构的雕刻技术是最常见的，这种方法利用已知的文件头/尾信息以雕刻文件。有一些学者对 JPEG 文件进行分析，标识 JPEG 文件头和结尾，所有在两个标记间的数据段能够被雕刻出来并重新装配成原始文件。这类方法的主要问题是，若文件中的数据碎片是间断无序的，则雕刻出的文件是不可用的。Garfinkel 设计了一种段间隙雕刻方法，通过文件标签(头/尾)检测出文件的头部和尾部指针时，逐扇区增加两部分间的间隙直到雕刻出有效的文件。该方法依赖于快速对象确认技术以完成错误匹配的确认，查看雕刻文件是否符合预期或特定的文件结构，但该方法没有给出当离散的文件段超过两个时的解决办法。对于没有尾部标识的 SQL 数据库文件并不能够有效识别。

(2)统计和机器学习雕刻。这种雕刻方法将文件段按照与文件类型相近的统计规律进行分类，所需要的文件段数据可以与文件头/尾部特征分离。我们课题组利用信息熵原理，对文档碎片的熵值特征进一步提取，并利用该特征完成 Word、JPEG 等文件雕刻。对于 SQL 数据库文件 unicode 编码方式并不能提取有效的字节统计特征。

(3)可视化雕刻。可视化雕刻即利用逆向工程完成扇区数据可视化。有学者利用二维视图实现同一类型文件碎片的识别，并利用文件内的特征识别码完成文件重组。但目前并没有针对 SQL 数据库文件相关可视化技术研究。

数据库作为存储数据的重要载体，在磁盘取证中占据着重要的地位，但目前没有相应的雕刻方法以解决文件系统功能缺失时的数据库文件恢复问题，有学者对保留 SQL 数据库文件元数据时的删除恢复问题提供了解决办法，在元数据缺失时并没有有效的解决办法。若能够利用可视化技术对 SQL 文件进行逆向分析，判断 SQL 文件二维特征，将会提高 SQL 数据库的雕刻成功率。

3.2　基于磁盘映像的新型数字证据存储容器

当数据达到一定规模后，数据的获取、存储、转移都会变得困难。存储技术的发展使得单个磁盘能够存储更多的数据，在对一个或多个磁盘进行调查时，磁盘内的大数据量导致映像的时间消耗更多，如 DD、Forensic Imager 等映像软件重点关注映像数据的完整性，相应的耗时也随着多重验证措施的应用成正比增长。在某些实时取证环境，取证效率尤为重要，需求也非常迫切。因此，设计一个合理、高效的映像方法具有重要的意义。

同时，获取的映像数据通常不会保留原证据形式，而采用特定的存储容器进行存储以便于映像的存储。不同的取证软件采用不同的证据存储容器，取证软件的地域性限制导致不同的证据容器很难兼容一种取证工具，证据存储容器需要保证即使不被某一取证工具所识别，也能够通过证据容器转换以适应取证需求。同时转换缺乏统一标准，导致转换过程中可能出现数据丢失、泄露等问题。

一份磁盘映像在经过取证分析后，会衍生出多种不同类型和不同数量的子证据，离散的证据容易遗漏或丢失，查询和管理过程复杂，而高效的数据管理能够节约管理成本，保证文件的完整性。同时，证据中存在大量的敏感信息，证据存储过程中需要保证信息的安全性，不泄露信息，不被恶意人员识别。

针对上述数字证据在存储与使用中的问题，本节从磁盘取证的应用环境出发，针对磁盘大数据量、数据提取与存储困难的问题，提出了基于 GPU 的并行磁盘数据快速获取方法，为证据的高效存储提供了支持；在此基础上，利用数字证据存储容器进一步提出了基于证据库的数字证据转换模型，提高证据容器间的交互应用范围。依据转换模型，重点分析了典型的 AFF 证据容器，设计了基于 AFF 的快速证据转换算法，提高了证据的存储速度。通过定义数字证据存储容器，利用改进的元数据存储模式进行多样化证据关联存储，设计了新型数据证据容器(New Digital Forensic Container，NDFC)，降低了存储开销及证据信息泄露的风险。

3.2.1　基于 GPU 的并行磁盘数据映像获取方法

在取证过程中，通常会对可疑磁盘进行数据映像，然而磁盘存储系统容量的极速增长使得取证人员难以在短时间内获取数据映像。Access Data 公司研发了一款映像工具 Forensic Imager，能够在 Windows 系统下获取磁盘数据映像，EnCase 取证软件能够在 Windows 系统下获取指定区域或全盘数据，但获取速度相对于当前磁盘信息存储容量而言并不能满足现有需求。

1. 映像速度的限制因素

通常磁盘内数据流向外磁盘的复制操作都会经过如图 3-9 所示的过程，即读取磁盘、I/O 传输、RAM、I/O 传输、磁盘写入五个主要步骤。在此方面达到较好效果的是 Fastcopy 软件，该应用程序能够在 Windows7 系统下达到 20MB/s 以上的数据传输速度，还存在如 TeraCopy、ExtremeCopy 等性能优良的数据复制软件，与 Windows 复制文件不同，Windows 在复制文件时默认开启了缓存机制，但缓存空间过小，导致数据的读取和转移过程几乎同时进行，容易陷入 I/O 瓶颈。第三方复制软件在获取写入缓存权限时能够得到更大的缓存空间以提高数据传输速度。

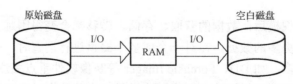

原始磁盘　　　　　　　　　　　　　　　　　空白磁盘

I/O　　　　RAM　　　　I/O

图 3-9　复制操作数据移动路径

对于取证映像操作而言，不仅仅涉及简单的数据复制，同时要保证数据完整性、可用性，在某些环境下还要保证数据的安全性和小空间存储，具体如下。

(1)完整性：取证软件在映像过程中必须保证映像数据与原始磁盘数据完全一致，即保证数据的完整性，通常做法是采用 MD5 或 SHA 系列算法对数据进行哈希摘要，利用摘要信息进行数据完整性验证。

(2)安全性：在映像环境不安全的情况下，需要对数据进行加密操作，以保证数据不被第三方恶意识别、破坏以及相关信息不泄露，威胁数据安全的因素不仅仅来自外部，也有可能是内部人员造成的。通常采用对称加密或公/私钥对等加密措施。

(3)小空间存储：在原始磁盘存储容量过大的情况下，既要获得全部数据又要节省存储开销，通常会采用压缩算法以压缩空间，常用的有 gzip、哈弗曼编码等。

由于上述因素的影响，磁盘映像的速度受到很大的限制，其核心问题都是算法运算和 CPU 处理过程中的时间开销，若能提高数据处理速度，映像速度也会随之提高。

2. 缓存优化

Windows 在数据复制时使用文件缓存机制以提高数据交换速度，这些缓存数据不会即刻写入磁盘中，而是在磁盘、系统内核层、系统应用层之间频繁地进行数据转移，如图 3-10 所示，导致传输速度受到影响。在多点数据流并行读取时，时间开销大部分都浪费在盘片寻道上，同时也影响缓存内页数据的命中率。

源磁盘 → 磁盘缓存 → 内存 → 系统缓存 → 磁盘缓存 → 磁盘

图 3-10　常规数据流向

由于映像过程数据 I/O 频繁交换，降低了数据处理效率。因此，使用 CreatFile 中无缓存标志 FILE_FLAG_NO_BUFFERING 创建 I/O 设备句柄，这样数据不会被约束在缓存里，一定程度上延长 I/O 操作的时间，以传输更多的数据。

3. 基于 GPU 的映像数据处理模型

图形处理器(Graphic Processing Unit，GPU)技术是 NVIDIA 公司于 1999 年提出的，GPU 降低了显卡对 CPU 的依赖，并承担了 CPU 的部分复杂计算工作，最初 GPU 主要用于图形处理，随后 NVIDIA 发布了 CUDA，提出了面向 GPU 编程的完整接口，具有卓越的 GPU 计算能力，使得通用计算机性能大幅度提高，引发了 GPU 通用计算革命。与 CPU 容器相比，GPU 具有更加强大的浮点计算能力和更高的内存带宽。因此，引入 CUDA 容器以完成磁盘映像的快速获取。

内核程序(Kernel)主要由 CUDA 执行，调用关系由 CPU 处理，能够实现一次调用 GPU 上的并行计算，数据装载到 GPU 上进行处理，每次内核程序的调用都是新的一次 GPU 并行计算过程。

线程(Thread)是 GPU 上的核心计算结构，与基础 C 程序中无序线程不同，GPU 具有一定的线程层次。CUDA 线程在线程块(block)上执行，若干个线程组成一个 CUDA 的函数 kernel，共同形成一个指定大小的计算网格(Grid)，而线程块内又划分出运行线程的小空间，最多达到 512 个，即存在 512 个线程。

CUDA 上运行的程序是基于主机-设备(Host-Device)机制，CPU 作为主机，内核程序运行在 GPU 设备上，协同主机执行并行计算任务。CUDA 软件运行容器如图 3-11 所示，

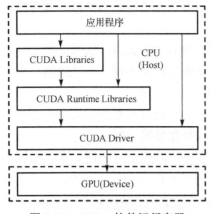

图 3-11　CUDA 软件运行容器

CUDA 提供了 Libraries、Runtime、Driver 等不同层次接口,以完成主机-设备间的数据传输和 GPU 内存的分配与释放。CUDA 内核程序执行时包括两部分:任务控制和并行计算。任务控制执行在 CPU 上,而并行计算由内核程序执行,这种分工协作方式实现了 GPU 细粒度并行计算。

数据映像与数据流运算是有区别的,通常静态数据处理首先将数据存储在数据库中,并通过 DML 语句控制数据,数据库系统用于响应处理的数据并将结果返回。在数据映像过程中,数据存储在磁盘介质中,数据规模很大,数据 I/O 的频繁交换导致数据处理效率低。

本书提出了一种基于 GPU 的并行映像数据处理模型,模型主要分为两部分:CPU 作为 Host,负责数据处理的控制核心;GPU 作为设备 Device,负责计算任务和处理性能优化。在模型中,首先将数据块存储到 GPU 显存中,分析能够并行执行的数据处理任务,将这些可并行的磁盘数据和计算任务交由 GPU 执行。并行映像数据处理模型如图 3-12 所示。

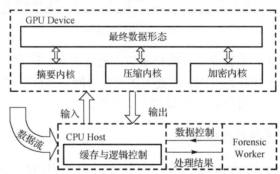

图 3-12　基于 GPU 的并行映像数据处理模型

使用 CUDA 技术,模型分为 CPU Host 和 GPU Device 两个计算单元。CPU Host 计算单元扫描磁盘得到数据,然后数据缓冲,并把数据连续交换覆盖到 GPU Device 的内存中。GPU Device 计算单元执行内核程序,接收磁盘数据,进行数据处理。

模型中 CPU Host 控制整个处理逻辑,主要是任务分配及数据输入/输出等,逻辑中包含的并行处理也由 Host 执行和控制,负责 CPU 和 GPU 之间数据输入/输出的协调与控制。GPU 通过线程执行管理器控制不同状态数据输入到不同线程中,这些线程就可以对不同状态数据进行 MD5、gzip、encrypt 等分别并行计算,主要有以下几个步骤。

(1)初始化显卡。

(2)分配 Host 中的内存和 Device 中的内存(显存)。

(3)将 Host 中的数据复制至 Device 显存中。

(4)执行设备中多线程块内核程序。

(5)将 Device 显存中的数据复制至 Host。

(6)重复步骤(3)~(5)。

(7) 重新分配所有内存并中止程序。

对于不同可疑计算机环境的需求，若数据流量负载达到上限，CPU 的计算硬件需求不足，则 GPU 能够很好地完成并行计算，降低了 CPU 处理性能的要求，提高数据处理的吞吐量和计算处理能力。

4. 映像安全获取机制

对可疑磁盘进行数据映像时，原始数据的完整性十分重要，因此在对数据进行任何处理之前优先进行保护操作：一是保护磁盘数据不被其他程序修改和破坏；二是提供验证措施以证明数据的完整性。基于软件的写保护成本低且易于修改、维护，与其他设备或程序间的兼容性较强，便于形成一个有机的整体。文件过滤驱动是一种加载在上层应用程序与下层磁盘驱动之间的驱动程序，对所有发往磁盘驱动的消息进行分析，执行符合取证意愿的文件操作，而拒绝其他请求消息，完成对磁盘的写保护。

如图 3-13 所示，文件系统驱动主要用于维护文件系统的磁盘结构和用户与底层磁盘之间的交互，文件系统驱动接收由 I/O 管理器发来的文件操作请求消息以进行增、删、改等操作，而 I/O 管理器需要取得文件驱动层在其内的注册信息来识别上层应用程序发出的访问磁盘逻辑卷的请求，并将请求消息发送到文件驱动层，最后请求到达磁盘驱动程序以完成相应操作。

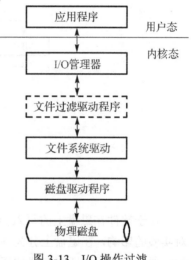

图 3-13　I/O 操作过滤

首先，通过文件过滤驱动将所有发往底层的写请求拦截，而允许其他请求操作的向下发送，以此来保护磁盘数据不被更改，保证磁盘数据有效性。其次，对映像数据的校验引入杂凑函数，以块为单位数据读取并利用 MD5 算法进行哈希运算，产生一个 128bit 的杂凑函数值，以此来作为映像数据是否完整的衡量标准，并存储在每块数据的末尾处。最后，根据实际需求，可选择压缩或加密机制针对每一个数据块进行操作。

在磁盘映像过程中，若某块数据不能读取时表示遇到坏区，则跳过坏区并向下进行。磁盘映像概要流程如图 3-14 所示。植入的取证工具要尽可能小以防止覆盖过多的磁盘扇区，可疑磁盘中每一个扇区都可能存在犯罪信息，在数据损失不可避免时，要尽可能小。该方法是基于目标计算机资源进行的，利用目标计算机的处理单元进行最优化数据处理，完成映像的快速、完整的获取。

5. 实验结果与分析

实验所用主机为 Intel I5 酷睿双核处理器、CPU 2.50GHz、DDR2 RAM 2GB、显存 Nvidia GeForce GT610 1024MB、希捷 Barracuda 7200rpm SATA3.0 1TB 磁盘外存，软件计算平台为 VS 2010 C++、CUDA SDK 4.0\Windows NT5.0 操作系统环境进行实验，利用映像软件与基于 GPU 的并行磁盘数据映像获取方法 Fastimage 进行比对分析。

为了尽可能满足 GPU 数据并行计算的数据集需求，额外配置一块相同参数显卡 Nvidia GeForce GT610，交换的数据块大小采用 512KB，CUDA 采用异步模式实现，线程数为 48×4，使用通用的 kernel 优化手段进行 CPU-GPU 串行实验。

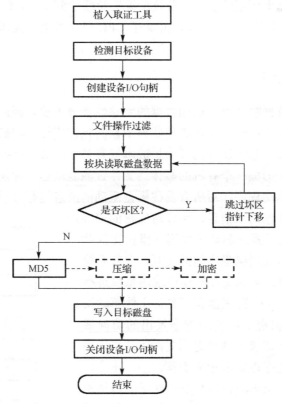

图 3-14 磁盘映像概要流程

由于软件在磁盘上的写入会覆盖部分扇区，影响磁盘数据的完整性，为了避免这种因素对实验的影响，在磁盘上分为两个分区 C、D，软件写入 C 盘，对 D 盘不同大小的数据块进行映像，由于不同证据容器的压缩算法不同，导致时间存在差异，因此在实验中统一映像为 AFF1 证据容器，zip 压缩方式，结果取 4 次平均值，如表 3-3 所示。

表 3-3 Block_Table 信息

Disk/Forensic	Fastimage		FTK imager 3		EnCase 6		Forensic imager	
	速度/(MB/s)	MD5	速度/(MB/s)	MD5	速度/(MB/s`)	MD5	速度/(MB/s)	MD5
1GB	20.41	Y	20.25	Y	21.96	Y	18.34	Y
10GB	21.23	Y	19.34	Y	21.15	Y	17.98	Y
100GB	23.06	Y	19.21	Y	20.18	Y	17.42	Y
900GB	24.73	Y	18.18	Y	19.94	Y	17.48	Y

注：Y 表示支持 MD5 哈希运算。

如表 3-3 所示，通过 GPU 并行数据处理能够加快 Fastimage 的映像速度，但没有 GPU 成倍提高的效果，这是由于映像过程中数据处理只是其中一个步骤，受到 PCI 总线以及 I/O 接口速度的影响，并不会使映像速度得到成倍的提升，但总体上达到较高速度映像获取的目标。

3.2.2　基于模型的数字证据快速转换算法

1. 数字证据转换模型

数字证据容器都是围绕底层证据 DD/RAW 进行处理并加上独有的文件特征，以存储不同类型的电子证据。下面对电子证据进行逆向分析，还原原始证据文件，在保持证据完整性、可用性的基础上提出基于证据库的证据容器转换模型，针对当前主流证据容器（如 EnCase、FTK、ILOOK 及 SMART 等）总结而提出的模型，如图 3-15 所示。

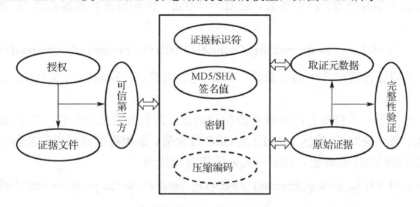

图 3-15　数字证据转换模型

证据文件必须在授权后才能被可信第三方进行查阅或处理，取证人员得到证据文件处置权后需要对证据进行摘要签名，用于验证源证据在处理前后数据一致性；再获得证据文件的文件头，不同类型证据文件的文件头定义不同，主要包含前缀标志、元数据或签名等信息，这些信息的存放位置不固定，可能在文件头部也可能在文件末尾。不同证据文件的完整性验证机制不同，通常采用传统形式 MD5/SHA-1 或 CRC 冗余校验。

2. 证据容器转换相关要素定义及规则

1）模型约束规则

证据转换需满足以下三个条件。

(1) 准确性：原始证据（取证人员获得的最初证据）在转换前后信息不改变。

(2) 可靠性：证据转换过程可重复操作。

(3) 可审计性：能够通过取证文档还原证据转换过程。

证据文件存储过程中使用加密、签名、压缩和完整性校验等措施，证据文件可选择压缩格式以减少证据文件的转储时间消耗并降低维护成本。若要提高证据文件存储的安全性，则提供加密机制，此时需要证据提供方或可信第三方提供密钥以进行证据文件的解密。

在证据处理过程中，可能会附带取证操作说明并与原始证据共同存储到证据中。取证元数据中包含与原始证据相关的哈希签名值，是验证证据有效性的关键因素，通过完整性验证和循环转换来证明证据的完整性以及转换过程的准确性。数字证据转换模型中 t 表示原始证据（未处理），s 表示转换后证据，CVERT(s) 表示原始证据与目标证据容器的转换过程。

2) 转换类型

转换过程是与证据容器相关的，不同类型的文件对应不同的转换策略。

证据存储容器 AFF 是近些年提出的，由于其开源特性，几乎能够被所有的取证软件所接受，同时具有压缩及附加元数据功能，减少保存证据的空间消耗和证据转储的时间消耗。AFF 1.0 支持两种数据段：元数据段，用于存储关于磁盘映像信息；"页"数据段，用于存储被映像磁盘本身信息，段由段名、32 比特"flag"位和数据有效载荷组成。AFF 与 raw 转换方程式为

$$t_{\text{raw}} = \text{CVERT}(s_{\text{AFF}}) = \text{decrypt}(\text{seg(forensic)} \bigcup \text{md5}(s) \bigcup \text{header} \bigcup \text{decompress}(s)) \tag{3-1}$$

其中，seg 为取证过程中产生的元数据；md5 为签名算法；header 为文件头；decompress 为解压缩。

E01 容器采用一系列独有的压缩片段保存证据。其包含四部分内容：以 Case Info 为前缀的文件头、每个块即 64 扇区（32KB）的 CRC 校验值、原始磁盘比特流和文件尾部用于文件完整性验证的 MD5 哈希值。E01 与 raw 转换方程式为

$$t_{\text{raw}} = \text{CVERT}(s_{\text{E01}}) = \text{seg(forensic)} \bigcup \text{md5}(s) \bigcup \text{header} \bigcup \text{decompress}(s + \text{crc(block)}) \tag{3-2}$$

其中，Safeback 是基于 DOS 功能用来准确地生成整个或部分磁盘映像。它为映像提供"自我认证"计算机取证行业标准，即通过与数据一起存储的 SHA-256 哈希值确保映像的完整性，确保映像备份不可更改。Sageback 与 raw 转换方程式为

$$t_{\text{raw}} = \text{CVERT}(s_{\text{Sageback}}) = \text{SHA}(s) \bigcup \text{seg(forensic)} \tag{3-3}$$

3) 相关参数定义

转换参数是针对转换过程的评定，判断转换性能的标准，主要包括转换速率、压缩率、MD5/SHA 签名验证。

定义 1 证据转换速率是完成由原始证据到目标证据容器转换的过程中原始证据与消耗时间的比例。转换速率为

$$v_{\text{CVERT}} = \frac{\text{metric}(t_i)}{t_{\text{time}}} \times 100\% \tag{3-4}$$

其中，metric(t_i) 为证据 t_i 的大小；t_{time} 为转换消耗的时间。

转换速率是转换性能最主要的参考标志，在读取证据文件时，应尽量避免对原始证据产生影响，因为正常情况下利用 OS 读取文件会改变文件系统元数据。

定义 2 证据压缩率表示原始证据大小与目标证据大小的比例。证据压缩率在一定程度上反映压缩算法的优劣。证据压缩率为

$$p_{\text{CVERT}} = \frac{\text{metric}(t_{\text{CVERT}})}{\text{metric}(t_i)} \times 100\% \tag{3-5}$$

签名验证用于证明所转换原始文件数据的正确性，并在循环转换中反复使用以证明转换过程的可靠性。

签名验证为

$$\text{Judge} = \{1 \,|\, \text{if md5(source)} == \text{md5(converted)}\} \tag{3-6}$$

其中，Judge 为验证过程；source 为原始文件；converted 为转换后的文件。

3. 基于模型的 AFF 证据文件快速转换算法

AFF 证据存储容器发展十分迅速，已由 AFF 1.0 更新至 AFF 4.0 版本，并逐渐被各大取证软件商（如 EnCase、FileImager 和 FTK 等）纳入软件所支持数字证据容器单中。《国家发展改革委办公厅关于组织实施 2013 年国家信息安全专项有关事项的通知》中对各种网络失密泄密事件证据保全、提取和分析的功能，提出对 AFF 镜像支持。

基于 AFF 的证据存储是一种便捷、高效的存储方式，针对多用户的 Windows 平台，AFF 证据文件的相关应用研究较少，商业取证软件的使用成本高且对于大数据量转换速率相对较慢。因此，我们根据证据转换模型，重新设计了 AFF 证据文件转换算法。

1) AFF 证据转换规则

根据 AFF 证据文件结构，定义如下规则。

（1）按"页"转换规则。AFF 证据文件中将各段称为"页"，转换过程是以页为单位，在 pagesize 字节范围内读取二进制流数据，实现 AFF 证据文件全局与部分证据数据的读取。

（2）坏段规则。Badflag 拥有 512B 数据块，用于辨别数据段中"坏"段（不能读的段）；Badflag 字段使得取证工具能够知道哪些扇区不能进行读操作，在这种情况下填充为 NULL 或其他形式常量数据作为这些扇区的数据。

2) 算法的基本思想

AFF 要求对每个段进行签名以确保段内数据的完整性，而在文件的末尾处对整个文件进行签名以确保 AFF 文件的完整性。在读取 AFF 文件时 afflib 工具从文件头开始，随着文件指针的偏移逐步读取段内数据并对每个段进行完整性验证，在输出二进制文件流后在 AFF 文件末尾处仍对整个文件进行完整性验证。

在本算法中定义变量 bool sig，采取先进行整体的完整性验证，再选择性进行分段完整性验证。即文件指针在读取文件时，指针跳到文件末尾处读取整个 AFF 文件的签名值并进行验证，若验证相同则证明证据完整即 sig=0 时，每个段的完整性也间接得到验证而无须再次对每个段进行签名值验证；若 sig=1 则证明 AFF 证据文件不能确保完整而需要对每个段进行完整性验证，以确定是哪个数据段执行了增、删、改操作。

3) 算法设计与描述

AFF 至 RAW 文件类型转换程序主要完成 AFF 文件头识别，完整性判断，二进制流数据读取的任务，程序流程图如图 3-16 所示。

程序启动时根据 AFF 在磁盘中所存储的位置，定义 AFF 文件指针，指针指向 AFF 文件起始位置，在判断文件能否打开后，文件指针越过文件头、元数据段及数据区，定位并获取 AFF 文件校验值，再计算整体 AFF 文件的 MD5 和 SHA1 值以检验文件完整性，与所获取的校验值进行比对。若 sig=0，则跳过元数据，循环并行读取页内数据到结束；若 sig=1，则分别读取各段数据并进行完整性校验，标记坏段数据为 NULL。若存在坏扇区，则将坏扇区填充零并标记为 NULL。

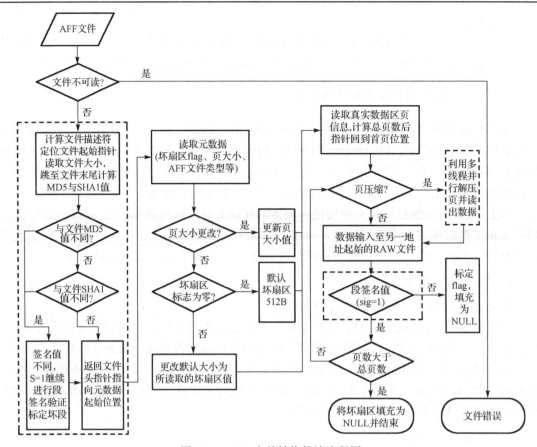

图 3-16　AFF 文件转换算法流程图

4. 实验结果与分析

为了验证基于模型的数字证据快速转换算法的有效性,实验采用与 3.2.1 节中相同的硬件环境,参考映像为 Digital Corpora 网站中所提供的源 AFF 映像 ubnist1.casper-rw.gen0.aff,源 RAW 映像为 ubnist1.casper-rw.gen0.raw 进行评测, 映像文件大小对比如表 3-4 所示。

表 3-4　映像文件大小对比

文件名	文件大小
UBINST1.casper-rw.gen0.aff	90.6KB
UBINST1.casper-rw.gen0.raw	0.6GB
UBINST1.casper-rw.gen0-converted.raw	0.6GB

初始 RAW 文件与 AFF 文件大小对比如表 3-4 所示, 两文件大小比率为 6788∶1, 而压缩文件的压缩比率远远大于 1/6788, 可见 AFF 文件中存在大量的坏扇区, 在转换至 RAW 文件映像时, 将坏扇区填充 NULL 并返回, 符合前文所述坏扇区 flag 规则。

为了证明转换程序产生 RAW 文件的准确性, 将转换后的文件命名为 ubnist1.casper-rw.gen0-converted.raw 与源 RAW 文件使用映像取证工具 Forensic Imager 进行对比, 结果如表 3-5 所示。从表中可看到两个文件的 MD5、SHA1 和 SHA256 验证码完全相同, 故两个文件是完全相同的, 由此可见本算法完全有效。

表 3-5　转换前后 RAW 文件 MD5/SHA 值

验证码	UBINST1.casper-rw.gen0.raw 文件 （验证软件 Forensic Imager）	验证码	UBINST1.casper-rw.gen0-converted.raw 文件 （验证软件 Forensic Imager）
MD5	761C3476A18A87699B6B9976433D198D	MD5	761C3476A18A87699B6B9976433D198D
SHA1	b59be85e018c5479c9171638e5ef49690bc8a704	SHA1	b59be85e018c5479c9171638e5ef49690bc8a704
SHA256	8e12133e88ba9aa9a791779176f1444212cf2b1790 8cc2fe9a141ac40db47fe9	SHA256	8e12133e88ba9aa9a791779176f1444212cf2b179 08cc2fe9a141ac40db47fe9

使用 Forensic Imager 工具进行转换速率对比，源映像为 Forensic Imager 分别获取索尼 USM2GL（2GB）、索尼 USM4GLX（4GB）、索尼 USM8GN（8GB）、索尼 USM32GM（32GB）USB2.0 U 盘生成 AFF 映像文件 usb_drive_sdb.aff（2\4\8\32GB），在映像生成过程中，每次存入的数据都不同，且在存储数据前对 U 盘进行填零操作，每种 U 盘获取 10 份不同数据映像。在 Windows 环境下 AFF 文件与 RAW 文件平均转换速率对比如表 3-6 所示。由表 3-4 可知本程序的转换效率高于 Forensic Imager 工具的转换效率。

表 3-6　平均转换速率对比

AFF 文件 /MB	RAW 文件 /MB	速率/(MB/s) (本文方案)	速率/(MB/s) (Forensic Imager)	压缩率 (平均)/%	签名验证
1188.34	2048	27.8	27.0	58	相等
2332.42	4096	28.9	28.1	57	相等
4627.53	8192	30.5	28.0	57	相等
21215.48	32768	43.4	27.5	65	相等

表 3-6 中给出了每种方法的转换速率，并进行了压缩率计算和签名验证。从表中数据可看到在文件较小的情况下，两者转换速度差异并不明显，随着数据量的增加，速度差异不断增大。可见在大量数据存储时，本算法的优势更加明显，反映出本算法在提高效率方面的有效性。

在大数据环境下，速率显得尤为重要，数据储量越来越大，存储单位从 B 至 TB 不断攀升，对证据文件管理造成不便，对转储时间降低的需求也会越高，在 I/O 端口数据传输速率上限的限制下，证据处理速率的提高则显得更为实际可行。

3.2.3　新型数字证据容器

通过对可疑磁盘进行映像，获取相应的证据数据，此时数据称为源证据数据（通常为 RAW 格式），RAW 并不是最佳证据存储方式，源数据会存储到相应的证据容器中。然而证据不仅是单一磁盘证据源，也包括 RAID 集、网络数据包、内存映像等，源证据取证分析后会衍生出多种类型的子数据集（如 txt、avi、gif 等），导致数字证据的存储管理困难。因此，根据取证前后数据的存储状态，即单一 RAW 映像到多块多类型数据集的变化，设计一种新型数字证据容器（New Digital Forensc Architecture，NDFC），其主要功能有以下几点。

（1）支持数据的多类型加密，并确保在证据相关元数据被加密后能够正确识别该证据的类型以及相关信息。

（2）支持多种压缩算法。

(3)数据证据的提取与存储能够以多线程方式运行。

(4)能够读取随机位置数据。

(5)提供信息读取权限设置。

(6)支持多类型数据的集中存储。

1. 证据存储容器

NDFC 中的数据存储是基于段(Segment)的，段是一种大型数据块，块内存储二进制文件。一个 NDFC 由一个或多个段组成。

数字证据以二进制字节流进行存储，如图 3-17 所示，NDFC 将证据分为两部分，即源数据和元数据。源数据的种类很多，可能为磁盘映像，也可能为其他存储设备映像、待分析或已分析的数据流。

NDFC 容器主要包含两部分：证据存储目录(DE_Directory)、段(Segment)。

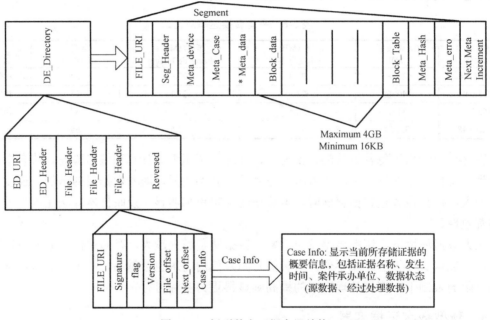

图 3-17　新型数字证据容器结构

2. 证据存储目录

DE_Directory 主要用于各类数据段的索引，管理 NDFC 内多个证据映像。例如，在对某对象进行取证调查时，现场有一台主机和一台笔记本电脑，对应的存储介质包括 2 个机内磁盘、3 个可移动磁盘(2 个 U 盘+1 个磁盘)、14 个光盘，如果计算机处于开机状态，数据源还包括当前网页信息、当前活动进程信息、IP 地址信息、网络数据包及内存映像等。这些源数据如果分开存储，需要多个存储介质，但这不符合取证开销尽可能小的原则，一些案件仅涉及虚拟资产或少量财产，高额的取证经费不仅是取证机构的负担，也是申诉人的负担。

源数据分析后衍生出的文件数可能在几千个以上，产生的元数据记录同样很多，散列存储的文件和元数据文件容易造成证据丢失。引入文件系统目录容器，使用 DE_Directory 索引 NDFC 中的证据信息，由图 3-17 中 DE_Directory 表示。

DE_Directory 由 NDFC 标识（ED_URI）、NDFC 文件头（ED_Header）、文件头（File_Header）、预留扇区（Reversed）四部分组成。

1）NDFC 标识

ED_URI 表示数字证据的统一资源标识符（Uniform Resource Identifier，URI），每一份证据都拥有唯一的标识符，通过该标识符能够在第三方证据库平台分析和查找所有的证据。标识符具有三种使用方式：统一资源定位符（URL）和统一资源名称（Uniform Resource Name，URN）或二者结合。在本文中标识符存在两种形式：URN 和 URL。与 AFF4 文件命名空间类似，URN 使用 NDFC 命名空间，即字符串起始于 NDFC，例如，一个 NDFC 文件名表示为 NDFC：00213211-00000010-6d0f0210，为随机生成 12B 的字符串，即 ED_URI，主要用于加密功能。URL 与 URN 的命名空间相同，但数据内容有所区别，如图 3-18 所示 URL 的字节定义。

NDFA: 00213211 - 00000010 - 6d0f0210

NDFA的URL	文件offset	签名值与
即案件卷	即从NDFA起	文件头中
号的前4个	始位置到文件	Signature
字节	头的位移	对应

图 3-18　URL 字符串结构

若 NDFC 存在 URL，则 URL 与该案件定案时卷号对应（通常卷号小于 4B），若卷号超过 4B，取卷号的初始 4B，为 Uncode 字符，如图 3-18 第一个字符串。第二个字符串用于目录中文件头寻址，第三个字符串用于辅助判定 URL 所指内容是否为取证人员需要的文件类型。URL 可能因误操作而更新滞后，与文件头位置出现不对应，因此需要进行签名值匹配以判定所查找文件的正确性，在不读取文件内容的情况下保证文件的快速匹配。定义 URL 的主要目的是通过 URL 直接定位所需要的证据文件。当 NDFC 中存在大量文件时，若需要调阅一份证据文件，人工查找耗时长，而通过 URL 由机器执行查找操作，若匹配不成功，再转至人工查找，可节省证据调阅的时间。

若 NDFC 存在 URN，则 URN 代表 12B 的随机数，主要用于加密，详见后续的"5. 安全性分析"小节。

2）ED_Header 与 File_Header

ED_Header 与 File_Header 的结构类似，ED_Header 为 NDFC 的文件头信息，File_Header 为 NDFC 内存储文件的文件头信息，存储数据所代表含义不同，一个容器内只存在一个 ED_Header，但可以存在多个 File_Header，详细信息如表 3-7 所示。

ED_Header 与 File_Header 中的 FILE_URI 含义不同，前者只有一个定义，因为对应的 URN 存储在文件头结构外部 ED_URI 中，以保证所有信息都被加密。Signature 表示文件签名值，ED_Header 中的签名值仅为跳转下一条目使用，File_Header 中签名值起到验证信息的目的。例如，取证人员得到一个证据的 NDFC 的 URL 序列号，查询程序可通过该序列号自动调取证据文件，前者表示为 NDFC，后者用于判定所查找文件是否正确。Case_Info 存储与文件相关的概要信息元数据，主要作用是辅助取证人员，预览文件信息以判定该文件是否为所需要的文件。

表 3-7　NDFC 文件头信息

属性名	大小/B	功能	
		ED_Header	File_Header
FILE_URI	12	文件标识符(URL)	文件标识符(URL,URN)
Signature	8	NDFC\r\n\000	存储文件 MD5 值的前 4B
Flag	1	存储证据文件的数量	存储数据的标志(raw/压缩/加密)
Version	2	NDFC	NDFC
File_offset	6	0,（到 NDFC 文件头的绝对位移）	从该文件头起始位置到数据段的相对位移
Next_offset	6	到第一个 File_Header 的相对位移	同一文件标识的下一个数据段头位置相对位移
Case_Info	4096	与 NDFC 相关元数据(创建时间、创建人等信息)	与文件相关的概要信息，(证据名称、发生时间、案件承办单位等)

3) Reversed

Reversed 表示预留区域，容器内存储的文件通常为同一案件的相关数据，而任何从 NDFC 内分析出的数据都保存在 NDFC 内，此时需要向目录内添加新的文件头，因此需要为扩展目录预留部分空间。

NDFC 的目录存储机制如图 3-19 所示。ZIP 文件应用十分广泛，得到很多应用软件的支持。NFDC 的存储机制与 ZIP 类似，但组合方式不同。ZIP 文件将每个指向文件段的指针都列在 Central Directory(CD)目录下，一个文件可能有多个文件段，由于文件段的大小有限，因此段数可能达到几千个，导致目录结构复杂，造成目录读取困难。NDFC 中单个数据段达到 4GB，能够满足大多数文件的存储。若文件大于 4GB，则采用连续存储的方式，目标中只有一个指针，数据段索引交由数据段本身链接完成，如 File header3。

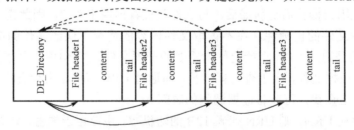

图 3-19　ZIP 目录文件管理方式

NDFC 具有易存储、难删除的特性，NDFC 主要用于存储初始证据和最终证据，若证据频繁的进行删和改操作，由文件系统执行更加便捷，不再由 NDFC 执行该功能。

3. 元数据处理

元数据内存储了与数字证据相关的信息，脱离取证元数据的保护与支持，数字证据不是不可信的。在 AFF1 版本中使用(property,value)描述映像的元数据，但对超过一个实体的属性信息，不能够很好地表达。AFF4 版本中对 AFF1 元数据表达方式进一步改进，使用(Subject, Attribute, Value)三元素表示证据的元数据信息。

AFF4 用三元素表示法清晰地表达不同实体的属性信息，但对于同一证据内元数据描述时，三元素中的 Subject 只是单调重复而没有发生改变，而此实体的 Subject 与 Attribute

是重合的。例如，(image，time，value)、(image，location，value)、(image，worker，value)
等，image 对象在不断重复。只有在元数据脱离真实数据而集中存储在第三方证据库中，
才能够用以区别不同证据的元数据。

但此时仅三元素不能够清楚辨别不同证据的关联元数据，如(image, time, value)，从这
三元素中并不能够判断出该元数据与某一特定证据的相关联系，因为 image 可能是数据复
制或证据 URI 或磁盘序列号等表示。在 Ex01 中元数据存储在 linkdata 中，不具有的存储
形式，视取证人员习惯而定，这可能会引起某些数据歧义。

本文中采用两种方式记录元数据：(property,value)和(Subject, Motivation, Attribute,
Value)。(property,value)用于与映像联合存储时元数据编排方式，对于同一份证据映像，
所有的元数据都与其有关，如(device num, value)、(time, value)等。若元数据与映像数据
分立存储，如 AFF4 中 univese resolver，(Subject, Motivation, Attribute, Value)组能够清晰地
表达任何一种元数据，Subject 是与 URI 相关的实体对象，Motivation 是与对象相关的动作
或动机，Attribute 是动作的属性，Value 是属性的值，如(disk, image, time, value)、(disk, image,
location, value)等，此处仍然能够看到有部元素是重复的，因为在所有不同映像元数据集中
存储时，一些元数据由于特殊情况(如文件系统损坏、操作不当等)混淆后，通过这四元素
能够将元数据重新归类，达到有序存储的目的。

4. 数据段处理

数据段由图 3-17 中 Segment 部分表示，由文件标识符 FILE_URI、段头 Seg_Header、
段内元数据 meta_**、真实证据数据(按块 Block_data 存储)四部分组成。

FILE_URI 与 Seg_Header 中的 URI 相同，用于标识和定位文件段。Seg_Header 为段头，
详细信息如表 3-8 所示，主要用于描述与数字证据相关的信息。

表 3-8　Seg_Header 段头信息

属性名	大小/B	功能
FILE_URI	12	文件标识符(URL)
Seg_lenth	8	段头起始位置到真正数据存储起始点的相对位移
Flag	1	压缩或加密
Signature		存储数据 MD5 值的前 4B 内容
Series	2	段序号
Next_offset	4	到下一数据段位移(以 16KB 为单位)

段内元数据主要有以下 6 种类型。

(1) Meta_device：主要存储与硬件设备有关的信息，以压缩方式存储。

(2) Meta_Case：主要存储与案件相关的逻辑信息，以压缩方式存储。

(3) Meta_data：主要存储与数据相关的信息，如块大小 blocksize、数据大小。每个数
据段由多个块 block 组成，段存储数据的最大值为 4GB，最小值为 16KB，段内块大小
blocksize 由取证人员确定。每块数据都利用 Meta_Case 中的压缩算法进行压缩，如果数据
块没有被压缩，则必须存在能够验证数据完整性的 CRC 或哈希值。压缩数据自带完整性验
证算法。

将段内数据分块主要用于并行计算，计算机可同时计算并存储多个数据块以提高存取

速度，满足并行存储要求。

（4）Block_Table：主要用于记录段内存储数据的块序号，连续存储在段数据末尾，以压缩方式存储。Block_Table 内信息如表 3-9 所示。

表 3-9　Block_Table 信息

属性名	大小/B	功能
Serial number	2	该段内最后一个块的块序号
Flag	1	段内块标志（压缩、CRC、签名等）
FillPattern	2	为满足块整数倍而填充的字节数

（5）Meta_Hash：主要用于记录数字证据的哈希值（若存在哈希值），以确定数据的完整性。哈希值主要分为证据数据、元数据、整体三种，整体指从证据起始到块表结束位置。

（6）Meta_erro：主要用于记录证据的坏扇区数及扇区位置，同时用于记录证据映像过程中突发状况，如传输错误、系统崩溃时间、数据传输进度等信息。为满足按需取证的要求，在段末尾可选择性添加其他类型元数据。

5. 安全性分析

NDFC 提供了基于 URI 的加密方式。此方式能够完全加密证据信息，而不泄露任何与证据有关的信息。AFF4 中加密数据卷与导航目录卷分别存储以防止加密信息泄露，但在导航目录卷中仍然保留了部分信息，可以从这部分信息推断出存储证据所属案件类型。在 Ex01 中以 link 内 Flag 标志来表明数据是否被压缩，但在 link 内也保留了部分没有被加密的信息，能够被第三方利用。

NDFC 使用 URN 以保证数据机密性。URN 是由 NDFC 标识和 12 字节长度的随机字符串构成的序列，该序列是在数据加密时唯一非加密信息，该 URN 序列以及对应的元数据存储在取证第三方证据库中心，这种方式使得数据即使在非安全环境内，同样能够保证数据机密性。

同时，NDFC 通过 Flag 标志位提供不同等级的加密服务标识以限制信息扩散范围，同时保证信息能够被同等级人员识别。

本节从磁盘取证的应用环境出发，针对不同的取证目标给出了取证实施方法，提出磁盘取证模型，对当前复杂的取证流程提供具体的取证思路，无专业技术的检查人员可以按"取证说明书"进行操作，对按需取证的实现具有指导意义。

从证据获取角度入手，针对当前磁盘存储设备固有特性和数据传输速度限制，提供一份可行的数据快速处理方案，最大化地利用可疑计算机内系统资源完成磁盘快速、准确映像操作。

从证据使用角度入手，针对不同取证软件解析不同证据容器的情况，提供了证据转换模型，为实际证据转换提供理论基础，也为转换的好坏提供度量标准。

从证据存储角度入手，针对证据存储过程中信息泄露问题提供信息全加密方案，利用 URI 进行第三方证据识别，保证恶意人员无法从证据本身找到证据相关信息，保护证据的安全；针对证据多样性及衍生证据多样、体积小特点，提供关联证据集中存储方案，并能够有效索引容器中的证据文件，证据容器相当于"档案箱"，在其中可以找到与这一案件相关的所有信息，为证据的简洁管理提供帮助。

3.3　基于磁盘元数据的信息盗取行为取证分析方法

磁盘内一切文件操作都借助于文件系统，同时文件操作行为也被记录在元数据中。文件系统依托于存储设备，用于完成文件按名存取与控制，以及实现用户的相关文件建立、读写、删除等操作。文件系统内数据分为两部分：数据和元数据。数据是真实存在的，而元数据用于描述数据的属性信息，支持如存储信息、操作记录、历史数据等查询功能。通过元数据取证能够还原相关文件操作信息，是文件系统取证中的一个重要证据信息来源。

数据盗取事件取证检测通常是在事发后，而动态数据如病毒防护日志、内存数据和进程信息等可能失效（时间过久或被篡改、销毁或记录内容是符合规则的操作行为等），而文件系统中的静态数据为盗取检测打开了新的思路。数据被复制后的文件状态与常规访问是不同的。

访问模式（Routine_Access）：常规文件访问会打开个别的文件和文件夹而其余的则被忽略，是不规则的。在用户和系统的访问行为发生后，在一个文件夹内只有被访问文件的改变，其余文件的 atime 只会在下次访问发生时更改。

应急模式（Emergent_Pattern）：文件夹的复制会使该文件夹内所有子文件夹和文件都被复制，属于一致性行为。文件夹内文件的复制方式是连续的，从目录中第一个文件被复制开始到最后一个文件被复制结束。同时，文件夹的复制是递归的，即文件夹的复制会使其下所有子文件夹被复制，子文件夹再次对其内所有文件夹进行复制，直到底层文件被复制后结束。

文件系统的一致性特征能够反映出指定区域内文件的 atime 与复制操作相关性，但具有一定的局限性。与此同时，当代网络的高度连通性和文件系统规模的增长为数据盗取检测带来了困难。

(1)文件系统规模问题。家用电脑 TB 量级磁盘储量已开始普及，服务器的信息存储规模甚至达到 PB 量级，而统计百万计文件的时间信息是困难的，同时，大量的 atime 信息混淆应急模式 atime 特征，干扰了正常 atime 特征的判断。

(2)效率问题。对于 7×24 小时运行的服务器系统，在其存储设备中数据不可知的情况下，如何快速准确地检测数据盗取痕迹是一个新课题。

(3)异常文件问题。若盗取操作由异常文件引起，在较长的时间周期后如何判断异常文件并没有较好的方法。

本节设计了基于元数据时间戳（timestamp）统计特性的数据盗取行为取证分析方法。首先对目标文件系统进行文件数量估测，利用基于时间窗口判断器的分治策略进行文件系统分块，提取子树时间戳信息，建立时间矩阵，有效判断 atime 应急模式特征；然后在时间矩阵的基础上，统计矩阵节点时间相关性，生成时间差分矩阵，利用差值统计完成文件系统内复制行为的自动判断；最后利用异常删除文件的 MAC 时间特征，进行文件操作活动回放，关联敏感时间的文件特征，辅助判断磁盘中异常文件盗取行为。

3.3.1　术语定义

文件系统中文件的组织结构可以是树结构或有向无循环图（Directed Acyclic Graph，

DAG)结构，判断的依据是文件系统是否允许同一节点有多个访问路径。为叙述清晰起见，定义术语如下。

定义 3.1：分支(branch)。文件系统中由父节点到子节点的路径称为一个分支，分支包括文件夹分支和文件分支；文件夹分支指由父文件夹到叶子文件夹的路径。文件分支指由父文件夹到叶子文件的路径。分支包含路径上的所有节点。

定义 3.2：叶子文件节点(leaf-file)。文件系统中所有的文件都为叶子节点，包括复合型文件、压缩文件等，虽含有其他文件，但在文件目录中为单一无子目录项。

定义 3.3：叶子文件夹节点(leaf-folder)。文件系统中没有子文件夹分支的文件夹称为叶子文件夹节点，与文件树中的叶子节点不同，叶子文件夹节点中可以包含文件。

定义 3.4：相似(similarity)。若两个节点间的 atime 值相差不超过阈值，则认为两个节点 atime 相似。我们设定在不同文件夹间的 atime 相似度阈值为 1000s，文件夹与子文件间的 atime 相似度阈值为 10d。

3.3.2　基于 k-low 的数据盗取抽样检测算法

1. 文件系统复制行为统计特性描述

若复制行为能够在事发后几天到几个月内发现并检测出来，必须满足 3 个条件。

条件 3.1：文件系统完全支持 atime 记录功能。一些文件管理员或用户往往会选择性关闭或释放对 atime 功能的支持以提高系统性能。

条件 3.2：常规系统行为(忽略内部干涉及重置系统时间)使 atime 更新至最近一次访问时间，确保 atime 是单调递增的，即下一次访问时间一定大于本次访问时间。

条件 3.3：文件系统访问行为是随机的，即 atime 更新事件分布到不同的文件中。

访问行为更接近于重尾分布，如帕累托分布，在复制文件中只有少部分进行常规访问行为，通常在服务器中过去的一段时间内有大量文件没有被访问。文件系统的 atime 变化可以按不同的方式进行分类。根据文件被用户或应用程序使用情况，典型的访问模式有两种。

(1)高频变化：即该文件在相对短的时间间隔内多次更新 atime。例如，影片剪辑师可能每隔几分钟就对帧进行提取；科研人员可能在一段时间内频繁查看某一项目的相关资料；或者某播放器可能每隔几分钟就访问指定的媒体库以保持同步。

(2)稀疏变化：即该文件在一段时间内保持不变。例如，某软件的安装，用户下载的一个文件或某分支上文件或文件夹归档。在常规模式下 atime 状态被改变的属于个别分支或集中在局部某区域内，对整体 atime 一致性判断不会产生很大的影响。

此外，杀毒软件、强制搜索工具及递归的 grep 命令等也会干扰 atime 的正常更新，本文中排除了此类问题的影响。

当一个文件夹(包含大量子文件夹)被复制时，所产生的痕迹有以下规则。

规则 1：被复制的文件或其下所有子文件夹的访问时间都大于复制时间。

规则 2：大量文件的访问时间等同于复制发生时间。

规则 3：在 Windows 系统下，文件时间戳与文件夹时间戳不同。一些文件的时间戳可能小于被复制文件夹的时间戳。

由于文件时间戳与文件夹时间戳的不同特性，导致文件的时间戳很少被使用。然而常规文件访问行为会导致访问路径上文件夹时间戳 atime 递增,即文件的 atime 大于其父文件夹的 atime。若被复制的文件夹并没有在复制行为发生后被访问,则文件夹的 atime 必须大于其下所有文件的 atime。修改规则 3,保留确定性因素。

规则 4: 在类似于 NTFS 的文件系统中,如果文件夹被复制且没有文件访问行为发生,文件夹的 atime 大于所有子文件的 atime。

2. 元数据扫描策略

现代文件系统规模很大而难以全部扫描以抓取元数据,同时,全扫描后大量无规律 atime 混淆在应急模式 atime 中,例如某服务器中存储百万份文件而被盗取的文件只有 20 万份,涉及文件夹 8000 份,然而在提取所有文件及文件夹 atime 时,其数量可能达到 200 万个 atime,在如此多的 atime 中找到这 8000 份 atime 是困难的,掩盖了取证所需的 atime 一致性统计特征。应急模式是自下而上的,父文件夹节点的 atime 更新概率大于叶子节点的更新概率(叶子节点可能为文件夹或文件)因为叶子节点的访问必经过父节点,即

$$P\text{-acess}(\text{folder}) >= p\text{-acess}(\text{subfolder}) >= p\text{-acess}(\text{file})\ if\ exit\ subfolder\ or\ file \tag{3-7}$$

其中,p-acess 为 atime 的更新概率;folder、subfolder、file 在同一访问路径下。

通常文件系统中越是临近 leaf-file 或 leaf-folder 的文件夹,其被访问的概率较低,越容易发现应急模式特征。然而文件的组织结构对于调查人员来说是未知的,并不能直接选取有价值的叶子节点并延伸查找应急模式特征。因此,引入 k-low 随机算法以获取系统内 k 个可能含有最小 atime 值的分支,以找到应急模式 atime 特征。算法首先针对待检测文件系统规模未知问题,利用大型文件系统的统计规律及自相似性,采用分层抽样方法进行文件夹数量估测,有效地缩减了规模判定的时间,构建初步的文件夹集;然后利用分治策略将文件夹集规模降低为多个子集,应急模式中的参考文件夹数作为剪枝条件缩减时间元素提取范围,提高 atime 检测的可操作性;最后针对每个子集进行 atime 的直方图映射,反映不同节点间的 atime 差异,验证该集合内存在的复制行为。

1)文件数判定

在文件系统下降过程中,要估测文件系统中的文件夹数以判断其数量能否达到复制判断的标准并确定下降分支的数量,数量估测基于采样估计的 glance 完成文件夹数的无偏估计。

文件系统中相关文件目录基本特征属性可描述为 Filesystem_Segment_NA={File_Type, Name,Atime}。这些信息都来自文件系统元数据,其中 File_Type 表示文件类型,即文件或文件夹;Name 表示文件名;Atime 表示访问时间。若在不同分支中存在相同的文件名,则在其后附加父文件名直至得到唯一文件名标识。

(1)针对标准树结构文件系统,定义根目录 root 文件夹中子文件夹数为 s_0,随机抽取 s_0 中任意文件夹下降,记录子文件夹数为 s_1,从子文件夹中再次选取子文件夹数 s_2,以此类推,下降到叶子文件夹为止。下降过程文件夹序列可表示为 $s_0,s_1,...,s_n$。s_n 为叶子文件夹,因此,$s_n = 0$。文件夹数估计量为

$$\tilde{F} = \sum_{i=0}^{n}\left(s_i \prod_{j=0}^{i-1} s_j\right) \tag{3-8}$$

当 $\prod_{j=0}^{i-1} s_j$ 中 $i=0$ 时其值为 1。

方差为

$$\sigma(k)^2 = \sum_{u=L_{k-1}} \left(|u|^2\right) \cdot \prod_{j=0}^{k-2} s_j(u) - F_k^2 \tag{3-9}$$

其中，$|u|$ 为文件夹 u 中子文件夹数，u 属于 $k-1$ 级中的一个文件夹；$s_j(u)$ 为从 root 到 u 路径上 j 级节点中的子文件夹数，k 级中存在的文件夹数期望为 F_k，满足条件为

$$\sigma_{h\_level}(k)^2 \leqslant \frac{(v-v') \cdot \delta_k - v' \cdot F_k^2}{v} \tag{3-10}$$

其中，v' 为小于 k 级且是叶子文件夹的文件夹数；σ_{h_level} 是为了防止在高级别时遇到叶子文件夹。

$$\sigma_{l\_level}(k)^2 \leqslant \left(\sum_{u \in L_{k-1}} \frac{|u|^2}{p_{slt}^{k-1}} \right) - F_k^2 \tag{3-11}$$

其中，p_{slt} 为分支内文件夹被选中的概率，同样代表了选择粒度，由用户选定；σ_{l_level} 是为了防止随机下降时无限制地向下延伸而产生过大的方差。

上述过程将文件数判断分为两部分：一是对 k 级及 k 级以上的所有文件元数据进行获取，即全扫描(full scan)，k 值确定依据式(3-10)。二是对 k 级以下文件进行抽样选取，分支满足条件式(3-11)。

(2)在判定文件夹数过程中，记录分支中每级文件数 $s_0 \cdots s_n$。为了涵盖所有可能的文件分支，我们修改预测的判定文件数，将文件分支尽量向下延伸，即每个分支都假设为存在如此多的文件。因此修改限定条件式(3-10)，选定下降文件夹 u 条件为

$$\max(u) = \left\{ u \left| \sigma_{l\_level}(k)^2 \approx \lim_{p_{slt} \to 0} \left[\sum_{u \in L_{k-1}} \left(\frac{|u|^2}{p_{slt}^{k-1}} - F_k^2 \right) \right] \right. \right\} \tag{3-12}$$

此选择是为了获取文件夹估计数的极大值，p_{slt} 的选择可以根据存储介质的大小而定。应急模式涵盖一定范围内的文件夹，并以至少一个文件夹作为根目录而复制。根据规则 2，在复制总文件夹数大于 s_{egcy} 时，能够在事后一段时间内检测出。s_{egcy} 表示能够显示应急模式特征的理想文件夹总数，s_{egcy} 越大，被发现的概率越大。

$$p_{detect} = \frac{s_{egcy}}{s_{total}}, \quad 0 \leqslant s_{egcy} \leqslant s_{total} \tag{3-13}$$

因此，将文件树拟分为 f/s_{egcy} 份，确保检测覆盖到所有可能的文件夹。

(3)为了判断某个时期内的复制行为，采用基于迟滞期的时间窗口判别器，迟滞期表示当前检测时间与对象访问时间之差，即 Lag_Phase=Current_time–Object_time。该判别器可作用于所有文件夹，包括三个参数：时间起始值，即对象迟滞期最小值，表示为 Origin_Time；窗口大小，指示应该被窗口记录的对象迟滞期的变化范围，即迟滞期最大值与最小值之差，表示为 Range_Time；含有可疑 atime 的文件列表，存储所有被窗口记录的对象及其访问时

间，表示为 Sus_Directory。窗口判别器可捕获文件夹相关操作行为的局部时间特征，即在指定的时间范围内，用户或未知程序聚焦于特定的某些任务，若对达到一定数量文件的 atime 产生影响，则这些影响中的一部分必然被窗口所捕获并记录在 Sus_Directory 内。

2) 影响元数据抓取的因素

在确定要检测的存储介质后，针对不同规模不同结构的文件系统，分配不同的检测策略进行元数据抓取调度。

按文件系统规模分类，定义待检测文件系统文件夹数为 s_{detect}，存在两种情况。

(1) $s_{detect} \approx s_{egcy}$：在存储系统容量很小的情况下，不需要对文件系统进行分治，对整体的 atime 进行直方图映射，即能清晰地反映出复制行为是否存在，位置也不难确定，因为按照时间窗口依次搜索文件夹 atime 消耗时间很小。例如，个人计算机、独立小容量磁盘等。

(2) $s_{detect} \gg s_{egcy}$：在存储系统容量很大的情况下，需要对文件系统进行分治，将文件系统划分为与 s_{egcy} 接近的子文件系统块。例如，企业级服务器及存储集中化理论所带来的云存储等。

针对具有树结构或有向无循环图结构的文件系统采用不同的检测策略。

(1) 树结构的文件系统。当文件目录被表示为树对象时，它只包含该文件的 blobs（二进制大对象）及子目录对象，树结构中的每个节点具有一个硬链接。

(2) 有向无循环图结构的文件系统。DAG 结构的文件系统为每个文件提供了 reference count（引用计数），以说明指向文件的硬链接数。文件目录只存在一个父目录，即只有一个硬链接。对于复制操作不更新文件 atime 的文件系统对本算法没有影响；对于文件 atime 改变的文件系统，可将文件夹与文件视为相同的节点，如果文件存在 c 个链接，在估测文件数的原始算法中，将涉及的所有多链接文件进行等比例降低 $f_{i\_level} = \sum_{f \in s_{i-1}} (1/c(f))$，其中 s_{i-1} 为 $i-1$ 层中的一个文件夹，f_{i_level} 为 s_{i-1} 中的文件数，$c(f)$ 为文件的链接数。在统计 atime 过程中，根据窗口判别器中的可疑文件列表判断是否存在该文件夹，若存在，则忽略本次 atime 值；若不存在，则将该文件夹记录在列表中，并统计 atime 值。

(3) 分治策略。在初始访问 root 文件目录时，首先需要对文件目录数进行判断，此过程可以描述为 F_Num_Estimation={k, s_{tatal}, {$L\_k\_Segment$}, {kl_num}}。其中，{$L\_k\_Segment$} 为全扫描过程中遇到的所有文件夹的元数据集合，即 Filesystem_Segment_NA 属性集合。{kl_num} 为全扫描过程中每级中包含的叶子文件夹数的集合，主要用于文件系统分治区域的判断，避免文件夹统计的重复计算。

对于一个估测存在 $s_{estimation}$ 个文件夹的文件系统，可暂定分为 $n_{divide} = s_{estimation}/s_{egcy}$ 个子树。对于 n_{divide} 个子目录的选择，主要从根目录逐层下降并提取 atime，当 $s_i \geq n_{divide}$ 时停止下降，通常 $n_{divide} \leq \max(kl\_num)$。若在下降到 i 层过程中，存在文件目录 $u_{k|k<i}$ 的 atime 符合窗口判别器标准时，根据式(3-7)可知，其下所有节点迟滞期必然大于 $u_{k|k<i}$ 的迟滞期，因而被复制的概率增加，可进行单独分析。

对于每个子树，与 $u_{k|k<i}$ 的调查方式相同，在文件列表中记录该文件并提取该目录下所有 atime，映射到直方图中进行复制判断。与此同时，所需提取的子树总数等比例缩小，$n_{new} = n_{divide}/s_k$，n_{new} 为当前所需子树个数，s_k 为 k 层总文件夹数。若在下降到 i 层过程中，

无满足时间窗口要求的文件目录，则在 i 层中首先选取满足时间窗口的文件目录 n_{win}，若 $n_{\text{win}} > n_{\text{divide}}$，随机选取 n_{divide} 个子根目录。此时存在两种极限情况。

(1)子根目录中存在极少量文件目录，不能满足判定文件复制的数量要求。在这种情况下，若该目录内所有文件目录 atime 相似，需要结合该子根目录的父目录作为参考，因为父目录的 atime 值已经得到，并与该子目录的同级子目录 atime 比较。

(2)若存在多个目录相似，则将这几个目录合并进行 atime 检测，若不存在相似目录，则忽略该目录。

若 $n_{\text{win}} < n_{\text{divide}}$，选取 $(n_{\text{divide}} - n_{\text{win}})$ 个访问时间相似度最差的文件目录作为子树根目录，即目录 atime 相差最大，且满足目录 atime 大于 $(\text{Origin\_Time} + \text{Range\_Time})$。为了减少计算复杂度，可将超过时间窗口的时间等距离划分为 $(n_{\text{divide}} - n_{\text{win}})$ 份，即

$$T_{\text{range}} = \frac{(\text{Current\_Time} - (\text{Origin\_Time} + \text{Range\_Time}))}{n_{\text{divide}} - n_{\text{win}}} \tag{3-14}$$

在每段 atime 时间间隔内随机抽取一个文件目录作为子根目录，若此段时间间隔内无文件目录存在，则按每段时间间隔内文件目录数占目录总数等比例选取。如图 3-20 所示，最小迟滞时间被分为 7 段，共存在 10 个文件目录，因此获取的目录数序列为 1113010，目录序列为 $f_1 f_2 f_3 f_5 f_7 f_8 f_{10}$。

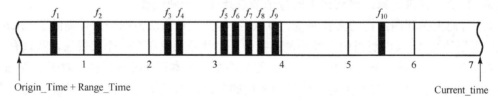

图 3-20　同层内文件夹分段分布情况

3. 算法基本思想

根据检测粒度控制值 $s_{\text{estimation}}$，可将大型文件系统分为多个子文件树，根据规则 1 和式(3-1)，相同的子树下提取的 Filesystem_Segment_NA 具有相似的 atime 特征，得到的应急模式特征可以描述为

$$\text{Emergent\_Pattern\_Segment} = \{\text{Branch\_Root\_Name}, \text{File\_Number}, \{\text{BR\_atime}\}\}$$

其中，因为分治策略获取的分支必然存在子根目录 Branch_Root_Name；该子根目录下的文件目录数是由检查人员根据某一分支估测的，因此需要更为准确地判断文件目录数量，即 File_number；{BR_atime}表示分支下所有文件目录的 atime 集合，并以此判断子根目录中存在的操作行为模式。算法的基本思想是通过随机抽样，首先对文件数最坏情况(包含文件夹数的最多)进行判断；对文件系统进行检测粒度 p_{slt} 控制，通过分治策略将大量混淆的文件目录分块，分别提取子文件树的时间特征；然后根据 atime 集合映射到直方图进行对比，辨别具有 Emergent_Pattern_Segment 的子根目录集，建立基于时间片的被复制文件目录集合。

4. 算法设计与描述

根据 3.3 节的分析，利用文件系统统计特征可以有效地对固定时间段内的文件 atime 进行关联分析，提取具有明显应急模式特征的文件分支，以判断复制所发生的位置及事件影响范围。在此基础上，提出基于 k-low 的数据盗取抽样检测算法（Algorithm for Detecting Data Theft based on k-low Sampling Inspection, ADDTKSI）。算法具体描述如下：

算法 3.1：基于 k-low 的数据盗取抽样检测算法 ADDTKSI

输入：具有完整文件系统的存储设备 Filesystem_Disk

输出：具有应急模式特征的文件分支

Initialization:

1　Initialize Filesystem_Segment_NA,Emergent_Pattern_Segment;

Folder Number Detection:

2　**while** sizeof（Filesystem_Disk）≠0 **do**　　　　　　　　//磁盘能够被访问

3　　Filesystem_Segment_NA=Get the root directory of Filesystem_Disk;

4　　F_Num_Estimation=Get the estimation of folders under Filesystem_Segment_NA;

5　　Lag_Phase=Current_time−L_K_Segment.Atime　　//窗口判别器计算迟滞期

6　　**if** （0≤Lag_Phase−Origin_Time≤Range_Time） **then**

7　　　　stop decent under L_K_Segment.Name path;

8　　**else**　move on;

9　　**end if** Emergent_Pattern_Segment

10　　**if** （$s_{\text{total}} \gg s_{\text{estimamtion}}$） **then**

11　　　　find the value of kl_num which are just bigger than n_{divide} ;

12　　　　select and remove n_{divide} folders which are satisfied Divide and Conquer strategy;
　　　　　　//选取 n_{divide} 个满足分治策略的文件目录

13　　　　　**if** （Full_scan（Branch_Root_Name）∈Emergent_Pattern） **then**

14　　　　　　　recorded in Emergent_Pattern_Segment;

15　　　　　**else** pass;

16　　　　　**end if**

17　　　**else**

18　　　　**if** （Full_scan（Filesystem_Segment_NA.Name）∈Emergent_Pattern） **then**

19　　　　　　recorded in Emergent_Pattern_Segment;

20　　　　**else** pass;

21　　　　　**end if**

22　　　**end if**

23　　**end while**

24　**return** {Emergent_Pattern_Segment};

算法 3.1 分为两部分：第 1 部分（2-13 行）为文件系统按粒度分为 n 个子树，首先根据标准文件系统接口识别文件树的根目录；然后根据分层抽样算法估计文件系统中最大文件目录数，以辅助文件系统更细粒度的划分；第 2 部分（14-24 行）为子分支内 atime 关联与应急模式集成，主要根据应急模式中 atime 一致性特征进行分支 atime 的关联分析，更精确地判断文件目录复制行为发生的位置和发生时间，为盗取行为的高效判断提供帮助。

5. 时间复杂度分析

在上述算法设计中，元数据时间属性的提取与整个文件系统的文件夹数量和路径抽样过程相关。其中，抽样检测过程本质上属于多模式匹配运算，需要对文件系统上层进行整体全扫描，对下层进行分块扫描。上层文件时间提取的时间复杂度为 s_k，即 k 层以上文件夹总数，下层分块扫描主要是在最坏情况下分治，即文件系统文件夹数量最大，时间复杂度与抽样概率 p_{slt} 呈线性增长关系，可知算法的时间复杂度为

$$O(s_k + (n_{divide} \cdot s_{egcy}) \cdot p_{slt})$$

3.3.3　基于差分矩阵的数据盗取行为取证分析算法

基于 k-low 的数据盗取抽样检测算法主要论述了海量数据环境下的文件应急模式检测，然而由于人工操作的局限性，例如取证人员操作不当、对某些异常数据不够敏感或对某些具有时间限制的取证工作存在时间开销大的问题等。对此采用时间矩阵 $Matrix(u_k) = \{r_0(u_k), r(u_k), \cdots, r_{m-1}(u_k)\}^T$ 的形式来描述对应文件夹集的 atime 属性特征，$Matrix(u_k)$ 的大小为 $M \times N$。矩阵中每个子集 $r_i(u_k)|0 \leq i \leq m-1$ 都代表以 u_k 为子根目录的第 i 级文件夹 atime 集合，排列顺序为系统默认文件夹排序方式获取 atime 时间信息并依次放入到 $r_i(u_k)$ 中，即 $r_i(u_k) = \{a(i,0), a(i,1), \cdots, a(i,n-1)\}$。若 $\exists a(i,j)|0 \leq j \leq n-1$，则 $a(i,j+1), \cdots, a(i,n-1) \in \varnothing$。

1. 文件树结构优化

1）横向矩阵

根据规则 2，定义横向矩阵 $CrossMatrix(u_k) = \{b_0(u_k), b_1(u_k), \cdots, b_{m-1}(u_k)\}^T$，其中 $b_i(u_k) = \{b(i,0), b(i,1), \cdots, b(i,n-2)\}$，横向矩阵中元素值为 0 或 1。利用同层相邻文件夹中最小 atime 值作为当前最小值与第三个文件夹 atime 值比较，若其差值波动小于 10000s，则横向矩阵中对应位置值为 1，否则为 0。计算如下（单位秒）：

$$b(i,j) = \begin{cases} 1, |a(i,0) - a(i,1)| \leq 1000 \\ 0, |a(i,0) - a(i,1)| > 1000 \\ 1, |\min(a(i,0), \cdots, a(i,1) - a(i,j+1))| \leq 1000, \quad j > 0 \\ 0, |\min(a(i,0), \cdots, a(i,1) - a(i,j+1))| > 1000, \quad j > 0 \end{cases} \tag{3-15}$$

其中，min 表示所比较元素中的最小值。

由于访问行为是随机的，且彼此 atime 相差较大，而复制行为是一致的，atime 相差较小，按文件夹排列顺序比较 atime 不会混淆复制与访问 atime。例如，图 3-20 中 $f_1, \cdots, f_{10}$ 在同一复制目录下，$f_1, \cdots, f_4$ 和 f_{10} 分别在复制后第 2、3、4、7、12 天被访问，得到的序列为 000011110。

在横向矩阵中，利用同层文件夹 atime 间的差异，得到由访问行为与复制行为产生的不同二值序列。若该文件夹为常规访问行为，则本行元素值不全为 1；若本层所有文件夹在经过复制后未被访问，则本行元素值都为 1；那么本行有可能发生过复制行为；若相邻

几行所有非空元素都为 1，则极有可能说明该处存在应急模式特征，即发生过复制行为。

2）预复制时间准确性

预复制时间表示在时间矩阵每层中得到的最小 atime 值。预复制时间是不可信的，即预复制时间不代表真实的复制时间。存在两种可能情况。

（1）atime 全部被刷新。被复制根文件夹中的文件夹层次越高，被日常访问的概率越大，在该层文件夹数量较少时，所有的文件夹 atime 可能都存在更新操作，因此得到的预复制时间是不可信的。但在下降过程中，预复制时间会逼近真实的复制时间，因为访问操作是随机的、小部分内的 atime 变化，真实复制时间是当前文件夹内最小 atime 值。

（2）atime 是旧的。在被调查的一层中同时存在被复制文件夹与正常文件夹，正常文件夹的 atime 要早于复制时间且该文件夹自复制事件发生后未被访问，这时得到的 atime 是错误的，且该文件夹下的子文件夹会影响下一层预复制时间的判断，会导致严重的判断误差。

就上述问题，使用被复制文件夹的数量来限制这两种情况的出现，在大量文件被复制时，取数量较少的一个或几个分支进行分析可以避免上述两种情况的发生。

横向矩阵只考虑到同层文件夹 atime 相似性，若该层内文件夹数量较少，则在短时间内建立或访问同样能够产生全 1 的假象，根据式（3.1）可知，atime 具有传递性。因此，可以建立不同层间 atime 联系，增加相似 atime 文件夹的基数以消除这种影响。

3）纵向矩阵

根据规则 1，定义纵向矩阵 $\text{StandMatrix}(u_k) = \{d_0(u_k), d_1(u_k), \cdots, d_i(u_k), \cdots, d_{m-2}(u_k)\}^{\text{T}}$，其中 $d_i(u_k) = \{d(i,0), d(i,1), \cdots, d(i,n-1)\}$。纵向矩阵中元素值为 0 或 1，利用横向矩阵中得出的同层预复制时间作为下一层文件夹 atime 比较的参考值，若其差值波动小于 10000s，则横向矩阵中对应位置值为 1，否则为 0，计算如下（单位秒）：

$$d(i,j) = \begin{cases} 0, & |\min(a(i,) - a(i+1,j))| > 10000 \\ 1, & |\min(a(i,) - a(i+1,j))| \leqslant 10000 \end{cases} \tag{3-16}$$

其中，$\min(a(i,))$ 表示第 i 层预复制时间，$a \leqslant i \leqslant m-2$。

在纵向矩阵中，利用不同层文件夹 atime 间的差异，得到基于文件系统深度的二值序列。若在时间矩阵相邻 i 与 $i+1$ 两层存在日常访问行为，则在纵向矩阵 i 层中至少存在一个 0；若 i 层中元素全为 1，则证明 i 层与 $i+1$ 层 atime 相似，这种结果存在两种可能的情况：①存在真实的复制行为，即相邻两层 atime 必然相似；②非复制行为，即所有 $i+1$ 层文件夹可能在短时间内建立或每个文件夹的访问时间间隔小于 10000s，但在文件夹基数很大时，这种情况是少见的（特定的系统搜索功能或病毒扫描功能等）。若文件夹数量较少，则继续下降或向上延伸以获取更多的元素 1 以确保应急模式 atime 特征的确定。

通常文件存在于文件树的底部，即叶子文件。同类型的文件存储在相同文件夹下，文件夹内全部存放子文件夹或全部存放文件，这种行为符合人们日常的统计操作规律。但在极端情况下，例如，文件树中只含有少量文件夹并包含大量文件或文件均匀分布在不同等级文件夹中，按照上述两矩阵并不能够判断出复制行为。因此，引入文件 atime 进行分析。

4) 文件增补矩阵

基于规则 4，定义增补文件矩阵 $\text{FileMatrix}(u_k) = \{e_0(u_k), e_1(u_k), \ldots, e_i(u_k), \cdots, e_{m-1}(u_k)\}^T$，其中 $e_i(u_k) = \{e(i,0), e(i,1), \cdots, e(i, n'-1)\}$， n' 为时间矩阵 $\text{Matrix}(u_k)$ 中同一层内文件总数；$\text{FileMatrix}(u_k)$ 为不同层文件 atime 集合。增补定义二值矩阵 F，矩阵大小为 $(m'-1) \times (n'-1)$。利用横向矩阵中得出的同层预复制时间作为下一层文件 atime 比较的参考值，若差值波动小于 10 天，则对应值为 0，否则为 1，计算如下（单位天）：

$$f(i, j) = \begin{cases} 1, & |\min(a(i,)) - e(i+1, j)| \geqslant 10 \\ 0, & |\min(a(i,)) - e(i+1, j)| < 10 \end{cases} \tag{3-17}$$

其中， $0 \leqslant i \leqslant m, 0 \leqslant j \leqslant n'$。

文件矩阵主要针对复制时文件 atime 不更新的情况，大量的文件在很长时间内没有被访问，因此造成了较大的与文件夹较大的时间间隔。

2. 文件树量化分析

使用横向矩阵、纵向矩阵和文件增补矩阵三个二值矩阵来解释目标文件夹内所有文件夹或文件之间的访问时间关系，将抽象的访问时间变量转变为 0 和 1 值，并对 0-1 分布规律进行分析，能够有效地判断该文件夹或部分被复制的概率。

1) 横向矩阵分析

在横向矩阵中，0-1 序列值都为同层文件夹 atime 之间的比较结果，即通过横向矩阵分析方法来判断同层文件夹之间 atime 差值并获取预复制时间，取 $\text{CrossMatrix}(u_k)$ 中第 i 层数据，定义 $\text{crosscluster}(b_i)$，表示第 i 层文件夹的 atime 相似度，计算如下：

$$\text{crosscluster}(b_i) = \frac{\sum_{j=0}^{n} b(i, j)}{\max_i}, \quad \max_i \leqslant (n-1) \tag{3-18}$$

其中， $\max_i$ 代表第 i 层中最大文件夹数。

第 i 层中每出现一次值 1，存在两文件夹 atime 相似，原因有两种：①两个文件夹被复制后未被访问；②两个文件夹在较短时间内被访问。若存在连续的 1 序列，则这些连续的文件夹 atime 相似，原因有两种：①该连续文件夹在一次复制后未被访问，如图 3-21(a) 所示；②该连续文件夹依照排列顺序被访问且访问间隔小于 10000s，如图 3-21(b) 所示文件夹按序列访问且访问间隔小于 10000s，导致连续 1 序列出现；如图 3-21(c) 所示，在文件夹 1-6 计算得到连续的 1 序列，而 6-10 得到连续 0 序列。在此处并不排除文件夹 1-6 是同时被复制的，它们可能来自同一个父文件目录。按照文件夹排列顺序求最小值的方法以换取检测速率的提高，文件 1-6 的顺序访问导致估测误差，但日常文件访问只在有限文件路径内产生变化，不会产生过长的顺序访问文件夹序列。在文件夹基数很大的情况下，对少数文件夹判断的改变并不会影响整体子根文件夹是否复制的判断，如式 (3-19) 所示。

若存在 0-1 值散列分布，则证明存在文件夹 atime 相似且逼近预复制时间值。例如，二值序列 0100010111，经过散列 1 后最小 atime 逐渐降低并逼近预复制时间。

crosscluster(b_i) 表示 i 层中文件夹被复制的可信度，crosscluster(b_i) 越大，相似文件夹比例越高，复制的可信度越高。

$$\text{crosscluster}(b_i) = \lim_{\substack{p \to \infty \\ q \to \infty}} \frac{p_i}{p_i + q_i} = \lim_{\substack{p \to \infty \\ q \to \infty}} \frac{p_i \pm z}{p_i + q_i} \tag{3-19}$$

其中，z 为常量；p_i 为第 i 层 1 的数量；q_i 为第 i 层 0 的数量。

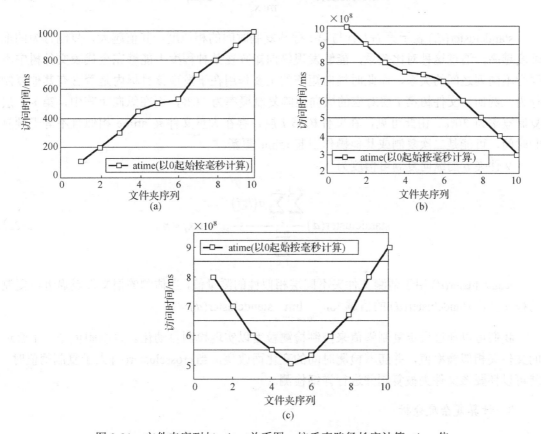

图 3-21　文件夹序列与 atime 关系图，按垂直路径长度计算 atime 值

在文件夹 6 以后使用的最小 atime 为真实最小值，即假定复制时间。然而，预复制时间不一定为真实复制时间，但若图 3-21（c）中 1-6 文件夹相似且非叶子文件夹，则其子文件夹必然相似。因此，引入多层级联判断以减少误差，即在被复制的根文件夹越下降，crosscluster(b_i) 值越大。

文件夹 b 的横向复制可信度为

$$\text{crosscluster}(b) = \frac{\sum_{i=0}^{n-2} \sum_{j=0}^{m-1} (p(i,j))}{\sum_{i=0}^{n-2} (\max_i)}, \quad \max_i < (n-1) \tag{3-20}$$

crosscluster(b) 用于估测文件夹是否被复制的测量值，当估测的根文件夹越逼近被复制的根文件夹，crosscluster(b) 的值越大，$\lim\limits_{u_{\text{detect}} \to u_{\text{real}}} \text{crosscluster}(b) = 1$。

2）纵向矩阵分析

定义 standcluster(d_i) 代表文件树不同层间的 atime 相似度，即

$$\text{standcluster}(d_i) = \frac{\sum\limits_{j=0}^{n} d(i,j)}{\max_i}, \quad \max_i \leqslant n \tag{3-21}$$

standcluster(d_i) 表示第 i+1 行与第 i 行预复制时间的相似度，其值越大，复制行为的准确度越高。通过这种对比关系，能够发现纵向矩阵在某种程度上能够完全代表文件树中不同行不同列之间的关系，而此时横向矩阵的主要作用在于发现该目标内是否含有其他复制行为。例如，文件树第 i 层对应的横向矩阵复制概率为 70%，而在纵向矩阵中，第 i−1 层复制概率为 30%。由此可见，在文件树第 i 层，存在大量文件夹 atime 相似且不等于预复制时间，可能是二次复制或其他操作引起 atime 更新。

文件夹 b 的纵向复制可信度为

$$\text{standcluster}(d) \frac{\sum\limits_{i=0}^{m-1}\sum\limits_{j=0}^{n} p(i,j)}{\sum\limits_{i=0}^{m-1} \max_i}, \quad \max_i < n \tag{3-22}$$

standcluster(d) 用于估测文件夹不同层相似性的测量值，当估测的根文件越逼近被复制的根文件，standcluster(d) 的值越大，$\lim\limits_{u_{\text{detect}} \to u_{\text{real}}} \text{standcluster}(d) = 1$。

我们可以通过设定复制阈值来控制检测粒度以实现检测自动化。复制阈值是一个合适的文件夹相似概率值，并随着检测时间的变化而改变，当 crosscluster(d) 大于复制阈值时，就可以怀疑该文件夹被复制并进行详细检测。

3. 计算复杂度分析

在横向矩阵分析和纵向矩阵分析算法中，随机位置复制行为判断与整个文件系统的分治过程和路径选择过程相关，只考虑在获取随机位置后的判断。其中，复制行为判断算法本质上是对横向矩阵、纵向矩阵和文件增补矩阵的解析，需要对整个文件分支进行相应的元数据抓取。

横向矩阵生成与分析计算复杂度为

$$O_{\text{cross}}(u) = \sum_{i=0}^{m-1}(\max_i - 1) + \sum_{i=0}^{m-1}(\max_i - 1) + m = 2n_{\text{foldernum}} - m - 2 \tag{3-23}$$

其中，$n_{\text{foldernum}}$ 为 b 中的文件夹总数。

纵向矩阵生成与分析的计算复杂度为

$$O_{\text{stand}}(u) = \sum_{i=1}^{m-1}(\max_i) + \sum_{i=1}^{m-1}(\max_i) + m = 2n_{\text{foldernum}} + m - 2 \qquad (3\text{-}24)$$

则文件夹 u 的计算复杂度为

$$O(u) = O_{\text{cross}}(u) + O_{\text{stand}}(u) \approx 4n_{\text{foldernum}} \qquad (3\text{-}25)$$

4. 矩阵选取说明

使用横向矩阵、纵向矩阵和文件增补矩阵来解析文件树中不同位置文件夹之间的关系，将复杂的时间信息转化为 0-1 值，由式(3-24)可知，计算复杂度与文件夹总数量呈线性关系，利用时间矩阵降低了检测复杂度。

理论上，矩阵包含的文件夹数量越多，越逼近真实被复制文件夹的数量，crosscluster 和 standcluster 的值越准确。实际上，矩阵运算受到 CPU、RAM 和文件系统接口等因素影响，包含的文件夹数量有限，远小于被复制文件夹，本文使用的矩阵大小为 10×200。

5. 实验与结果分析

1) 数据集

在 Windows XP 外置 500GB 硬盘驱动 D NTFS 文件系统，在 3 月 1 日建立两个文件夹 G、H，原有 6 个文件夹 A~F，文件夹 G、H 中有 2000 个节点（文件或文件夹），文件仅为 txt 文件，且文件以近似 200 次/天的频率访问，文件访问行为遵循帕累托分布。在仿真实验中，该访问过程持续 30 天(3\1\2014~3\30\2014)，文件夹 G 在 3 月 20 号被复制。在 30 天后使用 Winhex 获取磁盘映像，使用取证工具打开映像，还原文件系统并获取驱动盘 D 根文件夹下每个子文件夹的 atime 时间矩阵，表 3-10 所示为文件夹 G 的时间矩阵。

表 3-10　文件夹 G 的时间矩阵

层数	时间(格式: hour : min :sec / day)							Cross cluster	Stand cluster
1	22:30:27/30							1	
2	22:34:27/30	22:30:27/30	21:38:29/30					0	0.33
3	20:34:34/30	22:30:39/30	21:38:41/30	16:21:27/30				0	0.25
4	19:37:41/30	22:30:49/30	21:38:49/30	16:30:34/30	…			0.10	0.13
5	12:29:27/30	22:30:49/30	21:50:27/30	16:21:41/30	…			0.25	0.21
6	14:30:27/30	16:39:49/29	16:30:24/29	16:21:48/30	…			0.15	0.16
7	14:23:27/23	16:49:51/29	18:30:27/29	21:32:31/20	…			0.34	0.37
8	21:18:15/21	09:13:19/29	17:40:23/24	21:32:32/20	…			0.38	0.43
9	21:32:32/20	15:25:41/29	10:44:57/21	21:32:34/20	…			0.42	0.53
10	21:32:39/20	17:44:38/27	10:45:04/21	21:32:40/20	…	12:48:57/28		0.65	0.65
11	21:32:42/20	19:24:36/25	21:32:42/30	21:32:44/20	…	21:56:35/28	21:32:49/22	0.71	0.76
12	21:32:54/20	17:56:25/24	21:32:54/30	21:32:57/20	…	19:54:40/25	21:33:09/20	21:33:09/20	0.74	0.87

2) 复制阈值选择

为了确定合适的复制阈值，使用 250GB、500GB、1TB SATA 2.0 磁盘 NTFS 文件系统进行测试，每个磁盘中的文件夹数都超过 10000 个且按磁盘容量递增，通过记录真实被复制次数与本文方法检测所得次数对比，如表 3-11 所示

表 3-11　复制阈值与复制次数的变化表

磁盘容量	Mark (>10%)	Mark (>20%)	Mark (>30%)	Mark (>50%)	Mark (>80%)	Mark (=100%)	Record times
250GB	65	**48**	17	9	2	0	28
500GB	73	59	**52**	23	11	2	41
1TB	61	51	50	**24**	15	8	53

在表 3-11 中，加粗的条目与真实的复制次数相当，Mark 表示复制阈值，Record times 表示真实记录的时间。当复制阈值为 10% 时，所有 Mark 都大于真实的复制次数，这是由于磁盘容量的大小和操作规律的不同导致的。磁盘容量的越小，存储的文件夹数量越较小，atime 刷新的概率越大。由于被访问概率的提高，完整的复制文件夹分割为不同分支，导致复制阈值降低时，Mark 数量增加。相反，在复制阈值提高时，Mark 数量降低，但准确率提高。

3) 数据集分析

根据表 3-11，本文算法选择复制阈值为 30%。基于式(3-8)、式(3-9)、式(3-14)、式(3-16)，表 3-12 所示为文件夹 G 的 crosscluster 和 standcluster 值。从表中可以发现仅文件夹 G 和 H 满足要求，所以对文件夹 G 和 H 进行详细分析。

表 3-12　文件夹 A-H 中 cross 和 stand 分布

文件夹	A	B	C	D	E	F	G	H
cross	0.15	0.14	0.09	0.18	0.11	0.16	0.57	0.36
stand	0.12	0.15	0.10	0.17	0.11	0.15	0.51	0.32

图 3-22 和图 3-23 所示为文件夹 G 和 H 不同行与列间的复制概率。P 和 Q 表示 G 的横向和纵向矩阵，文件夹 H 与 G 计算过程相似，不再赘述。

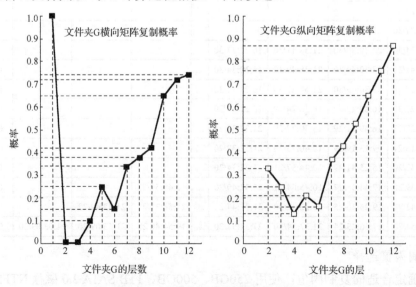

图 3-22　文件夹 G 复制概率分布图

在图 3-22 中， crosscluster(p_1)=1表示该层只存在一个文件夹且与自身 atime 比较，因此结果为 1。在 4 与 5 层间 standcluster(G) 值极低，表示该处可能发生高频访问或在 3 层 atime 全部改变的低频访问。根据图 3-22P 中坐标 3 处值可知该发生了高频访问且访问间隔较短。从图 3-22 Q 中横坐标 9、10 处值可确定复制操作发生在 21:56:37/20。

图 3-23 中横坐标 7、10 处的值都大于 25%，那么该处可能存在复制行为。这种情况出现的原因为文件夹是在短时间内建立的，从建立至调查检测的间隔内只覆盖了少部分文件夹，从而导致大量文件夹 atime 相似，因此也被看作被复制。

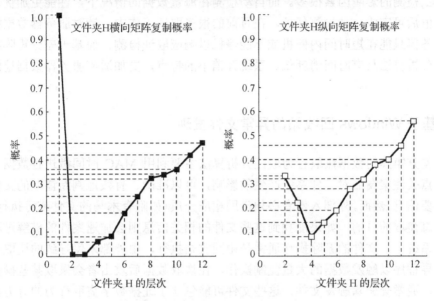

图 3-23　文件夹 H 的复制概率分布图

4) 效率分析

本文算法针对文件夹 G 和 H 的时间开销如表 3-13 所示，acquiring 表示获取每个文件夹下所有元数据 atime 的时间；calculation 1 表示 atime 比较的时间；calculation 2 表示计算每个文件夹复制概率的时间；calculation 3 表示计算子根文件夹下每层文件夹复制概率及时间映射的时间。

表 3-13　检测分段时间开销

检测分段	文件夹 G/s	文件夹 H/s
acquiring	2.6	2.6
calculation 1	0.5	0.49
calculation 2	0.06	0.06
calculation 3	0.02	0.02
合计	3.18	3.17

我们的方法与 Jonathan 方法对比结果如表 3-14 所示，Jonathan 方法首先计算磁盘中所有文件的时间戳，然后其下各分支时间戳，其平均时间可以认为是检测 1/2 文件夹数所耗时间。

表 3-14　检测中各阶段耗时对比

检测对象	Jonathan 方法	基于差分矩阵数据盗取分析方法
分区 D	31.2	25.44
文件夹 G	2.6	3.18
文件夹 H	2.6	3.17

此种检测是在小量数据环境下进行的，而在海量数据的情况下，需要检测的文件数量更多，人工检测的影响因素很多。而自动检测在海量数据的情况下，性能更加优良，在设定复制阈值后可完成自动检测任务。在目前的很多取证工作中，针对服务器数据检测更加困难，服务器只能在短时间内停机或不能停机以响应取证检测，而基于差分矩阵数据盗取行为取证分析算法具有时间消耗低、系统开销小的特点，更加适应服务器数据检测的取证环境。

3.3.4　基于 Windows 回收站的异常文件发现

基于差分矩阵的数据盗取行为取证分析算法主要利用 MAC 时间戳进行数据盗取取证分析，重点关注案发后对文件系统产生的影响，可以准确、有效地判断盗取的文件及案发时间等重要信息。然而，外部入侵者必须借助相应介质（如附有木马的文件或可执行程序等）以达到信息盗取的目的，如果能找到这些文件的相关信息则会加速案件的破解过程。在安全的操作系统中，文件的删除操作通常是由回收站执行，由外部入侵导致的盗取必然存在主动或诱导程序以触发数据的大量复制操作，在盗取数据后攻击者会采取某些操作以掩盖盗取行为，通常会删除触发文件，这些文件可能包含了证据数字盗取行为的有力证据。因此，如何发现异常文件并对其进行取证分析，是回溯案件过程、寻找犯罪证据的重要方法。

通常采用的删除文件分析办法是从磁盘底层入手，遍历文件系统，搜索文件系统中所有已删除和未删除的文件而不做区分，忽略了 Windows 系统删除机制对关键信息获取产生的影响，如在病毒感染文件后异常删除操作、删除文件本体数据之外的信息对案件破获也起到积极作用。目前，关于回收站的分析主要集中在 Windows NT/XP 系统回收站中的 INFO2 文件，而对 Windows Vista/7 系统回收站文件的分析较少，在此对 Windows Vista/7 系统回收站文件进行分析并给出其结构特征；采用时间戳关联回放某一时间范围对异常文件活动，通过对回收站及文件系统产生的影响，排除正常用户的文件操作规律找到可能引起盗取操作的异常文件，获取异常文件的相关信息。

1.　删除文件对文件系统的影响

在系统响应用户消息删除文件时，主要产生两个方面的影响，即文件系统和回收站。Windows 系统下主要有 FAT 和 NTFS 两种文件系统。FAT 文件系统中的删除操作是把该文件目录项的第一个 ASCII 码字符标识修改为 E5，然后将 FAT 表中相应的表项值清空填零，但该文件除此之外的其他属性以及文件内容并未被改变。

NTFS 文件系统中文件的删除操作可查询的变量是文件记录头部中的状态标志位由 01 变成 00，即由使用状态变为删除状态，而文件的其他信息（如文件名、数据地址等属性信息）完整保留下来，相应的文件若未被再次覆盖，整个文件能够较容易地恢复出来。

2．删除文件对 Windows 的影响

回收站的实际位置与所使用的操作系统及文件系统有关，在默认情况下，回收站位于如表 3-15 所示的目录下。用户在操作系统层次上利用"资源管理器"打开 RECYCLER.Bin 文件夹，系统会将当前活动用户在每个磁盘分区中删除的文件列出来，在清空回收站后，从"资源管理器"中看不到任何信息，此时并没有真正地抹去文件信息，在 Windows Vista 系统之前的操作系统文件的部分基本信息（如文件名、原始路径等）以及删除时间会存入 RECYCLER 文件夹下的 INFO2 文件中，在 Windows Vista 系统之后回收站为每个删除文件单独创建文件记录。

表 3-15 回收站文件和删除文件位置

操作系统	文件系统	回收站文件名	删除文件位置
Windows 95/98/ME	FAT32	RECYCLED	C:\RECYCLED\INFO2
Windows NT/2000/XP	NTFS	RECYCLER	C:\RECYCLER\ <USER SID>\INFO2
Windows Vista/7	NTFS	RECYCLER.Bin	C:\$RECYCLE.Bin\ <USER SID>\

在 Windows Vista 之前，当文件被删除时，Windows 会将文件移动到 RECYCLER 文件夹下，并创建与当前活动用户相关联的安全标识符（Security Identifier，SID）为名称的子文件夹，该文件夹下存储了具有特定名称的删除文件，文件名命名规则如下：

D<原始位置的磁盘驱动器编号><文件序号>.<原始文件扩展名>

说明：D 代表所有被删除的文件，随后是原删除文件所在的磁盘驱动器编号，原文件序号从 0 开始，表示文件删除的先后顺序，最后保留了删除文件的原后缀（即扩展名）。

该子文件夹中同时用于存放所有删除信息的主数据库 INFO2，作为回收站的日志文件存在。该文件在操作系统层面是不可见的，但通过浏览其在磁盘底层结构进可得到文件包含的所有信息，具体信息如表 3-16 所示。

表 3-16 INFO2 文件结构特征

数据结构	长度/bit	偏移量
记录大小	4	0xC
文件全路径名	4	记录的起始位置+0x04
唯一 ID	可变，以 NULL 结束	记录的起始位置+0x108
文件原来所属分区	4	记录的起始位置+0x10C
放入回收站时间	8	记录的起始位置+0x110
文件物理大小	4	记录的起始位置+0x118

在 Windows Vista 之后，当文件被删除时，Windows 会将文件移动到 RECYCLER.Bin 文件夹下，同样会创建基于安全标识符的子文件夹，回收站为每个删除文件创建独立的文件记录，删除文件的命名规则如下：

$R<文件序号>.<原始文件扩展名>

说明：以$R 起始，文件序号由连续的字母和数字混合组成，其后续仍为文件扩展名，$R 中主要存放删除文件中的数据。文件以外的信息则存放在独立的文件记录中，该文件的命名规则如下：

$I<文件序号>.<原始文件扩展名>

说明：以$I 起始，文件序号与$R 中文件序号相同，后续仍为文件扩展名。

$I 与$R 成对出现，$I 中存放的信息仅对应单独的删除文件，并不需要类似于 INFO2 文件中的唯一标识符，每个文件的大小固定 544B，结构如表 3-17 所示。

表 3-17　$I 文件结构

偏移	大小/B	描述
0x00	8	文件序号
0x08	8	文件大小
0x10	8	删除文件的时间和日期
0x18	520	原始文件名

$I 文件的前 8B 为固定的 0x0100000000000000，Windows 系统文档并没有给出明确定义，通过逆向分析，这 8B 可以作为文件类型标识符，即在文件头部遇到此字节序列可表示该文件为$I 文件。

若回收站被清空，RECYCLER 中文件序号将重新从 0 开始排序，INFO2 文件也会重新进行记录，新记录覆盖在原有磁盘位置上；RECYCLER.Bin 中关于删除文件的$I 和$R 文件都被删除，只要 INFO2 和$I 文件的磁盘空间没有被重写，这些文件记录就一直存在，能够为取证调查提供重要价值的信息。

3. 异常文件删除行为检测算法

若主机中的文件被入侵者盗取，则入侵者必然具有操作系统的合法权限；若入侵者想要掩盖入侵痕迹，则可能删除原攻击程序，这些程序可能单独存在也可能依附于其他文件，删除行为在具有合法权限情况下属于正常操作，因此不会被防御检测系统所阻止。

在 Windows 系统中，RECYCLE 中的 INFO2 文件以及 RECYCLER.Bin 中的$I 文件都属于系统文件，其中包含由操作系统自动记录的文件操作行为，不能被用户删除，所以在清空回收站后若该文件未被覆盖，其内容可以由取证人员手动恢复，在一定程度上可以重现回收站删除文件的时间序列，与盗取时间线相关联。

田志宏等提出一种基于时间线的犯罪方法，但该方法依赖于文件系统检查点，由于文件时间戳的可变性，每次新的读和写操作都会覆盖原有的时间戳，导致在一条时间线上同一文件读或写操作只有一个时间点，不能够细化某一文件的活动行为，我们对此方法进行改进，其核心思想是：从盗取时间点开始向前回复到某一时刻，并列出每个文件最近一次时间戳，从中挑选出可疑文件；Gym-Sang Cho 证明了记录文件中存在过去的时间戳，利用该$log 记录能够重现文件在过去一段时间内所有文件活动时间序列，据此对可疑文件操作进行回放，同时根据回收站记录文件信息对删除文件操作进行回放，回放过程中只忽略正常用户的操作行为，只处理非法用户的文件操作，删除文件时间与盗取时间越相近，理论上其为异常文件的概率越大。为描述方便，以 RECYCLER 代替 RECYCLE 和 RECYCLER.Bin，该方法的具体操作步骤如下。

(1)检查磁盘各个分区中的 RECYCLER 文件夹，查找其中是否存在未被清空的删除文件，读取$I(INFO2)文件，提取被删除文件的文件名、删除时间、文件序号等特征信息。如果 RECYCLER 已被清空，则从$I(INFO2)文件的更改时间中能够得到回收站被清空的时间。

（2）利用文件恢复技术恢复磁盘中已被删除的文件，若能够得到删除文件的文件名，则以此文件名为关键字检索整个磁盘，以获取$I（INFO2）文件碎片对该删除文件的日志记录，并提取记录中删除时间、文件序号等特征信息。

（3）在磁盘未分配空间中利用$I（INFO2）结构寻找该文件的碎片，提取文件碎片中的记录信息，获取系统中曾经被删除且被清空的记录项，并以该记录项中的文件名为关键词再次搜索文件信息包括元数据和文件数据。

（4）从磁盘中检索出所有与数据盗取时间相近的文件操作时间戳的证据向量，对于在盗取事件发生后被删除的文件要重点关注，并判断该对象是否具备引发复制操作的条件，如果是则标记。

（5）对每个符合条件的对象进行文件操作回放，判断与盗取时间的相关性，以初步判断其是否为异常文件。

若要得到文件是否为异常文件的确定值，则需要对文件内数据进行详细分析，而本文的重点是利用回收站文件判断删除文件与盗取事件的相关性；若异常文件确实存在于删除文件中，则会成为案件侦破的一个突破口。

图 3-24 描述了异常文件发现的操作流程。其中每个字母代表一个文件，R 代表读操作，W 代表写操作，D 代表删除操作。

图 3-24 中灰色节点表示正常的文件，黑色节点表示被删除文件且能够恢复文件数据，白色节点表示删除文件且无法恢复文件信息，通过过滤操作可得到具有嫌疑的 H 和 I 文件。若因异常文件导致盗取事件的发生，异常文件必然存在一个激活过程，通常是在打开文件时恶意程序就已经激活且恶意程序不会允许除本体之外的文件修改操作，因此是由打开文件即读操作触发恶意程序。由 I 和 H 文件的时间戳回溯可知文件 I 最有可能为异常文件。

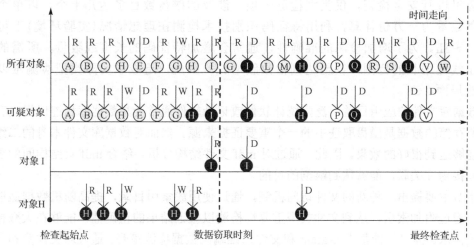

图 3-24　基于时间戳的文件活动回放

4. 实验与分析

为了验证 Windows 系统删除机制对取证分析有效性的影响，分别对 Windows XP 和 Windows 7 系统进行实验。首先将磁盘上的一些数据文件删除，随后将回收站清空，再进行正常的使用,在不同时间段利用取证工具分析$I 和 INFO2 文件中文件记录的二进制流结构特征,利用这些特征对全磁盘进行搜索,并解析所获取的删除文件记录,可以得到磁盘中的删除文件特征。

实验结果如表 3-18 所示。通过比较分析可知,在距删除时间很短的情况下,恢复的删除文件记录能够达到 100%,但当磁盘再次删除文件时,会从原文件记录较小地址开始覆盖,导致能够恢复的文件记录数减小,从而造成了时间间隔越长,文件记录恢复率越低,但仍能够部分恢复之前删除并清空的文件记录。

表 3-18 删除文件记录的恢复概率

文件类型	删除文件记录的有效性			
	1 小时	1 天	7 天	1 月
INFO2	100%	90%	70%	40%
$I	99%	88%	68%	35%

3.4 隐藏证据识别与数据雕刻方法

文件类型检测是企业、用户和云服务提供商面临的一个重要安全问题。恶意第三方利用篡改技术和隐写技术伪造文件实现信息盗取、扩散病毒、隐藏非法信息等目的。与此同时,复合文件类型数量增加、文件去特征化和检测的长周期更为类型检测带来了不便。因此,有必要采取高效的检测措施,以达到文件类型的正确识别,保护主机的信息安全。

目前,隐藏文件检测问题存在时间消耗大的问题。例如,对某一办公区域内的所有计算机进行安全检查,仅类型检测一项,涉及的磁盘数目多达几十个,以单个磁盘内文件数量为一万份计算,利用特征码识别技术检测在理想情况(实验环境)下可能会达到 1~3h。为了增加检测的准确性,通常会增加特征码的长度或数量,所需的时间会超出线性增长的范围,甚至达到指数级增长。因此,造成了实际类型检测难以实现的尴尬局面。

数据库文件的应用日益广泛,统计软件或记录软件通常会与数据库相连以提高存取效率,所存储的数据是磁盘取证中的一个重要证据来源。然而对数据库文件本身的二维编码并不能够达到很好的效果。因此,通过对 mdf 文件结构分析,结合 mdf 页结构间的逻辑关联与间接物理关联,能够达到雕刻的目的。

本节主要提出一种新的文件访问机制,通过使用簇索引目录,提高随机数据截取的时效性。通过附加索引,达到文件类型重复性检测以验证结果的正确性,能够在大数据下满足检测需求。提出一种基于 n-gram 和文件二维编码数据检测策略。通过对文件头和文件体的独立检测,最大限度地保证了检测的准确率。利用 2DDPCA 减少特征提取时间开销,能够在海量文件环境下,结合簇索引,减少平均数据检测时间。利用数据库文件二维可视化特征发现数据库文件,利用数据库结构特征集合进行数据库文件重组,提出一种基于文件特征可视化的 MDF 文件雕刻算法。

3.4.1　隐藏文件类型检测方案

1. 类型检测策略

当获取磁盘数据映像时，首先建立文件簇索引，依据可索引的文件系统对文件簇索引进一步扩展，将在文件系统之外的非坏扇区加载到簇索引之中，保证不遗漏任何有价值的信息；然后利用后缀、"魔数信息"等显性特征进行文件类型初次判断。虽然显性特征易被修改，存在安全隐患，但通常只会对少数文件进行篡改以达到信息隐藏的目的。因此，利用显性特征能够正确检测出大部分文件类型，并与文件指纹库中指定特征进行比对，若不匹配，则与所有指纹进行匹配。对于没有显性特征的文件或文件碎片，假定首个扇区为文件头部，并对文件头进行 n-gram 分析。若存在匹配类型，则转至文件体再次检测确认，如图 3-25 中左侧文件头检测之后转至右侧文件体检测。若不匹配，则对文件体进行特征提取并依次与特征库中所有类型文件特征进行比对。

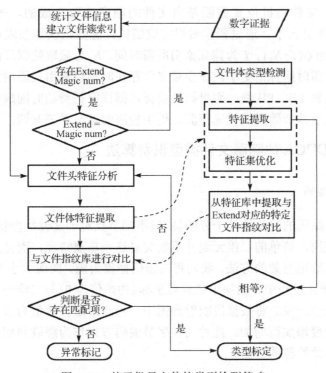

图 3-25　基于批量文件的类型检测策略

针对磁盘内文件数据复杂性，主要包括完整文件和文件碎片。完整文件可能包含后缀，部分文件可能包含魔数信息；碎片文件可以是文件的任何一部分。因此，必须采用对应的策略以防止检测过程的重复以及无效检测的出现，最大可能地利用现有资源以达到最佳的检测效率。

2. 预建簇索引机制

本文方法以全文件包含文件名、扩展名(若存在)及文件头、尾和非全文件(缺少文件名)

的分类作为输入。以此输入为基础，创建独立的文件簇预索引以完成随机数据截断分析，任意检测程序可用此索引进行验证性的类型检测。簇索引是在对存储介质映像时产生的，利用文件系统将具有完整结构的文件挂载在文件树上，并在节点上附加文件占据的所有簇（扇区）号。未知完整文件数据段（除文件目录外所有扇区数据），分列在索引目录上，如表 3-19 所示。

表 3-19　文件簇号索引

文件名	簇一	簇二	簇三	…
Ubtest1.doc	162354	162355	162356	…
Ubtest2.pdf	163480	163481	163482	…
Ubtest3.exe	2104564	2104565	2104266	…
Ubtest4.jpg	352918	352919	352920	…
Ubtest5.htm	6225415	6225416	6225418	…
Ubtest6.gif	87926	87927	87928	…

正常情况下，文件随机位置截断是由文件的顺序读取完成的，平均时间复杂度为 $O(N/2)$，N 为文件总大小，通过预建索引完成随机位置数据快速获取而避开文件内数据遍历，平均时间度为 $O(T+N_1)$，T 为建立索引所需时间，N_1 为截取数据段的时间且 $N_1 \ll N$。因此，此种方法所需时间开销更小。在少量文件存在时预建索引反而增大了时间开销，而在文件系统规模达到 TB、PB 级，海量数据使得数据读取耗费的时间成倍增长，利用少量时间建立索引以换取截断数据的快速获取，折中检测时延与系统开销。

3.4.2　基于 2DDPCA 的隐藏文件类型识别算法

1. 二维元组编码

文件二维元组编码的视觉特性十分明显，但不同节点对于文件类型特征的贡献度不同，即节点出现频次不同，简单的二维元组并不能突显这一重要特征，而且如何对该编码进行自动化识别并没有给出有效的方法。我们将二维码抽象为图，图像大小为 256 像素×256 像素，如图 3-26 在统计过程中，图像中任意点坐标（初始值为 0）与二维码节点坐标相同，该位置计数加 1，直至结束。将数据段映射到图中，每点最后计数值为该点灰度值，灰度值随着选取数据段长度增加而增加。此种文件字节编码方式作为级联判别器输入，利用少量字节就能够达到高效检测的目的。

2. DDPCA 特征提取

Mehdi 使用主成分分析法（PCA）计算低维子空间以代表原有数据集，在处理大样本向量空间时，由于样本空间向量维度高，使得特征提取过程所耗费的计算量巨大，所得到的样本尺寸相对较大，存在协方差矩阵的准确估计困难、计算复杂度大。因此，采用 2DDPCA 算法提高特征提取速度，完整地保留了文件二维空间特征，计算的矩阵协方差更加准确，在保证准确率的前提下，进一步压缩有效特征数。

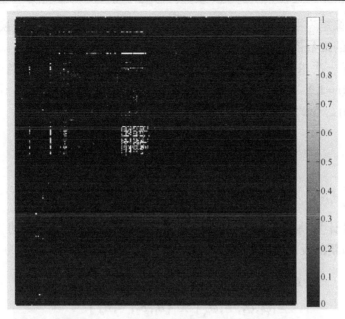

图 3-26　doc 文件灰度图-截取 1024B 长度

1) 基于 2DPCA 的特征提取方法

假设预处理后的训练样本集为

$$X = \{X_j^i \in R^{m \times n} \mid i = 1, \cdots, N, j+1, 2, \cdots, k\}$$

其中，i 为第 i 个文件类型；j 为第 i 个类型的第 j 个文件段字节分布；N 为训练样本集中类别数；K 为每个类别包含 K 个文件段；M 为训练样本总数为 $M = N \times K$。

计算所有训练样本的平均字节频率：

$$\bar{X} = \frac{1}{M} \sum_{i=1}^{N} \sum_{j=1}^{K} X_j^i \tag{3-26}$$

计算训练样本集的协方差矩阵：

$$G = \frac{1}{M} \sum_{i=1}^{N} (X_j^i - \bar{X})^{\mathrm{T}} (X_j^i - \bar{X}) \tag{3-27}$$

设协方差矩阵特征向量 φ_i，特征值 λ_i，$\{\lambda_i \mid i = 1, 2, \cdots, N\}$ 计算如下：

$$G_i \cdot \varphi_i = \lambda_i \cdot \varphi_i \tag{3-28}$$

特征值顺序排列 $\lambda_1 \geqslant \lambda_2 \geqslant \cdots \geqslant \lambda_n \geqslant 0$。最佳投影向量组 $\varphi_1 \varphi_2 \cdots \varphi_d$ 可取为 G 最大的 d 个特征值所对应的正交单位化的特征向量，d 值可根据实际需要进行设定。若须在短时间内对某文件类型进行搜索，则可将 d 值缩小，以提高匹配速度。

$$P = (\varphi_1, \varphi_2, \cdots, \varphi_d)^{\mathrm{T}} \tag{3-29}$$

其中，P 为最佳投影矩阵。

2) 基于两级的 2DPCA 特征提取方法

首先，利用 2DPCA 针对文件二维图像矩阵行方向进行特征提取变换（R2DPCA，Row 2DPCA），去除了各行字节频率间的相关性，实现了矩阵中行向量的降维，但字节频率分布在文件二维图像矩阵中各列间的相关性依然存在。因此，R2DPCA 变换后得到的特征在矩阵的列方向上的维数依然能够降低。

其次，将第一次求得的训练字节频率分布的特征矩阵转置后当作新的训练样本 $I_i = P_i^{\mathrm{T}} \in R^{d \times m}$ $(i = 1, 2, \cdots, M)$，重复上述 2DPCA 特征提取过程，计算列投影矩阵 $P_c \in P^{m \times d_2} (d_2 < m)$。令 $Y_j^i = A_k \in R^{m \times d}$，计算新的协方差矩阵：

$$G = \frac{1}{M} \sum_1^M (A_i - \overline{A})(A_i - \overline{A})^{\mathrm{T}} \tag{3-30}$$

其中，$\overline{A} = \dfrac{1}{M} \displaystyle\sum_{i=1}^M A_i$。

同理，通过计算协方差矩阵 G 的前 d_2 个最大特征值所对应的正交化特征向量 $B_1, B_2, \cdots, B_{d_2}$ 作为新的投影空间即特征空间。二次提取后的特征矩阵 P_2 为

$$\begin{aligned} P_2 &= A^{\mathrm{T}}[B_1, B_2, \cdots, B_{d_2}] = P^{\mathrm{T}} X^{\mathrm{T}}[B_1, B_2, \cdots, B_{d_2}] \\ &= [\varphi_1, \varphi_2, \cdots, \varphi_{d_2}]^{\mathrm{T}} X^{\mathrm{T}}[B_1, B_2, \cdots, B_{d_2}] \end{aligned} \tag{3-31}$$

第一次提取的特征矩阵是 $m \times d$ 维，最后一次提取的特征矩阵 P_2 是 $d \times d_2$ 维，$d_2 \ll m$，达到压缩的目的，再次降低了所提取特征空间的维数，能够使分类的时间比仅使用一次特征提取更短，分类速度更快。

3. 级联特征提取

将文件段原始特征进行 2DDPCA 变换，生成奇偶本征空间；根据选择性集成的思想，从奇偶本征空间挑选出识别精度高且差异较大的本征向量来构建本征空间，训练支持向量机（Support Vector Machine，SVM）作为文件类型判别器。

这里采用 Matlab 2010b 和 LibSVM 进行编程。LibSVM 提供了线性、多项式、径向基函数和 Sigmoid 4 种常用的核函数，使用高斯型核函数（Radial Basis Function, RBF）具有较高的准确率。通过增加训练样本数量来提高系统对不同位置文件段的文件类型识别的准确率。文件段样本采集越多，两级 2DPCA 及 SVM 分类模型的泛化能力越强。训练样本数量的加大，训练时间也增加，但并不影响检测阶段的时间消耗。

1）训练阶段

如图 3-27 左侧所示，在前期处理过程中，接收随机位置样本数据后计算 BFD 并进行标准化；输出被 2DPCA 接收并提取 d 个特征；输出被 2DPCA 再次接收并提取 d_2 个特征。R2DPCA 可大幅度减小低频字节分布模式，提高文件特征匹配速度和准确度。C2DPCA 所提取的特征再次输入到 SVM 分类器进行分类，产生文件指纹。

2）检测阶段

检测阶段如图 3-27 右侧所示，分层特征提取系统由 2DDPCA 和 SVM 组成。当检测未知文件或文件段类型时，首先计算 BFD 分布并进行标准化。分层特征提取部分提取 d_2 个特征作为该文件的文件指纹，并送交分类器进行检测。分类器比较被检测的文件指纹和数据类型的文件指纹，标定文件类型。

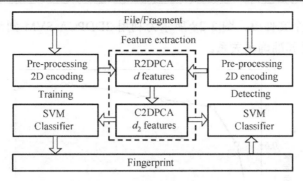

图 3-27 训练阶段与检测阶段

4. 性能实验与分析

Amirani 等提出的检测方法可用于取证环境中的类型检测，也是目前具有优良性能的方法。下面测试比较它与 2DDPCA-SVM 检测算法的性能。

测试环境：

硬件：Core i5 处理器、CPU 3.00GHz、4GB DDR3 I333 RAM、1TB SATA 硬盘。

软件：Windows NT 6.1（Windows 7 RTM SP1）、Microsoft Visual Studio 2010 10.0.3.319.1 RTMRel、MATLAB 2010b。

1）数据收集方法

采用网络上常见的 6 种文件类型 doc、pdf、exe、jpg、htm、gif，样本文件是在 Google 网站上使用"通用搜索"收集的。例如，jpg 文件是在 Google 搜索引擎上使用搜索项 jpg，随机选取文件并进行无偏取样。doc、pdf、htm 的 BFD 分布基于语言，因此在收集样本文件时选取不同语言类型的文件以最大程度减小本地随机位置取样对 BFD 分布产生的影响，主要采取中英文两种语言且在每种类型文件中平均分配。

实验中收集 6 种类型共 1800 个随机文件，使用 1200 个文件作为训练样本，600 个文件作为测试文件，样本文件的大小是随机的，如表 3-20 所示。在实验中从文件随机簇位置获取 1500B 的数据段，文件段的随机位置取自 VS2010 的 rand 命令且从簇首位置获取连续字节数据。

表 3-20 文件数及字节大小

样本文件类型	文件总数	最小值/B	最大值/B	平均值/B
doc	300	2949	7412810	296817
pdf	300	43008	9199616	871961
exe	300	1683	711983104	10954387
jpg	300	9113	11744051	587219
htm	300	437	625759	51684
gif	300	8069	8516418	91741

2）训练和特征选择

采用 1TB 硬盘 NTFS 文件系统并预先建立簇索引目录，存储完整文件约 60000 个，提取文件二维数据图像像素 256 像素×256 像素归一化为 64 像素×64 像素大小，训练样本共 6

类，每种类型有 80 个文件段，图 3-28 所示为利用 2DDPCA-SVM 判别器时特征值与平均截取数据段数、延时和准确率关系。

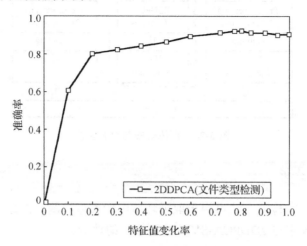

图 3-28　特征维度改变时文件检测准确率

由图 3-28 可知，在特征值为 0.2 时，准确率上升较快，此时特征维度较低，时间开销较低，因此选取特征数 $d = 115$，$d_2 = 56$，SVM 核函数的宽度参数为默认值 1。在随机获取文件段后，分别统计 2DDPCA-SVM 模型对 6 种文件类型的识别准确率及时间效率，如表 3-21 所示。

表 3-21　文件识别数及时间效率

文件类型	正确识别数	错误识别数	百份文件消耗时间/s
doc	90	10	0.47
pdf	92	8	0.49
exe	87	13	0.48
jpg	78	22	0.50
htm	95	5	0.51
gif	81	19	0.56

本方法的平均正确率达到 78%以上，与文献 Amiran 方法对比如表 3-22 所示。

表 3-22　3 种方法的文件识别平均识别率

数据大小/B	分类器	doc	pdf	exe	jpg	htm	gif	CCR	百份文件消耗时间/s
1500	PCA+MLP	88%	85%	83%	74%	95%	78%	83.83%	1.3
1500	PCA+SVM	89%	89%	85%	75%	95%	80%	85.5%	0.9
1500	2DDPCA+SVM	92%	90%	87%	78%	95%	81%	88.6%	0.42

利用图 3-29 实验环境，针对簇索引对检测时间的影响进行检测，每个文件获取的数据段数以 2 的指数级从 0 开始变换，文件检测时的准确率与检测时间期望如图 3-29 所示。

　　实验结果表明：2DDPCA-SVM 方法平均检测成功率达到 78%，时间开销在 130s/万左右，若能增加特征维数，准确率会进一步提高，具有更好的适应性和健壮性。

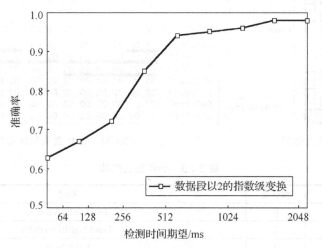

图 3-29　数据段数变换时的时间开销与准确率

3.4.3　基于文件特征可视化的 SQL mdf 文件雕刻算法

　　3.4.2 节主要针对 6 种文件类型进行分析，文件编码序列的相似性是此种文件类型检测的基础，提供了文件特征的量化、准确的判断方式。下面剖析 SQL Sever 数据库文件存储结构，针对数据库文件缺少有效的文件检测方法、雕刻粒度粗等问题，提出基于文件特征可视化的 SQL 2000 mdf 文件雕刻算法。算法结合文件的特征标识码及二维字节频率分布特征进行雕刻，利用 mdf 结构最大限度恢复 mdf 文件数据，提高雕刻后 SQL 文件的可读性。

　　1. mdf 文件结构

　　SQL Server 中存储数据的基本单位是页，数据库中存储的数据文件对应的磁盘空间逻辑上被分为多个页，页号由 0~n，SQL Server 读或写操作也是以整页数据为单位进行的，且所有的页具有相同的结构。

　　SQL Server 2000/2005 中的 mdf 文件包含了实际的数据，分别存储在多个数据页内，数据库页结构如图 3-30 所示，主要包含 3 部分：页头、页记录和页记录偏移量数组。每个数据页的大小固定为 8192B，其中页头占前 96B；页记录偏移量数组是一个 36B 长的一维数组，位于页的最底部，每个数组元素 2B 长，表示该记录距离页头起始位置偏移；其余 8060B 用于存放记录。此项不包括 Text/Image 页类型存储的数据，而包含 varchar、nvarchar、varbinary 或 sql_variant 列的表同样不受此限制的约束。

　　页头用于记录当前页 ID、页所属结构类型、页内记录数和前后页的指针，mdf 的页头详细信息如图 3-31 和表 3-23 所示。

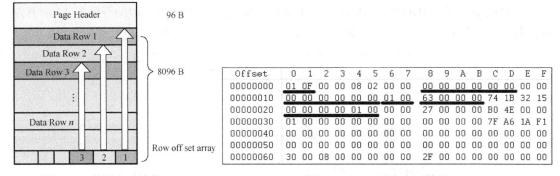

图 3-30　数据库页结构　　　　　　　图 3-31　mdf 页头扇区数据

表 3-23　mdf 页头结构

字段名称	偏移量	描述
m_headerVersion	0	File header Version
m_type	2	TypeFlagBits mark bit
m_level	3	Index level
m_flagBits	4	Flag bit
m_freeCnt	5	The number of bytes reserved by transactions
m_indexId	6	Page index ID
m_prevPage	8	Previous page
pminlen	14	Number of bytes of fixed length part
m_nextPage	16	Next page
m_slotCnt	22	Rows of record in the page
m_objId	24	Object ID of the page
m_freeCnt	28	Number of free bytes
m_freeData	30	The byte offset of the first free data space
m_pageId	32	The file ID and page number of the page in database
m_reservedCnt	38	Number of bytes reserved by all transaction
m_lsn	40	The LSN value is uased to modify and updata the log of the page
m_xactReserved	44	The number of bytes that reserved by recently started transections
m_xdesId	46	XdesID
m_ghostRecCnt	52	ghostRecCnt
m_tornBits	54	One bit for each section, used for reading of detecting missing pages

　　在页头后的空间用于存储实际数据记录，记录的最大长度为 8080B，1 条记录不能同时跨越多个页，Text/Image 页类型除外。页中存储的记录数可根据表结构及其存储的数据而变化，列全部为固定长度的表，通常在每个页中存储相同的记录数；可变记录则根据所输入的实际数据长度决定所能容纳的记录数。若记录较短，则一个页面能够存储更多的记录。表记录结构如表 3-24 所示。

表 3-24　表记录字段结构

偏移量	描述	偏移量	描述
0	version bit	3	if NULL, bit map allowed
1	type of record	1	rariable length field

2. mdf 特征标识码

对 mdf 文件结构分析表明，所有的 mdf 文件都以字符串"0x010F"开头，另外图 3-31 中标黑线字段相对第一个页的特殊位置而相对固定，第 8 字节偏移 m_prevPage 即该数据页的前一页项指针，相对于第一个页位置，为 0x000000000000；第 16 字节偏移 m_nextPage 即该数据页的下一页项指针，相对于第一个页位置，为 0x000000000000，这两个指针按照 B-tree 树管理，指向页的逻辑位置。通过这 3 个特征标识码能够判断出 mdf 文件头的位置。

在基于公共子序列的类型检测中，子序列越多，文件类型的判断误差越小。因此，在此处可增加第 24 字节偏移 m_objId 和第 32 字节偏移 m_pageId，相对于 mdf 文件中的第一个页，其值是固定的，可以提高判断的准确度，具体如图 3-31 中 mdf 页头扇区数据中标黑线字段所示。

由于 mdf 尾部文件标识不固定，不能利用尾部标识判断文件结束位置，但在利用文件特征标识码判断出是第一个页数据后，可根据第一个页数据中元数据推导出其余数据页的位置信息，最后以完成所有 mdf 文件页结构的搭建，将页串联后可完成整个文件的雕刻。

3. 离散文件段处理

1) 具有完成结构的离散文件段

利用 mdf 特征标识码方法能够对完整的连续存储的文件进行雕刻，但不能识别离散 mdf 文件段。如图 3-32 所示 3 个离散文件段，通过特征标识码，能够雕刻出第一个文件段 1_mdf，但对于 2_mdf 和 3_mdf 却无法通过 1_mdf 推断出来，因为它们是逻辑连续的，即由 0~n 个页顺序组成，但不是物理连续的。

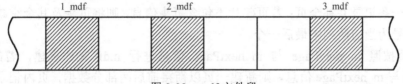

图 3-32　mdf 文件段

引入对文件可视化技术，SQL Server 对于文件数据存在多种编码方式，mdf 文件以默认的 Unicode 编码方式为主，其二维可视化特征如图 3-33 所示，从图中可看到 mdf 文件的特征点主要集中在 X 坐标轴附近，与其他如 doc、txt、exe 等在基于 2DDPCA 的隐藏文件类型识别算法中所述文件编码方式具有明显的不同，以此可以对 mdf 文件进行分类。

mdf 文件可视化二维特征不具有唯一性，如 XML 等也是 Unicode 编码方式的一种应用，可以利用页头中相对固定的字段进行搜索，以确认文件碎片的类型。

(1) 通过页头结构的累加搜索，如根据文件第一页已得到文件中第一个数据段位置，由段末页编号可知下一个页的 m_headerVersion，m_type，m_objId 固定值，及 m_prevPage、m_nextPage、m_pageId 等累加值，以此在相似 mdf 文件碎片中进行关键字搜索并嵌套页头文件结构，符合要求的扇区数据即为下一个离散数据段的起始位置。若相邻页编号搜索不存在，则跳至下一页进行搜索并重复上述过程。

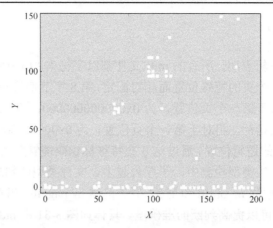

图 3-33　　mdf 文件可视化二维编码图

(2)针对同一个文件，包括图 3-31 中 6 个标黑线字段，字段含义如表 3-23 所示。由于进行搜索时的页编号不为零，故 m_prevPage 与 m_nextPage 编号需要根据每次搜索的页编号按照 B-tree 的其中嵌套的页头文件结构方式进行调整。针对同一磁盘内不同的文件可根据 m_objId 进行文件分类。

(3)另一个规律为在跳页第 96 字节后第一个记录总是以 "0x30" 起始，同一个文件内所有页的版本号是相同的，代表 SQL Server。

2)缺失文件段处理

若同一磁盘或分区内雕刻出的 mdf 文件段不足以组成一个完整的 mdf 文件，则需要对文件段进行处理，以完成 mdf 文件的文件系统层显示。主要包括以下几个步骤。

(1)将离散的完整文件段按照文件编号顺序排列，并将缺失部分空出。

(2)将页碎片进行补全。若页碎片内包含页头信息且部分包含记录信息，则将这部分记录信息当作一条记录并补全页；若页碎片不包含页头信息，则将页头及其余空缺部分填零，仅保留页编号为当前队列中最后一个。

(3)将页按照 m_prevPage 与 m_nextPage 信息进行 mdf 文件重建，若缺失关联的 m_prevPage 与 m_nextPage 信息，则新建一页以衔接前后两部分数据，页内记录数据为零。

(4)若检测出的文件碎片无法找到相应结构，则自定义一个新的 mdf 文件，文件内容即文件碎片。

4. 算法的基本思想

算法中假设所有离散文件段为文件碎片，表示为 SS，mdf 文件碎片二维编码中提取 n 个特征过程可描述为 Extract_visual_features = $\{s_1 s_2 \cdots s_n\}$，页中固定位置特征码集可描述为 Fixed_Features = $\{$m_prevPage, m_nextpage, m_objId, m_pageId, m_headerVersion, m_type$\}$，特征标识码提取过程可描述为 Extract_fixed_features(SS)，特征标识码匹配过程可描述为 Feature_sig_Mapping$\{$fixed_Features, fixed_Features$\}$。mdf 中第一个页表示为 Page_1，用于引导所有后续页的关联重组。因此算法的基本思想是，分别通过二维编码得到 mdf 碎片集合 $\{s_1 s_2 \cdots s_n\}$，然后从碎片中提取与页首特定位置进行特征标识码匹配，得到首页 Page_1，后续第 m 页表示为 Page_n。再次对 $\{s_1 s_2 \cdots s_n\}$ 进行特征标识码匹配分类，将属于不同 mdf

文件集合 {Page_1···Page_m} 进行重组，缺失文件碎片补齐，建立重组后的 mdf 文件集合。

5. 算法的设计与描述

根据上述分析，本文提出了基于可视化文件碎片的 mdf 文件雕刻算法（Algorithm for mdf File Carving based on Visual File Fragments, AMFCVFF）。算法将所有离散的文件段都视为文件碎片，利用 mdf 可视化二维编码特征提取有效的 mdf 文件碎片，通过特征标识码进行碎片重组，为 mdf 文件的准确雕刻提供支持。算法具体描述如下：

算法 3.2： 基于可视化文件碎片的 mdf 文件雕刻算法（AMFCVFF）

输入： 文件碎片 SS
输出： 被 SQL 识别并能打开的 mdf 文件集合 {Avilable_mdf}

Procedure Fragments_Reconstruction(SS)
Initialization:
1 Initialize {Page_1···Page_m}
Feature Detection:
2 **while.** Extract_visual_features(SS) = $\{s_1 s_2 \cdots s_n\}$ .do　　　　　　　//检测到同类型相关的文件碎片
3　　Fixed_Features = Extract_fixed_features(SS) ;
4　　**if.** Feature_sig_Mapping{fixed_Features,Extract_fixed_features(Page_1)}　//首页
5　　　Fixed_Features.m_headerVersion = Extract_fixed_features(SS) ;　　　//版本特征标识码
6　　　Fixed_Features.m_type = Extract_fixed_features(SS) ;　　　　　　　//类型特征标识码
7　　　Fixed_Features.m_objId = Extract_fixed_features(SS) ;　　　　　　//对象特征标识码
8　　　**if.** Feature_sig_Mapping{{m_HeaderVersion,m_type,m_objId},Extract_Fixed_featrues(SS_n)} ;
9　　　**then** Fix the sequence by m_prevPage,m_nextpage though B-tree; //修正碎片顺序
10　　　　**if.** SS_n is lost or page Fixed_Features is lost **then**;　　　　//碎片丢失
11　　　　fixed with empty page;　　　　　　　　　　　　　　　　　　//修正缺失页
12　　　　　**if.** SS_n has Fixed_Features , **then** take 8096bytes as a page **go on;**
13　　　　　**end if**
14　　　　**end if**
15　　　**end if**
16　　**end if**
17　　return {Avilable_mdf} ;

---

6. 实验与结果分析

根据分析结果，使用多个 SQL Server 2000 数据库进行实验，实验中采用 Windows 7 系统环境下测试 500GB 磁盘分别存储不同数量的 mdf 文件，然后将文件利用回收站永久删除。在不同的时间点对 mdf 文件进行雕刻，依据雕刻出的文件数量、恢复率（recovery）和准确率（accuracy）3 个标准来衡量雕刻结果的好坏。

恢复率指的是雕刻出来且正确的 mdf 文件在数据集里应被雕刻出来的 mdf 文件所占的比率。计算公式如下：

$$\text{Recovery} = \frac{N_{ri}}{N_{total}} \times 100\% \qquad (3\text{-}32)$$

其中，N_{ri} 为正确雕刻出的 mdf 文件数量；N_{total} 为数据集中应被雕刻出的 mdf 件数量。

准确率等价于真可用率，即在所有被雕刻出来的 mdf 文件中，正确雕刻出的 mdf 文件所占比率，计算公式如下：

$$\text{Recovery} = \frac{N_{\text{ri}}}{N_{\text{ri}} + N_{\text{wr}}} \times 100\% \tag{3-33}$$

其中，N_{ri} 为正确雕刻出的 mdf 文件数量；N_{wr} 为雕刻出却无法使用的 mdf 文件数量。

雕刻的目的是恢复目标集中已被删除的 mdf 文件。而 mdf 文件在其中某些数据流错误的情况下仍能打开使用，只要文件能够被 SQL Server 应用程序正确打开，就认为该文件雕刻成功。

测试过程是在磁盘的 50GB 分区内进行的，分区中已包含部分 DFRWS2007 数据集，在分区中分别存储一个至多个 mdf 文件，删除全部 mdf 文件及部分 DFRWS2006 数据集中部分数据。然后反复多次填充部分数据到分区中，每类实验反复多次进行，结果平均值如表 3-25 所示。

表 3-25 不同 mdf 文件数量下雕刻准确率与恢复率

填充	文件数量（雕刻）	准确率/%	恢复率/%
N	1	100	100
Y	1.2	95.41	92.5
N	10	100	96
Y	8.6	86.20	78.47
N	20	100	100
Y	19.5	63.33	54.68

本方法在删除 mdf 文件未被覆盖时，能够达到 100%的准确率和恢复率，文件包含 60MB、15MB 和 4MB 等。在磁盘空闲扇区被填充时，部分 mdf 文件段被覆盖，准确率和恢复率都有所下降，不同 mdf 文件之间干扰逐渐增大，导致两概率逐渐变低，但仍能够达到 63.33%的准确率和 54.68%的恢复率，达到尽可能恢复出原始 mdf 文件的雕刻目标。

3.4.4 基于 SQLite 的位置信息雕刻算法

SQLite 是一款轻量级嵌入式的关系型数据库，也 SQLite 是客户端应用程序的一个组成部分，而不是一个单独的进程；同时 SQLite 与 ACID（Atomicity Consistency Isolation Durability）兼容，并实现了大部分 SQL 标准，使用动态类型的 SQL 语法。正是因为 SQLite 具有较好的灵活性和兼容性，以及本地存储特性，使得许多即时通信软件采用 SQLite 数据库来存储其产生的历史数据，如 QQ、Skye、微信等。犯罪分子为了阻挠司法部门的正常取证，往往对 SQLite 中的数据进行隐藏、删除覆盖等反取证破坏，因此在对其进行数字取证时，应尽可能地恢复已被破坏的重要数据。

1. SQLite 文件结构分析

1）数据库文件头

SQLite 数据库的基本存储单位是页，页的大小是 $2^9 \sim 2^{15}$ 的固定值，默认为 2^{10}B。数据库中信息的读、写、删除操作均是以独立的页为单位进行的，页的类型有 B–tree 页、B+tree 页、空闲页、溢出页，页的编号从 1 到 n。

SQLite 数据库中的数据分别存储在多个 Btree 页中，一个完整的 Btree 页主要包含 3

种类型的数据结构：文件头(根页)、页头、单元内容区。数据库文件的第一个页(根页)比较特殊，其包含 100B 的文件头信息，即第一页称为文件头页。数据页采用 B+tree 页，索引页采用 B-tree 页。

文件头主要用于记录数据库的头标识、页大小、空闲页地址、编码方式和版本等重要信息，用 WinHex 打开微信中存储位置信息的数据库 revsers_geo_cache.db，如图 3-34 所示，其中偏移地址 0x00 00～0x00 63 为文件头详细信息，文件头格式解析如表 3-26 示。

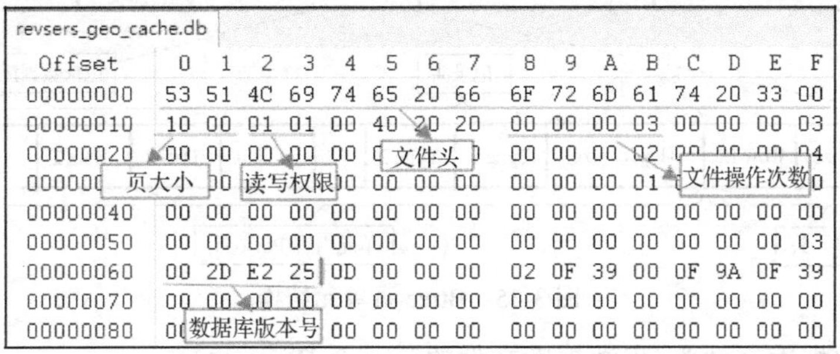

图 3-34　SQLite 文件头

其中文件头前 16B 是固定的为 0x53 51 4C 69 74 65 20 66 6F 72 6D 61 74 20 33 00，即字符串"1 4C 69 7\000"。

第 17、18 字节"0x10 00"表示页大小为 4096B。

第 19、20 字节"0x01 01"表示该数据库为可读可写版本。

第 25、26、27、28 字节"0x00 00 00 03"表示该数据库事务操作次数为 3。

第 97、98、99、100 字节"0x00 2D E2 25"表示该数据库的版本号。

表 3-26　SQLite 文件头格式解析

字段名称	偏移量	大小/字节	描述
文件头标识	0	16	一般为"SQLite format 3\000"
页大小	16	2	单位为字节
写权限	18	1	1 表示具有写权限
读权限	19	1	1 表示具有读权限
保留区	20	1	一般为 0
最大有效载荷	21	1	一般为 64B
最小有效载荷	22	1	一般为 32B
叶子的有效载荷	23	1	一般为 32B
文件修改计数	24	4	通常指事务增加次数
第一个页的偏移码	32	4	
空闲页的总数	36	4	
数据库模式	44	4	存在四种机制
文本编码方式	56	4	1 表示 UTF-8，2 表示 UTF-16le，3 表示 UTF-16be
用户版本号	60	4	由用户程序设定
应用 ID	68	4	由 PRAGMA 设定
保留区	72	20	一般为 0
版本有效号	92	4	
SQLite 版本号	96	4	

2) Btree 页结构

数据库中的页是从 1 开始顺序编号的，在数据库中每张表或者每个索引对应一个 Btree

页，一个 Btree 页一般由页头、单元指针数组、未分配空间、单元内容区、保留区组成，如图 3-35 中间部分所示。

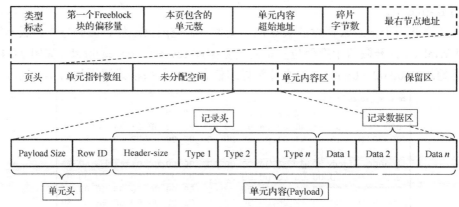

图 3-35　Btree 页单元结构

(1) 100B 数据库文件头(仅数据库文件的第一个 Btree 页)。

(2) 8B 或者 12B Btree 页头(Btree 页头占 8B，对于内部页，Btree 页头占 12B)。

(3) 单元指针数组。

(4) 未分配空间。

(5) 单元内容区。

(6) 保留区。

Btree 页头的结构组成如图 3-36 上半部分，其格式解析如表 3-27 所示。

表 3-27　Btree 页头格式解析

字段名称	偏移量	大小/字节	描述
Btree 页类型标志	0	1	2 表示本页是内部索引 B-tree 页；5 表示本页是内部表 B+tree 页；10 表示本页是叶索引 B-tree 页；13 表示本页是叶表 B+tree 页；其他值表示本页类型错误
偏移量	1	2	第一个 Freeblock 块的偏移量
单元数	3	2	本页包含的单元数
起始地址	5	2	单元内容区起始地址
碎片大小	7	1	单元内容区碎片的字节数
最右节点地址	8	4	仅内部 Btree 页有

页单元结构由单元头和单元内容组成，如图 3-36 下半部分所示，其相应的格式解析如表 3-28 所示。

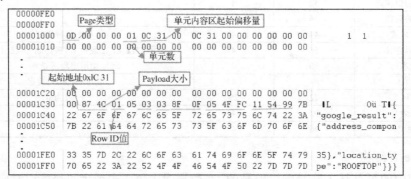

图 3-36　Btree 页结构

表 3-28　Btree 页单元格式解析

字段名称	长度	描述
Payload 大小	Var（1～9）	以字节为单位
Row ID 值	Var（1～9）	数据库记录的 Row ID 值
Payload 的实际内容	*	SQLite 中某一条记录的信息
溢出页链表第一个溢出页的页号	4	若溢出页链表为空页将无此域

图 3-37 是数据库 revsers_geo_cache.db 文件中一个完整的页结构，从偏移地址 0x10 00～0x1F F0 是该页所包含的物理数据。其中页头格式和页单元格式分别如表 3-27 和表 3-28 所示。

其中，0x0D 表示该页类型为 B+tree 页。

0x0C 31 表示单元内容区起始地址偏移量为 0x0C 31，即 0x10 00+0x0C 31=0x1C 31，从而获取单元内容区的起始地址。

0x87 4C 表示 Payload 数据的字节数，转化定长为 0x03 CC。

0x01 表示在 sqlite_master 表中对应记录的 Row ID，值为 0x01。

0x05 表示记录头包含 5B。

0x03 表示字段 1，3B 整数，0x05 4F FC 为 348156。

0x03 表示字段 2，3B 整数，0x11 54 99 为 1135769。

0x8F 0F 表示字段 3，TEXT，0x8F 0F 为可变长整数，转换定长为 0x 07 8F=1935，可知字段长度为（1935–13）/2=961=0x 03C1，对应数据为地址 0x1C 3F～0x1F FF 的物理数据。

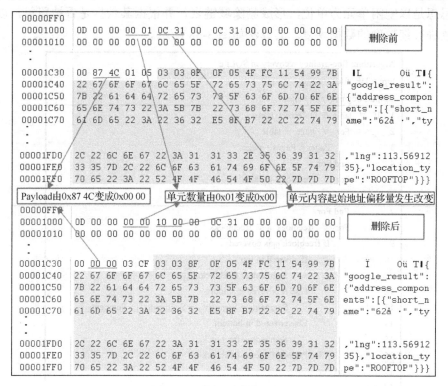

图 3-37　数据删除前后对比

2. SQLite 数据删除机制

通过分析 SQLite 文件的逻辑层和物理层，一个逻辑表中的数据主要存储在 B+tree 叶子页中，但是从逻辑层对该叶子页数据进行操作时，需要文件中的根页和内部页的配合才能正常操作。当数据库删除表中部分数据时，其删除操作只是将指向该数据单元的指针进行重定向，将其定向到空闲块链表中，其单元内的 Payload 并没有改变。从物理层分析，该区域仍然存在相应的物理数据。因此，当数据库执行一些删除操作时，数据库的大小并没减小。但是从逻辑层分析，指向删除单元的指针告诉逻辑层，该数据块为空闲区域，其所占的空间已释放，新数据可以占用。其数据删除前后的对照如 3-37 所示。

由图 3-37 可知，数据被删除后，本页单元数由 0x00 01 变成了 0x00 00；本页的第一单元起始地址偏移量由 0x0C 31 变成下一页的地址偏移量 0x10 00，即将地址为 0x1C 31~0x1F FF 的区域作为空闲域。同时页单元数据区中 Payload 的大小由 0x87 4C 变成 0x00 00，表示该页单元的数据为 0。但 Payload 内的物理数据值并未改变，如图 3-37 阴影区域所示。因此通过分析 SQLite 的存储特性，设计相应的恢复算法即可恢复数据库中被删除的数据。

3. 基于 SQLite 的内容雕刻算法

在逻辑层，数据都存储在数据库的表结构中，对于未删除的数据用户可以直观地浏览，而对于已删除的数据，只有从数据库物理文件中恢复才能看到。

根据 SQLite 数据库的结构及其数据存储特性，设计了基于 SQLite 的内容雕刻算法，其主要思想是以空闲单元为单位，形成删除域链表，并根据其数据是否被覆盖，以及被覆盖的部位进行细粒度的数据恢复。其算法如图 3-38 所示。

Algorithm: fine-grained recovery in SQLite
Input: DB_files
Output: Segment and Pages
1　　If $\forall$　table $\in$ Objective_table
2　　　　For $\forall$　page $\in$ table
3　　　　　　Pages = Pages + page
4　　　　End For
5　　　　For $\forall$　freeblock $\in$ table
6　　　　　　freeblocks=freeblocks+freeblock
7　　　　End For
8　　　　For $\forall$　freeblock$_{[i]}$ $\in$ freeblocks
9　　　　　　If freeblock$_{[i]}$ is covered
10　　　　　　　　If covered in top
11　　　　　　　　　　Segment$_{[i]}$= freeblock$_{[max]}$
12　　　　　　　　Else if covered in middle
13　　　　　　　　　　Segment$_{[i]}$= Segment$_{[i]}$ + Segment$_{[i-1]}$ + Segment$_{[i+1]}$
14　　　　　　　　Else covered in bottom
15　　　　　　　　　　Segment$_{[i]}$=freeblock$_{[i]}$
16　　　　　　Else Pages = Pages + freeblock$_{[i]}$
17　　　　End For
18　　End If

图 3-38　基于 SQLite 的内容雕刻算法

由图 3-38 可知，该算法分为两个阶段：第一阶段遍历表中的页节点和空闲单元，根据页节点将所有叶子内的数据提取并保存为正常数据；第二阶段将所有空闲单元形成删除域链表，遍历删除域链表，并根据删除域是否被覆盖，以及其覆盖的位置（如头部、中间、尾部）来最大化恢复删除域内的信息。

传统的文件恢复算法，一般以文件为单位进行数据恢复，即设计相应算法匹配文件头标识和文件尾标识，读取中间相应的数据即可恢复出相应的文件。但是对于像 SQLite 这种具有结构化离散存储特点的文件，当数据被删除，其填充的新数据将干扰数据恢复的逻辑性、真实性和准确性。基于 SQLite 的内容雕刻算法在 SQLite 数据恢复过程中，以文件中的空闲页为单位组成的删除链表为恢复对象，避免填充的新数据对删除数据恢复的干扰，并根据被覆盖部位的特性最大化获取删除域中的信息。既保证了新数据和删除数据的逻辑结构性，又实现了最大化恢复效果，该算法实现的具体流程如图 3-39 所示。

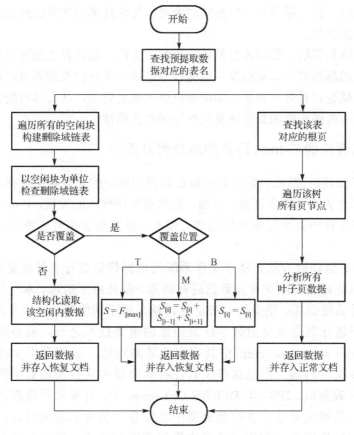

图 3-39　基于 SQLite 的内容雕刻算法具体流程

4. 实验及结果分析

实验平台：ThinkPad L440 笔记本电脑（Windows 7）、Iphone 4s 手机（IOS 6.1.3）、PE-UL00 华为手机（Android OS 4.4）；VS2010、SQLite Database Browser 等软件。

实验准备：正常使用实验设备上微信、陌陌、QQ 的位置服务功能，使即时通信数据中记录用户的轨迹信息。

为了测试基于 SQLite 内容雕刻算法的性能，对实验设备中微信、QQ 的数据库文件进行数据恢复实验，其实验结果如表 3-29 所示。

表 3-29　数据恢复实验结果

文件个数	删除操作	插入操作	平均恢复率/%	平均恢复时间/s
1	3	0	100	16
86	120	0	100	78
86	240	60	84	80
86	240	100	67	80
86	240	200	46	80

表 3-29 中的结果表明，基于 SQLite 的内容雕刻算法具有较高的效率，能够在短时间内恢复大量被删除的信息。当数据库被删除域未被覆盖的情况下，恢复率可达到 100%；而当新数据填充时，删除域受到不同程度的覆盖，其恢复率仍然可达到 50% 左右，实现尽可能恢复出数据的目的。

传统的文件恢复算法，数据恢复的单位为整个文件，而该算法的恢复单位为数据库内部空闲单元组成的删除域，即数据库中结构性信息块。并且根据删除域被新数据割分的情况，将零散删除域进行有效的拼接，实现细粒度的恢复效果，从而尽可能恢复出被删除的数据，针对数据库内结构性的数据恢复具有较强的实用性。

3.4.5　基于集合论的 E-mail 碎片雕刻模型及算法

E-mail（电子邮件）已经成为数字犯罪取证调查领域中的重要数字证据之一，大部分国家已经把 E-mail 作为有效数字证据。然而，随着反取证技术的发展，E-mail 证据容易遭受损坏，造成数字案件中数字证据获取困难。因此，研究电子邮件证据有效获取技术尤为重要。

传统的数字证据获取方法是基于文件系统元数据信息进行文件恢复的，但是由于大部分现代文件系统对已删除文件元数据进行清除，以及由于病毒、木马等恶意软件的破坏经常造成文件系统损坏，使得该方法正变得越来越不切实际。文件雕刻是解决在文件系统损坏情况下进行数据恢复或数字证据还原的重要技术之一，典型的数字取证工具如 EnCase（http:/www.encase.com）中具有文件雕刻功能，能够利用文件类型本身的特征信息恢复还原文件内容，但是这些工具在存储介质中文件构成数据块连续存储的情况下可以进行有效获取。2007 年 DFRWS Challenge 中，有学者利用形式化方法研究了 E-mail 碎片文件的雕刻算法，在存储介质中连续存放情况的雕刻算法。而在文件构成数据块具有不连续情况下，则往往会产生错误的雕刻结果。针对存储介质中文件碎片的雕刻技术研究较少，而且这些碎片文件雕刻算法多是针对特定类型（如 RAR 类型），具有局限性。

为此，利用集合论划分的思想，研究 E-mail 碎片文件雕刻理论与算法。首先对存储介质碎片文件雕刻问题进行分析，利用集合论划分思想，确定 E-mail 碎片文件雕刻思路，设计 E-mail 碎片文件雕刻模型。通过分析 E-mail 协议特征、文件类型特征及其内部数据结构，设计 E-mail 文件头尾、内嵌 HTML 文件特征，以及碎片连接规则相结合的碎片邮件雕刻算法，实验结果表明，同现有的 E-mail 文件雕刻算法相比，该算法能够获取更多的碎片邮件文件证据，并且能够获取邮件地址等细粒度碎片证据信息。

1. E-mail 碎片文件雕刻模型

1) 问题描述

在文件系统损坏后，可假设存储介质中数据区的簇(或者数据块)称为碎片，存储介质可以抽象为一个碎片集合：$L = \{\ell_1, \ell_2, \cdots, \ell_i, \cdots, \ell_j, \cdots, \ell_n\}$，其中，$\ell_i$ 表示存储介质上的任意一个碎片，n 表示集合 L 的大小，并且 n 值取决于存储介质容量以及原始文件系统在格式化时指定的簇大小(如果存储介质容量一定的情况下，簇的大小越大，则碎片集合 L 中元素个数就越小)。集合 L 具有如下特性。

(1) 对于 $1 \leqslant i, j \leqslant n$，$\ell_i, \ell_j$ 表示集合 L 中的碎片，如果 $i \neq j$，那么 $\ell_i \bigcap \ell_j = \phi$，表示碎片集合 L 中两个不同碎片，在存储空间上不存在交集，两个碎片上所存储的文件内容不存在交集。

(2) 连接性：对于 $1 \leqslant i, j \leqslant n$，$\ell_i, \ell_j$ 从文件构成角度分析，只有两种可能的连接方式，即 $\ell_i \ell_j$ 和 $\ell_j \ell_i$。

根据以上假设，文件可以看作为具有特定碎片构成的碎片子集合，由于存储介质中有多个文件，所以从集合划分思想，文件碎片子集和存储介质碎片集合 L 之间构成如下关系：

$$L = f_1 \bigcup f_2 \bigcup \cdots f_k \bigcup \cdots \bigcup f_m$$

其中，$1 \leqslant k \leqslant m$，$f_k$ 表示文件碎片子集，其本质是具有特定文件类型(如 Office 文件类型、Acrobat PDF 文件类型等)的一个文件，碎片文件雕刻问题第一步是，建立碎片集合 L 到文件碎片子集 f_k 的映射，即 $L \rightarrow f_k$，从而获得文件碎片子集中的所有碎片。第二步是，根据文件碎片子集的文件类型特征、内部结构特征及存储特征，确定碎片子集中元素之间的连接关系，恢复还原碎片文件内容。

2) 邮件碎片雕刻模型

E-mail 是一个可内嵌多种文件类型构成的复合文件类型。根据碎片文件雕刻问题的描述，E-mail 碎片文件雕刻可以分为两个子问题：一是邮件文件碎片子集确定；二是文件碎片子集中元素之间的连接。即首先从存储介质碎片集合中识别出 E-mail 文件碎片子集；然后利用碎片信息、E-mail 文件类型信息及存储特性，确定碎片之间的连接关系。为此，根据 E-mail 文件类型特征、内部结构特征及存储介质的存储特性，设计如 3-40 所示的碎片邮件雕刻算法模型。

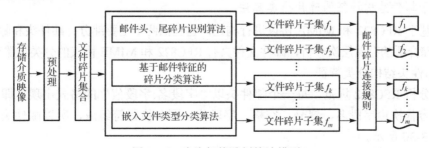

图 3-40 碎片邮件雕刻算法模型

碎片邮件雕刻过程可分为 3 个阶段：预处理、邮件文件碎片子集确定、碎片子集元素间的连接确定。

(1) 预处理：对可疑存储介质映像进行扫描分析，其关键是过滤掉不含有任何数据的碎片，方法是利用 0/1 二进制数据统计特征，最终获取文件碎片集合。该阶段主要是扫描分析，提取 E-mail 文件类型信息，包括邮件文件头碎片在映像中的逻辑位置及碎片中的有关邮件的元数据等信息。

(2) 邮件文件碎片子集确定：首先利用邮件文件头识别算法，确定邮件在存储介质中的逻辑起始位置；然后利用邮件碎片分类算法和内嵌文件类型识别算法，确定属于该文件的其他碎片元素；最后利用邮件文件尾部识别算法，确定该邮件在存储介质中的逻辑结束位置，并最终获取邮件碎片子集。

(3) 碎片子集中元素间的连接确定：利用碎片信息特征、E-mail 文件类型特征及碎片存储特性等，确定碎片子集中碎片之间的连接关系，进而重构碎片邮件内容信息。

2. 算法实现关键

1) 邮件文件头、尾识别算法

E-mail 文件是一种结构化文件类型，利用十六进制编辑器(如 WinHex)，分析邮件文件类型二进制特征，邮件文件头和文件尾的二进制特征如图 3-41 和图 3-42 所示。

Offset	0	1	2	3	4	5	6	7	8	9	A	B	C	D	E	F	10
00000000	D0	CF	11	E0	A1	B1	1A	E1	00	00	00	00	00	00	00	00	00
00000011	00	00	00	00	00	00	00	3E	00	03	00	FE	FF	09	00	06	00
00000022	00	00	00	00	00	00	00	00	00	00	02	00	00	00	01	00	00
00000033	00	00	00	00	00	00	10	00	00	02	00	00	00	02	00	00	00
00000044	FE	FF	FF	FF	00	00	00	00	00	00	00	00	6F	00	00	00	FF

图 3-41 邮件文件头二进制特征

000050AF	00	69	00	6E	00	67	00	00	00	18	00	00	00	63	00	6F	00
000050C0	6E	00	74	00	65	00	6E	00	74	00	2D	00	74	00	79	00	70
000050D1	00	65	00	00	00	00	00	00	00	00	00	00	00	00	00	00	00
000050E2	00	00	00	00	00	00	00	00	00	00	00	00	00	00	00	00	00
000050F3	00	00	00	00	00	00	00	00	00	00	00	00	00	00	00	00	00

图 3-42 邮件文件尾二进制特征

邮件在存储介质中二进制的文件头碎片特征为“DO CF 11 E0 A1 B1 1A E1”；文件尾部特征为“63 00 6F 00 6E 00 74 00 65 00 6E 00 74 00 2D 00 74 00 79 00 70 00 65”。利用这两个二进制特征，可以设计相应的存储介质映像扫描算法，确定邮件文件头和尾碎片包含的邮件元数据信息，如邮件文件的长度、字符集、编码方法等信息，从而为后续邮件内容重构奠定基础。

2) 基于邮件结构特征的碎片分类算法

邮件基于 RFC822 和 MIME 协议进行构建，它包括两个主要部分：邮件头和邮件体，从数据在存储介质的存储层次分析，邮件文件具有 RFC822 和 MIME 协议的分类和雕刻特征。

(1) 邮件头结构分类特征

通过分析 RFC822 规范，每一个邮件头以“字段名:字段值”的格式出现，即每一行邮件头的内容依次由字段名、冒号、空格、字段值、回车换行符组成，所以邮件头结构分类特征如表 3-30 所示。

表 3-30 邮件头结构特征

特征标识	含义	取证意义
Return-Path	邮件回复地址	可结合 From 字段，确定发件人真实性
Received	邮件接收中途地址	用来追踪邮件传输的路线及分析邮件来源
From	发件人地址	利用 Return-Path 字段可判断发件人的真实性
To	收件人地址	邮件发送目的地址
Subject	邮件主题	根据主题，可粗略推断邮件内容
Date	邮件发送时间	犯罪事件的时间判断

利用邮件头结构的单个或者组合特征，有助于识别邮件碎片，以及确定邮件的元数据信息，如对于 Subject: =?gb2312?B?TUlNRdCt0unLtcP308q8/g==?=。可以推断出："gb2312"部分说明邮件主题的原始内容为 gb2312 编码的字符文本，"B"部分说明对邮件主题的原始内容按照 BASE64 方式进行编码，"TUlNRdCt0unLtcP308q8/g=="为对邮件主题的原始内容进行 BASE64 编码后的结果。

此外，邮件头可能还包含其他格式结构特征，由于是可选的，所以在邮件碎片分类中只能作为辅助。

(2)邮件体结构特征

根据 MIME 协议规范，邮件体同样由多个属性/值构成，其结构特征如表 3-31 所示。

表 3-31 邮件体结构特征

特征标识	含义	取证意义
MIME-Version	MIME 版本号	这个值习惯上为 1.0
Content-Type	定义了数据的类型	可获悉复合文件类型，如音频、视频等
Content-Transfer-Encoding	数据所执行的编码方式	可以确定附件的文件类型
Content-ID	内嵌类型的 ID 标识	内嵌类型在存储介质上的起始逻辑位置

邮件体结构特征一方面可以帮助识别、确定邮件碎片类型，另外一方面该特征也提供了确定碎片之间连接关系的方法，如 Content-Type:multipart/mixed;boundary="----=_NextPart_000_0050_01C"是某一个具体的 Content-Type 特征，其中，"multipart/mixed"表示邮件体中包含有多段数据，每段数据之间使用 boundary 属性中指定的字符文本作为分隔标识符，"边界"是一个"随机字符串"，该字符串表示该部分在消息中的开始、分割及结束标志。所以"边界"有助于确定碎片之间的连接关系。

基于邮件结构特征的碎片分类算法主要利用这些结构特征的单个或者复合特征进行类型判断，用以确定邮件文件碎片子集。

3)嵌入 HTML 雕刻算法

(1)HTML 碎片特征提取。HTML 文件是邮件最常见的嵌入类型之一，在此主要分析嵌入类型为 HTML 时的雕刻算法。通过 WinHex 分析，HTML 文件类型的头尾碎片特征如图 3-43 和图 3-44 所示。

Offset	0	1	2	3	4	5	6	7	8	9	A	B	C	D	E	F	10
00000000	3C	21	44	4F	43	54	59	50	45	20	48	54	4D	4C	20	50	55
00000011	42	4C	49	43	20	22	2D	2F	2F	57	33	43	2F	2F	44	54	44
00000022	20	48	54	4D	4C	20	34	2E	30	20	54	72	61	6E	73	69	74
00000033	69	6F	6E	61	6C	2F	2F	45	4E	22	3E	0A	3C	48	54	4D	4C
00000044	3E	3C	48	45	41	44	3E	0A	3C	4D	45	54	41	20	68	74	

图 3-43　HTML 文件头部标识

	0	1	2	3	4	5	6	7	8	9	A	B	C	D	E	F	10
00007F2B	4D	44	41	77	59	7A	63	32	4E	54	68	69	4D	57	4A	6B	4D
00007F3C	57	4A	68	4D	6D	5A	6B	4D	6A	6C	6B	59	6D	4E	6B	2E	63
00007F4D	68	65	73	73	73	61	73	6F	6C	69	3D	0A	74	61	69	72	65
00007F5E	2E	63	6F	6D	2F	22	3E	68	65	72	65	3C	2F	61	3E	20	74
00007F6F	6F	20	76	69	65	77	0A	3C	2F	63	65	6E	74	65	72	3E	0A
00007F80	3C	2F	62	6F	64	79	3E	0A	3C	2F	68	74	6D	6C	3E		

图 3-44　HTML 文件尾部标识

根据图 3-43 和图 3-44 给出的 HTML 文件起始碎片特征,可以确定 HTML 文件类型的起始碎片。

(2) HTML 碎片雕刻算法。嵌入在邮件中的文件类型理论上有多种,如 Office 办公文档、Acrobat PDF 及图片等类型,根据 HTML 语法,HTML 文件构成具有如下特征:对称性、嵌入性、灵活性。

为此,我们设计一个基于"堆栈"结构的 HTML 文件雕刻算法,"堆栈"用于存储可能有"语法错误"的标签,算法关键思想如下所示。

① 识别 HTML 文件头碎片结构标识后,建立一个属于本次雕刻的堆栈数据结构。

② 扫描 HTML 碎片数据并分析,若是"<a-z>"标识,则可能是一个标签,此时将相关标签入栈。

③ 继续进行扫描分析,若出现"<a-z>"这样的标识,则可能是某个标签的结束。此时弹出"栈顶"数据,与新出现的标签进行比较,若两个标签相对应,则表示结构正确,返回到②继续进行,否则,执行④。

④ 若期望的标签在规定最大限度内仍没有出现,则雕刻算法放弃,并且雕刻算法增加相应的错误计数,然后释放它,如<a... <b>。

注意:"堆栈"结构的目的是判断 HTML 扫描数据语法是否合理,若所扫描数据语法正常,则最终"堆栈"结构是空的,否则其中所包含的信息,是"错误"信息。

该算法和现有的 HTML 解析器相比,更能够容忍解析过程中语法的错误特征,而更集中于 HTML 文件的有效性检测,从而能够提高 HTML 文件雕刻算法的精度,有助于数字取证调查获取更多有效的数字证据。

4) 碎片连接特性规则

根据文件系统分配策略,以及邮件文件类型二进制特征,设计如下规则用于碎片邮件雕刻算法。

(1) 集中特性。操作系统为文件分配存储空间时最佳原则是选择连续存储单元进行分配。此外,只有当对文件进行反复操作(如修改、删除等,或者当存储空间不足)时,才可能产生文件以碎片化存储。所以文件的多数存储单元(或者文件碎片)通常存储在文件头碎片后续存储位置,把这种特性称为集中特性,也可理解为"局域特性"。

(2) 跟随特性。为了提高文件 IO 访问速率，操作系统在分配存储空间时，尽可能让属于一个文件的存储单元(或者文件碎片)连续存放，即文件头存储单元后依次跟着下一个存储单元，把这种"连续性"称为文件存储单元之间的跟随特性，即文件的存储单元都"跟随"在文件头之后，并且连续存放。

(3) 线性特性。根据存储空间的逻辑特性，存储单元在存储介质中的存放特点是以线性方式存放，设 A 和 B 是存储中的两个存储单元，A 和 B 之间的位置关系有两种，即 A 在 B 的前面，或者 A 在 B 的后面，把这种存放关系称为线性特性。

(4) 信息特性。每个存储单元都有可能存储文件的信息，尽管这种信息是局部的、零散的，而文件既具有类型信息，也具有内容信息，并且一个文件从结构上具有完整性。把存储单元上具有特定文件信息的特性，称为信息特性。存储单元的信息特性度量比较困难，但是有两个极端情况：一是存储单元中含有文件的许多信息，如类型、结构、内容等；二是存储单元上根本没有任何信息，只有二进制的 0 和 1。这种没有任何信息特性的存储单元在碎片文件雕刻过程中是不具任何价值的。

(5) 无关特性。即两个不同文件碎片之间是无关的。碎片邮件雕刻算法的核心思想是：利用文件头碎片特征信息，首先确定碎片邮件文件头位置，从而确定了碎片的集中特性，然后利用邮件碎片的内容信息、结构信息等信息属性，确定碎片的跟随特性。利用碎片的无关特性，删除不属于邮件文件类型的碎片信息。利用碎片的线性特性，遍历整个存储介质碎片空间，确定碎片邮件剩余的碎片信息。最后根据获得的碎片集合及其连接关系，恢复邮件内容。

3. 实验及结果分析

碎片邮件雕刻算法评估尚未有确定的方法，根据取证研究经验，为验证算法的有效性，利用公布的 3 个映像进行实验，映像的详细信息如表 3-32 所示。

表 3-32　存储介质映像来源及其他情况

映像名称	大小	映像来源
2010-nps-emails	10MB	http://digitalcorpora.org/corp/drives/nps/nps-2010-emails
2012-dfrws-challenge	16000B	http://www.dfrws.org/2011/challenge/index.shtml
2009-nps-ntfs1	500B	http://digitalcorpora.org/corp/nps/drives/nps-2009-ntfs1

(1) 2010-nps-emails 映像用于测试 E-mail 地址的映像，利用我们设计的算法在该映像中能够发现 30 多个不同的 E-mail 地址及其相关内容，并且这些 E-mail 内容具有不同的编码方案，结果和 2010 年该网站公布的结果一致。值得注意的是，算法还能够获取 E-mail 文件碎片数据，尽管这些数据无法以 E-mail 形式显示，但是可以确定是 E-mail 文件类型的碎片数据，如表 3-33 所示，可以从中获取部分内容信息，如 E-mail 文件的收件人、发件人等，这对于数字取证调查是有意义的。

表 3-33　收发信息

信息	内容
发件人地址	owner-postfix-announce@cloud9.net
发件时间	Fri Dec 1 05:33:18 2006

续表

收件人地址	localhost.cloud9.net [127.0.0.1]
收件时间	Fri, 1 Dec 2006 05:33:17
消息 ID	<01c71533$846dc410$6c822ecf@exterminationpilaff>
MIME 版本	1.0
Content-type	text/plain
字符集	windows-1250
ESMTP ID	MWP4kw9YxMaA
内容转换编码	7bit

(2)2012-dfrws-challenge 是 2012 年 DFRWS 公布的取证分析挑战,该映像是 Android 手机中的 SD-Card 内容,对该映像应用算法进行获取分析。能够获取犯罪嫌疑人在生前和多人通信的 gmail 等邮件 34 封,并全部恢复还原。利用十六进制编辑器对映像进行分析,可以发现有 3 个 E-mail 文件以碎片形式存在,在雕刻过程中可以全部获取。

(3)2009-nps-ntfs1 是一个经常上网的计算机硬盘映像。使用 2007DFRWS 公布的雕刻算法对该映像进行分析,能够找到 4 个 MIME 邮件文件;而我们设计的算法能够找到 10 个完整的邮件文件。另外,从映像中找到 12 个碎片邮件文件,图 3-45 所示为其中一个碎片邮件信息,虽然不能完整恢复邮件数据,但是从中能够提取出邮件发送时间、接收时间等信息,这些信息对数字取证调查也是关键的。

此外,邮件碎片雕刻算法模型中对碎片文件雕刻问题的描述以及转化,使得邮件雕刻算法不但能处理"线性碎片化"文件的雕刻,而且还能有效处理"非线性碎片化"文件雕刻问题。利用 WinHex 中的雕刻算法则不能处理"非线性方式"的碎片文件雕刻。另外,我们设计的算法虽然不能完整雕刻邮件碎片,但是能够有效提供邮件碎片的局部有用取证信息,如获取部分被覆盖的邮件文件,仅限于 E-mail 文件头尚未被损坏,否则找到的信息比较少,增加了算法的适用范围。

在算法实验过程中发现,算法雕刻结果精度会出现乱码,如图 3-46 所示错误的雕刻结果,出现乱码的原因从理论分析可能归结于邮件文件没有明确的结束标识,使得在雕刻时不好指定文件结束的位置,只能指定文件的大小,这样可能导致文件的数据不能写完,或者多写了部分数据到文件中,从而造成乱码。

```
----- Original Message -----
From: To: zpriestswn@gay-banner.com =
Sent: Sunday, November 19, 2006 = 2:62 PM
Subject: Lets go
my dear father. How features are abroad, I know not but
believe me, this to emetrius, though she could hope no
benefit from be traying venturous fairy shall seek the
squirrel's hoard, and fetch you some preserved his life from
the fury of Leontes and desired that he would and Claudio
believed it was the lady Hero herself. themselves like
country maids.
```

图 3-45　邮件信息

Content-Type: image/gif, name="xYkQr6IZGK.gif" Content-Transfer-Encoding: base64 Content-ID: R01GODdhD ALKAaUAAAwGDCyWLLy/ORKAAAAAAAAAAAAAA AAAAAAAAAAAAAAAAAAAAAAAAAAAAAAAAAA AAAAA AAAAAAAAAAAAAAAAAAAAAAAAAAAA AAAAAAAAAAAAAAAAAACwAAAAA /C4fE6v2+/4vH 7P7/v/gIGCg4SFhoeIiYqL jI2Oj5ByACNoCh9GCwCamw pGIwBXH5malGgfBmqjm5NRp0UTq5qdSR+gBqyRubppu GYLpUS/waAn

图 3-46　错误的雕刻结果

3.4.6　基于磁盘碎片熵值特征的文件雕刻算法

文件雕刻是数字犯罪取证调查领域中的重要技术之一。计算机等数字设备中数字证据的易损性、易破坏性、易失性等特性造成文件系统原数据较易损坏，从而导致基于文件系统元数据信息的数据恢复难度极大，因此，文件雕刻技术就成为有效获取数字证据的关键手段。文件雕刻技术也是构建实用数字取证分析平台的关键核心技术，如数字取证领域中的 WinHex (http://www.xways.net)、EnCase (http:/www.encase.com)、FTK (http:// www.forensictoolkit.com)等取证工具都具有一定的文件雕刻能力。此外，利用雕刻技术还可以发现隐藏在硬盘以及 U 盘中的黑客软件等信息。这些信息对文件系统是透明的，因而用户并不能感觉这些信息的存在，但却对用户数据安全形成潜在的威胁。由于数字犯罪事件的快速传播特性，届时一旦爆发，必将极度冲荡中国的社会稳定和经济发展。因此，研究文件雕刻技术不但能够获取证据，还能够对数字犯罪事件的发生起到极强的威慑作用，具有重要的社会意义和实用价值。

目前许多取证工具(如 WinHex、EnCase、FTK 等)都是针对文件碎片连续存储情况进行研究的，而对碎片文件雕刻技术研究较少，这些碎片文件雕刻算法多是针对特定类型(如 RAR 类型)，具有一定局限性。利用现有的取证工具进行碎片文件雕刻，往往会产生较多的虚假结果。此外，根据香农信息论原理，熵是给定数据单元信息密度或者压缩状态的测定，可以应用于模式识别和分类领域。有学者应用熵原理进行蠕虫检测及入侵异常检测。Matthew 利用熵检测存储介质中具有文本内容的文件，并用于取证分析。而应用熵值理论研究文件碎片特征的研究目前尚未看到相关报道。

结合磁盘等存储介质中文件存储特性研究碎片文件雕刻技术。利用信息熵原理，研究了文档碎片熵值特征提取算法，该算法能够提取不同文件类型的熵值特征。以该算法为基础，设计一个基于碎片熵值特征的文件雕刻算法。该算法首先确定文件头起始位置，从文件头起始位置开始，利用文档碎片熵值特征，移走不属于该文件类型的噪声碎片，并确定该文件的所有剩余碎片。最后根据这些碎片在存储介质上逻辑存放顺序，完成碎片文件雕刻。

1. 基于信息熵的碎片特征提取算法

首先分析应用信息熵原理计算文档碎片熵值特征的可行性。然后基于信息论原理设计文档碎片熵值特征提取算法，并验证几种不同类型的碎片熵值特征统计特征，通过设置不同文件类型碎片的熵值特征范围，能够实现文档碎片集合中不同碎片的分类。最后实验验证了算法的有效性。

1) 文档碎片熵值特征分析

文档碎片实际上是存储介质中的存储单元，通常以"磁盘簇"或"扇区"的形式存在，是文件的组成部分之一。文档碎片逻辑上可看作不同字节构成的有限序列，字节序列中的各字节可对应 ASCII/UTF-8 集合中的不同元素(用 S 表示 ASCII/UTF-8 位字符集合，其中 $|S|=256$)。因此，将文档碎片抽象为不同字符组成的信息单元(数据单元)。

根据信息熵原理，一个给定数据单元压缩程度越大，则其熵值越小；反之，一个给定数据单元压缩程度越小，则其熵值越大。例如，纯文本文件类型文件通常压缩率较大，这类文件类型的熵值较小；ZIP 或 JPEG 类型文件数据因其已经被压缩，其压缩程度较小，这些文件类型的熵值较高。

如果知道文档碎片字符的组成情况，就可以确定文档碎片中字节序列的信息密度，将文档碎片中字节序列的信息密度称为文档碎片信息熵，即文档碎片熵值特征。

2）文档碎片熵值特征计算模型

香农把信息（熵）定义为离散随机事件的出现概率。文档碎片是字节序列构成的有限数据块。利用香农信息论原理，文档碎片字节序列中的每个字符可以看作一个随机事件。文档碎片信息熵值特征可以用下式计算：

$$H(\ell) = -\sum_{i=1}^{N} P_i \mathrm{lb}(P_i), \quad 0 \leqslant P_i \leqslant 1 \tag{3-34}$$

其中，H 为文档碎片信息量的度量，从一个事件获得的信息量与它发生的概率成反比，这种信息量表示为

$$\Delta I = \mathrm{lb}(1/P_i) = -\mathrm{lb}(P_i) \tag{3-35}$$

此外，ℓ 为文档碎片字节序列；N 为 $|S|$ 的长度；P_i 为字节 i 在文档碎片 ℓ 中出现的概率，且有 $\sum\limits_{i=1}^{N} P_i = 1, 0 \leqslant P_i \leqslant 1$。用 $N(i,\ell)$ 表示字节 i 在碎片 ℓ 中出现的次数，并且 $\mathrm{Length}(\ell)$ 表示文档碎片 ℓ 的长度（单位：B）。字节 i 在 ℓ 中出现的概率计算方法如下：

$$P_i = N(i,\ell)/\mathrm{Length}(\ell) \tag{3-36}$$

由式（3-36）可知，香农信息论中信息熵关于信息量的定义不是对所有的点都存在，即有

$$\Delta I(P_i = 1) = 0 \tag{3-37}$$

$$P_i \to 0, \quad \Delta I(P_i) \to \infty \tag{3-38}$$

$$P_i = 0, \quad \Delta I(P_i) \text{ 无定义} \tag{3-39}$$

因此有必要进行改进，以避免这种情况的发生。本文改进的思想：假定当 $P_i = 0$ 时，字节 i 将从文档碎片 ℓ 中移走。换句话说，当 $P_i = 0$ 的情况下，$P_i \mathrm{lb}(P_i)$ 转换为 0。改进的文档碎片熵值特征提取原理如下：

$$H(\ell) = -\sum_{i=1}^{N} P_i \mathrm{lb}(P_i), \quad 0 < P_i \leqslant 1 \tag{3-40}$$

根据式（3-40）可以对某一个碎片提取其相应的熵值特征。另外，经分析式（3-40）有最大值特性，即当 $P_1 = P_2 = \cdots = P_N$ 时，$H(\ell)$ 取得最大值，即 $H(\ell) = 1$。

3）文档碎片熵值特征提取算法结果验证

利用式（3-40）的熵值特征提取算法，提取了 Word、JPEG、ZIP、C++源码、BMP 等文件类型碎片熵值特征，如图 3-47～图 3-51 所示，从中可以看出其相应的碎片熵值特征范围，利用其熵值范围可以确定特定文件类型的碎片集合，并排除噪声碎片。

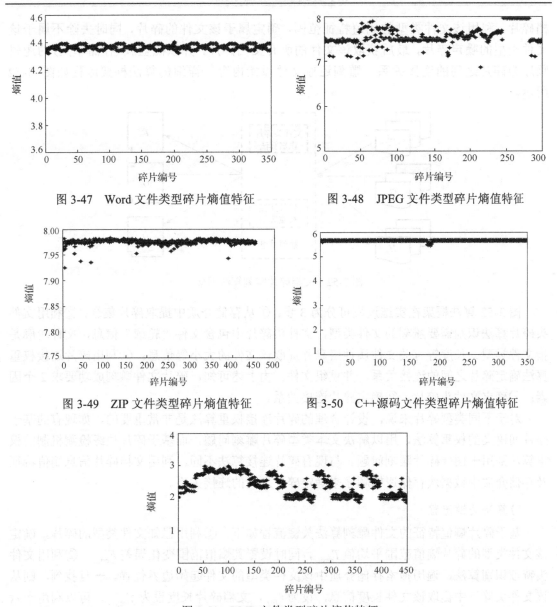

图 3-47　Word 文件类型碎片熵值特征　　　　图 3-48　JPEG 文件类型碎片熵值特征

图 3-49　ZIP 文件类型碎片熵值特征　　　　图 3-50　C++源码文件类型碎片熵值特征

图 3-51　BMP 文件类型碎片熵值特征

从这些文档碎片的熵值特征可以看出，Word 文件类型、C++源码文件类型、BMP 文件类型的熵值特征范围明显不同，但是 JPEG 文件类型和 ZIP 文件类型的碎片熵值特征范围之间有重叠交叉现象，这种重叠交叉现象验证了 Martin 等论证的事实，即 JPEG 和 ZIP 文件类型中的字节序列进行了压缩，所以熵值较大，且熵值范围有重叠交叉现象。

2. 基于碎片熵值特征的文件雕刻算法

1) 算法框架

基于碎片熵值特征的文件雕刻算法主要思想是：根据需要雕刻的文件类型，利用文件头签名值，确定文件头碎片的起始位置。然后以该文件头碎片作为起点，依次获取文档碎片，利用该文件类型的熵值特征范围，确定属于该文件的碎片，同时去除不属于该文件类型的噪声碎片，最后获取该文件的所有文档碎片，并以磁盘簇(存储单元)的逻辑顺序为碎片之间的连接关系，雕刻还原文件原始内容。详细的算法框架流程如图 3-52 所示。

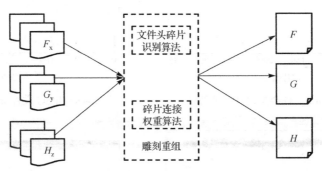

图 3-52　文档碎片雕刻算法框架

图 3-52 算法框架在实施过程可分为 3 步：①从存储介质中提取碎片集合；②利用文件头碎片算法识别需要雕刻的文件类型，文件头碎片中包含文件"轮廓"信息，文件轮廓是指文件类型、长度等有关文件属性信息并提取该文件的大小等信息；③利用碎片连接权重算法确定碎片之间的连接关系，并重组文件。由上述可知，碎片文件雕刻成功要求 2 个因素：①确定文件头碎片；②确定碎片连接关系。

对于不同类型碎片来说，设计合理的碎片连接权重算法是非常重要的，如现有的基于碎片间语义的权重算法，用以解决文本类型碎片雕刻问题，而基于碎片边缘检测机制的权重算法则用于图像碎片雕刻问题。与现有碎片连接算法不同，利用文档碎片信息熵值特征及存储介质中数据块存储逻辑顺序来确定碎片之间的连接关系。

2) 算法关键流程

基于碎片熵值特征的文件雕刻算法关键流程如下：①利用已知文件类型的碎片，确定该文件类型的碎片熵值范围平均值 T_{basic}，同时设置其熵值范围变化误差 E_{error}。②利用文件头特征识别算法，遍历搜索存储介质中该文件类型的文件起始边界位置。一旦找到，则从该文件头碎片中提取该文件长度信息，设为 ℓ_{file}，文档碎片长度设为 f_{length}，可以利用十六进制编辑器 WinHex 工具分析磁盘文件系统数据结构 Bios 参数块得到。根据以上 2 个数据，可以构成文件的碎片个数，用 d 表示文件碎片个数。d 的计算方法为 $d = \ell_{file} / f_{length}$。如果 $\ell_{file} \bmod f_{length} \neq 0$，则 $d = d + 1$。

基于碎片熵值特征的文件雕刻过程中有关噪声碎片的移走规则定义：设文档碎片熵值特征为 f_t，如果 $|f_t - T_{basic}| > E_{error}$，则该碎片为噪声碎片，将该碎片移走。移走规则的依据是不同文件类型的碎片熵值特征范围不同。详细算法流程如下。

(1)假设链表 Link 用于存储构成文件的所有碎片。利用文件头识别算法，遍历存储介质，确定该文件类型的文件头碎片，如果未找到则结束，否则执行下一步。

(2)提取文件头碎片在介质中的逻辑地址 address，同时把文件头碎片放入链表 Link 中。提取文件长度 ℓ_{file}，根据文件碎片个数 d 初步设定需要遍历的碎片逻辑长度 $D = d$，令 $address_{temp} = address$。

(3) 获取下一个文档碎片地址 $address_{temp} = address_{temp} + 1$，并判断如果 $addresstemp - address \leqslant D$，则提取 $address_{temp}$ 指向的碎片，计算碎片熵值特征 $T_{entropy}$，然后执行下一步。否则调整遍历逻辑长度：$D = D + d$。

(4) 如果 $|T_{entropy} - T_{basic}| \leqslant E_{error}$，则将该碎片更新到链表 Link，否则移走噪声碎片。

(5) 利用文件长度 ℓ_{file}、碎片长度 f_{length} 以及 Link 中已有的元素，判断该碎片是否为文件最后一个碎片。如果是则跳到下一步，否则转到步骤(3)。

(6) 根据链表 Link 中碎片次序，依次提取相应碎片内容，即可完成碎片文件的雕刻，还原原始文件内容。

3) 算法理论分析

基于碎片熵值特征的文件雕刻算法主要针对存储介质中文件碎片不连续的情况下进行。根据该算法关键流程可以知道，算法运行停止的必要条件是确定需要雕刻文件的所有碎片单元。由于存储介质文件系统中文件的删除、创建、分配等操作，文件碎片数据可能被其他文件类型数据覆盖，因此雕刻过程中不可能找到文件的所有碎片，从而导致雕刻不能完全成功。但是，在算法实际运行过程中，可以设定碎片遍历逻辑长度 D 的最大值，并用此控制算法的运行。另外，即使不能完全雕刻碎片文件数据，也能够恢复碎片文件的部分数据，这在数字犯罪取证调查中也具有重要实际价值。

3. 实验及结果分析

为了验证该算法的有效性，选用 DFRWS 2007 发布的雕刻映像作为实验数据，映像大小为 256MB，原始文件系统为 FAT32。雕刻碎片类型选择存储介质中常见的 Word、C++源码及 JPEG 类型。图 3-53 给出 Word 文件雕刻过程中碎片熵值范围以及发现的噪声碎片。

从图 3-53 可见，Word 类型碎片熵值为 3.6～4.7，而且有 5 个噪声碎片的熵值超过了 Word 类型碎片的熵值上限，1 个碎片熵值低于 Word 类型碎片熵值下限。利用碎片熵值特征算法，移走噪声碎片，根据碎片在存储介质上逻辑排列关系，可以雕刻还原碎片文件的原始内容。

图 3-54 给出了一个 C++源码类型碎片文件雕刻示例。该类型文档碎片熵值阈值为 5.1～5.7。从图 3-54 可以发现，有 5 个噪声碎片熵值低于 C++源码文件类型的碎片熵值下限。

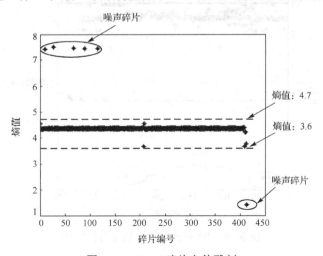

图 3-53 Word 碎片文件雕刻

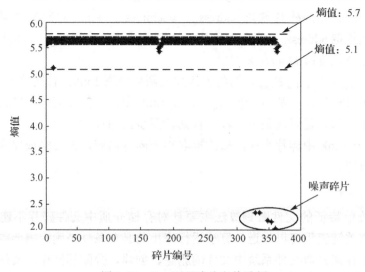

图 3-54　C++源码碎片文件雕刻

　　实验过程中发现有些类型的文档碎片熵值范围较大，如 JPEG 类型，其熵值特征范围为 4.9～7.96，如图 3-55 所示。文档碎片熵值范围越大，与其他类型碎片熵值之间的变化就不明显，则较难识别相应的噪声碎片，导致雕刻精度下降。如果所雕刻类型碎片熵值特征与噪声碎片熵值特征范围之间没有重叠，则会产生比较好的雕刻结果。可以发现，图 3-55 中的噪声碎片属于 BMP 类型，BMP 类型碎片熵值为 1.93～2.40。这样，利用碎片熵值特征算法可以容易地移走 BMP 类型的噪声碎片。

　　此外，该算法还对 ZIP、Acrobat PDF 等类型碎片进行了碎片文件雕刻实验，结果发现，雕刻效果较差。可能的原因有两个：①有些类型碎片熵值范围较大；②不同类型碎片熵值范围之间有重叠，如 ZIP 类型的碎片熵值为 7.97～7.99，而 JPEG 类型的碎片熵值为 4.9～7.96，当这两种类型碎片在一起时，较难根据其熵值范围移走噪声碎片，因此会导致碎片文件雕刻精度不高。

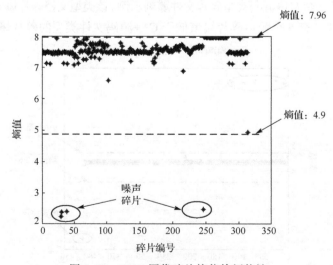

图 3-55　JPEG 图像碎片熵值特征统计

为进一步验证该算法的有效性，应用 Foremost 和 FTK 1.50b 软件工具对相同碎片数据进行雕刻分析，表 3-34 给出了 3 种方法的雕刻结果统计。

表 3-34　3 种类型碎片雕刻结果统计

雕刻方法	Word 类型	C++类型	JPEG 类型
Foremost69	562	437	653
FTK1.50b	476	432	645
本文方法	590	480	655

从表 3-34 中可以看出，对于 Word 类型来说，基于碎片熵值特征的文件雕刻算法能够恢复 590 个文件，比 Foremost 69 多 28 个文件，比 FTK 1.50b 多出 114 个文件。对于 C++源码类型来说，基于碎片熵值特征的文件雕刻算法能够恢复 480 个文件，比 Foremost 69 多 43 个文件，比 FTK 1.50b 多出 48 个文件。但是对于 JPEG 类型来说，这 3 种方法能够成功雕刻的文件个数没有太大的区别，其原因可能是 JPEG 类型碎片熵值范围与其他类型的碎片熵值范围具有重叠现象。

3.5　交换分区取证算法

通过分析 FAT32 或 NTFS 文件系统的数据结构，设计基于交换分区的主机行为取证检测算法系统。该算法能检测主机的网络访问行为，处理过的敏感信息，并能雕刻主机访问过的 JPEG 类型图片，提供一种有效的主机行为取证检测方法，可广泛用于内网安全调查取证和青少年上网行为管控等领域。

3.5.1　算法系统功能

根据系统的组成结构和系统的设计目标，算法系统主要有以下 5 个的功能，具体的各功能如图 3-56 所示。

(1)交换分区数据获取算法模块。深入分析文件系统结构和原理，设计交换分区文件定位算法，获取交换分区数据。

(2)网址信息取证检测算法功能。通过分析网址特征模式，设计网址信息检测算法，检测交换分区内的网址信息，从而可以在一定程度上了解用户的网络访问行为。

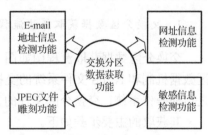

图 3-56　系统功能

(3)E-mail 地址信息取证检测算法功能。通过分析 E-mail 地址特征模式，设计 E-mail 地址信息检测算法，检测交换分区内的 E-mail 地址信息，从而可以在一定程度上了解用户的电子邮件使用行为。

(4)基于关键字的敏感信息取证检测算法功能。通过分析汉字的编码原理，设计汉字识别检测算法，检测交换分区内和关键字有关敏感信息碎片，从而可以在一定程度上了解用户浏览和处理敏感信息的情况。

(5)JPEG 文件雕刻模块。通过分析 JPEG 文件的头部和内容标识信息，定位 JPEG 文件数据，把数据写入新的 JPEG 文件中，匹配 JPEG 文件的熵值，提高 JPEG 文件雕刻的精度。对雕刻结果进行分析可以在一定程度上了解用户浏览或处理过的 JPEG 图片。

3.5.2　算法系统结构

基于交换分区主机行为取证检测系统采取模块化的实现方法，将系统分为 5 个模块：交换分区数据获取模块、网址信息检测模块、E-mail 地址信息检测模块、基于关键字的敏感信息检测模块、JPEG 文件雕刻模块，系统的具体组成结构如图 3-57 所示。

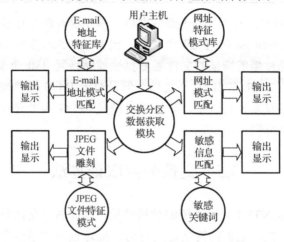

图 3-57　系统组成结构

其中，交换分区数据获取模块是系统的实现基础和实现难点，其他 4 个模块是系统的功能表现模块。网址信息检测模块和 E-mail 地址信息检测模块实现对主机网络行为检测；基于关键字的敏感信息检测模块实现基于关键字的敏感信息检测；JPEG 文件雕刻模块实现对主机上网浏览或本地浏览过的 JPEG 文件的雕刻，是本系统的一个重要创新点。

1. 交换分区数据获取算法流程图

交换分区数据获取流程图如图 3-58 所示。该流程图涵盖了 FAT32 文件系统的交换分区数据机制和 NTFS 文件系统的交换分区数据获取机制，这里主要针对 Windows 2000 版本之后的操作系统，交换分区文件的文件名是 pagefile.sys。

其获取的主要步骤如下。

(1) 为磁盘设备创建文件，返回句柄，读取 MBR 确定隐藏扇区数目，获取 DBR 中的 BPB 参数数据结构，并进行解析，从中提取簇的大小、隐藏扇区数、分区表等结构信息。

(2) 根据分区表结构中的字段信息识别文件系统类型，即 FAT32 或者 NTFS。

(3) 根据文件系统执行交换分区，即 pagefile.sys 文件的查找，并获取该文件的起始位置簇号及构成该文件的簇链列表。

(4) 根据起始簇号和簇链列表，获取交换分区文件数据。

算法涉及的主要数据结构如下所示。

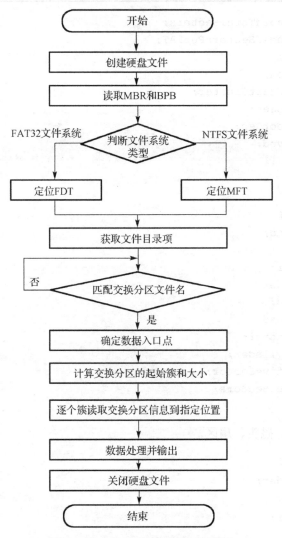

图 3-58　交换分区数据获取流程图

MBR（主分区表）：

```
typedef struct{
    char Jmp[3];
    char OEM_Name[8];
    WORD BytesPerSector;
    unsigned char SectorsPerCluster;
    WORD ReservedSectors;
    unsigned char NumFATs;
    WORD NumRoot;
    WORD TotalSectors;
    unsigned char MediaDB;
    WORD SectorsPerFAT;
    WORD SectorsPerTrack;
    WORD NumHeads;
    DWORD NumHidSect;
```

```
    DWORD ExtendedTotalSectors;
    DWORD ExtendedSectorsPerFAT;
    WORD Flags;
    WORD Version;
    DWORD RootStartCluster;
    WORD FSInfoSec;
    WORD BkUpBootSec;
    WORD Reserved;
}MBR;
```

DPB(磁盘分区表)：

```
typedef struct{
    BYTE BootInd;
    BYTE Head;
    BYTE Sector;
    BYTE Cylinder;
    BYTE SysInd;
    BYTE LastHead;
    BYTE LastSector;
    BYTE LastCylinder;
    DWORD RelativeSector;
    DWORD NumberSectors;
}PARTITION;
```

磁盘结构：柱面、磁头、扇区。

```
typedef struct{
    WORD Cylinder;
    WORD Head;
    WORD Sector;
}CYLHEADSECT;
```

2. 网络行为取证算法流程图

网络行为取证检测分为网站访问行为取证检测和 E-mail 地址行为取证检测两部分，该模块的实现主要包括网站特征模式库构建、E-mail 地址特征模式构建、改进的 KMP 算法等，其实现结构如图 3-59 所示。

实现流程涉及的主要数据结构，其中网络特征模式库用文本文件来表示，用户可以根据实际需要，尤其是与自己工作领域有关或者自己感兴趣的网络特征模式可以在该文本文件中进行增加或者删除，方便灵活。另外，数据结构在实现 KMP 算法过程中用到的特征数组，该结构用于存储字符串比较过程中模式串的特征向量。

3. 敏感信息检测算法流程

基于关键字的敏感信息检测模块的具体实现流程如图 3-60 所示。在 GB 2312—80 编码中，汉字的编码范围为 0xB0A1 到 0xF7FE，如果判断编码是否是汉字，则需检测其高字节是否大于等于 0xA1，且低字节是否小于等于 0xFE。首先，按照汉字所对应的区位号，从

交换分区内的离散二进制数据中检测出所有汉字的机内码。接着,利用 CString 中的 Format
函数将所检测出的汉字机内码的高低字节格式化成"%C%C"的形式,即可实现汉字的输
出。最后,把用户所输入的敏感关键词同格式化后的汉字编码进行匹配,如果匹配成功则
把与关键字相关的一段 1KB 大小的文件碎片输出,否则循环进行下一个数据块的匹配,直
到整个交换分区检测结束。

图 3-59　网络行为取证检测模块实现流程　　　图 3-60　敏感信息检测模块实现流程

　　实现流程涉及的主要数据结构,其中敏感关键字用文本文件来表示,用户可以根据实
际需要,尤其是与自己工作领域有关或者自己感兴趣的关键字可以在该文本文件中进行增
加或者删除,方便灵活。另外,输出显示数据结构采用 MFC 中的 CListView 进行显示,详
细情况参看 MFC 类库,此处不再描述。

3.5.3　软件界面设计

　　网站地址检测模块和 E-mail 地址检测模块用组合框实现,便于用户选择检测常用项和
根据自身需要进行自定义检测,增强界面的交互能力。检测结果用列表框显示,设置列表
框属性为"报告",以显示检测结果的所有信息。检测的进度以进度条显示,提高了界面
的友好程度。JPEG 雕刻模块的实现,以雕刻算法为核心生成 JPEG 图像,图像名以编号
的形式显示在图片列表框中,效果直观明显;然后对列表框做相应处理,添加消息响应
函数,用户可以双击雕刻出的图片编号,调用系统默认的图片浏览软件进行直接查看,
也可以单击右键选择图片浏览程序进行浏览,极大地方便了用户对图片雕刻情况的了解,
提高了软件的可移植性;整个软件界面以方便用户使用为出发点,以简洁清新的方式展
现给用户。

3.6　文件雕刻恢复和交换分区取证系统

　　基于文件雕刻算法原理和交换分区取证机制,我们分别设计实现了相应的系统软件。

3.6.1　文件雕刻平台

　　课题组在研究文件雕刻模型和算法的基础上,分析了 Linux 系统下的 Scalpel 雕刻软件
模块结构和功能,重点分析 Linux 系统和 Windows 系统实现环境的不同,尤其是操作系统
提供的 API 函数具有相当大的差异。设计 Windows 系统下文件雕刻算法流程,如图 3-61
所示。在此基础上,设计并实现了文件雕刻平台,如图 3-62 所示。

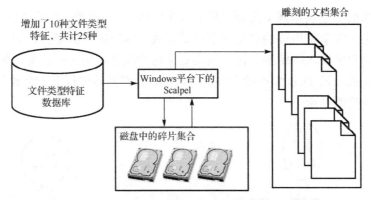

图 3-61　Windows 系统下文件雕刻算法流程

图 3-62　文件雕刻平台界面

1. 系统功能

(1) 基于物理硬盘的文件雕刻功能。针对整个物理硬盘看作雕刻对象，通过雕刻算法扫描进行文件雕刻。

(2) 基于逻辑分区的文件雕刻功能。针对硬盘的各个逻辑分区，根据调查需要，灵活选择具体的分区进行文件雕刻。

(3) 基于映像文件的文件雕刻功能。支持利用不同厂商硬盘映像软件获取的硬盘映像文件，对映像文件进行文件雕刻。

(4) 文件雕刻进度条功能。针对大容量的物理硬盘、逻辑分区或者映像文件，支持文件雕刻进度条显示功能。

2. 功能特点

相对于 Linux 系统下 Scalpel 开源雕刻软件相比，我们设计的文件雕刻系统具有如下特点。

(1) 能够运行在不同版本 Windows 系统环境，包括 Windows XP、Windows 7、Windows 8、Windows 10、Windows Server 2008、Windows Server 2012 等环境。

（2）文件雕刻的文件格式类型特征库更新和优化。在原有 Scalpel 文件格式类型库的结构和特征基础上，利用 WinHex 十六进制编辑器，手工分析 120 种文件类型，并手工提取它们的十六进制标识信息（以文件头标识为主），增加到文件类型特征库中。

（3）文件雕刻以可视化及列表等多种方式进行输出，雕刻结果更加直观，便于调查人员针对这些雕刻结果的进一步取证分析。

3. 应用前景

随着数字取证技术应用范围的不断扩大，需要具备针对多样化数字设备的证据提取能力。本系统支持计算机和手机存储介质上 300 余种文件类型的文件雕刻与恢复。在未来进行稍微改变，就能应用于工业控制领域设备、航空领域中飞机黑盒子等设备的安全事件证据雕刻，为应对未来文件雕刻技术应用领域的扩大，在现有技术基础上启动对工业控制及航空等特定领域数字设备的证据雕刻与提取研究工作，扎实做好相应技术储备。

3.6.2　基于交换分区主机行为取证检测系统

基于交换分区主机行为取证检测系统由交换分区数据底层获取算法、网站访问行为取证检测算法、E-mail 地址信息取证检测算法、敏感信息取证检测算法等部分组成，能够用于主机系统安全性评估、数字取证调查、安全威胁分析、应急响应等领域。该系统支持 Windows 2000、Windows XP、Windows Vista 及 Windows 7 等不同版本的系统；支持 JPEG、TIFF、BMP、GIF、PNG 等 10 种图像文件类型的碎片文件雕刻功能；支持中文、英文等不同类型的语言识别功能；支持网络、E-mail 等网络访问行为分析功能。系统主界面如图 3-63 所示。

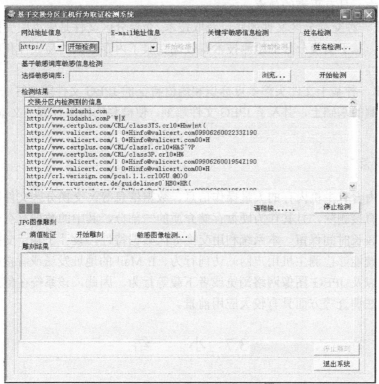

图 3-63　系统主界面

1. 系统功能

(1)交换分区数据获取功能。通过解析 FAT32 和 NTFS 文件系统底层的数据结构，定位交换分区文件，获取交换分区文件的数据。这一功能是在系统初始化时完成的，对用户是透明的。

(2)网站地址信息检测功能。在界面中选择相应的特征模式或自定义模式后缀进行检测，能够检测出主机曾大量访问过的网站信息，对这些信息进行统计分析，可以得出以主机访问频度较高的网址。

(3)E-mail 地址信息检测功能。在界面中选择相应的特征模式或自定义模式后缀进行检测，能够检测出主机曾大量使用的 E-mail 地址信息，对这些信息进行统计分析，可以得出主机曾经常使用的 E-mail 地址信息。

(4)关键字敏感信息检测功能。输入希望检测的敏感关键字，执行关键字敏感信息检测功能，能检测出交换分区内关于所输入关键字的信息碎片。通过对这些信息进行分析，可以在一定程度上知悉主机浏览或处理的敏感文本信息。

(5)JPEG 文件雕刻功能。在主机上运行 JPEG 文件雕刻功能或，系统雕刻出大量的 JPEG 文件，对这些图片进行分析，能得出主机浏览或处理的敏感 JPEG 图片信息。

2. 功能特点

相对于其他主机行为取证检测系统，基于交换分区的主机行为取证检测系统的实现方法主要有以下特点。

(1)主机网络访问行为取证检测不用截获网络数据流，从而避免了过大的数据处理量对主机造成的压力，具有更高的效率。

(2)设计出一种交换分区文件的底层获取技术。交换分区文件是磁盘中受操作系统的保护的系统文件，基于交换分区的检测技术有效地克服了内存数据的易失性和普通审计日志文件的不可靠性。

(3)设计出一种基于文件头部多点标识和熵值特征的 JPEG 文件雕刻算法。在传统的主机行为取证检测的基础上，引入了 JPEG 文件雕刻，使检测的结果打破了文本内容的限制，效果更加直观。

3. 应用前景

交换分区内含有主机内存的大量操作信息、数据信息等，交换分区文件数据受操作系统保护，无法直接删除，且其作为硬盘存储介质的一部分，其中的数据具有永久性存储介质特性，可以较长时间保留。本系统利用交换分区数据特性，设计了基于交换分区主机行为取证检测系统能够检测主机用户网站访问行为、E-Mail 的地址发送或者接收行为、敏感信息处理行为以及 JPEG 图像网络浏览或者下载等行为。因此，该系统在信息安全检查、数字取证和司法调查等方面具有较大应用前景。

3.7 小　　结

在确定基于磁盘的映像获取及取证分析需求的基础上，重点分析和研究了磁盘映像获取、存储和映像分析的国内外研究现状，针对现有的问题提出了基于磁盘映像的新型数字证据存储容器、基于磁盘元数据的数据盗取行为取证分析方法、基于文件特征可视化的隐藏文件识别方法，以及多种文件内容雕刻算法，主要工作如下。

(1) 提出一种新型数字证据存储容器。

通过对磁盘取证模型的研究，综合现有的磁盘映像获取及存储方法的优缺点，针对当前磁盘存储设备固有特性和数据传输速度限制，提出了基于 GPU 的并行磁盘映像快速获取方法，为新型数字证据存储容器 NDFC 高效生成提供了条件。通过对不同取证容器间数据交互需求的分析，还原容器中数据的初始状态，提出了基于典型 AFF 容器的高效率数据证据容器转换。通过对当前数字证据存储应用需求的分析，提出了 NDFC 证据存储容器。利用证据文件管理元数据，能够将同一类数据按页存储在同一 NDFC 内，通过索引目录实现相应证据的快速调用与存取。通过理论分析以及实验结果显示，该方法能够在通用系统环境下完成数据的高速映像，并存储在安全的存储容器中，实现了证据高效交互功能，适用于不同类型的证据容器。

(2) 设计了一种基于磁盘元数据的信息盗取行为取证分析方法。

通过对磁盘内文件系统的研究，综合现有的文件系统取证方法的优缺点，针对复杂文件系统中 MAC 时间戳对文件操作的敏感特性，传统的数据盗取识别方法主要关注于数据流通的路径或承接数据的载体，存在误差大、无法估测数据影响范围、盗取时间判断不准确的问题，研究了基于 k-low 的数据盗取抽样检测算法和基于差分矩阵的数据盗取行为识别算法。通过对大量元数据中时间戳更新机制以及文件拷贝操作特征分析，从文件系统量化分块、时间戳关系数据化、盗取概率计算三部分对数据盗取行为引发的时间戳变化进行全面解析，设计了对应的分块策略与自动化检测算法。最后，为了辅助盗取行为判断，提出了基于 Windows 回收站的异常文件发现方法，利用异常文件访问、删除与盗取时间的时间关联性，对磁盘中的异常文件进行综合搜索与精确识别，提高盗取判断的全面性与可靠性。通过理论分析以及实验结果显示，该方法能够准确有效地判定数据复制时间、位置以及可能引发盗取行为的异常文件相关信息，适用于大规模文件系统下的数据存储环境。

(3) 提出了基于特征可视化的隐藏文件识别方法与多个文件内容雕刻算法。

通过对磁盘内底层文件数据的研究，综合现有的文件类型及雕刻方法的优缺点，针对大型磁盘存储系统下隐藏文件识别的重要性和复杂性，研究了基于 2DDPCA 的隐藏文件类型识别算法。通过文件系统下文件数据分支多、分散存储的特点，建立适用于快速文件截取的文件索引机制。针对类型识别准确率低的情况，方法采用文件头与体分段检测进行相互印证性分析，将文件体检测转化为图的匹配与图的相似性计算；分析了二维编码方式在同一点累计叠加特征研究的不足，研究了新型二维编码方式适应特征提取与类型识别的需求；通过分析 SQL 等文件类型的数据特征，设计并实现了基于文件特征可视化的 SQL mdf 文件雕刻算法、基于 SQLite 的位置信息雕刻算法、基于集合论的 E-mail 碎片雕刻算法和基于磁盘碎片熵值特征的文件雕刻算法，实验结果显示，这些算法能够有效实现文件内容雕刻和恢复。

(4) 依据提出的文件雕刻算法，设计并实现了包含多种文件类型的文件雕刻平台。通过分析 Windows 系统交互分区底层数据特点和运行机制，设计并实现了交互分区取证系统，同时分析了文件雕刻平台和交互分区取证系统的功能特点和应用前景。

第4章 网络证据获取技术

当怀疑单位信息系统被植入后门，或者内部员工可能通过电子邮件给竞争对手发送内部资料时，我们应该怎么办？拦截或者收集网络通信数据是非常有效的途径，因为获取、分析网络通信数据是调查信息犯罪或者滥用事件的关键环节。

本章讨论利用 tcpdump、tcptrace、tcpflow 和 Wireshark 等软件获取网络数据流的基本方法，以及如何构建健壮、安全的网络证据收集系统，进行网络数据流的全内容(full-content)采集。

把网络全内容数据监视的结果，或者电子邮件拦截的数据称为基于网络的证据。收集基于网络的证据需要安装终端网络监视组件，部署网络嗅探器以及评估网络嗅探器的效果。

获取网络数据流只是该工作的一部分，而提取有意义的结果则是面临的另一个挑战。基于网络证据的分析包括网络行为重构、网络低级协议分析，以及网络活动解释，将在后续章节介绍用于分析这些数据的工具。

4.1 网络监视目标与类型

4.1.1 网络监视目标

如果司法机构官员怀疑犯罪成员(或者个体)进行毒品交易，那么这种怀疑通常要进行监视，以确认犯罪活动或者犯罪成员的可疑性，同时积累相关犯罪活动的证据，识别同谋。这种监视方法同样适用于网络犯罪相关活动。网络监视的目的不是阻止网络攻击或者网络犯罪活动，而是允许调查人员完成如下任务。

(1)确认或者取消围绕网络安全事件的可疑性。

(2)积累网络犯罪活动额外的证据和信息。

(3)验证网络攻击破坏的范围。

(4)确定网络事件发生的时间线。

(5)确保与期望的行为相符。

4.1.2 网络监视类型

网络监视包括事件监视、元数据监视和全内容监视等数据类型。当进行网络安全事件响应时，可利用 tcpdump 等工具收集全内容数据。在一些利用网络元数据的场合中，仅需要拦截会话相关的数据。

1. 事件监视

事件监视通常采用基于规则或者门限值的方式对异常进行定义，事件蕴含在网络上发生的一些警告信息当中。传统的事件由网络 IDS 产生，也可能是由网络监控软件生成，如 MRTG（Multi Router Traffic Grapher）。

下面是由 Snort 捕获生成的事件数据：

```
[**] [1:0:0] Outbound connection attempt from web server [**]
[Priority: 0]
02/10-14:21:34.668747 172.16.1.7:49159 -> 66.192.0.70:22
TCP TTL:64 TOS:0x0 ID:42487 IpLen:20 DgmLen:60 DF
******S* Seq: 0x3B0BF3E1 Ack: 0x0 Win: 0xFFFF TcpLen: 40
TCP Options (6) => MSS: 1460 NOP WS: 1 NOP NOP TS: 5255946 0
```

2．元数据监视

元数据监视记录网络会话或者交易的概要信息。司法机构把这种非内容监视称为诱捕跟踪。监视内容通常包括协议、IP 地址以及通信的端口等，还可能包括在会话期间的标识（如果 TCP 被使用）、通信双方发送的字节数，以及数据报文数量。

元数据监视并不关心会话内容。下面是元数据的示例，该例子由 tcptrace 生成（该工具能够对会话进行概括），它显示了 Web 服务器监听端口 80 的 4 个会话。

```
1322 packets seen, 1302 TCP packets traced
elapsedwallclock time: 0:00:00.025971, 50902 pkts/sec analyzed
trace file elapsed time: 0:06:23.119958
TCP connection info:
1: 172.16.1.128:1640 - 172.16.1.7:80 (a2b) 62> 93< (reset)
2: 172.16.1.128:1641 - 172.16.1.7:80 (c2d) 86> 132< (reset)
3: 172.16.1.6:49163 - 172.16.1.7:80 (e2f) 6> 6< (complete)
4: 172.16.1.6:49164 - 172.16.1.7:80 (g2h) 8> 8< (complete)
```

3．全内容监视

全内容监视生成的数据包括从网络上收集的原始数据报文。它提供了最高级别的真实性，因为它代表着在网络上计算机之间通信的实际数据。全内容数据包括数据报文头部信息和载荷，下面是一个由 tcpdump 显示的完整数据报文。

```
02/10/2003 19:18:53.938315 172.16.1.128.1640 > 172.16.1.7.80: P 1:324(323)
ack 1 win 65520 (DF)
0x0000 4500 016b a090 4000 7f06 ff54 ac10 0180 E..k..@....T....
0x0010 ac10 0107 0668 0050 6b0a eccc 0ea7 ae9d .....h.Pk.......
0x0020 5018 fff0 18f9 0000 4745 5420 2f20 4854 P.......GET./.HT
0x0030 5450 2f31 2e31 0d0a 4163 6365 7074 3a20 TP/1.1..Accept:.
0x0040 696d 6167 652f 6769 662c 2069 6d61 6765 image/gif,.image
0x0050 2f78 2d78 6269 746d 6170 2c20 696d 6167 /x-xbitmap,.imag
0x0060 652f 6a70 6567 2c20 696d 6167 652f 706a e/jpeg,.image/pj
0x0070 7065 672c 2061 7070 6c69 6361 7469 6f6e peg,.application
0x0080 2f76 6e64 2e6d 732d 6578 6365 6c2c 2061 /vnd.ms-excel,.a
0x0090 7070 6c69 6361 7469 6f6e 2f76 6e64 2e6d pplication/vnd.m
0x00a0 732d 706f 7765 7270 6f69 6e74 2c20 6170 s-powerpoint,.ap
0x00b0 706c 6963 6174 696f 6e2f 6d73 776f 7264 plication/msword
```

```
0x00c0  2c20 2a2f 2a0d 0a41 6363 6570 742d 4c61  ,.*/*..Accept-La
0x00d0  6e67 7561 6765 3a20 656e 2d75 730d 0a41  nguage:.en-us..A
0x00e0  6363 6570 742d 456e 636f 6469 6e67 3a20  ccept-Encoding:.
0x00f0  677a 6970 2c20 6465 666c 6174 650d 0a55  gzip,.deflate..U
0x0100  7365 722d 4167 656e 743a 204d 6f7a 696c  ser-Agent:.Mozil
0x0110  6c61 2f34 2e30 2028 636f 6d70 6174 6962  la/4.0.(compatib
0x0120  6c65 3b20 4d53 4945 2036 2e30 3b20 5769  le;.MSIE.6.0;.Wi
0x0130  6e64 6f77 7320 4e54 2035 2e31 290d 0a48  ndows.NT.5.1)..H
0x0140  6f73 743a 2031 3732 2e31 362e 312e 370d  ost:.172.16.1.7.
0x0150  0a43 6f6e 6e65 6374 696f 6e3a 204b 6565  .Connection:.Kee
0x0160  702d 416c 6976 650d 0a0d 0a               p-Alive....
```

4.2　设置网络监视系统

基于硬件、软件的网络诊断工具、IDS 传感器，以及数据嗅探工具都可作为网络监控系统的组件，但它们的特点存在差异。

网络诊断工具能够可靠捕获数据，并且通常在被监视网络段内可以高速实现最有效的数据捕获。网络诊断工具的缺点是它们不适用网络监视。比如，它们缺乏远程管理能力，缺乏充足的存储空间，通常成本较高。当前的 IDS 方案通常融合了远程管理和数据存储，并且容易配置。然而，这些平台不能可靠地执行入侵检测的同时又执行网络监管。对于一个组织采用 IDS 传感器作为网络监控设备仍是一种非常普遍的方式。一旦高速 IDS 传感器开始全内容数据捕获，它作为传感器的效率将会降低。安装嗅探设备执行网络监管需要进行规划和准备。部署监控器的能力可能受网络架构、带宽以及外部因素的影响，如公司政策、有限的预算等。

成功构建网络监视系统必须遵循以下步骤。

(1)确定网络监视的目标。

(2)确保执行监视活动的合法理由。

(3)获取合适的硬件和软件。

(4)确保平台的安全性，包括电力和物理等方面。

(5)确保监视器部署在网络上的合适位置。

(6)评估网络监视性能。

如果以上步骤任何一步有问题，都可能导致单位监视系统不可靠，甚至无效。接下来介绍如何确定网络监视目标、选择监视硬件和软件、部署网络监视器，并且评估监视器性能。

1. 确定监视目标

执行网络监视首先要知道进行监视的起始原因。网络监视的起因会影响网络监视目标的确定，因为这将会涉及到网络数据流收集的硬件、软件以及过滤等设备的选择。通常情况下，网络监视目标可能包括如下。

(1)观察同特定主机关联的网络数据流。

(2)监视某特定数据流。

(3)监视某个具体人的行为。

(4)验证是否有网络入侵尝试。

(5)寻找具体的攻击特征。

(6)聚焦特定协议数据的分析。

一旦确定了网络监视目标，就要确定支持这些目标的合适策略。确保这些策略在监视开始时已进行了详细描述。

2．选择合适的硬件

根据单位系统规模和经费预算，无论是购买商业系统，还是自己搭建网络监视器，关键是要确保系统有能力执行监视功能。拥有高速链路的单位应尽可能购买专业级的装备用于网络监视。

预算少的单位可以自己制定监视方案，同时以各部门可以接受的方式对监视方案进行定制，剩下的工作就是选择一套合适的监视产品或自己搭建一个稳定、健壮的系统。

3．选择合适的软件

集成网络监视器最难的挑战就是软件的选择。监视工具成本高，并且需要不同的工具来满足不同的需求。其实有很多免费网络数据流捕获工具好于相应的商业工具。在分析和解释网络数据流方面，商业工具总体来说优于免费工具。由于每个工具都可以提供一些其他工具所不具备的性能(或者功能)，因此应该在获取软件之前知道网络监视的需求。

影响监视软件选择的因素如下。

(1)所使用的主机操作系统。

(2)是需要远程访问监控器，还是通过 console 访问。

(3)是否要实现一个静默的网络嗅探器。

(4)需要捕获文件是否可移动。

(5)负责监控器的技术能力是什么。

(6)周期内网络上传输的数据有多少。

选择合适的操作系统与选择监视网络的嗅探软件一样重要。下面讨论操作系统问题，以及远程访问、静默嗅探和数据文件格式等。

1)操作系统

CPU 和 I/O 性能越好，网络监视应用运行的性能越佳。当构建监视平台时，要确保清除对于操作系统、嗅探器及管理功能不是特别需要的其他软件和进程，包括移除不必要的图形用户环境。因为 CPU 忙于尝试移动屏幕上的图标，有可能漏掉数据报文。

在采用的多个监视系统中，通常 Linux 平台在性能方面优于其他操作系统。因为开发者简化了从内核内存空间到用户内存空间的网络帧的移动。

2)远程访问

如果需要远程访问监控器，可以网络连接。方法是，安装第二块网卡，把它连接到独立网络或者 VLAN 中，然后安装远程管理软件，如 OpenSSH。不过需要对接入的 IP 地址进行限制，以防滥用。

3）静默嗅探器

对于入侵者来说，很难擦除他们意识不到的证据。实现一个静默嗅探器是阻止入侵者发现监控系统最简单的方法。静默嗅探器是指该系统不响应收到的任何报文，如 IP 报文、广播或多播。

另外，一个实现静默嗅探器的方法是采用单向以太网电缆。许多机构不连接单位的网络电缆。单向连接保护了监控系统免于中间人攻击。在配置监控器之前，建议运行端口扫描（如 Nmap），以及嗅探器检测工具对其进行安全评估。

4）数据文件格式

当选择工具进行全内容监视时，要谨慎考虑网络监视器捕获的信息在系统中如何存储。大部分商业工具有多种文件格式，选择能够按照公开标准格式生成的文件将节省时间，避免当其他商业工具或者司法机构读取时较难进行取证分析。

4.3　部署和评估网络监视器

1. 部署网络监视器

网络监视器的位置在构建监管系统中是最重要的因素。新的设备、交换机 VLAN 以及不同数据速率的网络对于调查人员来说会产生挑战。

网络监视的目标通常是获取所有与具体目标系统相关的活动。可通过网络流映像配置，将经过指定端口或者指定 VLAN 的报文复制到另一个指定端口，然后转发到网络监视设备，供管理员进行网络监控与故障管理。

把监视系统放在物理安全的位置也很重要。通常物理访问意味着逻辑访问。换句话说，任何能够物理访问监视系统设备的人都能够规避该系统上的一些权限控制（如口令、文件访问权限等）。部署系统执行网络监视时，需要把系统保护在一个有锁的房间，并极可能让少数可信雇员能够访问这个房间，从而保证证据链的完整。

2. 评估网络监视器运行情况

当执行网络监控时，不能仅仅启动抓包工具后从控制台走开，还需要检查确认磁盘有没有快速填满，验证数据报文捕获程序是否正常执行，并且查看网络载荷的内容。

例如，用 top 命令来检查网络监控器的捕获数据。

```
lastpid: 68409; load averages: 0.00, 0.00, 0.00 up 26+20:28:09 09:29:13
18 processes: 1 running, 17 sleeping
CPU states: % user, % nice, % system, % interrupt, % idle
Mem: 3584K Active, 6756K Inact, 11M Wired, 3500K Cache, 6080K Buf, 1996K Free
Swap: 96M Total, 2028K Used, 94M Free, 2% Inuse
PID USERNAME PRI NICE SIZE RES STATE TIME WCPU CPU COMMAND
```

```
68 root 2 0 944K 328K select 11:44 0.00% 0.00% syslogd
75 root 10 0 996K 220K nanslp 0:34 0.00% 0.00% cron
62570 root 4 0 3016K 180K bpf 0:20 0.00% 0.00% Tcpdump
77 root 2 0 2740K 292K select 0:06 0.00% 0.00% sshd
68371 root 2 0 2880K 1552K select 0:00 0.00% 0.00% sshd
68373 root 18 0 1556K 1024K pause 0:00 0.00% 0.00% csh
68409 root 29 0 1896K 1032K RUN 0:00 0.00% 0.00% top
68372 username 10 0 1056K 836K wait 0:00 0.00% 0.00% bash
```

以上输出显示，网络监控器并没有努力工作，捕获的平均载荷数是 0，这表明实际上并没有负载。如果磁盘快速被填充，超过了硬件的存储容量，就应该考虑改变数据采集的方式。

4.4　网络元数据获取

网络元数据记录了网络会话或者网络通信的概要信息，如果取证调查人员想要了解网络数据流中的会话或交易信息，就可以利用网络元数据获取工具。在基于互联网上，应用网络元数据获取意味着只监控 IP 头和 TCP 头(或者其他的传输层协议头)，而无须监控报文载荷的内容。这是一种决定基于网络攻击的非入侵式方法。它也能用于检测网络数据流异常，如后门程序(隐蔽文件传输等)。

网络元数据监控器在 DoS 攻击案例中极其有帮助，它可提供不同于口头证词的证据，如通过网络元数据分析，结果表明路由器被攻击过程中崩溃的次数。如果用户的网络有 IDS、路由器或者 Web 服务器，对于发生的神秘系统崩溃，就可通过获取受害系统所有的网络元数据找到问题的根源，还可为合理修复提供技术依据。另外，元数据也可用作攻击行为的证据。

司法问题：网络元数据获取的关注点是要确保在获取任何用户提供的网络元数据时，并没有侵犯个人隐私。对于司法机构来说，就是验证网络元数据获取技术有没有捕获任何内容数据。许多工具缺省情况下获取一定量的字节数据，并且可能偶然获取这些数据包的内容。

下面的命令行采用 tcpdump 的网络元数据获取方法，没有启用过滤功能，结果直接输出到屏幕上。

```
[root@linux taps]# tcpdump
Tcpdump: listening on eth0
```

如果是在繁忙的网络上运行，那么将看到图 4-1 所示的报文头部数据信息(重复很多次)。tcpdump 程序根据 IP 和 TCP 头，生成有几个字段的信息，这可以快速以十六进制形式查看报文。

假如有一台持续崩溃的机器，但是不知道原因。那么应该在崩溃机器的同一个网段放置另一台机器，进行网络元数据获取，查看与崩溃机器相关的所有数据流。下面的列表显示了用 tcpdump 初始化网络元数据获取的方法，同时打印出相应的头信息。

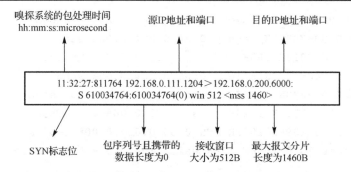

图 4-1　捕获的 TCP 报文头数据

```
[root@homer /root]# tcpdump<enter>
   1) 16:50:47.838670 244.47.221.0.5481 > 192.168.0.1.netbios-ssn: S12505299:
12505319(20) win 1004 urg 8448
   2) 16:50:47.847370 244.47.221.0.5481 > 192.168.0.1.netbios-ssn: S12505299:
12505319(20) win 1004 urg 8448
   3) 16:50:47.850811 38.51.88.0.61481 > 192.168.0.1.netbios-ssn: S4173121:
4173141(20) win 11451 urg 53970
   4) 16:50:47.859173 201.88.62.0.35234 > 192.168.0.1.netbios-ssn: S10014069:
10014089(20) win 2336 urg 13043
   5) 16:50:47.859990 210.183.15.0.6389 > 192.168.0.1.netbios-ssn: S10310985:
10311005(20) win 10449 urg 60188
   6) 16:50:47.871320 113.23.49.0.33987 > 192.168.0.1.netbios-ssn: S16389742:
16389762(20) win 50636 urg 3951
   7) 16:50:47.872129 171.7.32.0.28286 > 192.168.0.1.netbios-ssn: S12420019:
12420039(20) win 8057 urg 17289
   8) 16:50:47.872838 56.138.209.0.60502 > 192.168.0.1.netbios-ssn: S11512049:
11512069(20) win 5937 urg 53896
   9) 16:50:47.883634 8.17.36.0.27120 > 192.168.0.1.netbios-ssn: S1392600:
1392620(20) win 49586 urg 35397
<CNTRL C > to stop the capture
```

当检查网络元数据输出结果时，需要注意以下问题。

(1)有没有可疑 IP 头字段，源 IP 地址是否可疑，是否有奇怪的 IP 分片。

(2)任何 TCP 头字段是否可疑，目标端口是否是有效服务。

(3)数据流是否遵循 RFC 标准。

(4)数据流时间戳是多少，这有助于决定是自动发送的数据流(flood 攻击数据)还是用户请求的数据流。

下面针对上述样本文件中的前 9 个数据报文思考问题，看我们能否分辨出相关模式。

(1)源 IP 地址可疑吗？它们都不一样，并且很可能是伪造的数据报文。数据报文 2 的源地址是 244.47.221.0。这个 IP 地址的第一个八位元组是 244，这个地址空间尚未分配给任何单位或者组织。所有这些 IP 地址最后一个元组是 0，通常表明这是网络地址，而不是具体系统的 IP 地址。

(2)TCP 报文类型是什么？如果注意到这些数据报文都是 SYN 报文，那么你的水平还不错。基于这些数据报文的事件，相邻的数据报文都是在微秒之间到达 Windows 的 139 网络端口，推断这可能是某种形式的洪水攻击。

综合分析网络元数据的输出结果，这显然是一个针对 192.168.0.1 地址的 SYNflood 攻击。

4.5　监控和维护全内容数据

4.5.1　用 tcpdump 进行全内容监控

对于计算机安全事件响应来说，需要对网络数据进行全内容监控。如果怀疑你所在的公司有一名雇员传输了商业秘密给竞争对手，那么你是想要交易信息，还是希望拦截传输的数据。当攻击者违反了公司服务器的安全策略时，你是否要拦截他和受害系统之间发送和接收所有数据吗。

比如，在一个军事计算机入侵案例中，监控器被配置为观察所有来往受害者系统的所有 Telnet 和 Ftp 数据流。然而，窃听装置实现者犯了错误，他们配置嗅探器监听 21 和 23 端口的所有元数据，因为一个已知的入侵者正在访问这些端口。然而，调查人员很快了解到他们过滤器的缺点：攻击者用有效的证书登录了受害系统，并且偷走了几百份文件。尽管这个窃听装置捕获了经过 Ftp(21 端口)的命令数据，但是我们并没有捕获传输的文件内容数据。

在安装好网络监控系统后，就开始全内容监控，收集网络上原始数据报文。下面的 tcpdump 命令行写数据报文到磁盘。

```
tcpdump -n -i dc0 -s 1514 -w /var/log/tcpdump/emergency_capture.lpc&
```

上述命令各参数的含义如下。

-n：表示不进行主机名到 IP 地址，或者端口到端口名称的解析。

-i dc0：表示监听接口 dc0。在 Linux 环境下启动接口无需 IP 地址，并且不需要在线转发能力。

-s 1514：设置 snap 长度为 1514B。表示获取整个以太网帧，避免采用缺省的 68B 长度。

-w /var/log/tcpdump/emergency_capture.lpc：把 tcpdump 的输出写到/var/log/tcpdump 目录下的 emergency_capture.lpc 文件中(注意文件名和扩展名 lpc 是任意的)。

&：发送该进程到后台执行。

当出现监控系统收集的数据流太多导致无法处理时，需要对数据进行过滤。最简单的方法是，在 tcpdump 中通过构建伯克利数据报文过滤器实现过滤。tcpdump 操作手册提供了许多选项实现对特定报文的关注。

在网络安全事件调查期间，我们常关注同特定主机相来往的网络数据流。比如，记录所有从 12.44.56.0/24 子网的网络数据流，命令如下：

```
tcpdump -n -i dc0 -s 1514 -w var/log/tcpdump/emergency_
capture.lpcnet 12.44.56 &
```

收集与特定主机(IP 地址 172.16.1.7)有来往的所有数据流，命令行如下：

```
tcpdump -n -i dc0 -s 1514 -w /var/log/tcpdump/emergency_
capture.lpchost 172.16.1.7 &
```

收集所有来自 12.44.56 的数据流和所有来自 172.16.1.7 主机的数据报文,命令行如下:

```
tcpdump -n -i dc0 -s 1514 -w /var/log/tcpdump/emergency_
capture.lpcnet 12.44.56 or host 172.16.1.7 &
```

当过滤器开始变得复杂时,可以把它们放在一个文件中,从命令行引用它们。比如,生成一个过滤规则文件 tcpdump.ips(文件名是任意的),文件包含下述内容:

```
net 12.44.56 or host 172.16.1.7
```

然后,在命令行利用-F 选项,引用 tcpdump.ips 文件:

```
tcpdump -n -i dc0 -s 1514 -w/var/log/tcpdump/emergency_
capture.lpc-F tcpdump.ips&
```

4.5.2　维护全内容数据文件

收集全内容数据时需要注意两个方面:文件命名和文件完整性保证。

给捕获文件赋予唯一的名称有助于识别它们的源和目标,因此在命名获取的网络数据流文件名称中,包括数据流截取起始的时间戳、存放网络数据流文件的主机名和获取网络数据流的接口。为了扩展之前收集的例子,可采取下面的方法:

```
tcpdump -n -i dc0 -s 1514 -w /var/log/tcpdump/'/bin/date "
+DMY_%d-%m-%Y_HMS_%H%M%S"'.'hostname'.dc0.lpc net 12.44.56 &
```

例如,在主机名称为 angel 机器上于 2018 年 2 月 10 日,15:18:50 启动网络数据流获取工具,监听接口为 dc0,利用该命令生成的文件名如下:

```
DMY_10_02_2018_HMS_151850.angel.dc0.lpc
```

把 DMY 包含进去,可以提醒后续字符遵循日、月、年。HMS 是指时(hour)、分(minute)、秒(second)。

除了使用唯一的命名规范,执行全内容数据文件的 MD5 或者 SHA 在取证上也非常有用。UNIX 系统和 Windows 系统都提供了 MD5 或者 md5sum 等类似的哈希功能。确保网络数据流证据的完整性与从主机上收集证据一样重要。

4.5.3　基于 Wireshark 的网络流数据获取

Wireshark 是非常流行的网络数据包捕获和分析软件,功能十分强大。该软件可以截取各种网络包,显示网络报文协议字段的详细信息。Wireshark 主界面如图 4-2 所示。

使用 Wireshark 时,会捕获到大量的冗余数据包,很难在几千甚至几万条记录中找到自己需要的部分。为方便分析,可通过设置过滤器帮助我们从大量数据中迅速找到关注的记录。

有两种过滤器:一种是显示过滤器,即主界面上面的表达式框(图 4-3),用于筛选并显示捕获的部分记录,如仅显示同某特定主机通信的数据包;另一种是捕获过滤器,用于限制只捕获符合过滤条件的网络数据包,以免数据量太大。

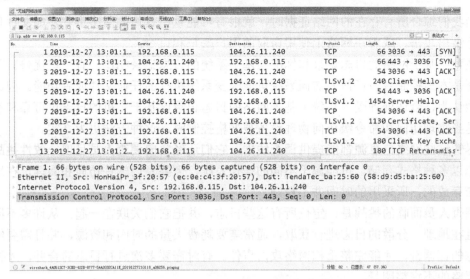

图 4-2　Wireshark 主界面

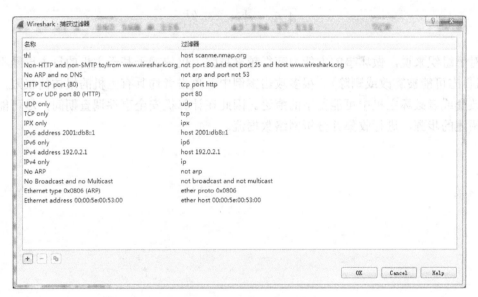

图 4-3　Wireshark 捕获过滤器

4.5.4　收集基于网络的日志文件

当响应一个网络安全事件时，不可忽略所有潜在的证据源。大部分网络数据流在它流经的路径上会留下审计痕迹。下面是一些例子。

(1)路由器、防火墙、服务器和 IDS 传感器，以及其他记录基于网络事件日志的网络设备。

(2)当 PC 主机请求动态 IP 时 DHCP 服务器日志网络访问信息。

(3)防火墙上各种不同粒度的审计日志。

(4)由于签名识别或者异常检测过滤器，IDS 传感器可能获取攻击的部分信息。

(5)基于主机的传感器可能检测到系统动态库的改变，或者敏感位置文件的变化。

当我们综合所有存在的网络证据时，就很有可能重建具体的网络事件，如文件传输、缓冲区溢出攻击，或者在网络上使用窃取的用户账户和口令。

注意：基于网络的日志记录和标准与基于系统的日志记录相比，有一些优势。无论是远程还是本地控制台，任何人访问系统可能改变系统执行的任何文件或者功能。因此，业界强烈认为，合适处理受害系统上基于网络的日志记录比基于主机的日志更可靠和有效。尤其是当物理访问和命令级访问物理设备被严格控制时，这种方法更为真实。

尽管这些网络信息源都能提供调查线索，它们还经常向调查人员呈现一致性挑战。网络日志以多种格式存储，可能源于不同的操作系统，需要专门软件访问和阅读，在地理上是分布存放的，所采用的时间并不精确。

调查人员面临的挑战是：定位所有这些日志，并把它们关联在一起。从许多不同的系统中且在地理上分散的日志进行获取，通常需要耗费大量的时间和资源，并且需要维持多个日志的证据链，才能完整重构网络攻击事件。有时需要多次进行日志的合并，才描绘出一个粗略的不完整图景。

4.6　小　　结

对于组织来说，做坏事的人能力变得越来越强，仅依赖于基于主机的日志已经不可行（主机日志可能被篡改或删除）。很多攻击案例中，攻击者均具有主机的根访问权限，他们能够改变或者破坏主机中可能留下的痕迹。因此在计算机安全事件调查期间，尽可能按照本章阐述的步骤，进行收集并分析网络数据流。

第 5 章 网络证据分析技术

采集到全内容网络数据流之后，为调查可疑活动的相关信息，需要深入分析这些数据。近年来，安全数据收集、处理和分析已经爆炸式增长，很多业务部门声称他们收集、处理和分析的安全数据明显增多，如何从海量网络数据分析中提取攻击特征、及时阻断潜在威胁成为迫切需要解决的问题。为此，本章将探讨网络数据分析的典型工具，以及基于网络数据流的特征提取和威胁分析方法。

1. 网络数据分析原理

收集到网络流数据后，最终需要读取这些流数据，并且解释是否存在计算机安全事件的相关证据。收集的网络流数据通常以二进制文件进行存储，数据规模非常大。因此，需要正确的方法，快速深度细分数据，识别相关的数据流，以发现计算机安全事件的潜在特征。实际上，网络活动分析包含三个主要步骤。

(1) 识别可疑网络数据流(可能的会话)。

(2) 重放或重建可疑会话(无论它是 TCP、UDP、ICMP，或是其他协议)。

(3) 解释发生了什么事情。

2. 网络流分析工具

本章使用以下免费网络流分析工具，帮助调查人员分析转储的二进制数据流文件。

tcptrace：由 shawnOstermann 开发的 UNIX 工具。tcptrace 能够在二进制捕获文件中识别并找到任何 TCP/UDP 会话。

Snort：业界流行的开源网络入侵检测系统。

tcpflow：由 Jeremy Elson 创建，tcpflow 能够重建 TCP 会话，不管是重放还是乱序传输(out-of-order delivery)。

Wireshark：流行的网络嗅探器，在查看重建 TCP 会话流方面具有较强的支持。

注意：通常情况下，网络分析工具不能自动识别"坏"的网络数据流。比如，IDS 系统准备检测缓存溢出攻击，但是它不能判断，该攻击是一个真正的恶意系统访问，还是组织许可的漏洞评估的一部分。也就是说，工具不能确定意图，那是调查人员的任务，调查人员将凭借他们的经验和判断来识别可能的威胁。

5.1 用 tcpdump 捕获网络数据流

例如，我们怀疑单位的 Web 服务器可能已经被未知实体入侵，其地址是 172.16.1.7。基于主机的响应并没有揭示任何有用的线索，因此我们决定执行全内容监控。通过部署网络监控，使用 tcpdump 工具收集所有来往 Web 服务器的网络数据流。

```
tcpdump -x -v -s 1500 -w capturelog host 172.16.1.7
```

　　我们连续收集了几天的网络数据流。现在已经有几个大的符合 tcpdump 规范的二进制捕获文件。接下来的目标是深入分析，并且快速从大的二进制文件中抽取相关信息。

　　一种选择是，用 tcpdump 采用 read 模式，显示该捕获文件的报文。通常用-X 选项显示这些数据报文的 ASCII 值，以及-tttt 选项显示 time/date stamps。在该场景中，当前正在分析二进制捕获文件命名为 sample1.lpc：

```
tcpdump-n -X -tttt -r sample1.lpc | more
```

　　对于 sample1.lpc 样本数据，该命令的输出结果如下：

```
02/10/2013 19:18:18.374744 172.16.1.7.49921 > 66.45.25.71.53: 23864+ PTR?
128.1.16.172.in-addr.arpa. (43)
0x0000  4500 0047 a470 0000 4011 cdaa ac10 0107  E..G.p..@.......
0x0010  422d 1947 c301 0035 0033 b773 5d38 0100  B-.G...5.3.s]8..
0x0020  0001 0000 0000 0000 0331 3238 0131 0231  .........128.1.1
0x0030  3603 3137 3207 696e 2d61 6464 7204 6172  6.172.in-addr.ar
0x0040  7061 0000 0c00 01                         pa.....
02/10/2013 19:18:18.391519 arp who-has 172.16.1.7 tell 172.16.1.254
0x0000  0001 0800 0604 0001 00a0 c5e3 469c ac10  .............F...
0x0010  01fe 0000 0000 0000 ac10 0107 0000 0000  ................
0x0020  0000 0000 0000 0000 0000 0000 0000       ..............
02/10/2013 19:18:18.391566 arp reply 172.16.1.7 is-at 0:3:47:75:18:20
0x0000  0001 0800 0604 0002 0003 4775 1820 ac10  ..........Gu....
0x0010  0107 00a0 c5e3 469c ac10 01fe 0000 0000  .....F.........
0x0020  0000 0000 0000 0000 0000 0000 0000       ..............
02/10/2013 19:18:18.775317 66.45.25.71.53 > 172.16.1.7.49921: 23864 NXDomain
0/1/0 (130) (DF)
0x0000  4500 009e f1ab 4000 f011 9017 422d 1947  E.....@.....B-.G
0x0010  ac10 0107 0035 c301 008a aea1 5d38 8183  .....5......]8..
0x0020  0001 0000 0001 0000 0331 3238 0131 0231  .........128.1.1
0x0030  3603 3137 3207 696e 2d61 6464 7204 6172  6.172.in-addr.ar
0x004   7061 0000 0c00 01c0 1200 0600 0100 0028  pa.............(
0x0050  9c00 4b04 7862 7275 0262 7202 6e73 0765  ..K.xbru.br.ns.e
0x0060  6c73 2d67 6d73 0361 7474 036e 6574 000d  ls-gms.att.net..
0x0070  726d 2d68 6f73 746d 6173 7465 7203 656d  rm-hostmaster.em
0x0080  7303 6174 7403 636f 6d00 0000 0001 0000  s.att.com.......
0x0090  0708 0000 0384 0009 3a80 0009 3a80       ..........:..:.
02/10/2013 19:18:21.250143 172.16.1.7.49922 > 66.45.25.71.53: 23865+ PTR?
128.1.16.172.in-addr.arpa. (43)
0x0000  4500 0047 a475 0000 4011 cda5 ac10 0107  E..G.u..@.......
0x0010  422d 1947 c302 0035 0033 b771 5d39 0100  B-.G...5.3.q]9..
0x0020  0001 0000 0000 0000 0331 3238 0131 0231  .........128.1.1
0x0030  3603 3137 3207 696e 2d61 6464 7204 6172  6.172.in-addr.ar
0x0040  7061 0000 0c00 01                         pa.....
```

　　我们如何寻找证据呢？tcpdump 输出仅仅显示了在网络上看到的数据报文概要信息；并没有直接显示会话数据。该工具不便于审查分析 2GB 二进制数据，以及包含几百万条记录的数据报文。很明显，我们需要应用其他方法来解释这些数据。

5.2　基于 tcptrace 的网络会话数据分析

Tcptrace 能够识别大规模二进制捕获文件中的不同 TCP 会话。

5.2.1　解析捕获文件

运行 tcptrace 工具将输出结果存储到一个文件中，然后查看文件的内容。tcptrace 工具提供了许多选项(可以运行 tcptrace-h 查看)，下面用该工具快速解析一个样本文件。

注意：分析网络数据流时，解析主机名或者端口号并非更加有用。调查人员只需知道系统的源 IP 地址。因为调查人员总是事后确定主机名。解析主机名或者端口号只会增加系统的负担，而不能提供任何有用的信息。因为任何服务能够在任何端口上运行，任何系统在任何时间也能够更改它的主机名。

-n 选项要求 tcptrace 不用解析端口和 IP 地址，-u 选项要求 tcptrace 显示 UDP 数据：

```
# tcptrace -n -u sample1.lpc > sample1.lpc.ses
# cat sample1.lpc.ses
1 arg remaining, starting with 'sample1.lpc'
Ostermann'sTcptrace -- version 6.3.2 -- Mon Oct 14, 2012
1322 packets seen, 1302 TCP packets traced, 20 UDP packets traced
elapsedwallclock time: 0:00:00.026820, 49291 pkts/sec analyzed
trace file elapsed time: 0:06:23.119958
TCP connection info:
1: 172.16.1.128:1640 - 172.16.1.7:80 (e2f) 62> 93< (reset)
2: 172.16.1.128:1641 - 172.16.1.7:80 (g2h) 86> 132< (reset)
3: 172.16.1.6:49163 - 172.16.1.7:80 (i2j) 6> 6< (complete)
4: 172.16.1.6:4164 - 172.16.1.7:80 (k2l) 8> 8< (complete)
5: 172.16.1.6:49165 - 172.16.1.7:80 (m2n) 15> 16< (complete)
6: 172.16.1.6:49166 - 172.16.1.7:80 (o2p) 10> 9< (complete)
7: 172.16.1.6:49167 - 172.16.1.7:80 (q2r) 13> 13< (complete)
8: 172.16.1.6:49168 - 172.16.1.7:80 (s2t) 15> 16< (complete)
9: 172.16.1.6:49169 - 172.16.1.7:80 (u2v) 13> 13< (complete)
10: 172.16.1.7:49159 - 69.192.1.70:22 (aa2ab) 44> 43< (complete)
11: 172.16.1.7:49160 - 198.82.184.28:21 (ak2al) 16> 12< (complete)
12: 172.16.1.128:1651 - 172.16.1.7:80 (am2an) 11> 11< (reset)
13: 172.16.1.128:1652 - 172.16.1.7:80 (ao2ap) 16> 19< (reset)
14: 172.16.1.7:49161 - 130.94.149.162:21 (au2av) 36> 30< (complete)
15: 172.16.1.7:49162 - 130.94.149.162:61883 (aw2ax) 4> 4< (complete)
16: 172.16.1.7:49163 - 130.94.149.162:61888 (ay2az) 4> 4< (complete)
17: 172.16.1.7:49164 - 130.94.149.162:61897 (ba2bb) 5> 5< (complete)
18: 172.16.1.7:49165 - 130.94.149.162:61904 (bc2bd) 10> 13< (complete)
19: 172.16.1.128:1653 - 172.16.1.7:80 (be2bf) 23> 33< (reset)
20: 172.16.1.128:4041 - 172.16.1.7:80 (bg2bh) 168> 232< (complete)
21: 172.16.1.128:4043 - 172.16.1.7:80 (bi2bj) 13> 12< (complete)
UDP connection info:
1: 172.16.1.7:49921 - 66.45.25.71:53 (a2b) 1> 1<
```

```
2: 172.16.1.7:49922 - 66.45.25.71:53 (c2d) 1> 1<
3: 172.16.1.7:49924 - 66.45.25.71:53 (w2x) 1> 1<
4: 172.16.1.7:49925 - 66.45.25.71:53 (y2z) 1> 1<
5: 172.16.1.7:49926 - 66.45.25.71:53 (ac2ad) 1> 1<
6: 172.16.1.7:49927 - 66.45.25.71:53 (ae2af) 1> 1<
7: 172.16.1.7:49928 - 66.45.25.71:53 (ag2ah) 1> 1<
8: 172.16.1.7:49929 - 66.45.25.71:53 (ai2aj) 1> 1<
9: 172.16.1.7:49930 - 66.45.25.71:53 (aq2ar) 1> 1<
10: 172.16.1.7:49931 - 66.45.25.71:53 (as2at) 1> 1<
```

接下来，用 tcptrace 进一步分析，看看这个文件告诉我们哪些信息。

5.2.2　解释 tcptrace 输出

首先看一下样本文件中的第一个会话(session)：

```
1: 172.16.1.128:1640 - 172.16.1.7:80 (e2f) 62> 93< (reset)
```

tcptrace 输出中的字段如表 5-1 所示。

表 5-1　tcptrace 输出字段的含义

字段取值	含义
1	会话 ID
172.16.1.128	源 IP 或发起 SYN 包的会话发起方
1640	源端口
172.16.1.7	目的 IP
80	目的端口
e2f	会话的缩略表示，其中 e 表示源地址，f 表示目的地址，数据流向表示 e 到 f
62	源 IP 数据包序号
93	目的 IP 数据包序号
reset	连接关闭方式

现在了解了 Web 服务器已经发生的会话，能够发现异常。会话 1、2、3、4、12 以及 13 显示：来访者从 IP 地址(172.16.1.6 和 172.16.1.128)浏览了该 Web 服务器(172.16.1.7)。然而，会话 10 看起来显示了一个由 Web 服务器发起的到外部地址 69.192.1.70 的连接。

在会话 10 中，还可以了解到 Web 服务器连接到远程主机 69.192.1.70 的 22 端口，该端口是 SSH 连接。因此，应该自问：为什么 Web 服务器要发起一个到那个系统的外部连接呢？很可能系统管理员正在执行该系统的维护。如果没有人能合法地解释这个连接，那么可能已经发现"危害"的证据。

会话 11、14、15、16、17 及 18 显示，Web 服务器发起了其他潜在可疑的连接。在会话 11 中，Web 服务器发起了到 198.82.184.18 远程主机 21 端口的连接。端口 21 的数据流表明有人使用了 FTP 服务。在会话 14 中可定位该主机为 130.94.149.162。并且，从 Web 服务器到 130.94.149.162 主机的各高端口中的连接看出，有人正在下载或者上传文件给 Web 服务器(会话 15、16、17、18)。

正如看到的那样，tcptrace 对于获取网络活动的宏观图景是非常有用的。我们立即识别出捕获文件 sample1.lpc 中有 21 个 TCP 会话，并且能够快速确定 Web 服务器已经发起到远程系统的安全 Shell 和 FTP 会话, 情况表明, 存在非法或者非授权访问我们的 Web 服务器。剩下的分析是, 明确在这些会话期间发生了哪些活动。

5.3　基于 Snort 的安全事件分析

识别一些可疑的活动后, 需要在整个二进制捕获文件中寻找相关证据。为提取类似的事件证据, 可以用事件生成器工具来识别满足具体标准的特征信息。Snort 是一个免费事件生成器, 提供了处理大规模二进制文件的有效方法, 如 sample1.lpc 文件。在这种情况下, 用 Snort 寻找 Web 服务器发起外部连接的证据。

5.3.1　检查 SYN 报文

下面的 Snort 规则将检测 Web 服务器发送的外部连接 SYN 报文(172.16.1.7):

```
alerttcp 172.16.1.7 any -> any any (msg: "Outbound connection attempt from
Webserver"; flags: S;)
```

利用这条规则, 能够详细分析捕获文件中的比特数据信息, 并且能够识别 Web 服务器发起的到另一个计算机系统的所有会话。调用 Snort 命令分析网络数据流捕获文件示例如下:

```
snort -r sample1.lpc -b -l sample_log -c snort.conf
```

下面是 Snort 命令的输出:

```
Initializing Output Plugins!
Log directory = sample_log
TCPDUMP file reading mode.
Reading network traffic from "sample1.lpc" file.
snaplen = 1514
--== Initializing Snort ==--
Initializing Preprocessors!
Initializing Plug-ins!
Parsing Rules file Snort.conf
+++++++++++++++++++++++++++++++++++++++++++++++++++++++
Initializing rule chains...
No arguments to frag2 directive, setting defaults to:
Fragment timeout: 60 seconds
Fragment memory cap: 4194304 bytes
Fragment min_ttl: 0
Fragment ttl_limit: 5
Fragment Problems: 0
Stream4 config:
Stateful inspection: ACTIVE
Session statistics: INACTIVE
Session timeout: 30 seconds
Session memory cap: 8388608 bytes
State alerts: INACTIVE
```

```
Evasion alerts: INACTIVE
Scan alerts: ACTIVE
Log Flushed Streams: INACTIVE
MinTTL: 1
TTL Limit: 5
Async Link: 0
No arguments to stream4_reassemble, setting defaults:
Reassemble client: ACTIVE
Reassemble server: INACTIVE
Reassemble ports: 21 23 25 53 80 143 110 111 513
Reassembly alerts: ACTIVE
Reassembly method: FAVOR_OLD
http_decode arguments:
Unicode decoding
IIS alternate Unicode decoding
IIS double encoding vuln
Flip backslash to slash
Include additional whitespace separators
Ports to decode http on: 80
rpc_decode arguments:
Ports to decode RPC on: 111 32771
Telnet_decode arguments:
Ports to decode Telnet on: 21 23 25 119
Conversation Config:
KeepStats: 0
Conv Count: 32000
Timeout : 60
Alert Odd?: 0
Allowed IP Protocols: All
Portscan2 config:
log: sample_log/scan.log
scanners_max: 3200
targets_max: 5000
target_limit: 5
port_limit: 20
timeout: 60
1274 Snort rules read...
1274 Option Chains linked into 134 Chain Headers
0 Dynamic rules
+++++++++++++++++++++++++++++++++++++++++++++++++++++++++++++++++++++
Rule application order: ->activation->dynamic->alert->pass->log
--== Initialization Complete ==--
-*>Snort! <*-
Version 1.9.0-ODBC-MySQL-WIN32 (Build 209)
By Martin Roesch (roesch@sourcefire.com, www.Snort.org)
1.7-WIN32 Port By Michael Davis (mike@datanerds.net, www.datanerds.net/~mike)
1.8-1.9 WIN32 Port By Chris Reid (chris.reid@codecraftconsultants.com)
```

```
Run time for packet processing was 1.729000 seconds
===================================================================
Snort processed 1326 packets.
Breakdown by protocol: Action Stats:
TCP: 1302 (98.190%) ALERTS: 9
UDP: 20 (1.508%) LOGGED: 9
ICMP: 0 (0.000%) PASSED: 0
ARP: 4 (0.302%)
EAPOL: 0 (0.000%)
IPv6: 0 (0.000%)
IPX: 0 (0.000%)
OTHER: 0 (0.000%)
===================================================================
Wireless Stats:
Breakdown by type:
Management Packets: 0 (0.000%)
Control Packets: 0 (0.000%)
Data Packets: 0 (0.000%)
===================================================================
Fragmentation Stats:
Fragmented IP Packets: 0 (0.000%)
Rebuilt IP Packets: 0
Frag elements used: 0
Discarded(incomplete): 0
Discarded(timeout): 0
===================================================================
TCP Stream Reassembly Stats:
TCP Packets Used: 1302 (98.190%)
Reconstructed Packets: 30 (2.262%)
Streams Reconstructed: 23
===================================================================
Snort received signal 3, exiting
```

Notice that Snort immediate reports that there are 9 alerts (see bolded text).
Snort reports its findings in the specified sample_log directory, which contains a
file called "alert.ids". Here are the contents of the "alert.ids" file:

```
[**] [1:0:0] Outbound connection attempt from web server [**]
[Priority: 0]
02/10-14:21:34.668747 172.16.1.7:49159 -> 69.192.1.70:22
TCP TTL:64 TOS:0x0 ID:42487 IpLen:20 DgmLen:60 DF
******S* Seq: 0x3B0BF3E1 Ack: 0x0 Win: 0xFFFF TcpLen: 40
TCP Options (6) => MSS: 1460 NOP WS: 1 NOP NOP TS: 5255946 0
[**] [1:0:0] Outbound connection attempt from web server [**]
[Priority: 0]
02/10-14:22:15.270610 172.16.1.7:49160 -> 198.82.184.28:21
TCP TTL:64 TOS:0x0 ID:42584 IpLen:20 DgmLen:60 DF
******S* Seq: 0x24DA4F22 Ack: 0x0 Win: 0xFFFF TcpLen: 40
TCP Options (6) => MSS: 1460 NOP WS: 1 NOP NOP TS: 5260007 0
```

```
[**] [1:0:0] Outbound connection attempt from web server [**]
[Priority: 0]
02/10-14:22:18.270038 172.16.1.7:49160 -> 198.82.184.28:21
TCP TTL:64 TOS:0x0 ID:42585 IpLen:20 DgmLen:60 DF
******S* Seq: 0x24DA4F22 Ack: 0x0 Win: 0xFFFF TcpLen: 40
TCP Options (6) => MSS: 1460 NOP WS: 1 NOP NOP TS: 5260307 0
[**] [1:0:0] Outbound connection attempt from web server [**]
[Priority: 0]
02/10-14:22:21.470081 172.16.1.7:49160 -> 198.82.184.28:21
TCP TTL:64 TOS:0x0 ID:42586 IpLen:20 DgmLen:60 DF
******S* Seq: 0x24DA4F22 Ack: 0x0 Win: 0xFFFF TcpLen: 40
TCP Options (6) => MSS: 1460 NOP WS: 1 NOP NOP TS: 5260627 0
[**] [1:0:0] Outbound connection attempt from web server [**]
[Priority: 0]
02/10-14:22:58.971850 172.16.1.7:49161 -> 130.94.149.162:21
TCP TTL:64 TOS:0x0 ID:42673 IpLen:20 DgmLen:60 DF
******S* Seq: 0x38BA619E Ack: 0x0 Win: 0xFFFF TcpLen: 40
TCP Options (6) => MSS: 1460 NOP WS: 1 NOP NOP TS: 5264377 0
[**] [1:0:0] Outbound connection attempt from web server [**]
[Priority: 0]
02/10-14:23:03.880287 172.16.1.7:49162 -> 130.94.149.162:61883
TCP TTL:64 TOS:0x0 ID:42709 IpLen:20 DgmLen:60 DF
******S* Seq: 0x1636E203 Ack: 0x0 Win: 0xFFFF TcpLen: 40
TCP Options (6) => MSS: 1460 NOP WS: 1 NOP NOP TS: 5264867 0
[**] [1:0:0] Outbound connection attempt from web server [**]
[Priority: 0]
02/10-14:23:06.865972 172.16.1.7:49163 -> 130.94.149.162:61888
TCP TTL:64 TOS:0x0 ID:42736 IpLen:20 DgmLen:60 DF
******S* Seq: 0xF52B8884 Ack: 0x0 Win: 0xFFFF TcpLen: 40
TCP Options (6) => MSS: 1460 NOP WS: 1 NOP NOP TS: 5265166 0
[**] [1:0:0] Outbound connection attempt from web server [**]
[Priority: 0]
02/10-14:23:10.762499 172.16.1.7:49164 -> 130.94.149.162:61897
TCP TTL:64 TOS:0x0 ID:42767 IpLen:20 DgmLen:60 DF
******S* Seq: 0x64E2BF0D Ack: 0x0 Win: 0xFFFF TcpLen: 40
TCP Options (6) => MSS: 1460 NOP WS: 1 NOP NOP TS: 5265556 0
[**] [1:0:0] Outbound connection attempt from web server [**]
[Priority: 0]
02/10-14:23:17.468894 172.16.1.7:49165 -> 130.94.149.162:61904
TCP TTL:64 TOS:0x0 ID:42798 IpLen:20 DgmLen:60 DF
******S* Seq: 0x85157226 Ack: 0x0 Win: 0xFFFF TcpLen: 40
TCP Options (6) => MSS: 1460 NOP WS: 1 NOP NOP TS: 5266226 0
```

5.3.2　解释 Snort 输出

在上面的命令输出中，注意第四个报文基本是第三个报文的备份。基于该报文的序列号（hex 24DA4F22）可以确定是复制的报文。这表明是某种类型的重放，不一定是另外一个连接的证据。

另外，考虑 tcptrace 识别由 Web 服务器(172.16.1.7)发起的 7 个连接(会话 10、11、14、15、16、17、18)。丢弃复制的报文，Snort 事件数据显示存在 7 个由 Web 服务器发送的 SYN 报文。因此，Snort 能够快速识别相同特征的证据，正如我们手工查看一样。

5.4　基于 tcpflow 的网络会话内容重建

tcpflow 工具能够重构会话并以独立文件的形式存储每个会话流，便于后续分析。tcpflow 能够理解序列号，并且正确重建数据流，不管是重放还是乱序传输(out-of-order delivery)。tcpflow 工具的数据格式符合伯克利报文过滤规范(Berkeley Packet Filter)，tcpdump 也遵循伯克利报文过滤规范，这种规范使得 tcpflow 更容易使用。

注意：tcpflow 工具并不理解 IP 分段。因此，含有 IP 分段的数据流不能被有效记录。

5.4.1　聚焦 FTP 会话分析

在本例中，利用刚才识别的 Web 服务器发起的 FTP 会话，重构会话内容。下面的调用 tcpflow 来重建所有在端口 21 的数据流：

```
# tcpflow -v -r sample1.lpc port 21
tcpflow[6502]: Tcpflow version 0.20 by Jeremy Elson <jelson@circlemud.org>
tcpflow[6502]: looking for handler for datalink type 1 for interface sample1.lpc
tcpflow[6502]: found max FDs to be 20 using OPEN_MAX
tcpflow[6502]: 198.082.184.028.00021-172.016.001.007.49160: new flow
tcpflow[6502]: 198.082.184.028.00021-172.016.001.007.49160: opening new outputfile
tcpflow[6502]: 172.016.001.007.49160-198.082.184.028.00021: new flow
tcpflow[6502]: 172.016.001.007.49160-198.082.184.028.00021: opening new outputfile
tcpflow[6502]: 130.094.149.162.00021-172.016.001.007.49161: new flow
tcpflow[6502]: 130.094.149.162.00021-172.016.001.007.49161: opening new outputfile
tcpflow[6502]: 172.016.001.007.49161-130.094.149.162.00021: new flow
tcpflow[6502]: 172.016.001.007.49161-130.094.149.162.00021: opening new outputfile
```

5.4.2　解释 tcpflow 输出

在本例中，针对 sample1.lpc 文件运行 tcpflow 命令，产生 4 个文件：

(1) 172.016.001.007.49161-130.094.149.162.00021

(2) 130.094.149.162.00021-172.016.001.007.49161

(3) 172.016.001.007.49160-198.082.184.028.00021

(4) 198.082.184.028.00021-172.016.001.007.49160

每个文件代表一个 FTP 会话的一方。我们需要分析这些文件来获取 FTP 会话的特性。

要审查由 Web 服务器(172.16.1.7)发送给 FTP 服务器(192.82.184.28)的数据，查看文件 172.016.001.007.49161-130.094.149.162.00021：

```
# cat 172.016.001.007.49160-198.082.184.028.00021
USER anonymous
PASS anon@
QUIT
```

结果显示了匿名用户 anonynous 登录到远程 FTP 服务器，并且输入口令"anon@"，然后用 QUIT 命令终止 FTP 会话。

为了审查 FTP 服务器(198.82.184.28)发送给 Web 服务器(172.16.1.7)的数据，打开文件 198.082.184.028.00021-172.016.001.007.49160：

```
# cat 198.082.184.028.00021-172.016.001.007.49160
220 raven.cslab.vt.edu FTP server (Version wu-2.6.2(1) Sun Mar 10 20:00:40 GMT
2002) ready.
331 Guest login ok, send your complete e-mail address as password.
530-
530- Sorry, there are too many users using the system at this time.
530- There is currently a limit of 50 users. Please try again later.
530-
530 Login incorrect.
221 Goodbye.
```

从上述结果得知：在 FTP 服务器 198.82.184.28 上，有太多的用户连接到该系统。因此，发起 FTP 会话的用户无法登录 198.82.184.28 系统。

为了审查 Web 服务器(172.16.1.7)发送给 FTP 服务器(130.94.149.162)的数据，查看文件 172.016.001.007.49161-198.082.184.028.00021 的内容：

```
#cat 172.016.001.007.49161-130.094.149.162.00021
USER anonymous
PASS anon@
SYST
FEAT
PWD
EPSV
LIST
CWD pub
PWD
EPSV
LIST -al
CWD FreeBSD
PWD
EPSV
LIST -al
TYPE I
SIZE dir.sizes
EPSV
RETR dir.sizes
MDTM dir.sizes
QUIT
```

通过审查这个文件，能够确定有人从 FTP 服务器(198.82.184.28)下载了一个名为 dir.sizes 的文件到 Web 服务器上。这个 FTP 会话是从 Web 服务器(172.16.1.7)上发起的，可能由本地用户或者入侵者调用激活。

为了查看由 130.94.149.162 发送给 Web 服务器(172.16.1.7)的数据，需审查文件 130.094.149.162.00021-172.016.001.007.49161 的内容：

```
# cat 130.094.149.162.00021-172.016.001.007.49161
220 ftp2.freebsd.org FTP server (Version 6.00LS) ready.
331 Guest login ok, send your email address as password.
230 Guest login ok, access restrictions apply.
215 UNIX Type: L8 Version: BSD-199506
500 'FEAT': command not understood.
257 "/" is current directory.
229 Entering Extended Passive Mode (|||61883|)
150 Opening ASCII mode data connection for '/bin/ls'.
226 Transfer complete.
250 CWD command successful.
257 "/pub" is current directory.
229 Entering Extended Passive Mode (|||61888|)
150 Opening ASCII mode data connection for '/bin/ls'.
226 Transfer complete.
250 CWD command successful.
257 "/pub/FreeBSD" is current directory.
229 Entering Extended Passive Mode (|||61897|)
150 Opening ASCII mode data connection for '/bin/ls'.
226 Transfer complete.
200 Type set to I.
213 15803
229 Entering Extended Passive Mode (|||61904|)
150 Opening BINARY mode data connection for 'dir.sizes' (15803 bytes).
226 Transfer complete.
213 20030209155213
221 Goodbye.
```

文件 172.016.001.007.49161-198.082.184.028.00021 和 130.094.149.162.00021-172.016.001.007.49161，每个含有通信的一方。我们完全可以手工重建这个 TCP 会话，生成以下结果：

```
220 ftp2.freebsd.org FTP server (Version 6.00LS) ready.
USER anonymous
331 Guest login ok, send your email address as password.
PASS anon@
230 Guest login ok, access restrictions apply.
SYST
215 UNIX Type: L8 Version: BSD-199506
FEAT
500 'FEAT': command not understood.
PWD
257 "/" is current directory.
EPSV
```

```
229 Entering Extended Passive Mode (|||61883|)
LIST
150 Opening ASCII mode data connection for '/bin/ls'.
226 Transfer complete.
CWD pub
250 CWD command successful.
PWD
257 "/pub" is current directory.
EPSV
229 Entering Extended Passive Mode (|||61888|)
LIST -al
150 Opening ASCII mode data connection for '/bin/ls'.
226 Transfer complete.
CWD FreeBSD
250 CWD command successful.
PWD
257 "/pub/FreeBSD" is current directory.
EPSV
229 Entering Extended Passive Mode (|||61897|)
LIST -al
150 Opening ASCII mode data connection for '/bin/ls'.
226 Transfer complete.
TYPE I
200 Type set to I.
SIZE dir.sizes
213 15803
EPSV
229 Entering Extended Passive Mode (|||61904|)
RETR dir.sizes
150 Opening BINARY mode data connection for 'dir.sizes' (15803 bytes).
226 Transfer complete.
MDTM dir.sizes
213 20030209155213
QUIT
221 Goodbye.
```

注意：有些工具能够重建所有的数据流，包括源主机和目标主机的数据报文。例如，Ethereal 就能重建整个会话。因此，几乎不用手工合并 tcpflow 多个输出文件，就可以查看整个会话。

5.4.3　审查 SSH 会话

我们认为，使用 tcpflow 审查明显的 SSH 会话内容是无用的操作。因为 SSH 是一个加密协议，但是务必要审查端口 22 数据流，以确保加密的情况（记住：任何服务都能监听任何端口）。利用 tcpflow 工具过滤 22 端口，以检查有用的信息：

```
# tcpflow -v -r sample1.lpc port 22
tcpflow[6545]: Tcpflow version 0.20 by Jeremy Elson <jelson@circlemud.org>
tcpflow[6545]: looking for handler for datalink type 1 for interface
sample1.lpc
tcpflow[6545]: found max FDs to be 20 using OPEN_MAX
tcpflow[6545]: 069.192.001.070.00022-172.016.001.007.49159: new flow
tcpflow[6545]: 069.192.001.070.00022-172.016.001.007.49159: opening new
outputfile
tcpflow[6545]: 172.016.001.007.49159-069.192.001.070.00022: new flow
tcpflow[6545]: 172.016.001.007.49159-069.192.001.070.00022: opening new
outputfile
# cat 172.016.001.007.49159-069.192.001.070.00022 | more
SSH-2.0-OpenSSH_3.5p1 FreeBSD-20021029

^@^@^B^\

^TESC<D8><AF><98><E9><B9><F6><FF>c<DA><F1>?<F8><85>l^_^@^@^@=diffie-hell
man-groupexchange-sha1,diffie-hellman-group1-sha1^@^@^@^Ossh-dss,ssh-rsa^@^
@^@faes128-cbc,3des-cbc,blowfish-cbc,cast128-cbc,arcfour,aes192-cbc,aes256-
cbc,rijndaelcbc@lysator.liu.se^@^@^@faes128-cbc,3des-cbc,blowfish-cbc,cast1
28-cbc,arcfour,aes192-cbc,aes256-cbc,rijndael-cbc@lysator.liu.se^@^@^@Uhmac
-md5,hmac-sha1,hmac-ripemd160,hmacripemd160@openssh.com,hmac-sha1-96,hmac-m
d5-96^@^@^@Uhmac-md5,hmac-sha1,hmacripemd160,hmac-ripemd160@openssh.com,hma
c-sha1-96,hmac-md5-96^@^@^@
none,zlib^@^@^@none,zlib^@^@^@^@^@^@^@^@^@^@^@^@^@^@^@^@^@^@^@^@^@^@^@^@^@^@^
T^F"^@^@^D^@^@^^^@^@^@^@^@^@^@^@^@^@^@^A<9C>^G

...continues...
# cat 069.192.001.070.00022-172.016.001.007.49159 | more
SSH-2.0-OpenSSH_3.4p1
^@^@^B^\
^T0<E8><AE>`^L<94><C6><F5><97><D6><DD>^T<A1><C0>^Rs^@^@^@=diffie-hellman-gr
oup-exchange-sha1,diffie-hellman-group1-sha1^@^@^@^Ossh-rsa,sshdss^@^@^@fae
s128-cbc,3des-cbc,blowfish-cbc,cast128-cbc,arcfour,aes192-cbc,aes256-cbc,ri
jndaelcbc@lysator.liu.se^@^@^@faes128-cbc,3des-cbc,blowfish-cbc,cast128-cbc
,arcfour,aes192-cbc,aes256-cbc,rijndael-cbc@lysator.liu.se^@^@^@Uhmac-md5,h
mac-sha1,hmac-ripemd160,hmacripemd160@openssh.com,hmac-sha1-96,hmac-md5-96^
@^@^@Uhmac-md5,hmac-sha1,hmacripemd160,hmac-ripemd160@openssh.com,hmac-sha1
-96,hmac-md5-96^@^@^@
none,zlib^@^@^@none,zlib^@^@^@^@^@^@^@^@^@^@^@^@^@^@^@^@^@^@^@^@^@^@^@^@^@^A<
A4>^_^@^@^A<8F>f<9B><A3><ED>f^_"j
^K<E5>dJ+<B4><93>q<B7><8F><C3><E6><84><8A>X!<99>?L<A5><EE>^R^E/<97>}^A<F0>f
o^C<F6>W;^Y<9D><FE><C9><AB><94>X<8C>,`<DE>;>|<F5>E

...continues...
```

通过快速审查所有（3 个）SSH 文件，可以发现 SSH 协议在每个会话开始时进行协商。因此，能够确认端口 22 数据流确实是 SSH 流。但是并不能理解 SSH 网络数据流内容，因为它被加密了。从数字取证调查的角度看，能够识别出加密网络数据流也很重要，这表明该数据流中含有重要且可疑的信息。在了解与 Web 服务器通信的基本方法后，就可以分析可疑的网络连接。比如，由 Web 服务器启动发起的 SSH 会话是可疑的。因为入侵者在 Web 服务器系统上可能植入了代码来定期向外连接到他自己的系统。通过获取网络数据流进行分析来回答这些问题。图 5-1 展示了 Web 服务器到各 IP 的可疑连接。

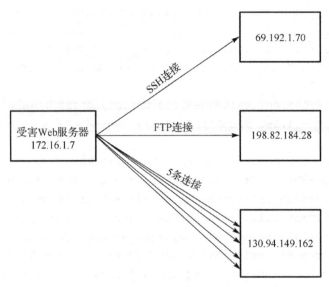

图 5-1　受害 Web 服务器会话情况

5.4.4　改进 tcpdump 过滤器

大部分情况下，受害者组织并没有完全意识到攻击者如何获得他们网络的访问权限，并且不确定攻击者采用什么方法来持续利用受害者网络。这种情形下，当我们利用网络监控来查看这些攻击者行为时，面临着一种挑战：假如我们不知道攻击者获得访问系统的方法，我们如何知道获得什么样的网络数据流？因此，在事件响应的开始几天，几乎总是采取没有过滤的网络监控。当我们获得了有关攻击者的额外知识时，可以设置过滤功能，逐步聚焦，获取相关的数据。这样不但节省时间，还节省资源。如果没有任何过滤器，网络监控可能在几小时填满你的硬盘。

在上述场景中，采用通常的方式，收集所有来往 Web 服务器的网络数据流。现在已经获得了潜在威胁的额外信息，想要排除明显的噪声数据，并且集中于可疑活动的网络收集和分析。我们修改过滤器仅仅收集与 Web 服务器联系的 IP 地址的网络数据流。为了达到这个目标，可以修改 tcpdump 过滤器，如下所示：

```
host 172.16.1.7 or net 69.192.1 or host 130.94.149.162 or host 198.82.184.28
```

重新启动 tcpdump，查看收集的内容。如果网络上的任何系统正在连接到 69.192.1.0/24 的子网，或者连接到 130.94.149.162，或者 198.82.184.28 的 FTP 服务器，就可以发现攻击者攻击其他机器的证据。

一旦新的过滤器部署到位，就能再次收集网络数据流，通过定期重新监察它们，搜索可疑或者恶意活动的标志。

　　注意：当开展计算机入侵调查时，调查人员想要把网络监控器尽可能放在受害者网络内。如果调查人员能够最小化或者过滤网络数据流，那么可以更快地识别攻击者。因此，建议调查人员执行一些基于主机的响应，如在已知被入侵的计算机上执行实时响应，获取有关攻击痕迹。

5.5　基于 Wireshark 会话重组

　　Wireshark 是一个免费的图形界面数据包捕获和分析工具，能够重建 TCP 会话、重放两个主机之间的对话、处理 IP 碎片，并且能够识别 Internet 上绝大多数已知协议。简言之，Wireshark 能够完成其他工具完成的事情。

　　Wireshark 允许调查人员以容易阅读的方式查看捕获的数据包。Wireshark 窗口对于捕获的数据文件展示两个窗格，如图 5-2 所示。上面的窗格显示实时数据包的头部信息，下面窗格显示单个数据报文的详细内容。

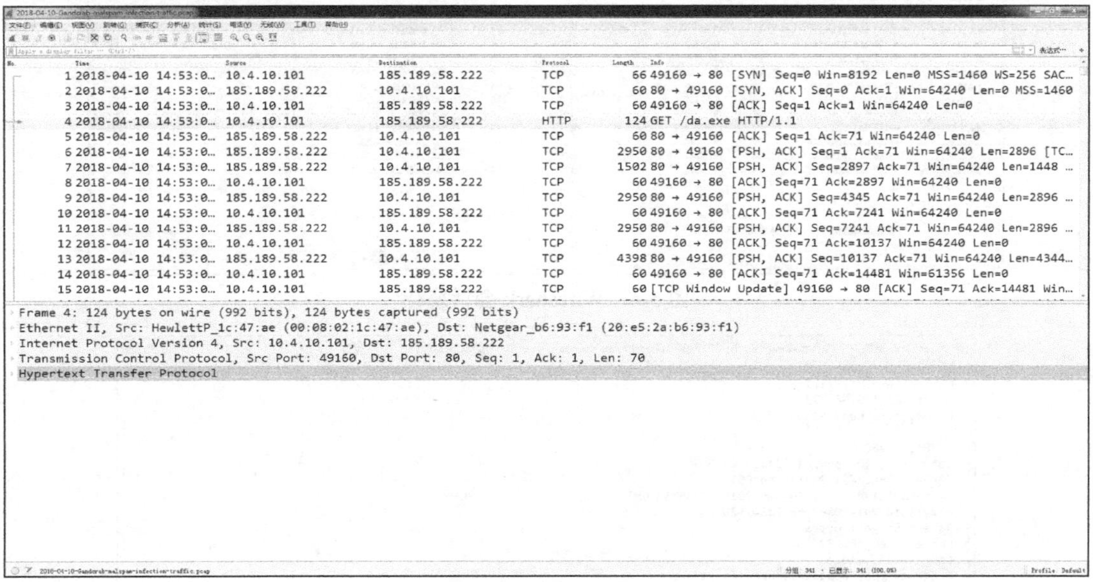

No.	Time	Source	Destination	Protocol	Length	Info
1	2018-04-10 14:53:0…	10.4.10.101	185.189.58.222	TCP	66	49160 → 80 [SYN] Seq=0 Win=8192 Len=0 MSS=1460 WS=256 SAC…
2	2018-04-10 14:53:0…	185.189.58.222	10.4.10.101	TCP	60	80 → 49160 [SYN, ACK] Seq=0 Ack=1 Win=64240 Len=0 MSS=1460
3	2018-04-10 14:53:0…	10.4.10.101	185.189.58.222	TCP	60	49160 → 80 [ACK] Seq=1 Ack=1 Win=64240 Len=0
4	2018-04-10 14:53:0…	10.4.10.101	185.189.58.222	HTTP	124	GET /da.exe HTTP/1.1
5	2018-04-10 14:53:0…	185.189.58.222	10.4.10.101	TCP	60	80 → 49160 [ACK] Seq=1 Ack=71 Win=64240 Len=0
6	2018-04-10 14:53:0…	185.189.58.222	10.4.10.101	TCP	2950	80 → 49160 [PSH, ACK] Seq=1 Ack=71 Win=64240 Len=2896 [TC…
7	2018-04-10 14:53:0…	185.189.58.222	10.4.10.101	TCP	1502	80 → 49160 [PSH, ACK] Seq=2897 Ack=71 Win=64240 Len=1448 …
8	2018-04-10 14:53:0…	10.4.10.101	185.189.58.222	TCP	60	49160 → 80 [ACK] Seq=71 Ack=2897 Win=64240 Len=0
9	2018-04-10 14:53:0…	185.189.58.222	10.4.10.101	TCP	2950	80 → 49160 [PSH, ACK] Seq=4345 Ack=71 Win=64240 Len=2896 …
10	2018-04-10 14:53:0…	10.4.10.101	185.189.58.222	TCP	60	49160 → 80 [ACK] Seq=71 Ack=4345 Win=64240 Len=0
11	2018-04-10 14:53:0…	185.189.58.222	10.4.10.101	TCP	2950	80 → 49160 [PSH, ACK] Seq=7241 Ack=71 Win=64240 Len=2896 …
12	2018-04-10 14:53:0…	10.4.10.101	185.189.58.222	TCP	60	49160 → 80 [ACK] Seq=71 Ack=10137 Win=64240 Len=0
13	2018-04-10 14:53:0…	185.189.58.222	10.4.10.101	TCP	4398	80 → 49160 [PSH, ACK] Seq=10137 Ack=71 Win=64240 Len=4344…
14	2018-04-10 14:53:0…	10.4.10.101	185.189.58.222	TCP	60	49160 → 80 [ACK] Seq=71 Ack=14481 Win=61356 Len=0
15	2018-04-10 14:53:0…	10.4.10.101	185.189.58.222	TCP	60	[TCP Window Update] 49160 → 80 [ACK] Seq=71 Ack=14481 Win…

Frame 4: 124 bytes on wire (992 bits), 124 bytes captured (992 bits)
Ethernet II, Src: HewlettP_1c:47:ae (00:08:02:1c:47:ae), Dst: Netgear_b6:93:f1 (20:e5:2a:b6:93:f1)
Internet Protocol Version 4, Src: 10.4.10.101, Dst: 185.189.58.222
Transmission Control Protocol, Src Port: 49160, Dst Port: 80, Seq: 1, Ack: 1, Len: 70
Hypertext Transfer Protocol

图 5-2　Wireshark 主界面

　　当调查人员在自然环境下执行捕获时，捕获的文件大小可能增加很快，并且含有成百上千个 Telnet、FTP、HTTP，以及其他 TCP 会话。因此，Wireshark 提供了在所有其他网络噪声的情况下重建会话的能力以节省发现事件证据的时间。

　　为了追踪 Wireshark 中的 TCP 流、HTTP 流，在 Wireshark 窗口的最上方窗格中突出显示感兴趣的 TCP 报文。然后选择分析→追踪流→TCP 流或 HTTP 流等，如图 5-3 所示。

　　图 5-4 展示了当前数据包中包含的 TCP 会话，该窗口呈现了会话主机的 IP、端口及传输数据的大小。图 5-5 所示为对选定的会话进行内容重构，能够清晰查看会话的内容，如通信双方发送的 HTTP 请求和应答命令。如果监控到合适的全包内容时，能够在 Wireshark 中存储这些个别的数据流，并且重建经网络转发的二进制文件。

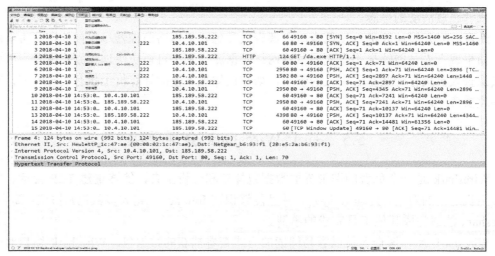

图 5-3　Wireshark 追踪流菜单

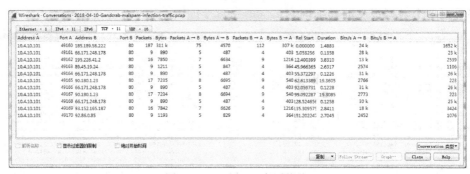

图 5-4　Wireshark 会话统计

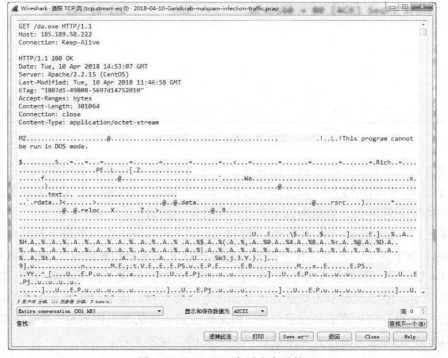

图 5-5　Wireshark 会话内容重构

5.6　小　　结

　　通过筛选数亿网络报文，并且识别出危及系统的数据报文非常困难。然而，一些免费工具能够帮助调查人员迅速理解所调查网络的数据流。本章介绍了如何使用 tcptrace、Snort、tcpflow 及 Wireshark 来改进搜索，重建可以理解的会话。通过这种方式，调查人员能够更容易理解所收集到的网络数据。

第6章 物理内存取证技术

6.1 研究意义和现状

1. 研究意义

传统的磁盘取证是数字取证领域中经典的取证调查技术，成为美国司法等领域数字取证模型中强烈推荐使用的数字证据获取和分析方法。迄今为止，该方法在打击和威慑数字犯罪方面起到了重要的作用。由于新型数字犯罪攻击手段(APT攻击等)的出现，使得恶意犯罪行为证据更加隐秘，甚至攻击犯罪行为不会在磁盘上留下痕迹证据，限制了磁盘取证技术的应用。直接运行在计算机系统中的安全软件(如杀毒软件)虽然能够对系统中的恶意行为软件进行实时查杀，但是具有局限性。计算机系统内存(Random Access Memory, RAM)是计算机系统运行程序的唯一场所，其包含计算机运行的各种行为和数据，使得能够有效发现数字犯罪"现行"证据成为可能。因此，物理内存取证调查分析技术成为数字犯罪取证调查领域一个新的研究方向。有些学者甚至认为，物理内存取证不但是数字取证领域中的重要研究方向，同时也是应急响应等领域的重要基础支撑技术。

2. 研究现状

物理内存取证分析是数字犯罪取证调查领域中的一种重要技术，并已经成为该领域重要研究热点。近年来，该技术是数字取证研究工作组(Digital Forensic Research Workshop, DFRWS)鼓励研究技术之一。在2005年，DFRWS公开发布了"物理内存映像取证分析难题"，刺激学术界对其进行研究。

自2010年起，由于高级持续攻击技术(Advanced Persistent Technology, APT)发展，具有代表性的是震网(Stux)病毒和火焰(Flame)病毒。这类攻击技术的显著特征是不在磁盘上留下任何证据，而且常驻内存，常规的杀毒软件很难检测到。在如此严重的安全形势下，DFRWS于2012年再次发布"物理内存取证分析难题"，鼓励并激励学术界开展有关物理内存取证技术的研究。此次的取证映像难题扩展到基于Android操作系统的智能手机内存映像分析范畴，说明物理内存取证技术在数字犯罪取证调查领域的重要程度。这次活动的结果是：极大鼓舞了数字取证领域对物理内存映像取证分析技术的研究热情。2013年初，曼迪公司①设计了基于物理内存的取证分析工具(Memoryze)，主要用于响应分析领域，但是有关该工具的技术研究成果尚未公开报道。从已有的文献可以看出，物理内存取证技术主要分为以下几类。

(1)字符串数据搜索。针对物理内存映像取证分析的简单方法是字符串搜索技术，

---

① 曼迪公司(Mandiant)于2014年1月被火眼(FireEye)公司以10亿美元收购。

其基本原理从内存映像中搜索具有特定语义的字符串，为取证分析提供相应的证据。很多磁盘取证工具都具有这种功能，如 Encase 等。这种方法不要求了解物理内存映像中的操作系统等元数据相关信息，但是，所得到的取证信息较单一，缺乏动态行为的理解。

(2)操作系统元数据识别与重建。要想从物理内存映像中找到进程相关的信息，就必须获悉物理内存映像中操作系统的结构等元数据信息。为此，需要逆向分析物理内存映像中的操作系统运行环境的元数据，并进行重建。早期的物理内存取证分析难题为了推动该领域的发展，往往提前告诉物理内存的操作系统版本、硬件体系结构等元数据信息，有些元数据必须手工分析得到，这给取证调查带来方便。Barbarosa 等提供了一种从内存转储中发现正运行的操作系统的版本信息的方法。2007 年，Aaron 等在"黑帽"(BlackHat Federal)会议上发布了 Volatools 物理内存取证分析软件工具，该工具仅适用于特定版本操作系统的物理内存映像。此后，Dolan-Gavitt 开发了 Windows 注册表信息提取方法。除了物理内存映像中的操作系统元数据信息之外，Windows 系统物理内存映像的分析还与物理地址和虚拟地址转换有很大关系。2007 年，Wu 重点研究 Windows XP SP2 具有使能的 PAE 页目录发现方法。Wu 注意到在页目录指针表中的第四项指向自己本身，因此分页结构能被映射进虚拟地址空间。Kornblum 利用页目录项标志，应用 Windows XP 的可用位 10-11 来搜索被标记为"invalid"的页，能够获得关于这些内存页中的附加信息。Stewart 研究了 Windows 内存映像中的虚拟地址空间转换方法，该方法应用于 Truman 项目，主要利用 Windows 系统平台的页目录结构中含有自己指向该页已知偏移量的物理地址而进行转换。这种算法有很多优点，它的缺点是只针对特定操作系统。

(3)进程识别与重建技术。进程识别与重建技术主要是定位内存进程中的相关内核数据结构，并依据进程 EPROCESS 结构和线程 ETHREAD 结构及其相互关系，从中提取进程信息，有三种典型的方法。一是基于进程链表的取证分析。在 Windows 内核中运行的每个进程都有一个与之相应的 EPROCESS 结构，用以存储与该进程运行相关的各种资源信息。Windows 系统采用双向链表将所有活动进程的 EPROCESS 都连接在一起，通过表头 PsActiveProcessHead，就能枚举该链表中的所有进程。该方法的局限性是：攻击者能够利用 DKOM 技术修改 EPROCESS 进程结构的 FLINK 和 BLINK 指针，将其从双向链表中删除，实现该进程从进程链表中脱离出来，从而导致在链表中无法找到被隐藏的进程。二是基于 KPCR(Kernel Processor Control Region，内核处理器控制域)结构的进程取证分析方法。该方法通过 KPCR→KPRCB→_KTHREAD→_KAPC_STATE→EPROCESS 对象结构链条定位当前执行进程的 EPROCESS 结构实例，然后根据该进程结构中的 FLINK 和 BLINK 指针遍历 PsActiveProcessList 链表，进而找到所有活动进程。该方法与基于进程链表的分析方法的区别在于定位进程链表的起点不同，但最终都必须找到进程双向链表，该方法也不能找到从双向链表中脱链的隐藏进程，因此具有局限性。三是基于 VAD 的进程取证分析方法，该方法利用进程中 VAD 结构实现，其原理是：Windows 内存管理器为每个进程维护了一组 VAD，由它们来描述进程地址空间的状态。Windows 系统利用平衡二叉树来管理 VAD 结构。根据逆向分析，进程 EPROCESS 结构中的 VadRoot 域指向此树的根。通过该树中的 MMVAD 类型节点，能够得到指向控制区对象的指针 ControlArea。控制区对象与文件对象、内存区对象都是互指的，利用该指针的指向关系，能够获取与当前执行进程相关的可执行文件信息。该方法的不足是，无法找到利用 DKOM 技术隐藏的 VAD 树节点信息。

(4)进程文件对象雕刻。目前对进程文件对象重建技术研究的较少。进程打开的文件是进程的重要组成部分。Volatility 内存分析框架能够雕刻操作系统中部分内存结构，此外能够雕刻内存映像中的 TCP 连接信息。2010 年，Sans 讨论了 Web 代理缓存的网页雕刻技术，以及网络数据流中的文件雕刻算法。这种雕刻算法的本质类似于永久性存储介质中的文件雕刻算法，因为都是基于文件类型二进制结构特征执行雕刻操作。现有的雕刻算法主要针对永久性存储介质，其工作原理是利用文件类型的内部结构特征，从永久性存储介质或者相关映像中找到该文件类型的文件信息，并将其雕刻恢复出来。

国内学者对数字取证的研究已经取得了较多的研究成果，其中多是针对数字取证调查模型进行研究，而对物理内存取证分析取证技术研究较为少见。我们课题组针对 Windows 操作系统物理内存，研究了物理内存取证方法，包括物理内存映像、进程识别与分析、文档信息恢复、网络攻击行为重建以及信息搜索等技术。

6.2　物理内存取证方法与系统结构

6.2.1　物理内存取证方法

根据物理内存的数据特性，结合数据调查取证的目标，物理内存取证方法流程如图 6-1 所示的。

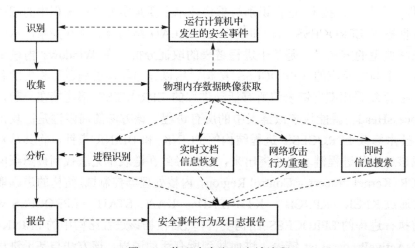

图 6-1　物理内存取证方法流程

图 6-1 物理内存取证方法流程包含了取证分析过程中必不可少的几个阶段：识别、收集、分析和报告。

(1)**识别**。识别运行计算机中发生的安全事件，并初步确定事件可能涉及的计算机系统及其物理分布情况。

(2)**收集**。收集就是采用物理内存映像技术初步获取物理内存数据。采用软件方法收集物理内存数据时，第一，应该力求减少物理内存映像获取工具对系统数据本身的影响，避免破坏物理内存原始证据的完整性。第二，要保证获取的物理内存数据与原始的数据位置保持一致。第三，当物理内存数据收集不成功时要记录失败原因。基于以上三点，通过物理内存映像技术完成对 Windows 或 Linux 系统物理内存映像数据的获取。

(3)**分析**。该阶段是物理内存取证中最重要的阶段，通过对物理内存映像数据文件进行解析和分析，重建 Windows 或 Linux 系统元数据及系统运行环境，并进一步分析和重建物理内存映像中的进程、网络、文档等证据数据。

(4)**报告**。取证人员以较为直观的方式展示所得到的证据，该报告内容应该具有一定的法律效应。

该取证方法流程能够有效针对 Windows 或 Linux 系统的物理内存取证，整个取证体系结构紧凑、环环相扣。有助于取证人员明确阶段任务，有助于取证更准确、更全面的数字信息，有助于向司法人员解释产生的证据文件，有助于增加取证过程的透明性，实现证据链监督过程。

6.2.2　系统实现方案

基于图 6-1 所示的物理内存取证流程模型，针对 Windows 系统，设计的物理内存取证分析系统实现方案如图 6-2 所示，该系统方案分为三部分，即系统输入、功能模块和系统输出。系统输入部分负责识别运行的计算机系统中发生了安全事件；功能模块部分负责收集运行计算机系统中的物理内存映像，并分析物理内存映像数据，重建安全事件的物理内存证据；系统输出部分负责将分析阶段的物理内存证据，以友好的界面形式呈现出来。由上可以看出，功能模块是物理内存取证系统的核心组成部分，主要分为 Windows 系统物理内存映像模块、物理内存进程识别与分析模块、实时文档信息恢复模块、网络攻击行为重建模块以及即时信息搜索模块。

(1)Windows 是一个规模庞大且体系复杂的系统，涉及多种数据结构，有些结构并未公开，这使得基于 Windows 的物理内存取证系统实现过程中不但要了解关于操作系统物理内存的相关结构和变量，还要知晓 Windows 操作系统不同版本之间的差异。在此基础上，逆向分析内存映像中 Windows 系统结构与变量，尤其是 Windows 进程内核等结构，进而实现 Windows 操作系统重建，是物理内存取证系统实现的难题之一，也是物理内存取证分析的前提和基础。

(2)计算机操作系统为提高系统的内存利用率和系统吞吐量，引入了虚拟存储技术。虚拟存储技术能从逻辑上为用户提供比物理内存容量大得多，可寻址的"主存储器"。在内存取证重建过程中，通过内存变量查找取证重建的信息时，需要进行物理地址和虚拟地址之间的转换。因此，解析计算机的地址结构，并进行虚实地址转换是物理内存取证重建的另一个难题。

(3)当进行 Windows 进程识别与重建之后，进程打开的实时文档信息恢复是一个相当烦琐的过程，在"进程→句柄表→对象→文件资源"的分析思路中，基于不同系统版本、不同句柄表分层结构、不同机器字长所造成差异，实现 Windows 系统内核对象查找、文件实际页面索引是进程文档信息恢复重建的主要技术难点。

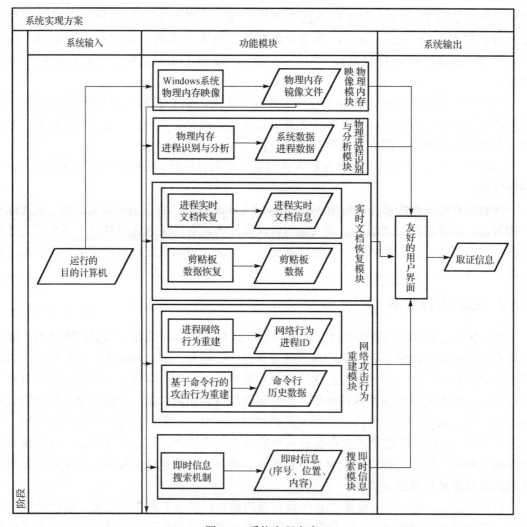

图 6-2　系统实现方案

（4）Windows 剪贴板是物理内存取证的重要信息，在对进程剪贴板数据进行恢复时，必须用到对应的 PDB 文件，这需要逆向分析 user32.dll，并从逆向解析的众多数据流中找到指向剪贴板结构的符号。由于涉及文件较多且结构特殊，如何找到并重构相关变量的结构，是进程剪贴板数据恢复首要解决的问题。

（5）网络攻击行为重建的实现原理虽然与剪贴板数据恢复的基本一致，但需要针对涉及网络操作的系统内核文件 tcpip.sys 进行逆向分析，而逆向重建网络端口和网络连接信息是网络攻击行为重建的重要问题。

6.3　Windows 系统物理内存映像技术

6.3.1　设计思路

物理内存取证在打击计算机犯罪的过程中起着十分关键的作用，它的目的是要将犯罪嫌疑人留在计算机物理内存中的"犯罪痕迹"作为有效的诉讼证据提供给法庭，以便将犯罪嫌疑人绳之以法。为了保证分析结果具有绝对的法律效力，物理内存映像作为物理内存取证分析的基础，所获取的物理内存映像必须具有以下特性。

(1)准确性。得到的物理内存映像必须是准确无误的，并且必须保证物理内存映像中的犯罪证据没有经过任何人为的篡改，这是进行取证调查分析的基础。

(2)完整性。物理内存映像必须是完整无缺的，物理内存中存放着操作系统运行的所有信息，其中包含操作系统的各个模块、用户进程等，这些模块与模块、模块与进程，以及进程与进程之间具有很强的关联性。如果物理内存映像不完整，一方面可能会造成物理内存中所包含的犯罪证据缺失，另一方面可能因物理内存映像数据不完整而造成物理内存取证分析流程中断，或者导致分析错误。

(3)高效性。由于物理内存的存取速度非常快，分秒之间就有可能发生很大的变化。为了及时、准确地捕捉到可疑犯罪分子的犯罪行为痕迹数据，物理内存映像过程必须有很高的效率。

此外，通过 Windows 系统分析可知，Windows 系统用对象来组织和管理系统中的各项资源，如系统内建有 FileObject、DeviceObject 及 PhysicalMemory 等内核对象，其中 PhysicalMemory 对应 Windows 系统中的物理内存。每个内核对象都需要利用 Windows 系统来创建对应的数据结构用以维护对应内核对象的相关信息，同时返回该内核对象的"句柄"。对内核对象的任何操作可以通过其对应的"句柄"来进行操作。

基于上述物理内存映像要求和 Windows 系统内核对象操作机制，我们重点阐述 Windows 7 之后版本操作系统的物理内存映像设计思路。在 Windows 7(含后续版本)系统中，PhysicalMemory 作为操作系统内核对象，用户态程序无法直接访问。而 Windows 系统内核态程序有权限访问物理内存这一内核对象，因此操作系统可以在内核层实现对 PhysicalMemory 的访问和操作。为此，我们设计了基于 Windows 内核层的物理内存映像技术。图 6-3 所示为该算法设计的基本思想。

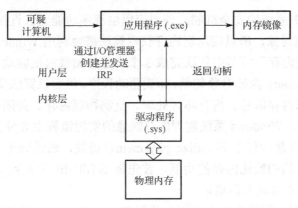

图 6-3　基于内核层的物理内存映像设计的基本思想

应用程序调用的 API 函数经 Win32 子系统转化为原生 API，随后进入内核模式将其转换为系统服务函数的调用，向 I/O 管理器传递来自应用层的 I/O 请求。I/O 管理器负责把来自应用层的 I/O 请求统一打包成 I/O 请求包(IRP)的请求形式传递至内核层。而一个 IRP 就对应一个 I/O 操作，I/O 操作又只能由驱动程序负责完成，这样就把原用户态程序实现不了的功能交给了驱动程序完成，由驱动程序在派遣函数中打开物理内存，向用户态程序传递所获句柄，从而完成对 Windows 7 系统的物理内存映像功能。

6.3.2 基于内核驱动的物理内存映像算法流程

基于 Windows 内核驱动的物理内存映像算法流程如图 6-4 所示，该算法可以分为应用层内存获取和内核驱动内存获取两部分。

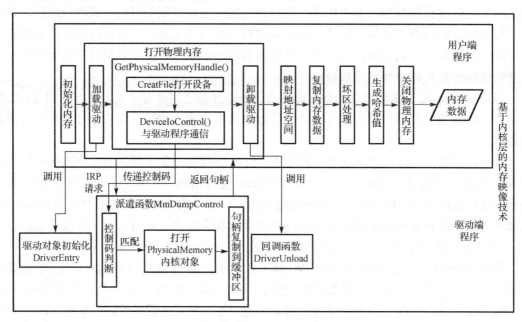

图 6-4　基于内核层的内存映像实现流程

1. 应用层内存获取算法

由于 Windows 7 系统的安全机制，使得应用层程序功能无法直接访问 Windows 系统 PhysicalMemory 内核对象，所以应用层内存获取算法需要利用 Windows 驱动机制在图 6-4 中所示的"打开物理内存"环节中依次完成 3 个步骤：加载内核驱动程序，接收由驱动程序获取的 PhysicalMemory 内核对象句柄，卸载驱动程序。然后该算法实现初始化物理内存、映射物理内存、显示内存信息、内存坏区处理、复制物理内存、关闭物理内存等功能，具体算法如图 6-5 所示，Windows 系统物理内存映像的实现流程主要分为以下 5 个步骤。

（1）初始化物理内存。利用 initialize_physmem()函数，通过调用 NTdll.dll，找到接入点来实现用户所需要的初始化内存的功能。首先将 NTdll.dll 读入到 LoadLibrary，再利用 GetProcAddress 获取其函数入口地址。

（2）打开物理内存。利用内核驱动程序获得 PhysicalMemory 内核对象。Windows 系统采用请求分页的虚拟存储管理技术，通过在虚拟地址空间的页与物理地址空间的页之间建立映射来访问物理地址空间。

（3）遍历物理内存。通过调用 MapViewOfSection()函数，按照内存块的大小遍历整个物理内存。得到文件起始位置，创建视图，将创建的文件映射对象映射到当前进程的地址空间中，通过 GlobalMemoryStatusEx（）函数获取系统当前内存使用情况，包括总物理内存、可使用的物理内存、总虚拟内存、可使用的虚拟内存、硬盘上的页面缓存文件大小等。

（4）复制物理内存。利用 copy_memory（）函数来复制内存，首先找到内存首地址，按块的大小将取物理内存读到缓冲区，利用 fopen（）函数创建映像文件，再利用 fwrite（）函数将内存中的信息全部写入到映像文件中。

（5）关闭物理内存。通过 NtUnmapViewOfSection（）函数，取消地址映射，调用 CloseHandle 从而关闭内存。

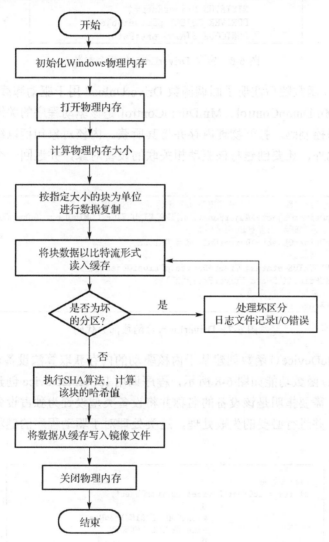

图 6-5　Windows 系统物理内存映像的实现流程

2. 基于内核驱动的内存获取算法

驱动程序是一个以 sys 为扩展名的可执行文件，使用大量辅助例程，其中许多例程与操作系统内核、类驱动或是其他支持库相链接，用于完成用户态程序不能或不适合完成的功能。基于内核驱动的内存获取算法的主要功能是在 Windows 内核空间找到

PhysicalMemory 内核对象，并将该内核对象传递给应用层内存获取算法，具体算法流程包含如下步骤。

（1）利用 DriverEntry()进行内核驱动的初始化工作。

如图 6-6 所示，该例程中的两个参数分别指向驱动对象（该驱动程序在系统空间中的实例）和该驱动的注册表路径。

```
7    #pragma INITCODE
8    extern "C"
9        NTSTATUS DriverEntry(
10       PDRIVER_OBJECT pDriverObject,
11       PUNICODE_STRING pRegPath)
```

图 6-6　定义 DriverEntry()两个参数

如图 6-7 所示，函数随后注册了回调函数 DriverUnload 用于驱动卸载，注册了针对 IRP 请求的派遣函数 MmDumpControl。MmDumpControl 是该驱动程序的关键函数，用于接收来自用户端程序的控制码，打开物理内存并将其所获。内核对象句柄以缓冲区的方式传递给应用端程序。此外，还要创建与该驱动相关联的设备对象，并返回一个状态值判断该驱动是否正常启动。

```
23       //对于IRP_MJ_DEVICE_CONTROL要进行特殊的处理
24       pDriverObject->MajorFunction[IRP_MJ_DEVICE_CONTROL] = MmDumpControl;
25       //设置驱动的卸载的回调函数
26       pDriverObject->DriverUnload = Unload;
27       //创建设备
28       NTSTATUS status= CreateDevice(pDriverObject);
29       KdPrint(("Leave DriverEntry\n"));
30       //返回一个状态值
31       return status;
```

图 6-7　DriverEntry()函数部分代码

（2）利用 CreateDevice()函数创建基于内核驱动的内存获取算法设备对象。

CreateDevice()函数功能如图 6-8 所示，程序调用 IoCreateDevice 创建与该驱动对象相关联的设备对象，需要指明是该设备的名称并将设备类型设置为独占设备。之后要判断设备是否创建成功，并进行必要的失败处理，这类处理对于驱动程序的健壮性起着不容忽视的作用。

```
//创建设备
status = IoCreateDevice( pDriverObject,
                0,
                &(UNICODE_STRING)devName,
                FILE_DEVICE_UNKNOWN,
                0,
                TRUE,
                &pDevObj );
if (!NT_SUCCESS(status))
    return status;

pDevObj->Flags |= DO_BUFFERED_IO;

status = IoCreateSymbolicLink( &symLinkName, &devName );
```

图 6-8　IoCreateDevice 创建与该驱动对象相关联的设备对象

将设备对象中的 Flags 设置为 DO_BUFFERED_IO,表明该驱动的读写操作使用的是缓冲区方式。程序之前在 IoCreateDevice()中声明的设备名称仅在内核态可见,所以为方便与应用程序进行通信,驱动程序此时必须创建对用户层可见的符号链接,供其进行操作。

(3)利用 MmDumpControl()派遣函数获得 PhysicalMemory 内核对象句柄。

一个派遣函数对应一个 I/O 操作,这里把不关心的派遣函数均设置为通用派遣函数,而注册派遣函数 MmDumpControl()来处理内核对象获取主要功能。MmDumpControl 是该驱动端程序中最关键的派遣函数,也是内存映像功能实现的关键,其具体算法实现流程如图 6-9 所示。

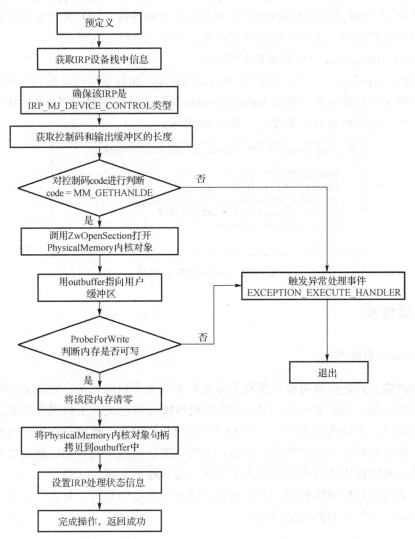

图 6-9　PhysicalMemory 内核对象获取算法流程

图 6-9 中内核对象获取算法关键步骤是:IRP_MJ_DEVICE_CONTROL 类型的 IRP 请求。该 IRP 被发送意味着用户端程序已经调用了 DeviceIoControl,该函数将控制码直接传递给一个特定的设备驱动,使得相关的设备执行相应的操作。因此驱动程序的派遣函数MmDumpControl 中重要的一步在于获取此控制码并对其进行操作。

驱动程序接收并确认所接收的是一个 IRP_MJ_DEVICE_CONTROL 类型的 IRP 请求。该类型的请求有一个来自 DeviceIoControl 的控制码，前文中提到，已将此控制码中的 TransferType 值将设置为 METHOD_BUFFERED，表示必须使用 buffered I/O 方式。

用 if 语句对控制码进行判断，若所获取的控制码与 DeviceIoControl 中传递的 MM_GETHANDLE 相匹配，则调用 ZwOpenSection 函数。之后，程序在_try/_expect 块之间处理内存操作。I/O 管理器在内核层创建了一个和用户层进程缓冲区等大的缓冲区 Irp->AssociatedIrp.SystemBuffer，用 outbuffer 指向它。用 ProbeForWrite 测试该段内存是否可写，若可写则用 RtlZeroMemory 函数将其清零。随后调用 RtlCopyBytes 函数将从设备中读取的数据(即所获的内核对象句柄)复制到该系统缓冲区，I/O 管理器自动将其复制到用户层进程的缓冲区中，这样就将此内存对象的句柄传递给应用端程序。

(4)利用 DriverUnload()回调函数卸载驱动。

在 DriverEnrty 中注册一个回调函数 DriverUnload，卸载驱动时该函数会被自动调用，通过遍历该驱动所有的对象，调用 IoDeleteSymbolicLink 和 IoDelete- Device 释放相关资源直到把驱动代码从虚拟内存中擦除，如图 6-10 所示。

```
VOID DriverUnload (IN PDRIVER_OBJECT pDriverObject)
{
    PDEVICE_OBJECT  pDevObj;
    KdPrint(("Enter DriverUnload\n"));
    pDevObj = pDriverObject->DeviceObject;
    IoDeleteSymbolicLink(&symLinkName);
    IoDeleteDevice( pDevObj);
}
```

图 6-10　DriverUnload 函数

6.3.3　关键技术

1. 位对位复制技术

位对位映像方式是指将内存从逻辑上分为若干个大小相同的块，块的大小受设备的分区大小(512B)限制，可以最小为 1B，也可以根据情况自定义。主机根据事先定义的长度读取一个数据块，由发送模块产生一个 16 位的 CRC 校验码，接收端根据该校验码进行检验。每个数据块必须位于单个物理分区内，不对齐的访问是不允许的。然后主机逐块进行复制，将块中的数据以比特流形式读入缓冲区，最后输出到指定文件。

因此，选用位对位映像机制，在不破坏原数据完整性的同时，对内存各分区的数据进行逐比特复制，以保证数据的法律效力。

2. 物理内存映像数据完整性认证

为了验证物理内存映像数据的完整性与准确性，引入了哈希函数，即映像过程中对每个块的数据，逐块求其哈希值，如图 6-11 所示。

物理内存映像程序将物理内存上的数据以比特流的形式读入输入缓冲区时，将数据按照 512bit 进行分块，每块采用 MD5 或者 SHA 算法，产生一个 160bit 的被称为信息认证码

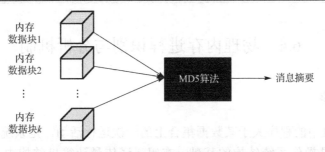

图 6-11　内存映像消息摘要计算方法

或摘要的输出。将所得的摘要值与物理内存映像数据一起存储起来。

　　物理内存映像在分析过程中首先计算所分析物理内存映像的哈希值，然后将新计算的哈希值与之前与物理内存映像一同存储的哈希值进行比较。如果两个哈希值相同，则表示物理内存映像数据是完整的；如果两个哈希值不相等，则表示物理内存映像数据的完整性遭到了破坏。针对破坏的物理内存映像取证分析的证据无效，即无法律效力。

　　注意：当进行物理内存映像获取时，需要把物理内存映像工具(程序)模块加载到运行的计算机系统中。这种工具(程序)加载操作使得物理内存映像工具会占用新的物理内存空间，即占用(使用)内存，并有可能会覆盖所占用物理内存的原数数据，在物理内存映像工具运行过程中因为获取内存数据而造成物理内存数据的变化。这些变化对于物理内存映像获取工具，尤其是基于软件的物理内存映像工具所造成的内存变化是不能够避免的。目前数字取证领域普遍认为物理内存映像获取工具(程序)对物理内存造成的变化不影响物理内存取证分析结果。

3．内存数据读取错误处理

　　物理内存映像获取算法在内存数据映像的过程中，因为内存分页机制、地址映射，以及硬件内存访问授权等问题，会导致物理内存某些页面数据不能有效读取。如果内存页面数据不能有效读取或者读取错误，内存映像算法需要记录物理内存页面的逻辑起始位置和结束位置，并且需要记录页面数据不能有效读取的可能原因。此外，在内存映像数据过程中，如果发生写数据 I/O 错误时，也需要记录错误发生的原因和时间。

6.3.4　实现特色

　　(1)基于软件的物理内存映像机制有效地克服了基于硬件的内存获取所带来的不易实现及配置提前的局限性，能够针对离线运行的 Windows 系统进行方便灵活的获取，同时对 Windows 系统上运行的服务和进程不会导致变化。

　　(2)在物理内存映像获取过程中通过引入哈希机制，增加对获取的物理内存映像文件进行完整性认证，这种机制确保了物理内存映像原始证据在存储、传输及分析过程中的安全性，这也同时增加了物理内存取证分析结果的客观性和合法性。

　　(3)内核驱动程序作为硬件和系统之间的桥梁，物理内存映像算法将这一桥梁和应用态物理内存映像获取进行结合，解决了 Windows 7 等高版本操作系统中内存映像数据获取难的问题。基于内核的内存映像获取功能使得整个算法运行效率提高，更好地满足了内存映像高效获取的要求。

6.4　物理内存进程识别与分析机制

6.4.1　设计思路

　　进程是计算机中的程序关于某数据集合上的一次运行活动,是系统进行资源分配和调度的基本单位,是操作系统结构的基础。在冯·诺依曼计算机结构中,进程是程序的基本执行单位,并是线程的容器。程序是指令、数据及其组织形式的描述,进程是程序的实体。从实现角度看,进程是一种数据结构,目的在于清晰刻画动态系统的内在规律,有效管理和调度进入计算机系统主存储器运行的程序。进程结构复杂且在运行过程中涉及 Windows 系统的内核空间和应用空间,因而进程识别与重建较难。在对 Windows 系统进程结构进行逆向分析的基础上,提出了如图 6-12 所示的基于物理内存的进程识别与分析思路。

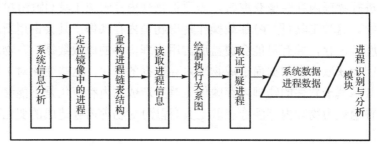

图 6-12　基于物理内存的进程识别与分析思路

6.4.2　操作系统元数据识别机制

　　Windows 系统物理内存映像取证分析的关键步骤之一是要识别 Windows 系统物理内存映像中所含的 Windows 系统版本信息,因为 Windows 系统的不同版本意味着物理内存映像中操作系统的相关结构有所不同,如 Windows XP SP2 和 Windows XP SP3 所对应的物理内存映像中的进程和线程结构将有所不同,从而直接影响进程(或线程)重建的结果。在有些情况下操作系统版本相同,但是所对应的补丁程序不同,也能够导致物理内存映像中操作系统结构上的变化,从而影响取证分析结果。

　　利用 WinDebug 调试工具和 WinHex 十六进制工具进行分析得知,物理内存映像中 Windows 系统版本和补丁信息可以根据 Windows 系统内核的加载位置进行识别和确定。利用 WinHex 工具可以发现,同一个版本的 Windows 系统在启动时,总是把操作系统内核加载到同一个物理内存地址,而不同版本的 Window 系统,内核的加载位置却有可能不同。

　　通过在 Windows 物理内存映像中定位_DBGKD_DEBUG_DATA_HEADER64KPCR 的相关字段,来索引_DBGKD_GET_VERSION64 和_KDDEBUGGER_DATA64 这两个关键结构。如表 6-1 和表 6-2 所示,这两个结构中记录内核 PE 文件虚拟基地址,系统加载模块的双向链表、操作系统版本以及是否开启物理地址扩展(PAE)等重要信息。

表 6-1　_KDDEBUGGER_DATA64 中的关键字段

字段偏移量	字段类型	字段名称
0x18	ULong64	KernBase
0x36	UShort	PAEEnabled:1
0x48	ULong64	PSLoadedModuleList
0xA0	ULong64	OBTypeObjectType

表 6-2　_DBGKD_GET_VERSION64 中的关键字段

字段偏移量	字段类型	字段名称
0x00	UShort	MajorVersion
0x02	UShort	MinorVersion
0x10	UQuad	KernBase
0x08	UShort	MachineType
0x18	UQuad	PsLoadedModuleList

通过遍历读取链表 PsLoadedModuleList，可以找到系统加载的所有模块信息，主要是系统驱动信息。Kernel base 是加载系统内核的虚拟基地址，将这个值减去 0x80000000 得到物理内存映像偏移地址。如果该地址前两字节是 MZ(4D5A)，则认为这个位置是一个标准的 Windows PE 文件，即系统内核 NTOSKrnl.exe。

如果在物理内存映像中找不到_KDDEBUGGER_DATA64，则通过代码分析 PE 头信息并定位数据段结构的方法。由于 Windows 系统内核是标准的 Window PE 程序，在 PE 头信息里有一个包含 VS_VERSION_INFO 结构的资源段。根据 Microsoft 提供的数据结构信息，可以知道所对应的 Windows 系统物理内存映像中所包含的操作系统版本信息。系统内核 (NTOSKrnl.exe) PE 文件的格式如图 6-13 所示。

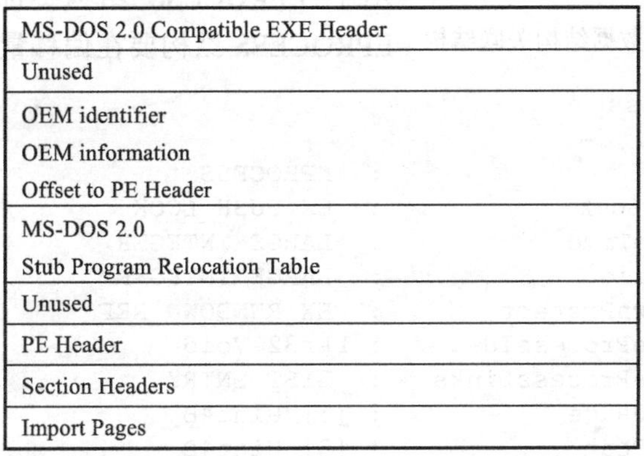

图 6-13　系统内核(NTOSKrnl.exe) PE 文件的格式

表 6-3 中包含了 PE Header 结构中的对物理内存取证有重要意义的字段，微软公司 Windows NT 系列操作系统(如 Windows NT4、Windows 2000、Windows Server 2003、Windows XP、Windows Vista、Windows Server 2008 及 Windows 7)的版本信息、机器字长、机器类型等信息都可以在其中找到。例如，NT5.1 代表 Windows XP, NT6.1 代表 Windows 7。

表 6-3　PE Header 域中的重要字段

偏移量	大小	字段名称
0	2	MachineType
24	2	0x10b=32bit,0x20b=64bit
64	2	MajorVersion
66	2	MinorVersion

6.4.3　进程分析基础

1. 执行体进程块

在 Windows 系统中，每个进程都是由一个执行体进程块（EPROCESS）来表示。EPROCESS 数据结构中除了包含许多与进程有关的属性（字段）以外，还包含许多指向其他重要数据结构（如句柄表、PEB、指针）的字段。另外，每个进程都有一个或者多个线程，这些线程由执行体线程块（ETHREAD）来表示。EPROCESS 和相关的数据结构位于系统空间中，进程环境块（PEB）位于进程地址空间中。进程和线程之间数据结构关联结构如图 6-14 所示。

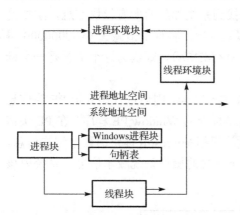

图 6-14　进程和线程之间数据结构关联结构

对于不同版本的 Windows 操作系统，EPROCESS 的大小和结构是不同的。首先确定所分析 Windows 系统物理内存映像中的操作系统版本。以 Windows XP SP3 x86 为例，选择内核调试工具 WinDbg 来查看 EPROCESS 中结构信息，这里只展示了 EPROCESS 结构中部分字段信息，完整的 EPROCESS 结构要在偏移量为 0x258 处才结束。

```
lkd> dt _eprocess
nt!_EPROCESS
   +0x000 Pcb              : _KPROCESS
   +0x06c ProcessLock      : _EX_PUSH_LOCK
   +0x070 CreateTime       : _LARGE_INTEGER
   +0x078 ExitTime         : _LARGE_INTEGER
   +0x080 RundownProtect   : _EX_RUNDOWN_REF
   +0x084 UniqueProcessId  : Ptr32 Void
   +0x088 ActiveProcessLinks : _LIST_ENTRY
   +0x090 QuotaUsage       : [3] Uint4B
   +0x09c QuotaPeak        : [3] Uint4B
   +0x0a8 CommitCharge     : Uint4B
   +0x0ac PeakVirtualSize  : Uint4B
   +0x0b0 VirtualSize      : Uint4B
   +0x0b4 SessionProcessLinks : _LIST_ENTRY
   +0x0bc DebugPort        : Ptr32 Void
   +0x0c0 ExceptionPort    : Ptr32 Void
   +0x0c4 ObjectTable      : Ptr32 _HANDLE_TABLE
......
```

在 EPROCESS 结构中几乎可以找到所有进程信息，如进程 ID、父进程 ID、进程名、

进程运行时间等。其中有一个极为重要的成员——进程环境块 PEB，从中可以找到大量极
具价值的进程环境信息。

2. 活动进程双向链表结构

Windows 系统为所有的活动进程维系着一个活动进程双向链表结构，这些进程的
EPROCESS 结构使用双向链表链接在一起，这样能够方便操作系统进行遍历。当前所有的
活动进程（除了 Idle 进程）的 EPROCESS 通过 EPROCESS 结构偏移量 0X88 处的
LIST_ENTRY ActiveProcessLinks 链接在一起。LIST_ENTRY 有两个字段，其中 Flink 表示
前向指针，Blink 表示后向指针。

```
+0x088 ActiveProcessLinks  : _LIST_ENTRY(双向链表)
+0x000 Flink               : Ptr32 _LIST_ENTRY 前向指针
+0x004 Blink               : Ptr32 _LIST_ENTRY 后向指针
```

读取每个 EPROCESS 结构中的 LIST_ENTRY ActiveProcessLinks 字段，就能由此遍历
整个活动进程链表。

3. 地址映射机制

在 Windows 系统中，每个进程都被分配一个地址空间。对于 32 位进程来说，32 位指
针可以指向从 0x00000000 到 0xFFFFFFFF 的任何一个值，每个进程都拥有 4GB 的地址空
间，而 Windows 系统会并发许多进程，那么整个地址空间将是巨大的，即使只有一个进程，
实际的内存也不能满足进程的需要。实际上这个 4GB 的地址空间是虚拟地址空间，每个进程
拥有的 4GB 虚拟地址空间是私有的，里面包括本进程所需要的各种系统资源，进程中的线程
只能访问本进程的地址空间。进程的 4GB 虚拟地址空间经过地址变换，映射到有限的物理内
存上，这就是地址映射机制。在对 Windows 系统物理内存映像中进程及其他结构中的关键字
段进行信息读取和解析时，所得到的都是虚拟地址，而要定位和解析该虚拟地址所指向的内容
就需要将该地址转换为物理地址，所以地址映射机制是物理内存映像取证分析的基础。

页表是内存中虚拟页面与物理页面之间转换的桥梁，它只是在需要的时候才被创建。
所谓的地址映射，就是一个查表的过程。系统上的每个进程都维系着一个独立的页目录，
页目录由内存管理器创建，用来保存该进程所有页表的地址，每个页目录项（Page Directory
Entry，PDE）是一个页表的入口地址，PDE 描述了进程所有可能的页表的状态和地址。

CPU 内部用一个特殊的寄存器 CR3 来记录进程的页目录基址，每个进程都拥有自己私
有的 CR3 寄存器的值。当线程发生切换时，旧线程的状态会被保存起来。若当前调度运行
的线程不属于刚才的进程，则当前进程的页目录地址会被加载到 CR3 寄存器中。进程页目
录的物理地址可以在进程的 KPROCESS 结构中找到，事实上该结构中的 DirectoryTableBase
就对应着进程 CR3 寄存器的值。通过 WinDbg 工具查看到了 DirectoryTableBase 在
KPROCESS 结构中相对位置。

```
lkd> dt_kprocess
nt!_KPROCESS
   +0x000 Header             :  _DISPATCHER_HEADER
   +0x010 ProfileListHead    :  _LIST_ENTRY
   +0x018 DirectoryTableBase :  [2] Uint4B
```

在具体索引页表之前，首先需要确定操作系统版本，机器字长，分页模式、页面大小以及是否开启 PAE 模式，这些都是导致索引方法不同的关键因素。比如，在 Windows XP SP2 中，页面的大小要么是 4KB，要么是 2MB，而在 Windows XP SP3 中，页面大小则默认为 4KB，其索引规则是不一样的。

这里以 Windows XP SP3 x86 不开启 PAE 模式的情况为例。如图 6-15 是在 x86 系统上，一个 32 位虚拟地址的组成部分。

图 6-15　一个 32 位虚拟地址的组成情况

对于这样的系统，转译一个有效的虚拟地址流程应该按照"页目录→页表→页内字节"的顺序进行索引，最终定位到某一有效虚拟地址的页表项 PTE，从中可以获取对应物理页面的地址，利用低 12 位的页内字节索引，可以找到具体的目标字节。如图 6-16 所示为 x86 页表项（hardware pte）的结构。

图 6-16　x86 页表项的结构

现在来考虑开启 PAE 模式的情况。Intel 处理器自从 Pentium PRO 开始，都支持一种物理内存扩展（PAE）的内存映射模式。PAE 模式提供了可以访问 64GB 的物理内存空间机制。在 PAE 模式中，页目录入口 page directory entries（PDEs）和页表入口 page table entries（PTEs）之上有一个新的级别——页目录指针表。同时，在 PAE 模式中，PDEs 和 PTEs 是 64 位的（不是标准的 32 位），因为 PDEs 和 PTEs 模式的寻址宽度是标准的 2 倍，这样系统可以映射比标准转换更多的内存空间。目前大多数计算机的 Windows 内核运行 PAE 模式。这种内核集成在 Windows 2000 系统以及以后的版本中。开启 PAE 模式后，地址映射的过程如图 6-17 所示。

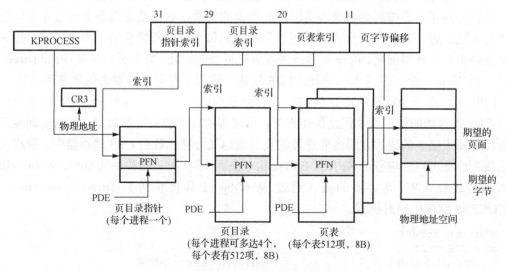

图 6-17　x86 PAE 模式下的地址映射的过程

对 Windows XP 的后续版本（如 Windows 7），或是 x64 系统，虚拟地址映射到物理地址的流程都与 x86 的极为相似，这里不再赘述。

6.4.4　进程识别与分析实现流程

进程识别与分析的实现流程如图 6-18 所示。

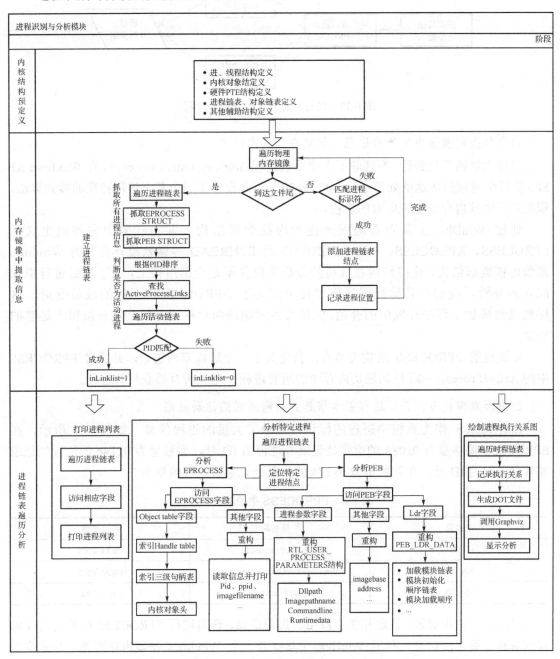

图 6-18　进程识别与分析的实现流程

为了简化分析思路，按如图 6-19 所示的四个步骤进行分析。

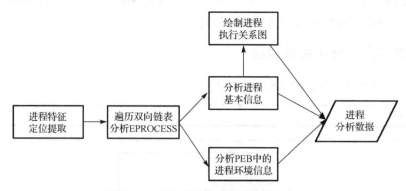

图 6-19 进程信息分析模块简易流程

1)定位提取镜像中的所有进程，创建进程双向链表

经过大量的查找分析，发现除了 3 个系统进程(Idle、system、smss.exe)，在 Windows XP SP3 中每个进程的基地址处都是"03 00 1B 00"。因此设计了一个基于进程特征的搜索算法，识别出了物理内存映像中所有的进程。

通过 WinDbg 工具查看进程关键的内核数据结构，并在代码中完整地定义了 EPROCESS、KPROCESS、PEB、THREAD 及 ETHREAD 等微软没有公开的 Windows 系统内核数据结构。这些结构在目前的分析阶段并不是全部用得上，为了以后进行更加深入的分析，我们在具体代码实现过程中定义了 EPROCEESS 全部的成员变量，这样做虽然增加了程序开发中的开销，但是为后续物理内存取证分析功能升级留下足够的空间。

以进程的 EPROCESS 结构为节点，自定义了一个进程双向链表，并通过 EPROCESS 中的 ActiveProcessLinks 结构遍历内存中的所有进程，记录所有捕获到的进程。

2)遍历双向链表，分析进程基本信息并判断进程的活动状态

EPROCESS 作为系统中进程的标识，记录了大量的进程信量，如表 6-4 所示，在 EPROCESS 偏移量为 0x084 的位置处记录着进程的 ID 号，偏移量为 0x14c 的位置处记录着其父进程的 ID 号，在偏移量为 0x174 的位置处记录着进程映像名。

表 6-4 EPROCESS 中的部分信息

偏移量	字段名称	字段类型
+0x084	UniqueProcessId	Ptr32 Void
+0x14c	InheritedFromUuiqueProcessId	Ptr32 Void
+0x174	ImageFileName	[16] UChar

通过遍历进程链表，读取相关字段中的进程信息，获得进程 EPROCESS 结构在物理内存中各种相关字段信息，利用 WinHex 工具打开一个 Windows 物理内存映像，并定位到 wuauct.exe 软件对应的进程。如图 6-20 所示为该进程关键的信息字段，利用 ActiveProcessLinks 指向的 ENTRY 结构中的 Flink 字段信息(或者 Blink)，就能够遍历重建 Windows 物理内存映像中的进程信息。

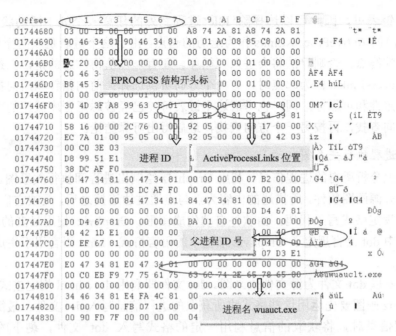

图 6-20　进程 EPROCESS 结构在物理内存中的分析案例

　　那么从数字取证的角度来看，仅仅识别出物理内存映像中双向链表结构中的进程信息似乎还不能满足内存取证的目的。因为系统中不仅有活动链表中正常运行的进程，还有已经关闭的进程，以及可能有黑客进行攻击活动中被隐藏的进程。如图 6-21 所示，一个进程很有可能通过把自己从活动进程的双向链表中脱离出来，从而达到隐藏自己的目的，还有一种情况是，已经关闭的进程也不在双向链表中。目前在物理内存取证领域，通常认为，一个进程是否在活动进程链表中，作为判断一个进程是否可疑的依据。这样可以有效缩小可疑进程的调查取证范围，便于做进一步研究。

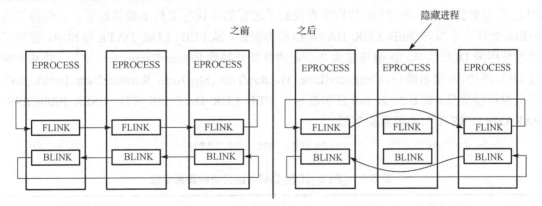

图 6-21　隐藏的进程被脱离出活动进程链表

　　根据以上分析，可以设计基于 ActiveProcessLists 双向链表的隐藏进程识别算法。ActiveProcessLists 是一个双向循环链表，它是一个 LIST_ENTRY 结构，其中包含了一个前向指针 Flink 和一个后向指针 Blink。在遍历这个双向链表时必须注意，Idle 进程并不在这个双向链表里，因此可以选择除 Idle 进程之外的任意一个处于活动状态的进程（如 systerm 进程）的 ActiveProcessLinks 作为遍历的起点。由于这个链表是双向循环的，这个起点即是遍历的终点，否则算法将会进入死循环。还有一点值得注意的是，当选定一个进程的 ActiveProcessLinks 作为起点时，有两个方向可供选择：前向指针和后向指针。为了提高算法的稳定性和可靠性，同时也考虑这个链表可能已经被恶意程序破坏的可能性，先按其中一个方向查找，再按另一个方向查找，最后得出可靠结论。

3）绘制进程执行关系图

基于以上分析所得的进程信息，利用 Graphviz 绘制出进程间执行关系图。Graphviz 是一款实用的开源画图软件，所描述的内容为点与点通过边连接之后，反映它们之间的联系。用户可通过规定格式写入代码，由软件自动生成图形。Graphviz 使用最多的是 dot、html 等语言，其中 dot 语言规定了 Graphviz 最基本的语言格式，html 语言用于生成一类特殊图形——图表。

Graphviz 以 dot 文件为源文件来画图。dot 文件即利用 dot、html 规定格式写成。因此，利用 Graphviz 画图要先运用这些格式将所获取的进程信息写入 dot 文件。最简单的方法是在获取进程信息时，将获取的信息利用一定的格式写入 dot 文件，剩下的画图工作由 Graphviz 实现即可。

所获取的进程流程图，包含从内存映像中获取的所有进程的名称、进程 ID 号、父进程 ID 号，以及进程的活动状态等信息，这些信息为分析可疑进程提供了便利。此外，进程之间通过进程 ID 号和父进程 ID 号关联起来，使得进程执行关系图可以很清晰地展示进程之间的继承关系。

4）分析进程环境块 PEB 中的环境信息

EPROCESS 结构中，偏移量为 0x1b0 位置处存放着指向进程环境块 PEB 的指针，PEB 位于用户进程地址空间，它包含了 Windows 系统加载器、堆管理器和其他 Windows 系统 DLL 所需要的信息。在 PEB 结构中查找到了进程的可执行文件加载基地址，在偏移量为 0x010 处有一个指向_PEB_LDR_DATA 结构的指针，从 PEB_LDR_DATA 结构中，找出了进程使用的 DLL 信息。在偏移量为 0x00c 的位置处找到 ProcessParameters 字段，并从中恢复 DLL 路径、映像名路径、CommandLine、WindowTitle、ShellInfo、RuntimeData、DesktopInfo 等大量环境信息。表 6-5、表 6-6 分别展示了_PEB_LDR_DATA 和_RTL_USER_PROCESS_ PARAMETERS 结构中的重要字段。

```
+0x00c Ldr          : Ptr32 _PEB_LDR_DATA
```

表 6-5　_PEB_LDR_DATA 结构中的重要字段

字段偏移量	字段名称	字段结构类型
+0x00c	InLoadOrderModuleList	_LIST_ENTRY
+0x014	InMemoryOrderModuleList	_LIST_ENTRY
+0x01c	InInitializationOrderModuleList	_LIST_ENTRY

```
+0x010 ProcessParameters : Ptr32 _RTL_USER_PROCESS_PARAMETERS
```

表 6-6　_RTL_USER_PROCESS_PARAMETERS 结构中的重要字段

字段偏移量	字段名称	字段结构类型
+0x030	DllPath	_UNICODE_STRING
+0x038	ImagePathName	_UNICODE_STRING
+0x040	CommandLine	_UNICODE_STRING
+0x070	WindowTitle	_UNICODE_STRING
+0x078	DesktopInfo	_UNICODE_STRING
+0x080	ShellInfo	_UNICODE_STRING
+0x088	RuntimeData	_UNICODE_STRING

6.4.5　关键技术

1. 基于进程特征的搜索算法

基于进程特征的搜索算法的基本思想是：在进程的地址空间会有一些特殊的字符串，找到这些特殊的字符串，就能把物理内存映像中所有进程的 EPROCESS 块都找出来。

利用内核调试工具对 Windows XP SP3 系统中大量的进程进行分析，验证了这种方案的可行性，实践证明，除了 3 个系统进程(Idle、system、smss.exe)以外的所有进程 DISPATCHER_ HEADER 结构(是 KPROCESS 结构中的第一个变量)的首 4 字节都是一样的，均以 "03 00 1b 00" 作为其标识(Signature)(当然如果系统的版本、SP 包、机器字长不一样，这个值就会有所不同)。如图 6-22 所示，在用 WinDbg 的进行验证的过程中，在系统运行的进程中选择了一个以 81539da0(虚拟地址)为起始的进程，查看进程的首 4 字节，可以找到进程标识符 "03 00 1b 00"。

```
lkd> dyb 81539da0 81539da3
              76543210 76543210 76543210 76543210
              ———————— ———————— ———————— ————————
81539da0  00000011 00000000 00011011 00000000   03 00 1b 00
```

图 6-22　演示进程的首 4 字节

利用 KMP 算法，在 Windows 系统物理内存映像文件中快速地匹配该标识符，就能识别该物理内存映像中所有的进程。

2. 基于 ActiveProcessLinks 的隐藏进程识别算法

采用基于 ActiveProcessLinks 的隐藏进程识别算法来对系统中的隐藏进程进行进一步的捕获分析，是基于进程特征搜索算法的一个补充。

首先选定进程 A 作为遍历的起始位置，进行 Flink 方向的前向遍历。假定进程 A 的 ActiveProcessLinks→Flink 的值为 address1，注意，进程结构中的地址都是虚拟地址，要利用 PAE 模式下的地址映射机制把这个地址转化成物理地址 address2，再到物理内存映像中去寻址。这个地址指向的是下一个进程的 ActiveProcessLinks 位置，这时就找到了进程 A 的下一个进程 B。在 ActiveProcessLinks 位置减去偏移量 0x04 偏移量即是进程 B 的 ID 号，这时可以通过这个 ID 号来查找进程是否在活动进程链表里。如果在活动进程链表里，则设置相应进程字段 InProcessList 为 1。否则，继续查找下一进程。然后通过进程 B 的 AvtiveProcesslinks→Flink 找到下一个进程 C，用相同的方法依次判断，直到最后一个进程又重新指向进程 A 或者指向 NULL（进程链表遭到恶意破坏的情况），这时前向遍历结束。

如果最后一个指针指向的是 NULL，则需要再次遍历这个被破坏的"双向循环链表"，这时从进程 A 的 ActiveProcessLinks→Blink 开始遍历，利用同样的方法判断进程是否被隐藏。直到最后一个找到的进程为 A 或 NULL 结束。如果在第一次遍历时最后一个进程又重新指向进程 A，就没有必要进行第二次遍历了，这时可以判断已经遍历了整个链表，算法至此结束。

6.4.6　实现特色

利用 Windows 系统下内核调试工具 WinDbg，通过分析系统内核的关键数据结构，获取操作系统版本、是否开启 PAE 模式、机器字长等重要操作系统元数据信息，在操作系统加载模块链表中提取系统的驱动信息，这些信息都可作为后续分析工作的重要基础。此外，还获取了特定系统版本，内存机制中一些重要的数据结构，如 EPROCESS、PEB、OBJECT HEADER、FILE OBJECT、CONTROLAREA、SUBSECTION 等。这些内核数据结构的重建，是物理内存其他取证分析的基础和依据。

设计的基于进程特征的搜索算法，能够有效识别出 Windows 系统物理内存映像中所有的进程信息，并能够利用十六进制编辑器 WinHex 分析工具验证并查看进程 EPROCESS 结构在 Windows 物理内存中的二进制表现形式；设计实现基于活动进程双向链表（ActiveProcessLinks）的隐藏进程识别算法，在识别 Windows 系统物理内存映像中所有进程的基础上，能够有效识别物理内存映像中潜在、可能具有攻击性的隐藏进程，这为进一步分析网络攻击事件提供重要的线索和分析方向。利用开源画图工具 Graphviz，针对 Windows 系统物理内存映像中进程之间关系，设计并实现进程执行关系图，有效地展现进程之间的调用和继承关系。

6.5　文档信息恢复技术

6.5.1　设计思路

从物理内存映像中提取文档数据对于取证调查人员来说，能够有效推动事件的取证调查。首先，已删除文档文件的恢复提取：该文档文件在所调查的机器上已经被访问，这些文件可能是 PDF 文档，但是被从磁盘上安全删除了。在这种情况下，从磁盘上找到已删除文件的可能性将非常小。假如能够从物理内存映像中提取该文件的内容，甚至是已删除文件的碎片信息，将有助于取证调查人员获得有关犯罪事件有价值的信息。其次，从非本地磁盘来源的文档数据的提取：数字犯罪嫌疑人可能从 CD、USB 盘或者网络等位置访问数据文件，如图像或者视频。在这种情况下，物理内存中可能含有这些数据文件的痕迹信息。从物理内存中提取这些文件数据有助于取证调查人员的事件调查。最后，提取被篡改的文件：数字犯罪嫌疑人在入侵计算机后为了隐藏行为证据，往往会篡改在入侵期间涉及的日志文件(如由网络应用程序生成的日志文件，可能记录建立的连接、连接目的地址，甚至是连接用户等)。数字犯罪嫌疑人可以篡改这些日志文件，编辑或者删除与自己相关的信息。而这些被篡改的信息可能遗留在物理内存中，通过提取这些信息，取证调查人员有可能访问入侵事件相关的重要信息。

为此，我们设计了基于物理内存映像的文档信息恢复技术设计思路如图 6-23 所示。

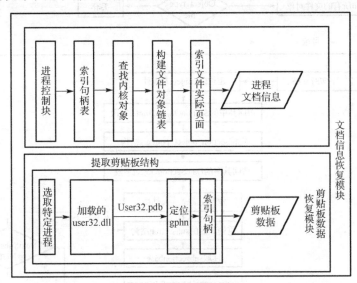

图 6-23　基于物理内存映像的文档信息恢复技术设计思路

6.5.2　进程实时文档信息恢复技术

由于内存资源十分宝贵，内存中的文件往往处于高度分散的状态。内存管理器极有可能只将部分文件加载到内存中，甚至以共享的形式存在。因此，要想恢复内存中的文件，根据其特征标识(由特定的编码方案确定)，直接运用基于磁盘介质的文件雕刻算法进行恢复的成功率较低。因此，在物理内存映像中提取恢复进程实时打开的文档信息必须采用不同基于磁盘介质的文件雕刻方法。如图 6-24 所示为进程实时文档信息恢复的实现流程，进程文档信息恢复方法流程遵循"进程→句柄表→内核对象→文件资源"的分析思路，具体实现包括"构建文件对象链表"和"索引文件实际页面"两个子过程。

1. 创建文件对象链表

当进程启动一个设备或打开一个文件时，它就创建或者打开一个对象，并且接收到一个返回的句柄，以后就能通过此句柄来访问该对象。也就是说，进程是通过打开句柄来维护和使用系统资源的。通过句柄来访问一个对象要比直接使用名称来访问对象快得多，因为对象管理器可以跳过名称查找过程，直接找到目标对象。进程可以在其创建时刻，通过继承句柄的方式来获得句柄，也可以从另一个进程处接收一个复制的句柄。

例如，C 和 Pascal(以及其他的语言)运行库会把自己打开文件的句柄返回给应用程序。句柄被用做指向系统资源的间接指针，这一层间接性使得应用程序不用直接与系统数据结构打交道。

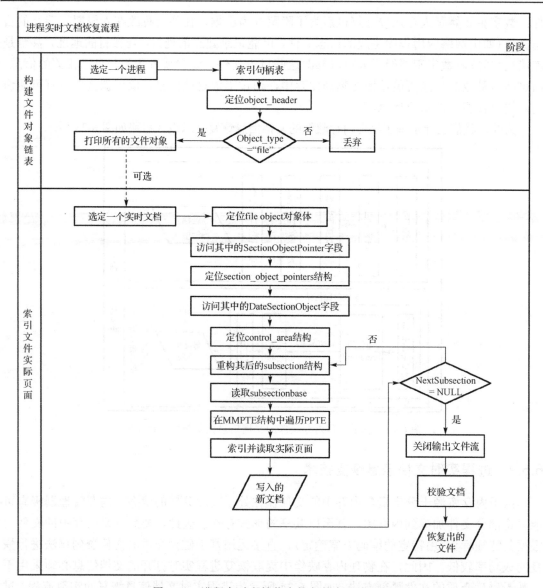

图 6-24　进程实时文档信息恢复的实现流程图

　　一个进程可能使用很多系统资源，即一个进程将通过打开多个句柄来关联多个对象，如文件对象、驱动对象、设备对象、Window Station 对象等。所以，要通过索引进程句柄表来定位进程所使用的内核对象，索引流程如图 6-25 所示。

　　在找到所有的内核对象后，选取所有的文件对象，创建文件对象链表，以便后续遍历分析。这一过程可分为以下四个步骤。

1）分析句柄表结构

　　不同系统中句柄表的结构是不同的，Windows XP 系统中维系的是三层句柄表结构，每一层的大小为 PAGE_SIZE。对于 X86 系统就是 4KB，并且每一层的最后一个元素用做审计。句柄表是动态扩展的，当引用资源增多时，句柄的数目也增加，当到一定数目时，句柄表便会扩展。

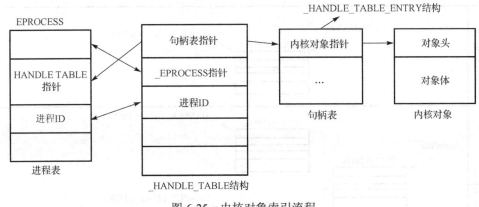

图 6-25 内核对象索引流程

(1)最底层存放的句柄项数。每个最底层页表存放的是_HANDLE_TABLE_ENTRY 结构，即 4096/8 = 512 个，其中第一项做审计用，最多有 511 个有效项。

(2)中间层可以存放的句柄项数。中间层存放的页表指针，最多有 4096 / 4 =1024 个。

(3)最高层最大句柄项数。三层表最大可以存放 511×1024=523264 个对象引用，所以一般的进程只涉及两层句柄表。

2)索引进程句柄表，查找句柄项

基于以上分析可知，系统是由低层向高层逐层分配句柄表的，然而在查找进程的某个句柄时，却是逐层往下索引的。在 EPROCESS 结构中+0X0C4 偏移位置处有一个 ObjectTable 域，其中存放着一个指针，指向 HANDLE_TABLE 结构。

这个 HANDLE_TABLE 结构并不是真正意义上的多层句柄表结构，它更像是一个索引区，提供进程句柄表的基本信息，如句柄表的位置，所维系的句柄数等。HANDLE_TABLE 结构体中,偏移量为 0x000 处的 TableCode 是其中最重要的索引字段。Windows 为了节省空间，对句柄表采用动态扩展结构，类似于页表结构，最大可扩展为 3 层句柄表。TableCode 存放第 1 层句柄表的基址指针和层数，由于 32 位所表示的地址都以 4 对齐，最低 2 位为 0，所以微软公司把 TableCode 的最低两位作为句柄表层数的记录，如 00 对应第零层表。

以 x86 系统为例，第一层句柄的句柄表(第一层可能是第 0 层，第 1 层或第 2 层)地址为 TableCode & 0xFFFFFFFC，它指向第 TableCode & 0x00000003 层。

图 6-26 所示为使用第零层句柄表、使用第 0 层加第 1 层句柄表以及使用第 3 层句柄表的情况下，系统是如何索引句柄表的。

在索引到某一句柄所在的句柄表后，类似于虚拟地址向物理地址转换的过程，这里需要将进程中的句柄编号索引到相应的句柄项。对于 x86 系统，句柄编号的意义如图 6-27 所示。

句柄编号以 4、8、c、⋯⋯规律往下顺沿，将要分析的句柄编号右移两位可以得到该句柄在各层句柄表中的索引值，从 TableCode 的值中获取进程使用几层句柄表以及第 1 层句柄表的基址，结合各层内部的索引值，便可以将句柄编号索引到相应的句柄项。

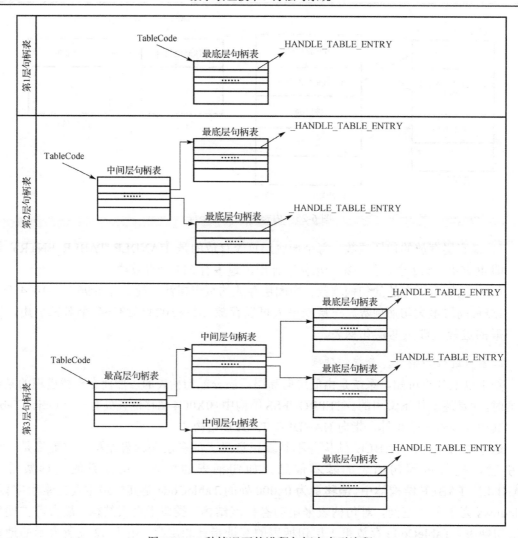

图 6-26　3 种情况下的进程句柄表索引流程

| 31 | 30~21 第 2 层索引 | 20~11 第 1 层索引 | 10~2 第 0 层索引 | 1~0 |

图 6-27　x86 系统中句柄编号的意义

3)定位内核对象

通过以上索引得到的句柄项并不是一个"真正"的对象指针，而是包括对象指针域的对象属性域，由于在内核中对象总是 8B 对齐的，所以指向对象的指针最低 3 位总是 0，微软把这 3 位也利用上，Object 的最低 3 位作为对象的属性。第 0 位记录句柄表项是否被锁定，第 1 位用来表明该进程所创建的子进程是否可以继承该句柄，即是否将该句柄项复制到子进程的句柄表中。第 2 位记录关闭该对象时是否产生一个审计事件。x86 系统的句柄项的结构如图 6-28 所示。

| 锁 | 指向对象头的指针 | A 关闭时进行审计 | I 可继承的 | P 对关闭操作的保护 |
| | 访 | 问 | 掩 | 码 |

图 6-28　x86 系统的句柄项结构

Windows 系统的各种资源是以对象(Object)的形式来组织的，如 File Object、Driver Object、Device Object 等。Windows 系统内核对象是系统地址空间中的一个内存块，由系统创建并维护。每个对象都由对象头和对象体组成。对象管理器控制了对象头，执行体组件则控制由它们创建的对象类型的对象体。所以，所有类型的对象头的结构都是相同的，而对象体部分却各不相同。

用 WinDbg 查看对象头的结构，发现在+0x008 偏移位置处可以找到对象类型信息，为了进一步研究某一特定进程所打开的文档信息，将重点放在对对象体结构的研究上。

句柄项的值& 0xFFFFFFF8 | 0x80000000 即可得真正的对象头地址，该地址加偏移量 0x18 即为对象体的地址。

4) 选取文件对象，创建对象链表

将所有找到的内核对象类型与文件对象进行匹配排查，仅保留进程所有的文件对象，并将它们以对象链表的形式连接起来，供后续遍历分析。

2. 索引文件实际页面

文件对象使用 FILE_OBJECT 结构作为对象体来描述文件类型对象的特征信息。这是 Windows 用于跟踪一个文件实例所使用的唯一对象标识。如表 6-7 所示为 FILE_OBJECT 结构的重要字段。

表 6-7　FILE_OBJECT 结构的重要字段

字段偏移量	字段名称	字段类型
+0x000	Type	Int2B
+0x004	DeviceObject	Ptr32 DEVICE_OBJECT
+0x014	SectionObjectPointer	Ptr32 _SECTION_OBJECT_POINTERS
+0x030	FileName	_UNICODE_STRING

FILE_OBJECT 结构包含几个重要的成员。通过偏移量为 0x030 处的 FileName 可以查看文件的名称，+0x004 处的 DeviceObject 域，包含一个指向 DeviceObject 的指针，其中包含驱动和设备信息。对恢复进程的实时文档而言，最重要的成员是在偏移量为 0x014 位置处，一个指向 SECTION_OBJECT_POINTERS 结构的指针。如表 6-8 所示为用 Windbg 查看的 SECTION_OBJECT_POINTERS 结构中的重要字段信息。

表 6-8　SECTION_OBJECT_POINTERS 结构的重要字段

字段偏移量	字段名称	字段类型
+0x000	DataSectionObject	Ptr32 Void
+0x004	SharedCacheMap	Ptr32 Void
+0x008	ImageSectionObject	Ptr32 Void

SECTION_OBJECT_POINTERS 结构包含 3 个指针：DataSectionObject、SharedCacheMap、ImageSectionObject。ImageSectionObjects 用来表示内存映射二进制文件，也称为图像。DataSectionObjects 用来维护数据文件，如 Microsoft Word 所使用的结构。SharedCacheMap 的结构 SHARED_CACHE_MAP 则与操作系统中的高速缓存有关。

DataSectionObjects 和 ImageSectionObjects 互相关联，指向_CONTROL_AREAs 结构。

正如对象体紧跟着对象头一样，紧跟着_CONTROL_AREAs 的 SUBSECTION 是一个重要的结构。该结构体中又包含一个指向原 ControlArea 的指针。这种关系在内存解析中可作为一种验证方法。如表 6-9 所示为 SUBSECTION 的结构中的部分信息。偏移量 0x010 处的 SubsectionBase，包括一个指向 MMPTE 结构体的指针，这个结构体实际上是一个原型 PTE(Prototype PTEs)的数组(MMPTE)。

表 6-9　SUBSECTION 结构的重要字段

字段偏移量	字段名称	字段类型
+0x000	ControlArea	Ptr32 _CONTROL_AREA
+0x010	SubsectionBase	Ptr32 _MMPTE
+0x01c	NextSubsection	Ptr32 _SUBSECTION

用 WinDbg 查看 MMPTE 的示意结构。

```
lkd> dt_MMPTE -r1
nt!_MMPTE
   +0x000 u          :  __unnamed
   +0x000 Long       :  Uint8B
   +0x000 HighLow    :  _MMPTE_HIGHLOW
   +0x000 Hard       :  _MMPTE_HARDWARE
   +0x000 Flush      :  _HARDWARE_PTE
   +0x000 Proto      :  _MMPTE_PROTOTYPE
   +0x000 Soft       :  _MMPTE_SOFTWARE
   +0x000 Trans      :  _MMPTE_TRANSITION
   +0x000 Subsect    :  _MMPTE_SUBSECTION
   +0x000 List       :  _MMPTE_LIST
```

原型 PTE 是个很重要的结构，使用某个文件时都要将它读入内存。为节约宝贵的内存资源，文件可能被多个进程所共享。当有两个或更多的进程需共享这个文件时，如何让所有共享进程都能方便高效地获得文件的更新信息呢？原型 PTE 正解决了这个问题，由 MMPTE 的示意结构可以看出，该文件的原型 PTE 与所有这些进程的硬件 PTE 相关联，不需要更新所有引用这一页面的进程的硬件 PTE，而只要更新原型 PTE 就能达到目的。

此外，每个原型 PTE 可索引到一个 4096B 的页，一个完整的扇区有 512B，每个原型 PTE 最多可以对应 8 个扇区。也就是说，通过原型 PTE，那可以定位该文件位于磁盘的那 8 个扇区，或内存的那一个物理页面。类似于虚拟地址到物理地址映射的过程，可以通过索引第一个原型 PTE 来定位到该文件所处的实际页面。原型 PTE 指回到 SUBSECTION，说明该页面的原始文件已调出到磁盘中。由此，通过逐项索引原型 PTE，找到存放在内存中的文件，通过逐位提取恢复，便可以获得该进程使用的文件信息。如图 6-29 所示为索引文件实际页面的实现过程。

每一个 SUBSETCTION 均有一个指针指向 NEXTSUBSETCTION，表示文件下一部分所处的内存页面。如果文件的大小足以用一个 SUBSETCTION 来管理，则此处为空。当然，由于系统采用虚拟内存和分页机制，并不是所有的文件对象都可以被完整地恢复出来，很大一部分会被调到外存上。这里，按照文件恢复的方法成功恢复出进程的实时文档信息。

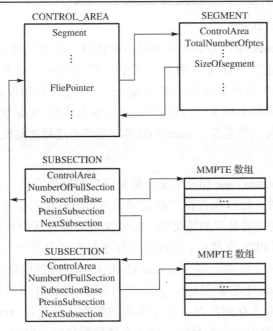

图 6-29　索引文件实际页面的实现过程

6.5.3　剪贴板数据恢复技术

1. 剪贴板相关理论基础

剪贴板是暂时存放被复制数据的内存区域，主要用来在文档之间或在 Windows 的应用程序之间移动数据，完成用户应用程序之间的信息通信。因此，剪贴板成为在 O/S 用户进程间（由 User32.dll 处理）和 O/S 内核模块间（由 win32k.sys 处理），以及用户和内核之间进行连接的桥梁。剪贴板中的数据可能是黑客网络攻击过程中用过的账号、攻击工具的许可证号等信息，因此在物理内存取证过程中意义很大。恢复剪贴板数据需要了解剪贴板数据结构，以及与剪贴板结构相关的 Windows 内核文件。

1）剪贴板数据结构

剪贴板记录是通过一个链表来维系的。其具体结构图如表 6-10 所示，共有 4 个变量。第 1 个是一个指针，指向链表中的下一元素。第 2 个在偏移量 0x04 处（在 64 位机器上是 0x08），用来记录当前信息的格式。第 3 个在偏移量 0x08 处（在 64 位机器上为 0x10），是一个未知变量。第 4 个在偏移量 0x0c 处（在 64 位机器上 0x18）的是一个指向具体数据的句柄。

表 6-10　剪贴板结构

32 位偏移量	64 位偏移量	字段类型	字段名称
0x00	0x00	Gphn*	Next
0x04	0x08	Unit16_t	Format
0x08	0x10	Unknown	Unknown
0x0c	0x18	Void*	handle

2) user32.dll 和 win32k.sys

user32.dll 是 Windows 用户界面相关应用程序接口，用于包括 Windows 处理，基本用户界面等特性，如创建窗口和发送消息。对于用户态的应用进程，剪贴板结构存储于 user32.dll 中。user32.dll 通过地址空间中的 gphn 符号定位剪贴板的信息。win32k.sys 是 Windows XP 多用户管理的驱动文件。对于内核态的应用进程，剪贴板结构存储于 win32k.sys 中。对剪贴板信息的恢复主要是基于 user32.dll 的对用户态进程剪贴板数据的恢复。

3) PDB 文件

PDB 文件 (program data base file) 中文名称为程序数据库文件。每一个程序在运行时，都会创建一个 PDB 文件，用以保存程序的调试信息和当前状态信息，如 public、private 和 static 函数地址，全局变量的名字和地址等。PDB 文件还存储所有程序会用到的符号，gphn 符号的偏移量被加载到 PDB 文件中。进程作为程序在内存中的一次执行，所使用的符号信息也存储在对应的 PDB 文件中。要通过 user32.dll 找到对应的剪贴板信息，首先利用相应 PDB 文件，即 user32.pdb 中的数据定位 gphn 符号在 user32.dll 中的偏移量。

PDB 文件以流的方式存储数据，对于不同的数据，分别以 section stream、structure stream、symbol stream 的形式进行存储。为了方便数据提取，PDB 文件采用了文件系统的页式存储空间管理方式。它将文件分成大小相同的页，属于同一数据流的信息不必存储在连续的空间里，而是通过特定的指针串联起来。PDB 文件的结构层次清晰，易于数据检索，下面为 PDB 文件中几个重要的数据结构。

```
typedef struct _PDB_HEADER
  {
  PDB_SIGNATURE Signature;        //版本信息
  DWORD    dPageSize;             //页面大小
  WORD     wStartPage;            //数据页起始地址
  WORD     wFilePages;            //PDB 文件所用页面个数=file size/dPageSize
  PDB_STREAM  RootStream;         //流目录地址
  WORD     awRootPages [];        //流目录所使用的页面个数
  }PDB_HEADER, *PPDB_HEADER, **PPPDB_HEADER

typedef struct _PDB_ROOT
  {
  WORD    wCount;                 //数据流的个数
  WORD    wReserved;              //0
  PDB_STREAM aStreams [];         //每个数据流的入口地址
  }PDB_ROOT, *PPDB_ROOT, **PPPDB_ROOT

typedef struct _PDB_STREAM
  {
  DWORD dStreamSize;              //数据流的大小
  PWORD pwStreamPages;            //数据流所用页面个数
  }
  PDB_STREAM, *PPDB_STREAM, **PPPDB_STREAM
```

从这些结构中，可以得到很多关于 PDB 文件的基本信息，如 PDB 文件的版本、大小，以及流目录和各数据流的地址、大小等信息。

4）PE 文件

要找到剪贴板数据，需要用到 sys 文件，dll 文件以及相应的 PDB 文件。它们都属于 PE 文件。因此，有必要了解一下 PE 文件的基本概念和结构。PE 文件是一种可移植可执行文件，它通过 Windows 加载器被加载到内存后，称为一个模块。在恢复剪贴板数据过程中所用到的文件都属于 PE 文件。

PE 文件具体结构被组织成一个线性的数据流。它由一个 MS-DOS 头部开始，接着是一个实模式的程序残余以及一个 PE 文件标志、PE 文件头和可选头部、所有的段头部，以及跟随着段头部的所有段实体。文件的结束处是一些其他的区域，当中是一些混杂的信息，包括重分配信息、符号表信息、行号信息以及字串表数据等。

2. 用户态的剪贴板数据恢复技术

基于 Windows 物理内存映像，用户态剪贴板信息提取算法流程如图 6-30 所示。

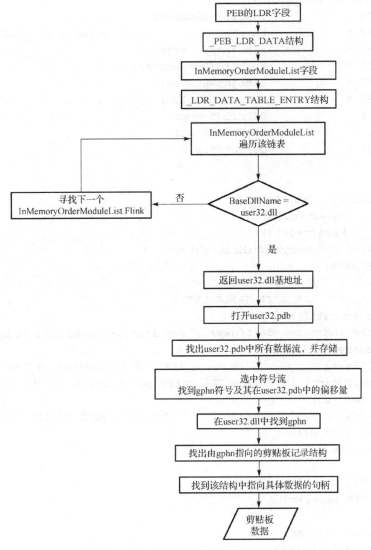

图 6-30 用户态剪贴板信息提取算法流程

用户态剪贴板信息提取算法由以下 3 个步骤组成。首先，遍历进程的加载模块链表，找到 user32.dll；其次，打开 uesr32.pdb，从中找出 gphn 符号，确定其在 user32.dll 中的偏移量；最后，利用 gphn 符号，找到剪贴板记录结构，并通过指向具体数据的句柄找到剪贴板数据。每个步骤详细情况如下。

1）定位 user32.dll 在物理内存映像中的位置

首先通过进程环境块 PEB 中的指针 peb.ldr 找到_PEB_LDR_DATA 结构，它存储了有关进程所加载模块的相关信息。但这些信息并非由它直接指向，而是由它的一个链表型指针变量 InMemoryOrderModuleList 所指向的_LDR_DATA_TABLE_ENTRY 结构指明。在该结构中存储了大量有关 dll 文件的信息，如 dll 文件的名称、基址等。这些 dll 文件通过变量 InMemoryOrderLinks 以双向链表的形式组织起来。遍历该链表，就能找到 user32.dll，并返回它在内存映像中的基地址。在定位 user32.dll 时所用到的一些关键性结构如下。

```
typedef struct peb_type {
    uint64_t            ImageBaseAddress;
    uint64_t            Ldr;                // pointer to _PEB_LDR_DATA
    uint64_t            ProcessParameters;
    uint32_t            NumberOfProcessors;
    uint32_t            OSMajorVersion;
    uint32_t            OSMinorVersion;
    uint16_t            OSBuildNumber;
    uint16_t            OSCSDVersion;
    uint32_t            OSPlatformID;
} peb;

typedef struct _PEB_LDR_DATA {
  BYTE        Reserved1[8];
  PVOID       Reserved2[3];
  LIST_ENTRY InMemoryOrderModuleList;
} PEB_LDR_DATA;

typedef struct _LDR_DATA_TABLE_ENTRY {
  PVOID Reserved1[2];
  LIST_ENTRY InMemoryOrderLinks;     //A doubly-linked list of loaded modules
  PVOID Reserved2[2];
  PVOID DllBase;                      //The base address of the loaded DLL
  PVOID EntryPoint;     //The DLL entry point specified in the PE headers
  PVOID Reserved3;
  UNICODE_STRING FullDllName;        //The full path of the DLL file
  BYTE Reserved4[8];
  PVOID Reserved4[3];
  union {
      ULONG CheckSum;
      PVOID Reserved6;
      };
  ULONG TimeDateStamp;
}LDR_DATA_TABLE_ENTRY;
```

2) 获取 gphn 符号在 user32.dll 中的偏移量

user32.dll 的调试信息是存放在 user32.pdb 中的。如果要获取 gphn 的偏移量，就从 user32.pdb 寻找。打开 user32.pdb，文件的起始位置就是 _PDB_HEADER 结构，该结构中的变量 RootStream 存放着流目录所在流的地址，通过 RootStream 可找到 PDB 文件中的流目录 _PDB_ROOT。在流目录的结构中，通过 PDB_STREAM 型数组 aStreams []可以遍历 PDB 文件中的所有数据流，并将所获取的数据流信息存储到一个 pdb_type 结构中。pdb_type 的结构定义如下。

```
typedef struct pdb_type {
    char *       file_name;
    char *       pdb_url;
    pdb_file_t   pdb_file;
    uint32_t     magic_number;
    uint32_t     bytes_per_page;
    uint32_t     start_page;
    uint32_t     nbr_pages;
    uint32_t     root_size;
    uint32_t     root_ptr;
    uint32_t     stream_count;
    uint32_t *   stream_size;
    uint32_t *   stream_ptr;
    pdb_symbols_t symbols;
    pdb_sections_t sections;
    pdb_structures_t structures;
} pdb_type_t;
```

通过该结构中的 pdb_symbols_t 型变量 symbols，获取存储所有符号流信息的链表，遍历该链表，就能找到符号 gphn，并获取它在 user32.dll 中的偏移量。

3) 找到剪贴板信息

利用从 user32.pdb 中获取的数据，可以在 user32.dll 中找到 gphn。gphn 是剪贴板结构中的一个变量，通过它可以将进程所用到的所有剪贴板信息串联起来。在 user32.dll 中，gphn 所存储的是第一个剪贴板记录的指针，通过它找到第一个剪贴板记录。然后，遍历所有的剪贴板记录，通过记录结构中指向具体数据的句柄，就能找到并恢复出进程当前的所有剪贴板数据。

3. 内核态的剪贴板数据恢复技术

现实中存在着这样一种极为普遍的现象，即用户在关闭应用程序后再将数据复制到剪贴板。由于每个进程一旦拥有剪贴板函数的入口，就会保留剪贴板本地副本。因此，剪贴板中的数据仍然会为一个关闭的进程保留，直到被覆盖。实际上，这些数据被覆盖的可能性是很高的，所以用户态的剪贴板数据恢复方案尚不够稳定、不够全面。

为此，提出一种内核态剪贴板数据恢复方案。剪贴板是用户空间与内核空间的桥梁，由于内核也有剪贴板的数据，所以使用 win32k.sys 内核模块可以定位和检索剪贴板中的信息。其具体实现流程与用户态的极为相似，首先在 PsLoadedModuleList 中定位 win32k.sys，然后使用 debug section 索引到 win32k.pdb。使用 win32k.pdb 就可以找到 gSharedInfo。遍历那些所有指出 Windows station 对象入口的剪贴板格式表。一旦找到适当的格式和与之相关联的句柄，就将该句柄转换为指向剪贴板数据的内存指针。最后，利用该指针检索到剪贴板。

6.5.4　关键技术

1. 基于文件对象的链表构建算法

鉴于不同机器字长、不同系统版本所带来的句柄表结构差异，这里以 Windows XP SP3 系统为实验平台，实现句柄表索引算法、内核对象索引算法。首先选定一个进程索引其句柄表，通过遍历句柄项，恢复所有的设备、驱动、文件等内核对象。然后再将所有的对象类型与 file 进行匹配，保留其中匹配成功的文件对象。最后将文件对象对链表的形式连接起来，以便后续的遍历分析。

2. 文档实际页面的索引算法

执行文件对象链表构建算法之后，选定一个文本文档，对其执行文档实际页面的索引算法。第一，在索引内核对象的基础上，定位该文件的 file object 对象体。第二，通过访问其中的 SectionObjectPointer 字段，定位 _SECTION_OBJECT_POINTERS 结构，访问其中的 DataSectionObject 字段并定位与之相关联的 CONTROL_AREAs。第三，重构紧随其后的 SUBSECTION 结构，通过 SubsectionBase 字段找到 MMPTE(原型 PTE 的数组)，类似于虚拟地址到物理地址的映射过程，通过逐项映射索引，最终找到文档所有尚存在内存中的实际页面，将页面内容逐页读取出来，写入新建文件。第四，读取 NextSubsection 的标记值，判断是否还有下一个 SUBSECTION 结构，若有则循环执行；若没有则关闭输出文件流，对新建文件进行最后的检验输出。

3. 剪贴板数据恢复算法

获取物理内存映像中的剪贴板数据是对进程实时文档恢复的一个重要补充，是实时文档信息恢复的一个重要内容与技术难点。剪贴板数据恢复算法分为用户态和内核态两个层面，两种算法思路相似，这里只对用户态的剪贴板数据恢复算法进行说明。

第一，算法对进程 PEB 中的加载模块链表进行遍历分析，找出 user32.dll 模块，返回该模块的基地址。第二，根据 user32.dll 这个 PE 文件中的 GUID、AGE 字段信息，下载相应的 user32.pdb 文件。打开 user32.pdb 文件，找出存储其中所有的数据流。第三，选中符号流，找到 gphn 符号及其在 user32.dll 中的偏移量，进而在 user32.dll 中找到该符号。第四，定位由 gphn 符号所指向的剪贴板记录结构，找到相关偏移处的句柄，进而读取剪贴板数据。

6.5.5　实现特色

该模块的实现特色是攻克了 Windows 内核结构(如进程)的逆向分析和内存页面离散

性的技术难点，实现了进程文档信息恢复与剪贴板数据恢复相结合，确保了系统实时文档信息恢复的完整性、准确性和可靠性。

通过对 Windows 内核机制的探索研究，确定了"进程→句柄表→内核对象→文件资源"的分析思路，深入研究了不同系统版本、句柄表结构等所造成分析的差异，设计实现了一系列句柄表索引、内核对象查找、文档实际页面定位等的算法。成功实现了对进程实时文档的恢复功能。

在对文档进行恢复的过程中，基于内存分页机制以及内存文件的高度离散性，我们分析比对了不同内存、不同文件大小等因素所造成的分析差异，较为稳定地恢复出小型的 txt、doc、pdf 文档，并对其他形式的文件恢复进行了积极的探索。

在物理内存映像中恢复剪贴板数据是取证领域的一个前沿研究内容，国内对这方面的研究更是少之又少。基于国内外最新的理论研究成果，对剪贴板的内核管理机制、数据结构，以及 PDB 文件、dll、sys 等 PE 文件的结构、格式进行较为深入的研究，成功实现了剪贴板的数据恢复功能，这对实时文档恢复是个极为重要的补充和辅助。

6.6　网络攻击行为重建技术

6.6.1　设计思路

黑客通常会在被攻击系统上打开预定义的网络端口，利用这些端口建立网络连接，进而执行命令、除能安全配置、传输攻击工具等网络攻击行为。因此，网络攻击行为取证检测已经成为调查取证领域中的关键技术之一。目前已有多种网络行为取证调查的工具，如 TCPView 和 FPort 等，这些工具比较适合事件响应。此外，还有适合网络安全事件的事后取证调查的 PyFlag 工具。由于网络端口及网络连接构建的信息通常在内存中维护，所以基于物理内存映像的网络攻击行为提取与分析也能够帮助取证调查人员更好地理解网络行为，同时对现有的网络行为分析是一个很好的补充和完善。

基于物理内存映像的网络攻击行为提取与分析需要恢复 TCP 和 UDP 连接，这需要解析_TCPT_OBJECT 和_ADDRESS_OBJECT 两个内部结构，这两个结构在 tcpip.sys 驱动文件中定义，但微软官方并没有公开这些结构信息。因此，基于物理内存映像的网络行为提取和分析需要逆向分析这两个结构及其结构之间的关系，进而完成网络行为的重建和恢复。

此外，黑客在入侵 Windows 系统后，通常利用 cmd.exe 程序执行一些网络攻击行为。cmd.exe 是微软 Windows 系统的命令行程序，类似于微软的 DOS 操作系统，运行在 Windows NT/2000/2003/Vista/7/8 上，是 Windows 系统中一种重要的系统程序。黑客在网络攻击过程中经常会利用 cmd.exe 程序执行 CMD 命令（如 net、netstat、ipconfig、delete 等）。因此，针对 cmd.exe 系统程序，在物理内存映像中提取和分析网络攻击命令历史成为了解和分析网络行为攻击的一种重要方法。

为此，针对 Windows 系统物理内存映像，分别从网络结构逆向分析和 cmd.exe 命令执行行为来分析，如图 6-31 所示为网络攻击行为重建模块的设计思路。

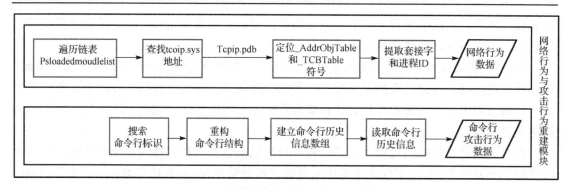

图 6-31 网络攻击行为重建模块的设计思路图

6.6.2 网络行为重建

Windows 使用 tcpip.sys(PE 文件)处理其 TCP/IP 通信。在 Windows XP 的 tcpip.sys 文件中，符号_AddrObjTable 是一个记录进程 ID 和 TCP 连接的表，而_TCBTable 是一个记录进程 ID 和 UDP 连接的表。这些符号的结构通过手动检查 tcpip.sys(PE 文件)就可以找到。

基于物理内存映像进行网络行为重建的方法。首先，要找到物理内存映像中的 tcpip.sys 驱动文件；其次，通过查询 tcpip.sys 驱动程序对应的 PDB 文件，找到对应于符号_addrObjTable 和_TCBTable 符号的位置。在 PDB 文件中，有两个数据流用于计算出相应符号的位置，第 1 条数据流提供了一组符号和相关偏移量，第 2 条数据流提供了这些偏移的调整量。其中第 2 条数据流是一个表，表中的每个条目有两个值，第 1 个是虚拟地址(相对于映像基址)，第 2 个是偏移量和相关数据部分虚拟地址的总和。最后，根据这些符号在 tcpip.sys 驱动文件中的位置信息，可以重建物理内存映像中套接字和网络连接信息，以及与这些结构相关联的进程号等信息。基于物理内存映像的网络行为重建算法流程如图 6-32 所示。

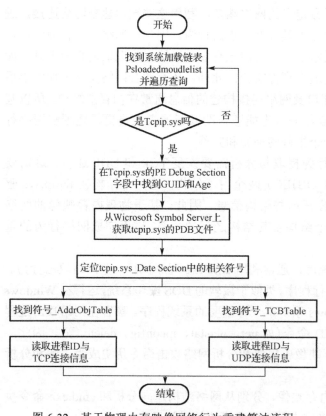

图 6-32 基于物理内存映像网络行为重建算法流程

重建基于物理内存映像中的网络行为步骤如下。

(1)在系统加载模块链表中找到 tcpip.sys(PE 文件)的地址。

(2)利用相对应的 PDB 文件，在 tcpip.sys 中定位_AddrObjTable 和_TCBTable 符号。

（3）在_AddrObjTable 和_TCBTable 的数据结构中提取本地和远程套接字信息，以及与之相关联的进程 ID 号。

通过对重建的网络行为信息及相关联的进程信息，可以进一步判断进程是否存在非法的远程通信，并分析物理内存映像对应的计算机系统网络通信是否受到攻击，从中及时发现网络攻击者的意图。

6.6.3　基于命令行的网络行为重建

1. 命令行相关理论基础

cmd.exe 与 UNIX 系统采用命令历史记录文件的方式不同，Windows 系统的命令提示符通过 DOSKEY 命令查看命令历史。用户可以通过键入命令 "DOSKEY/history" 来显示整个命令历史记录，也可以在命令提示符中按 F7 键打开 DOSKEY 命令历史窗口，如图 6-33 所示。

图 6-33　按 F7 键打开 DOSKEY 命令历史窗口

对于 Windows 系统而言，DOSKEY 命令行历史记录存储在内存中，不会写入到物理磁盘。这些信息只有在 cmd.exe 运行时，即命令提示符打开的情况下才能访问。一旦关闭 cmd.exe 程序窗口，所执行的命令行历史信息就不能访问。因此，恢复重建命令行历史信息变得较为困难，并且在数字取证调查过程中找到一个打开的命令窗口的可能性是很低的。但是，从物理内存映像中恢复命令行历史信息是有可能的。为了基于 Windows 系统物理内存映像提取和重建命令行历史信息，有必要研究 DOSKEY 命令在内存中的存储结构及方法。在此，以虚拟机上的 Windows XP 专业版 SP3 系统为平台，进行 DOSKEY 命令行历史信息的初步搜索实验。

实验结果显示内存中的命令行历史信息。这些命令大多数是从命令提示符窗口的显示缓冲器中，或者从命令执行时生成的消息中提取的。每条命令在内存中都有一个单一的 Unicode 字符串，以便与 DOSKEY 命令历史关联起来。通过分析这些结果，可以找到 DOSKEY 命令行历史元素的数据结构和命令行历史记录缓冲区。

以命令"test of cmd history"为例，它包含 19 个字符，作为一个 Unicode 字符串，它需要 38B 来储。如图 6-34 所示为利用 WinHex 查看到的该命令在内存中的存储记录。需要注意的是，安装的 Windows XP 系统是 E 盘。

```
03146CC0   45 00 3A 00 5C 00 44 00   6F 00 63 00 75 00 6D 00   E : \ D o c u m
03146CD0   65 00 6E 00 74 00 73 00   20 00 61 00 6E 00 64 00   e n t s   a n d
03146CE0   20 00 53 00 65 00 74 00   74 00 69 00 6E 00 67 00     S e t t i n g
03146CF0   73 00 5C 00 67 00 61 00   6F 00 79 00 75 00 61 00   s \ g a o y u a
03146D00   6E 00 7A 00 68 00 61 00   6F 00 3E 00 74 00 65 00   n z h a o > t e
03146D10   73 00 74 00 20 00 6F 00   66 00 20 00 63 00 6D 00   s t   o f   c m
03146D20   64 00 20 00 68 00 69 00   73 00 74 00 6F 00 72 00   d   h i s t o r
03146D30   79 00 20 00 20 00 20 00   20 00 20 00 20 00 20 00   y
```

图 6-34　一个单一的命令行元素

在命令提示符可寻址范围内的内存中发现命令行元素都是不可执行的，而在用户运行时环境进程(CSRSS.EXE)里找到命令行元素却是可执行的。csrss.exe 就是人们通常所说的"客户端/服务器运行时子系统"，用于处理控制台或基于可执行文件的字符串，如命令提示符可执行文件 cmd.exe。

命令行历史元素的结构如下：

```
CommandElement {
    0x00 short ByteCount;                    //命令行字符串的长度
    0x02 char Command [ByteCount/2];         //命令行字符串
}
```

这是命令行在内存中的存储结构，但不是十分独特的标识符，很难利用它定位在内存中的命令行元素。

继续研究发现一个更鲜明的内存结构(微软公司并没有明确定义该结构)，它包含一个关于命令行历史元素存储地址的数组，通过这些地址能找到具体的命令行元素。命令行历史的结构如下：

```
typedef struct CommandHistory_Xpsp3_type{
    uint32_t            Flags;
    list_entry          ListEntry;
    uint32_t            Application;
    uint16_t            CommandCount;
    uint16_t            Lastadded;
    uint16_t            LastDisplayed;
    uint16_t            FirstCommand;
    uint16_t            CommandCountMax;
    uint32_t            ProcessHandle;
    list_entry          popupList;
    uint32_t            CommandBucket[50];
}CommandHistory_Xpsp3;
```

在该结构中最重要的元素是的 CommandCountMax。这个域的默认值为 50(0x0032)，取值范围为 0~999(0x0000~0x03E7)，它是一个很好的标识符。CommandCount 记录了存储在 DOSKEY 命令行历史结构中的命令数，其值必须介于 0 和 CommandCountMax 之间。CommandBucket 就是存储命令行历史元素存储位置的数组，通过它可以找到命令行的数据。

在微软公司没有给出明确命令行结构定义的情况下，利用 CommandCountMax 在物理内存映像中找出 CommandElement 的方法是可行的(因为它的值是固定的)。一旦找到了 CommandCountMax 的位置，就可以根据 CommandHistory 中元素偏移量和取值的关系判定搜索到的地址是否真的是 CommandCountMax 的位置。使用基于特征标识的暴力搜索虽然耗时，但所获取的数据完整性和可信性却很高。

2. 基于命令行的攻击行为重建

依据 DOSKEY 命令在内存中的存储结构，提出一种基于物理内存映像的命令行执行历史的行为重建技术，该方法主要包含如下两个步骤。

1)遍历进程的用户地址空间，找到 CommandHistory 结构

进程的虚拟地址空间是连续的，但为其分配的物理地址空间是离散的。从虚拟空间到物理空间的映射是由 VAD(Virtual Address Descriptor, 虚拟地址描述符)来完成的。要寻址所有的进程空间，必须遍历所有的 VAD 结构。

VAD 在内存中以平衡二叉树的结构进行存储。在遍历进程所有的 VAD 结构时，要用到其 EPROCESS 结构中的变量 VadRoot。VadRoot 指向_MMVAD 的结构，其结构如下：

```
nt! MMVAD
   +0x000 StartingVpn      : Uint4B
   +0x004 EndingVpn        : Uint4B
   +0x008 Parent           : Ptr32  _MMVAD
   +0x00c LeftChild        : Ptr32  _MMVAD
   +0x010 RightChild       : Ptr32  _MMVAD
   +0x014 u                :  unnamed
   +0x018 ControlArea      : Ptr32  _CONTROL_AREA
   +0x01c FirstPrototypePte : Ptr32  _MMPTE
   +0x020 LastContiguousPte : Ptr32  _MMPTE
   +0x024 u2               : __unnamed
```

VadRoot 指向二叉树的根节点。通过遍历每个节点的 LeftChild 和 RightChild，就能遍历进程的所有 VAD，即所有的地址空间。

在进程的整个地址空间中搜索 0X32，即 CommandCountMax 的值，每搜索到一个 0X32 时，就根据 CommandHistory 中各变量的偏移量，得到一个假定的 CommandHistory 结构，再根据其中每个变量的取值范围，判定搜索到的地址是不是 CommandCountMax 的位置，直到找到符合条件的 CommandHistory 结构。

2)找到 CommandElement 地址，输出命令行历史信息的内容

根据 CommandHistory 中的变量 CommandBucket[50]找到所有 CommandElement 的虚拟地址，进行虚实地址转化后，即可输出正确的命令内容。

6.6.4　关键技术

1)遍历进程所有的 VAD 结构

VAD 以二叉树的形式进行存储，在对其进行遍历时，根据 Windows 系统关键结构和

变量在内存和文件中所处位置相对固定的原理，设计先遍历右子树，再遍历左子树，最后遍历根节点的遍历算法，高效地搜索出所需 CommandHistory 结构的虚拟地址。

2）重构命令行历史相关结构

在判断 CommandHistory 结构的正确性时，必须重构其完整的结构。但微软公司并没有定义该结构。为此，我们查阅了大量资料，并以命令行历史信息的初步搜索实验为基础，重构了命令行历史相关结构。

6.6.5　实现特色

在对网络行为和基于命令行的攻击行为重建过程中，深入内核结构，搜索进程的所有地址空间，遍历内核加载模块的链表，找到所需模块并从中寻找有用数据；对特殊文件结构进行分析，获取数据流信息，提取关键符号信息；并对内存相关数据结构进行重构，恢复出需要的信息。

整个过程对相关内存结构进行完整分析，思路严密有序，获取的数据完整性、可靠性高。通过获取的套接字信息可以对可疑进程的攻击行为进行初步分析，而获取的命令行信息是对操作者行为的忠实记录。这些都能提供大量有价值的取证数据。

6.7　即时信息搜索机制

6.7.1　实现原理

数据以二进制补码的形式存储在内存中，在对某一即时信息如"http://"进行搜索时，程序内部会自动将其转换成 ASCII 码所对应的二进制序列，与内存中的数据进行匹配。内存相对于普通文件而言往往是很大的，通常都在 1GB 以上，为达到快速响应的需要，必须采用一种高效的匹配算法。

KMP 算法以高效而著名，是一种无回溯的模式匹配算法。该算法能够对模式串本身的字符分布特征进行分析，生成模式串的特征向量，并在模式匹配的过程中对其加以利用，以提高模式匹配的效率。该算法的时间复杂度为 $O(n+m)$，是目标串长度的线性函数。同时模式串特征向量的计算也与模式串自身长度成正比。在 KMP 算法中最关键的部分是模式串的特征向量的计算和生成。本系统在对即时信息进程搜索的功能设计中，采用了 KMP 算法的思想。如图 6-35 所示为即时信息搜索模块的设计思路。

内存中除了进程信息、网络连接信息之外，还存在大量有价值的即时信息，如口令、登录账号、入侵者的 IP 地址等。很多程序会提示用户输入口令，口令对话框消失后，

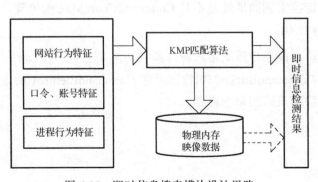

图 6-35　即时信息搜索模块设计思路

只能在内存中寻找口令。在整个映像文件中搜索口令、账号等即时信息，为后续的穷举分析提供重要依据。

6.7.2 实现方案

通过设计一个匹配算法来实现即时信息搜索功能。用户在选择待分析的内存映像、输出文件路径及要搜索的关键字后，系统以关键字为基础，在整个内存映像中进行匹配搜索。

系统首先对获取到的内存映像文件以每块 4096B 的大小逐块读出（fread(matcher, MAX_SIZE, 1, in)），分别与关键字进行 KMP 匹配，若匹配成功，则根据中文和英文不同的编码规则，在以此为基点的 100B 内，输出其中的可打印字符，将其序号、物理地址、相应字符串显示在列表中，并记录到用户选择的文件路径中（fread(str,sizeof(char),100,in)）。然后将文件指针移动模式串长度的位置（offset=offset+index+strlen(str3)），重新开始匹配，并重复以上步骤。匹配完成后，返回内存映像对应偏移量处，再读入 4KB，并重复之前步骤，直到将物理内存映像文件中的所有数据都检测完毕。如图 6-36 所示为敏感信息搜索的具体实现流程。

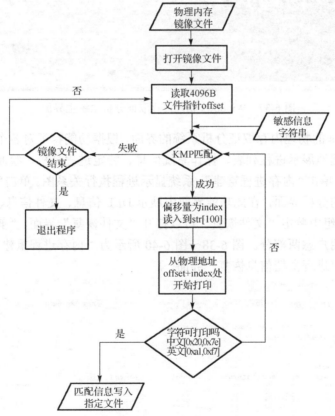

图 6-36 敏感信息搜索的具体实现流程

设计的即时信息搜索工具可对英文、中文、十六进制数等多种形式的任意即时信息进行搜索，适应用户不同的需求。对于内存中不同位置的相同信息，都可一一进行保留。这些信息为不同的进程所使用，为分析可疑进程行为提供验证方法。

6.8　物理内存取证分析系统

物理内存取证分析系统是基于 Windows 系统的 MFC 设计开发而成的。界面整体使用 Tab 控件，Tab 控件对话框分别为欢迎首页、远程映像获取、内存进程重建、网络行为分析、IE 访问历史、文件访问行为、注册表逆向分析、恶意代码提取、证据文件雕刻和内存信息搜索，界面如图 6-37 所示。界面以友好、方便用户操作为出发点，具有良好的移植性。

图 6-37　Windows 物理内存取证分析系统主界面

基于 Windows 的物理内存取证分析系统的界面，根据功能特征对各个功能组框进行合理的布局，有条理地展示进程列表、操作系统信息、特定进程分析、绘制进程图以及驱动信息获取的功能。单击"内存进程重建"，系统显示进程执行关系图。单击"特定进程分析"，系统显示进一步的分析界面，在此功能界面中展示 DLL 信息、文件信息、剪切板信息。在"文件信息"选项组中单击"文件恢复"可以打开"文件恢复"界面，"剪切板信息"选项组分为内核态和用户态两部分。图 6-38～图 6-40 所示为"内存进程重建"界面、"特定进程分析"界面与"进程文档信息恢复"界面。

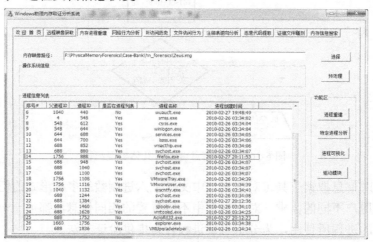

图 6-38　"内存进程重建"界面

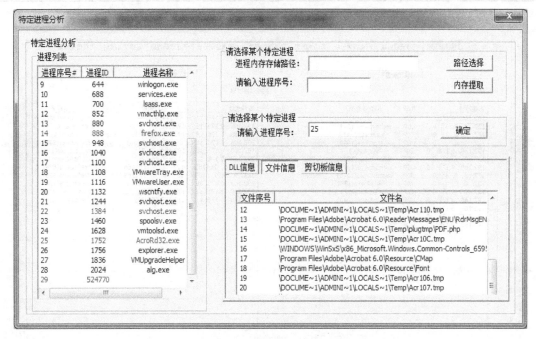

图 6-39 "特定进程分析"界面

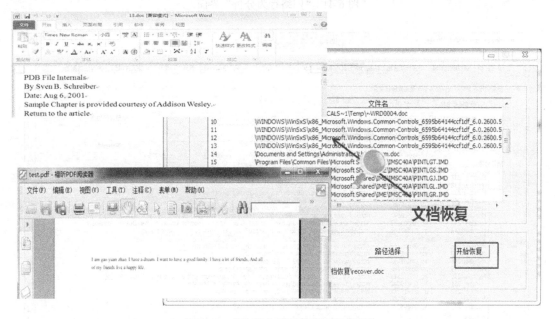

图 6-40 "进程文档信息恢复"界面

"网络行为分析"界面分为网络接连信息和命令行信息两部分,其结果都将显示在下方框中。图 6-41 为其界面。

在"内存信息搜索"界面用户可以根据需要自主选择或定义映像的路径、输出文件的存放路径、内存信息的内容,对用户来说具有很大的灵活性。当搜索完毕后,结果显示在下方显示框中。图 6-42 所示为"内存信息搜索"界面。

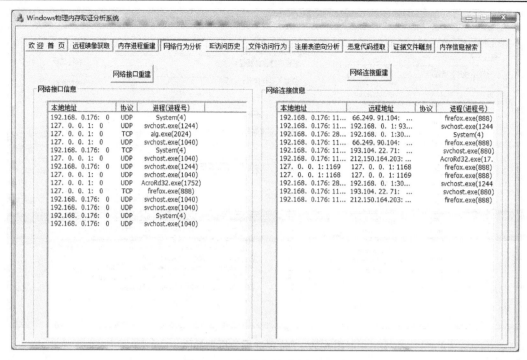

图 6-41 "网络行为分析"界面

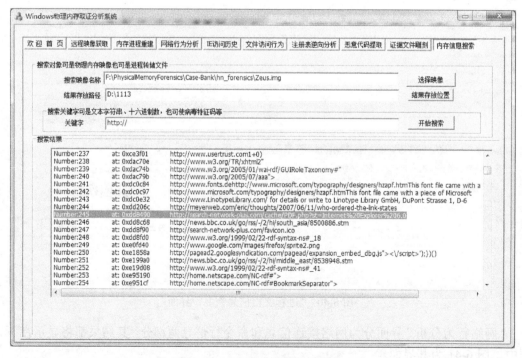

图 6-42 "内存信息搜索"界面

利用 Windows 物理内存取证分析系统对 Windows 系统终端等进行网络攻击检测与取证评估的主要流程，可以采用如图 6-43 的流程进行操作。

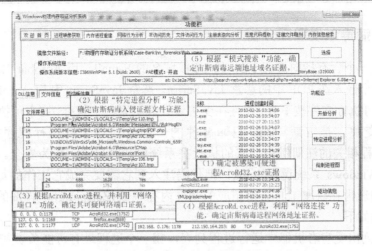

图 6-43　Windows 物理内存取证分析系统与取证流程

6.9　宙斯病毒入侵取证分析案例

6.9.1　物理内存获取案例

计算机系统版本：Windows 7 旗舰版，Service Pack1。

处理器：Intel(R) core(TM)i5-3230M CPU @ 2.60GHz。

内存大小：4.00GB(3.70GB 可用)。

系统类型：64 位操作系统内存 256MB、512MB、2GB 开启 PAE 模式。

Windows 系统物理内存映像获取过程如图 6-44 所示，单击"远程映像获取"标签，输入需要远程获取物理内存的系统 IP 地址，单击"远程连接"按钮，如果连接状态为"已连接"，则单击"获取远程内存"按钮，开始执行物理内存映像获取功能。获取过程中界面上显示接收进度，以及已经收到和整个物理内存大小等内存获取情况的动态显示。

此外，物理内存映像获取还可以针对 Windows 虚拟机系统物理内存映像，以及在本地 Windows 系统上进行物理内存映像获取。

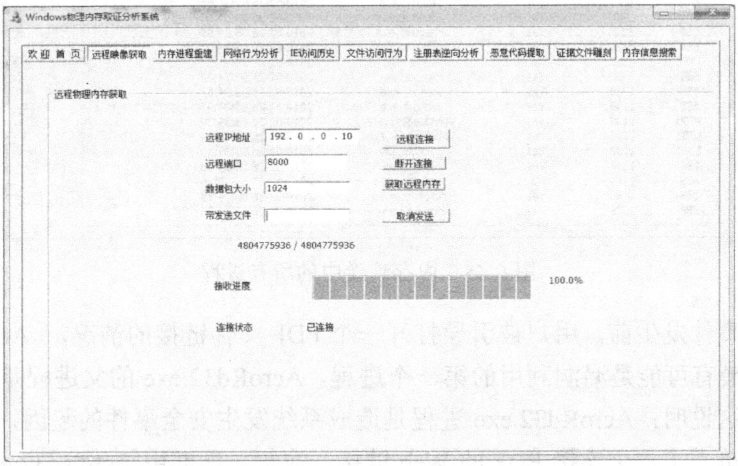

图 6-44　Windows 系统物理内存映像远程获取

6.9.2　宙斯病毒入侵取证分析

用户接收一个含有指向虚假 PDF 的 URL 域名的 E-mail，用 Acrobat Reader 打开那个文档，触发一个嵌入在 PDF 中的恶意 JavaScript。恶意 JavaScript 利用 Acrobat Reader 的漏洞，触发一个可执行文件被下载，并且在受害者计算机系统上执行。这个可执行文件是 Zbot 恶意软件的变种，是宙斯(Zeus)犯罪恶件的一部分。这个可执行程序把自己放在与 WinLogon 进程相关的注册键中。它的执行在系统启动时启动，较为安全。在执行后，恶意软件利用 Windows 系统调用 hook，把代码注入到它需要完成它工作的每个进程中。以上过程利用物理内存获取工具获得相应的物理内存映像(Zeus.img)，详细的宙斯病毒入侵取证分析过程如下。

问题 1　列出受害者机器中运行进程列表，哪一个进程最有可能负责初始滥用。

工具：内存取证分析系统－内存进程重建功能。

操作过程：

(1)执行内存取证分析系统软件。

(2)单击"内存进程重建"标签。

(3)选择内存映像文件(Zeus.img)。

(4)单击界面上的"特定进程分析"按钮。该内存映像中的所有进程如图 6-45 所示。

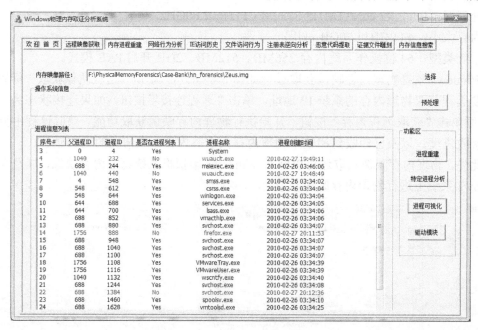

图 6-45　内存映像中的所有进程

鉴于安全事件发生前，用户被引导打开一个 PDF 文件链接的情况， AcroRd32.exe(进程号：1752) 最有可能是漏洞利用的第一个进程。AcroRd32.exe 的父进程是 firefox.exe(进程号：888)。这说明：AcroRd32.exe 进程是造成系统发生安全事件的起因，在安全事件发生之前，用户单击了一个连接 PDF 的 Web 链接。注意：能够用 AcroRd32.exe 进程创建时间作为安全事件发生的起始时间。

　　根据上述分析，检查的进程应该包括 firefox.exe（PID 888）和 svchost.exe（PID 1384）。其中 firefox.exe 进程是 AcroRd32.exe 的父进程，svchot.exe 进程在 AcroRd32.exe 启动后 13s 启动。

　　问题 2　列出感染期间在受损机器上打开的网络套接字，可疑进程是否有打开的套接字？

　　工具：内存取证分析系统－网络行为分析功能。

　　操作过程：

　　(1)在问题 1 分析的基础上，单击"网络行为分析"标签。

　　(2)单击"网络接口重建"和"网络连接重建"按钮。在内存映像获取时刻，内存中的网络接口和网络连接信息如图 6-46 所示。

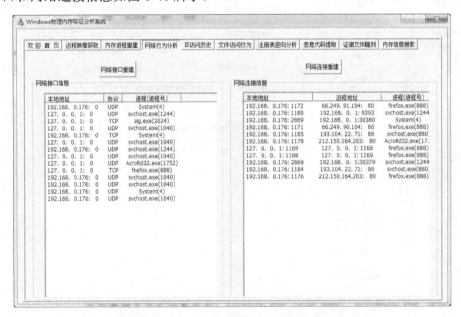

图 6-46　内存中的网络接口和网络连接信息

　　通过分析"网络连接重建"按钮下面文本框中的连接信息，可以知道，最值得怀疑的网络连接是链接外部网站 AcroRd32.exe（PID 1752）进程和 svchost.exe process（PID 880）进程。因为这些应用程序通常没有外部的 HTTP 连接信息。其他的 HTTP 连接是 firefox（PID 888），由于 Firefox 浏览器是网络程序，通常需要访问外部网站，因此 Firefox 浏览器有网络连接并不值得怀疑，但是这些网络连接对于了解用户网络行为具有取证价值，它们能够提示该浏览器用户访问了什么网站。

　　通过查看网络套接字信息，可知很多套接字是用户发起的客户端连接信息，或者已知的服务端口，如 firefox.exe（PID 888）的网络连接。但是 AcroRd32.exe（PID 1752）、svchost.exe（PID 1040）和 svchost.exe（PID 880）等进程发起的网络连接是在系统安全事件发生后打开的套接字。另外，结合进程启动的时间可以发现，在安全事件发生（即是 AcroRd32.exe 启动之后的 13s）时，进程 svchost.exe（进程号：1384）启动了，并且打开了 TCP 端口 30301，这是一个不同寻常的高端口，并且没有和任何已知端口进行关联。由此推测这可能是一个后门（backdoor）。

问题 3　在可疑进程的内存中，列出任何可疑的 URLs。

工具：内存取证分析系统－进程内存映像提取功能、内存信息搜索功能。

操作过程：

(1)在"内存进程重建"标签，单击"特定进程分析"进入该界面。

(2)在特定进程转储部分，单击"转储进程内存路径"按钮，设置进程的内存转储路径，并选择需要转储的进程序号。

(3)单击"内存转储"按钮，获得该进程的内存转储，相应的内存转储文件存放在指定的文件夹中。图 6-47 所示为特定进程分析界面。

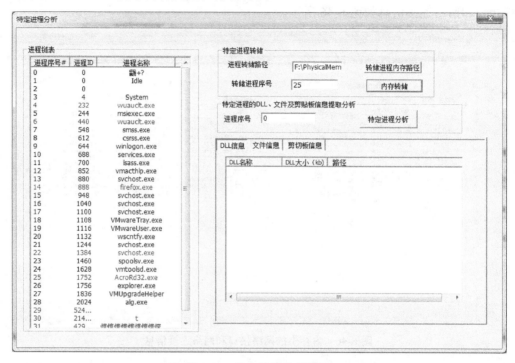

图 6-47　特定进程分析界面

在进行进程内存转储操作后，得到可疑进程的内存转储文件，该文件存放在指定的文件夹中。接着执行"搜索可疑 URLs 功能"。①单击"内存信息搜索"标签；②单击"选择映像"按钮，选择转储的进程内存映像；③设置结果存放路径；④输入搜索的关键字信息 http://；⑤单击"开始搜索"按钮，即可在文本框以及对应的文件中列出所有的 URL 信息。

进程号为 1752(AcroRd32.exe)的内存中的 URL 信息如图 6-48 所示。从中分析可知，有很多可疑的 URL，如 http://search-network-plus.com/load.php?a=a&st=Internet Explorer 6.0&e=2 出现多次，既有 URL-encoded 也有 unencoded。通过查询宙斯病毒变种相关知识可知，Load.php 是许多基于 Web 的客户端攻击套件中经常使用的一个文件，该 URL 中的 Load.php 功能用于下载一个恶意可执行代码。

此外，对 svchost.exe 进程的内存转储进行分析，如图 6-49 中的方框内所示，可以发现，http://193.104.22.71/~produkt/9j856f_4m9y8urb.php，这个 URL 可疑，McAfee 公司智能过滤数据库已将其列为"恶意网站"之一。

图 6-48 内存信息检索(一)

图 6-49 内存信息搜索(二)

问题 4 是否有其他进程包含指向银行的可疑 URLs?如果有,这些进程是什么,URLs 有哪些?

工具:内存取证分析-远程映像提取功能、内存信息搜索功能。

操作过程:

(1)转储 firefox.exe(888)进程的内存空间,获取 firefox.exe 转储文件。

（2）利用内存信息搜索机制，选择 firefox.exe 转储文件。

（3）输入 URLs 模式特征。

（4）单击"开始搜索"。

（5）分析搜索结果，找到该 URL。

如图 6-50 所示，根据分析结果，可以知道在该进程空间发现 URL：search-network-plus.com/cache/PDF. php?st=Internet%20Explorer%206.0，在 firefox.exe（pid888）进程内存空间发现该 URL。与 load.php 类似，PDF.php 是一个用于下载恶意 PDF 的文件，并且本系统中的恶意 PDF 很可能来源于该文件。另外，根据之前发现的恶意 PDF 文件下载功能，https://onlineeast#.bankofamerica.com/cgi-bin/ias/*/GotoWelcome 这个 URL 很可能关联盗窃银行信息。该域名分别在存在 svchost.exe（PID 880）、svchost.exe（PID 1384）和 AcroRd32.exe（PID 1752）的内存空间。

图 6-50　内存信息搜索（三）

进一步对 svchost.exe（pid880）内存空间进行研究分析，发现 https:// banki....ng.*.de/cgi/ueberweisu<a href="#"onClick="javascript:handlePageLink（'/internetBanking/ RequestRouter?requestCmdId=AccountDetails name='internetBank 这个 URL 域名为入侵该系统的银行木马，试图劫持已认证的会话信息或者偷窃银行证书。

问题 5　是否能从被感染的初始进程中提取可疑文件？这些文件怎么提取？

工具：内存取证分析系统－证据文件雕刻功能、内存信息搜索功能。

由上分析可知，银行木马可能通过 AcroRd32.exe 程序加载恶意 PDF 文件造成系统感染，在 AcroRd32.exe 的内存空间可能有 PDF 格式的痕迹信息，说明在 AcroRd32.exe 进程中可能遗留可疑文件信息。已经获取 AcroRd32.exe 的内存转储文件，利用内存取证分析系统的证据文件雕刻功能来从中提取任何的 PDF 文件。

操作过程：

(1)单击"证据文件雕刻"标签。

(2)选择需要雕刻的转储文件。

(3)设置证据类型。

(4)设置证据输出路径。

(5)单击"执行雕刻"按钮，如图 6-51 所示。

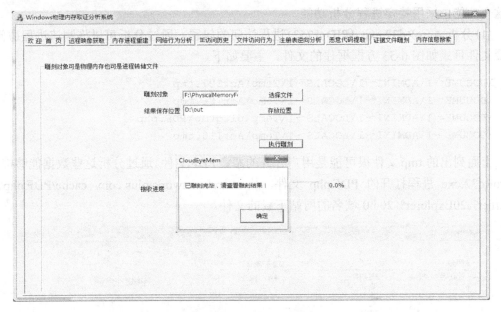

图 6-51　证据文件雕刻

上述雕刻操作之后，查询雕刻结果文件夹，如图 6-52 所示。

名称	修改日期	类型	大小
00000000.jpg	2/6/2020 5:58 PM	Kankan JPEG 图像	125 KB
00000001.jpg	2/6/2020 5:58 PM	Kankan JPEG 图像	81 KB
00000002.jpg	2/6/2020 5:58 PM	Kankan JPEG 图像	1 KB
00000003.jpg	2/6/2020 5:58 PM	Kankan JPEG 图像	1 KB
00000004.jpg	2/6/2020 5:58 PM	Kankan JPEG 图像	1 KB
00000005.doc	2/6/2020 5:58 PM	Microsoft Office Word 97 - 2003 文档	7 KB
00000006.doc	2/6/2020 5:58 PM	Microsoft Office Word 97 - 2003 文档	5 KB
00000007.doc	2/6/2020 5:58 PM	Microsoft Office Word 97 - 2003 文档	9,766 KB
00000008.doc	2/6/2020 5:58 PM	Microsoft Office Word 97 - 2003 文档	9,766 KB
00000009.doc	2/6/2020 5:58 PM	Microsoft Office Word 97 - 2003 文档	9,766 KB
00000010.doc	2/6/2020 5:58 PM	Microsoft Office Word 97 - 2003 文档	9,766 KB
00000011.doc	2/6/2020 5:58 PM	Microsoft Office Word 97 - 2003 文档	9,766 KB
00000012.doc	2/6/2020 5:58 PM	Microsoft Office Word 97 - 2003 文档	9,766 KB
00000013.pdf	2/6/2020 5:58 PM	Adobe Acrobat 文档	2,209 KB
00000014.pdf	2/6/2020 5:58 PM	Adobe Acrobat 文档	1 KB
00000015.pdf	2/6/2020 5:58 PM	Adobe Acrobat 文档	593 KB
00000016.pdf	2/6/2020 5:58 PM	Adobe Acrobat 文档	56 KB

图 6-52　雕刻结果

共计雕刻出 17 个文件，其中有 4 个潜在的 PDF 文件。这里不需关心这些 PDF 文件的内容数据，利用 Didier Steven 的 pdfid.py 工具对这些 PDF 文件进行分析，其中 00000013.pdf

文件内部结构含有 JavaScript 和 OpenAction object 对象而可疑。因为网络攻击者可以利用这两个对象执行或者访问其他网络信息。

问题 6 在发生安全事件的机器上，列出进程加载的可疑文件。并根据这些信息，分析漏洞利用的可能载荷是什么。

工具：内存取证分析系统－特定进程分析功能、句柄分析功能。

为了找到由进程加载的可疑文件，需要枚举系统上可疑进程打开的所有文件。为了完成这个功能，采用特定进程分析功能。

(1)分析 AcroRd32.exe（PID 1752）进程访问的问题，通过分析可以推测该进程访问的可疑文件目录如图 6-53 方框框住的文件，主要如下。

```
\DOCUME~1\ADMINI~1\LOCALS~1\Temp\Acr107.tmp
\DOCUME~1\ADMINI~1\LOCALS~1\Temp\Acr106.tmp
\DOCUME~1\ADMINI~1\LOCALS~1\Temp\plugtmp\PDF.php
\DOCUME~1\ADMINI~1\LOCALS~1\Temp\Acr110.tmp
```

上面列出的.tmp 文件很可能是用户打开的恶意 PDF 文件。通过分析这些数据能够推断：AcroRd32.exe 进程打开的 PDF.php 文件，从 search-network-plus.com/ cache/PDF.php?st= Internet%20Explorer%206.0 域名的网站下载的文件。

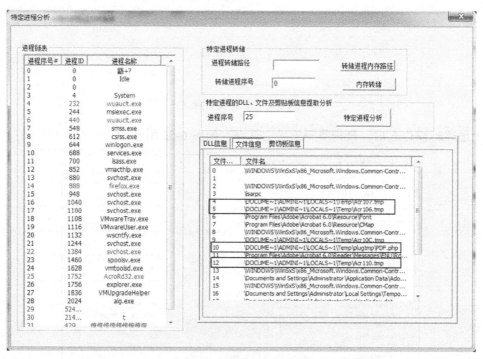

图 6-53 特定进程分析(一)

(2)进一步分析 Winlogon.exe（进程号：644）访问的文件，通过分析发现，Winlogon.exe（pid644）进程访问了如图 6-54 所示的 3 个文件。

根据 Zeus/Zbot 木马变种分析，这 3 个文件是与 Zeus/Zbot 恶意软件相关的文件，执行了这些文件会立即跳转到恶意攻击人指定的位置，其目的在于：从被感染入侵的用户系统

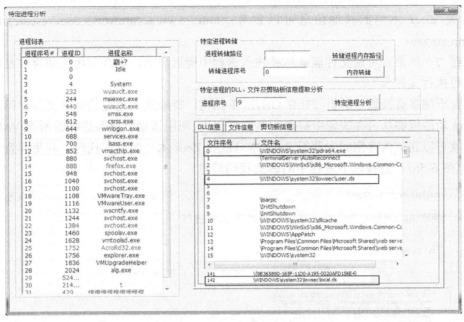

图 6-54　特定进程分析(二)

中偷窃银行证书,并将其传送给攻击者。其中,sdra64.exe 是实际的恶意软件,user.ds 含有加密的被偷窃数据,local.ds 含有加密的配置文件。

(3)分析 Svchost.exe(PID 880)进程可以发现,Svchost.exe(pid880)进程包含另外一个打开的 Zeus 文件:user.ds.lll(图 6-55)。这是一个用于存储被盗窃数据(可能是银行证书等信息)的临时文件。

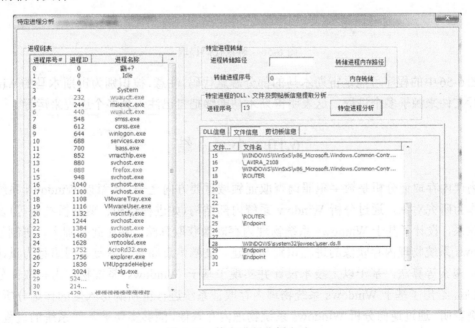

图 6-55　特定进程分析(三)

Zeus 是一个盗窃银行证书的恶意软件,它可以将银行证书等数据实时发送给网络入侵者。有关 Zeus 木马的其他信息可以参考：http://www.secureworks.com/research/threats/zeus/?threat=zeus.

问题 7　如果有可疑文件能够从被注入进程中提取出来，那么利用反病毒产品能够找到可疑可执行文件么？

尽管不能够直接通过解析_FILE_OBJECT 结构，提取注入进程的可疑文件，但是利用 vaddump 功能能够从内存映像中提取一些可疑代码。利用该功能提取进程的所有 VAD 内存区域，就可以在该内存空间中获得 Zeus 木马或者 Zeus 木马的局部代码。利用恶意代码提取功能(图 6-56)，查找以下进程中的恶意代码信息。

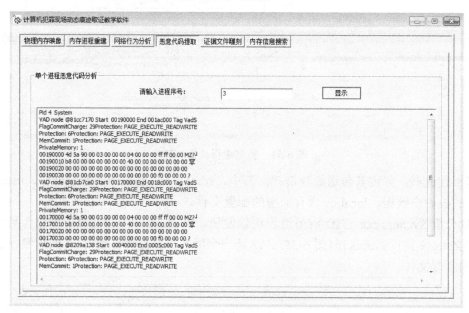

图 6-56　恶意代码提取

图6-56中的程序可能是宙斯木马的部分恶意代码。注意，被识别为宙斯木马的 Windows 可执行文件来源于多个进程，这表明宙斯木马能够把自己注入到多个进程来运行。

6.10　小　　结

物理内存取证分析是数字犯罪调查取证领域重要方向之一。本章以 Windows 系统物理内存作为研究对象，通过分析 Window 系统内部结构(如进程结构、剪贴板结构等)及其之间的关系，设计了基于 Windows 系统物理内存映像获取算法，并在此基础上，研制了基于 Windows 系统物理内存映像的进程识别与重建、文档信息雕刻与恢复、网络行为重建、即时信息搜索等算法。基于以上技术设计并实现了基于 Windows 系统物理内存取证分析系统。最后，给出了基于 Windows 系统物理内存取证系统进行宙斯病毒入侵的详细分析案例。该案例表明，通过逆向分析 Windows 系统物理内存映像，能够实现被入侵系统的进程分析、文档信息恢复、网络行为与攻击行为重构和即时信息搜索等功能。

第7章 即时通信取证技术

即时通信(Instant Messaging，IM)以其即时性、稳定性、安全性，以及多格式交流等特性，已成为当今通信的主要手段之一。据 CNNIC(China Internet Network Information Center)2019 年第 44 次中国互联网络发展状况统计报告，截至 2019 年 6 月，我国网民中即时通信用户的规模达到 8.25 亿，较 2018 年底增长了 3298 万，占网民总体的 96.5%，其中手机即时通信用户规模达 8.21 亿，较 2018 年底增长了 4040 万，占手机网民的 96.9%，在我国网络应用使用率中排名第一。

随着即时通信的广泛应用，人们的互联网安全意识相对薄弱，使得犯罪分子有机可乘，利用即时通信软件发送垃圾信息、进行经济诈骗、交易毒品等恶意犯罪事件逐年上升。尤其以 WhatsApp、微信、陌陌为代表的移动即时通信软件，因其快捷方便的社交功能受到广大用户的欢迎，从而市场份额快速增长。与此同时，谣言、暴力、色情等问题也在这种新型社交平台上快速泛滥，给广大用户造成极大的困扰和安全威胁。2019 年，360 企业猎网平台共收到有效诈骗举报 15505 例，举报者被骗总金额达 3.8 亿元，人均损失约为 24549 元，较 2018 年人均损失略有增长。数据显示，2014～2019 年，网络诈骗人均损失呈逐年增长趋势，2019 年创下六年新高。其中，即时通信是网络诈骗信息传播的主要途径。

在网络经济诈骗、网络毒品交易等新兴数字案件中，即时通信数据往往记录犯罪实施的全过程，对即时通信取证调查可获知犯罪嫌疑人通过何种形式引诱对方上当受骗，以及双方约定的联系方式和见面地点等信息。故即时通信数据被认为是数据取证的证据仓库，司法取证调查人员可从中获得案件侦破的关键线索和证据，即时通信往往作为案件调查取证的首要目标。因此快速有效地开展即时通信取证是打击数字犯罪、减少用户损失和稳定社会安全的有效手段之一。

目前即时通信取证已引起学者的广泛关注，Matthew Simon 研究了从物理内存中提取即时通信证据；AhmadAzab 研究了从网络流量上对即时通信进行取证分析；同时也有学者研究移动终端上即时通信取证问题，如 Bong Way Kiat、Shehan R Funarathne 等。由于即时通信犯罪具有渗透快、传播广、隐蔽性强、社会危害大等特点，现有的取证研究主要集中在即时通信的数据获取上，并未考虑即时通信取证的合法性和有效性等问题，从而导致现有的数字取证模型不能对即时通信取证做出具体的指导和有效的规范。由于即时通信数据的种类和数据量不断增加，依靠传统的手工分析取证技术已无法保证即时通信证据的时效性，所以研究即时通信取证模型及其关键取证技术具有重要意义。

在即时通信软件发展的过程中，由于各个软件开发和服务商之间采用的通信协议各不相同，软件协议没有统一的标准，现有即时通信软件常用的协议有 CPIM、Jabber、XMPP、SIMPLE、IRCP、IMPP 等。此外，即时通信软件为了保护用户数据的隐私性和安全性，在数据传输或数据存储时，均采用一定的安全策略，如常用的加密技术和 P2P(Peer-to-Peer)技术，这无疑增加了即时通信取证的难度。并且随着反取证技术的不断发展，以及犯罪嫌疑人的反取证意识不断加强，犯罪分子在进行即时通信犯罪活动时，往往对所遗留的痕迹信息进行隐藏和破坏，使得即时通信取证更加困难。

7.1　即时通信取证技术的研究现状

即时通信是基于互联网网络通信协议产生的点对点或点对面的通信服务，可以提供即时文字、图像、文件、语音、视频等多种格式的会话服务。

1996 年 Mirabilis 公司开发了第一款即时通信软件——ICQ（I Seek You），经过多年的发展，即时通信已成为继电话、邮件之后的又一重大社交应用。现在的即时通信已不再像早期 ICQ 那样作为简单的文本交流工具，不仅包含多媒体的社交功能，还逐渐将购物、游戏等大型娱乐服务集成到即时通信产品中。随着桌面端和移动端的兼容性逐步提升，即时通信还不断扩展出电子钱包、在线支付等虚拟经济功能，并以此为基础连接用户的购物、出行、娱乐、商业需求和医疗、政府办公、公共缴费等服务。未来，即时通信将作为网民日常生活中最为基础的应用软件。

现在市场主流的即时通信软件既有垂直即时通信软件，如微信、阿里旺旺、Line 等；也有跨网络、跨平台的即时通信软件，如飞信、Skype 等；还有综合的即时通信工具，如QQ、Facebook Messenger、WhatsApp Messenger，各软件的功能和使用情况如表 7-1 所示。

表 7-1　Top10 即时通信应用

排名	软件名称	注册人数/万人	平台支持	特色功能
1	QQ	100000	Android、IOS、Windows Phone、BlackBerry、S60V3、Windows、Mac、Web	即时信息、语音视频、传送文件、远程协助、财付通、附近的群、邮件辅助、浏览咨询
2	WhatsApp Messenger	90000	Android、IOS、Windows Phone、BlackBerry、Web	多媒体信息、手机号码关联、免添加好友、离线消息、显示状态、分享地址
3	Skype	66300	Android、IOS、Windows Phone、BlackBerry、Web	文字图片交流、全球电话、留言信箱、企业设备、实时口语翻译
4	微信	60000	Android、IOS、Windows Phone、BlackBerry、S60V3、Windows、Mac、Web	即时信息、语音视频、位置共享、微信支付、摇一摇、漂流瓶、附近的人、朋友圈
5	Facebook Messenger	50000	Android、IOS、Windows Phone、Windows	文本图片分享、语音功能、限时分享服务
6	Line	40000	Android、IOS、Windows Phone、BlackBerry、S60V3、Windows、Mac	文本图片分享、免费通话、精美贴图、地图分享
7	Yahoo！Messenger	24800	Android、IOS、Windows Phone、Windows、Mac、Linux	文本图片分享、语音信箱、日程安排、邮件辅助、股票查询
8	Viber	17500	Android、IOS、Windows Phone	文本图片分享、全球免费电话、视频通话、QR 码扫描
9	阿里旺旺	4800	Android、IOS、Windows Phone、BlackBerry、S60V3、Windows、Mac、Web	发送即时消息、免费语音聊天、视频聊天、随时联系客户、海量商机搜索、多方商务洽谈、免费商务服务
10	米聊	1700	Android、Windows Phone	即时消息、语音对讲、拍照传图、只能推荐好友、信息状态

7.1.1　即时通信取证的概念、犯罪类型及研究概况

1. 即时通信取证概念

即时通信取证是数字取证的一个分支，是指按照法律的要求提取和分析即时通信证据的方法和过程，即运用技术手段识别即时通信数据中的有效证据，并将所获取的即时通信证据提交给司法部门。

通过对即时通信原理和协议的分析，可获知即时通信证据的来源主要包括：用户电子设备上的即时通信数据、电子设备上的系统日志和审计信息、网络设备中传输的数据流、服务器上的即时通信数据。对于即时通信取证工作，涉及最多也最重要的是用户电子设备和服务器上的即时通信数据，因为用户电子设备和服务器中保存的数据包含用户即时通信的完整内容，且其存储特性能客观地保证数据的完整性。并且对电子设备的系统日志和审计信息进行取证分析可以验证即时通信数据的真实性和可靠性。

即时通信服务器所处理的数据量往往比较大，其数据更新较快；对服务器调查取证实现较为困难，所需的程序复杂且其取证周期长，易于错失最佳取证时机。而用户电子设备上的即时通信历史数据往往保存完整，其针对的取证目标也比较明确，通过对用户电子设备取证分析可获取其所有即时通信数据，包括文本聊天记录、语音视频、图像文件、临时文件，以及特定格式的历史数据文件。

聊天记录的内容是当事人"亲笔"文件性陈述借助于电子形式的外在表现，具有动态证明案件全过程的特点，从证据形态上看，网络聊天记录集中体现了言词证据的特性。与传统意义的言词证据相比，网上聊天记录可以在案发前形成，因此更能真实地反映案件的原由、当事人的目的、动机的变化过程，以及案件发生、发展的全过程。例如，在网络毒品交易或者网上欺骗案件中，聊天记录可以记录犯罪实施的全过程，而且即时通信的聊天记录往往是犯罪嫌疑人在没有任何精神压力的情况下向他人袒露心扉，与询问证人所得出的言词证据相比，这种当事人本人的网上聊天记录更具有真实性、客观性和可靠性。

2. 即时通信犯罪类型

即时通信犯罪主要包括两种类型，一是侵犯即时通信的价值，如侵害即时通信中的虚拟财产，窃取即时通信的个人信息，甚至获取受害人的隐私信息后，对受害者本人及其好友进行勒索、诈骗，以及暴力犯罪等行为，如图 7-1(a)所示；二是即时通信作为犯罪分子在犯罪实施之前、实施过程中和实施之后 3 个阶段的协商交流工具，其作为犯罪实施中重要的工具，使得新型的犯罪更加隐蔽，如图 7-1(b)所示。

3. 即时通信犯罪事件

正是由于即时通信的便利性，使得新型犯罪案件频有发生，且其案件往往涉及范围广、危害性大。其典型案例如下所述。

2011 年北京警方破获"4·01 系列"系列 QQ 盗号网络诈骗案，抓获涉案犯罪嫌疑人 21 人，破案 90 余起。2013 年 5 月，犯罪分子通过木马程序窃取了保康县林某的 QQ 号码，通过分析林某与其哥哥的 QQ 对话口气，以急需用钱为由骗取林某哥哥 20 万元。2014 年 2

月，龚某通过 QQ 发布销售化妆品虚假消息，骗取甘肃、江苏、四川、山东等省 5 名被害人 6 万余元，并被白银市靖远县检察院以诈骗罪提起公诉。据日本警察厅公布的统计数据，2015 年上半年，因在网络论坛与陌生人交换免费即时通信账号而遭遇性侵等犯罪的 18 岁以下青少年有 262 人，是去年同期的 2.2 倍。

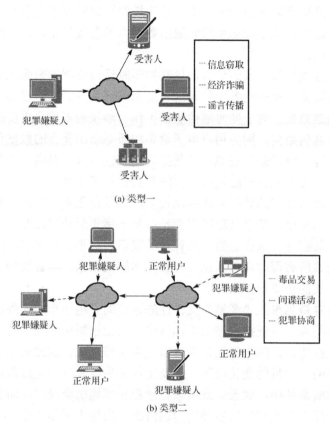

图 7-1　即时通信犯罪类型

2015 年 5 月，辽宁省公安机关在侦办一起网络涉毒专案中，发现涉毒 QQ 群 69 个，涉毒 QQ 号码 2 万多个。北京警方在侦办一起特大网上贩卖大麻案中，发现涉毒 QQ 群 21 个，涉案人员 7200 余名。浙江、安徽、湖北、广东、江西省公安机关联手侦破一起特大网络贩毒案，涉毒 QQ 号 870 个、支付宝和银行账户近 400 个，毒品交易额近 400 余万元，涉及 30 个省(自治区、直辖市)。2015 年 11 月，湖北省荆门市公安局破获一起利用微信 QQ 发布嫖娼信息，为"附近的人"提供有偿色情服务的案件，抓获卖淫嫖娼犯罪嫌疑人 25 名。2015 年，公安部组织全国公安机关开展网络扫毒专项行动期间发现，新疆克拉玛依警方办理的胡志琳互联网贩毒案，发现涉毒 QQ 群 21 个，涉案人员 1974 名。山西侦办的"2014-1013"网络贩毒案，涉案人员 5682 名，涉及全国 30 个省(自治区、直辖市)。浙江侦办的 3 起网络目标案件，发现涉及全国 30 个省(自治区、直辖市)的涉毒 QQ 号 1200 余个。

4. 即时通信犯罪特点

综述即时通信犯罪案件的特点，主要有以下几点。

1）成本小、危害大

犯罪嫌疑人仅仅需要一台上网设备（计算机或手机），或者公共网络设备（网吧），即可免费注册多种即时通信账号，如 QQ、Skype 等。仅需简单的文本或者语音交流即可与犯罪同伙进行联系和预犯罪调查，以及购买犯罪设备，甚至通过网络直接实施犯罪行为。

2）渗透快、传播广

即时通信犯罪作为数字犯罪的一种新形势，不仅承载着 Internet 的开放性、跨地域性，同时还暗含即时通信独有的即时性、隐蔽性、无结构等特征，这主要表现为渗透快、传播广的特点。例如，在 QQ 群中搜索"办证群"、"高考群"，就可得到上万条相关信息，或者通过微信查看"附近的人"，即可获取周围人员的相关隐私信息。同时通过即时通信可快速组成一个分工明确、高效合作的犯罪团伙，其团伙成员可分布于各地，甚至有境外人员参与，造成犯罪团伙涉及人员多，涉及地域广的难题。

3）隐蔽强、查证难

犯罪嫌疑人在进行即时通信犯罪时，往往采用虚假身份注册账号，甚至在与他人联系时进行身份伪装，同时即时通信的特性使得即时通信犯罪不像传统犯罪有特定的表现场所和客观的表现形态，造成即时通信犯罪中犯罪行为和犯罪后果无法相互分析，而且受害人往往分散于各地，案件在办理时，无法有效获取所有受害人的相关信息，由于人们对数字证据的不重视，造成相关证据消失，从而严重影响即时通信案件的侦破和审判。

5. 即时通信取证的国内外研究

目前，国内对于即时通信取证方面的研究还处于起步阶段，研究者多是对某一款即时通信软件产生的数据进行信息获取技术的研究。

高宇航等提出，在物理内存中重构 QQ 进程空间，并通过此方法重构 QQ 客户端进程的空间，并从中获取用户的好友列表、昵称、部分聊天记录等信息。

常亚婷等提到，鉴于部分基于 Web 的 IM 软件，在本地并不保存聊天记录和相关信息，或者某些 IM 软件采用了严格的加密机制，对硬盘取证不足以获取相应的证据，通过研究物理内存中的数据，可以获取即时通信软件的相关信息。

国外对即时通信取证研究较早，其研究者分别在各即时通信软件产生信息的获取和恢复上取得显著的研究成果。

Noora 等提出，由于 Facebook 是基于 Web 的即时通信软件，通过在不同浏览器上进行试验得知在 Temporary Internet Explorer、Cache 和 Pagefile.sys 等文件中包含有 IM 的相关数据，并可从中提取重要的即时通信证据。

Muhammad Yasin 等通过分析 Digsby 软件运行机制和 Log 文件信息，针对 Windows 系统获取 Digsby 的软件的所有信息，并将数据来源分为三部分，分别是 Windows Registy、RAM 和 Swap Files、Windows File System。

Wouter 通过分析 Windows 系统的注册表，快速获取 Windows Live Messenger 8.0 软件遗留的信息，如用户账户、聊天记录、音频、文件传输等数据的具体位置，从而海量数据中快速获取即时通信数据，并利用注册表快速甄别出关键证据。

Matthew Simon 等通过获取物理内存映像，在物理内存映像中分析和获取 5 种关于

Skype 的数据类型，但由于物理内存中数据的易失性，并不能同时将这 5 种重要数据获取，提出根据软件运行不同阶段分别获取相应数据的取证方法。

Iqbal 等针对 IPhone 设备，通过 iTunes 来获取 ChatON 软件所产生的聊天记录和相关信息；针对 Android 设备通过 ADB 和 DD 结合的方法获取 ChatON 软件所产生的聊天记录和相关信息。

Noora 等用 Blackberry、IPhone、Android 手机分别做实验，在手机上都安装上 Facebook、Twitter、Myspace 三种社交软件，让这 3 种软件在手机上分别进行一系列的活动，然后对这 3 个应用程序产生的数据进行取证分析，最后证明 Android 和 iPhone 中与社交软件相关的数据是可以恢复和提取的，这些数据中包含大量有价值的证据。

从即时通信取证的研究现状可知，现在国内外专门针对即时通信的取证研究尚不系统，其研究技术路线也不全面。相关的取证研究往往借助于计算机传统取证分析工具，这类工具大多停留在传统的取证技术，如磁盘映像获取、文件雕刻等基本取证技术。现有的即时通信取证流程尚不系统，缺乏取证的标准，降低证据的权威性；而且即时通信数据的分析仍然依靠人工分析取证技术，如常用的关键字搜索和人工查阅等技术。

随着即时通信数据种类和数据量的不断增加，利用传统取证技术已无法在海量数据中快速获取与案件相关的可疑数据，难以在有效时间内为司法部门的侦查和审判提供有效的证据。而随着深度学习、自然语言处理、大数据分析、可视化等技术的不断发展，对于一些成熟的流程和程序化的操作，如果能够通过机器自动完成部分分析工作，即形成一套高度自动化、集成化和智能化的取证流程和技术，将有助于提高取证工作的效率，从而保证即时通信取证的有效性、可靠性和高效性。

当前，尽管即时通信信息作为证据使用已经得到了各国司法部门的认可，并且即时通信的取证技术也在不断提高，但如何应对大数据性、高移动性、高隐蔽性、高随机性的数字犯罪，尤其在即时通信取证模型和标准、犯罪会话主题挖掘、社交关系取证，以及位置取证等方面的研究情况并不理想，因此需要进行深入研究。

7.1.2　数字取证模型相关研究

数字取证模型是采用一种通用的取证技术框架，可以应对未来的新型数字取证的需求，是一套标准化取证流程和规范取证方法的集合，对数字取证调查程序和操作产生普遍的指导作用。

国外对数字取证模型研究较早，为了保证数字取证过程中电子证据的有效性，以及为了方便取证人员快速规范地获取电子证据，以美国为首的电子技术发达的国家提出了数字取证模型的概念。比较有代表性的有美国司法部 NIJ（National Institute of Justice）提出的取证过程模型、Reith 和 Carr 提出的抽象数字模型、Carrier 和 Spafford 提出的综合数字取证模型、Mandia 和 Prosise 提出的事件响应模型、Farmer 和 Venema 提出的基本过程模型。抽象数字模型包含识别、准备、策略提出、保存、收集、检验、分析、出示、证据退回 9 个阶段。综合数字取证模型包含准备阶段、部署阶段、物理犯罪现场调查阶段、数字犯罪现场调查阶段、评估阶段 9 个阶段，该模型强调了数字调查和物理调查的结合取证思想。事件响应模型综合法律、程序和技术，包括准备、调查、初始响应、响应策略形成、复制、调查、安全度量实现、网络监视、恢复、报告、补充等步骤，并针对不同平台提出了详细的取证指导。基本过程模型中包含安全和隔离、记录场景、执行系统化的证据搜索等，证据收集和打包以及维持监管链等步骤，该模型强调了监管链的重要性。

国内对于取证模型也展开了研究，谭建伟等考虑到不同阶段证据的属性约束不同提出了实务工作模型，该模型主要包括取证准备、现场工作、数据分析、网络监控、形成证据 5 个阶段。公伟等针对计算机取证中存在的证据获取困难以及日志处理量大的问题，提出了云取证模型。该模型不仅采用 Agent 技术来获取证据，而且引入了云计算中的虚拟化和协作技术从而提高取证效率，并保障证据的安全性。丁丽萍等提出一种多维计算取证模型，该模型主要包括数据层、证据获取层和取证监督层，主要有取证准备、物理取证、数字取证、取证全程监督、证据呈堂、总结 6 个阶段构成。李炳龙等考虑到文档碎片的取证问题，提出了一个文档碎片取证分析模型，该模型不仅引入了不同抽象层次的文档碎片数据，而且该模型还应用了扩展的可信计算技术来解决文档碎片取证过程中的证据链保全机制。郭金香等认为电子数据取证流程包括需求、受理、制定鉴定方案、数据收集获取、数据固定、副本制作、数据搜索分析、数据提取、数据保全、证据报告证据保全、报告投出和出庭等过程。

此外，研究者还提出了诸多其他的取证模型。例如，针对安全事件的取证模型、端到端取证模型，以及针对特殊电子设备和特殊场景的取证模型，如手机取证模型、邮件取证模型等。

综上所述，现有的取证模型研究主要集中在计算机取证流程，并未考虑到即时通信这一重要应用的特殊取证需求。同时现有取证模型的研究方向主要着眼于"犯罪现场"，即主要从现场直接获取与案件相关的数字信息及其载体，缺乏后续证据分析等关键阶段。即时通信取证应考虑其特征，而不能像传统数字取证一样从现场获取和恢复数字文件，应该从所获取的即时通信数据中分析和还原案件中待证实的真实事件，或者数据背后所隐藏的信息和异常行为。

因此，传统的数字取证模型并不能直接用于即时通信取证，应提出一种专门针对即时通信取证的综合取证模型，规范即时通信取证流程和操作，有效解决司法部门的取证问题，并形成即时通信取证的标准，从而保证即时通信证据的有效性和权威性。

7.1.3　会话主题挖掘算法相关研究

即时通信作为人们社交生活中的重要社交工具，会话双方往往针对某一主题进行沟通，或者具有共同兴趣爱好的人员进行讨论，尤其即时通信中的群和讨论组功能，其成员往往具有相同的兴趣和爱好，或者来自同一组织和同一领域，其会话内容往往具有一定的主题性。

数据挖掘技术被广泛应用在人脸识别、图像处理、文本分类、主题挖掘等领域，常用的主题挖掘算法主要有 K-means、KNN(K-NearestNeighbor)、LSA(Latent Semantic Analysis)、PLSA、LDA(Latent Dirichlet Allocation)、SVM 等，其在不同的时期和不同领域内起着重要的作用，如表 7-2 所示。

Duda 等认为，K-means 算法是一种典型的聚类挖掘算法，但是其在高维的稀疏文本空间上不能有效计算其文本之间的主题距离，所以其在文本主题挖掘上并不实用。

Wang Zan 等提出，LSA 算法用潜在的语义类别来平滑词汇的分布，大大降低了"词袋"模型的维度，但不能解决一词多义的问题。

表 7-2　主题挖掘算法对比

算法	优点	缺点
K-means	原理简单、易于实现	离群点和噪声敏感、局部收敛
SVM	泛化性能好、线性问题处理好	多分类困难、大规模样本训练困难
KNN	原理简单、易于实现	效率低、K 值敏感
LSA	无监督学习、特征鲁棒性强	多义词问题、计算复杂度高
PLSA	无监督学习、并行计算易于实现	EM 反复迭代计算量大
LDA	无监督学习、大规模文档有效降维	超参、K 值需要先验

Zhou Xiaofei 等利用 PLSA 算法分析微博的词项及其词项关系矩阵，并对所挖掘的热点主题进行排序，实验结果表明 PLSA 算法可有效挖掘微博的主题。

Wu Lihua 等提出，常规的主题分类技术需要预先确定欲分类别的结构和可能主题，而作者利用强关联规则 CAR（Credible Association Rule），可在无任何预先知识的情况下进行主题分类，实验结果证明该算法可以有效进行主题分类。

Chen Yan 等提出，仅仅利用 PLSA 算法不能恰当的处理语法和语义的顺序，作者提出一种基于 SDD-PLSA 算法，将主题分类分为两步骤，首先利用 SDD（Semantic Dependency Distance）算法对文本进行处理，再利用 PLSA 算法对处理过的文本进行期望最大化计算。实验结果证明该算法可以将准确度提高 10%。

由表 7-2 可知大多数主题挖掘算法均需要预设一定的先验知识，或者需要一定的数据集训练，而现实中犯罪调查根本无可用的数据进行训练。因此在无先验语料库训练的情况下挖掘出能代表会话内容的主题词至关重要。

现有的主题挖掘方法均是针对结构完整的文档，即时通信会话记录不仅内容短小，而且口语化程度高，从而导致会话中词频计算远远小于有结构的长文本；会话内容的书写比较随意，错别字、新生词，以及符号语言大量出现，常常出现一些约定性词汇，如"明天""嘻嘻"等，这些即时通信会话数据特点给主题挖掘造成很大的影响。

因此，需要一种针对即时通信特点的主题挖掘算法，便于快速获取与案件相关的会话主题，为案件的侦破和审判提供相关的证据。尤其具有犯罪背景的会话内容的主题挖掘，犯罪分子为了隐藏其犯罪活动，常常使用"暗语"等反取证手段来阻碍司法部门的取证调查。

7.1.4　社交关系取证方法相关研究

BBS、博客解决了"信息"问题，成为社交网络 1.0 的代表；微博解决了"关系链"问题，使社交网络发展到 2.0，而即时通信成功将信息、关系链、互动集合在一起，使人们的社交生活迈向一个新的阶段。

社交网络中的信息都以社交为目的，处于社交网络的信息并不会无意义地流转，所有的信息都会被现实的人赋予极强的指向性。具有指向性的信息在流动的过程中，便形成了关系链。而即时通信作为一种社交软件，其所有的信息呈现都需要围绕关系链和互动来进行，通过分析即时通信社交网络，可有效掌握犯罪嫌疑人社交关系网络中的子网络和每个联系人的角色，以及犯罪嫌疑人的社交模式和特征。

Tagarelli 等分析了用户的网络社交拓扑结构，通过典型的 PageRank 和 Alpha-centrality 算法即可获取社交网络中的"潜伏者"。

尹子斌提出一种衡量微博用户影响力的方法，主要考虑一个用户所发出微博的受关注程度，即计算其他用户的回复、转发和提及等交互行为。

Aggarwal 等介绍了基于社交网络的边和节点的影响力度量模型，网络结构中的节点表示用户，而节点之间的链接表示用户之间建立的关系，并对边和节点的影响力进行定性和定量的计算评估。

吴信东等针对社交网页取证问题，设计了一套取证解决方案，对用户发表的信息和位置信息进行固定，依靠网页取证方法来认证信息的可信性，计算用户的社交关系，并且利用可视化手段来辅助分析海量社交数据下的社交关系取证工作。

总结现有社交关系取证研究如表 7-3 所示，从即时通信会话中挖掘的社交关系更具有真实性，且可有效排除那些无意义的社交关系，因此如何从无结构的会话记录中挖掘出社交关系已成为即时通信取证的一项紧迫任务。

表 7-3　社交关系分析方法对比

数据来源	优点	缺点
联系人列表	易于分析	无法量化社交关系的重要程度
网络爬虫	数据较全面	数据获取较难、冗余数据太多
聊天记录	近期真实关系、量化关系重要程度	数据获取解析不易

对社交关系的取证分析已不再仅仅局限于构建犯罪嫌疑人的社交关系拓扑图，而是从社交关系中发现与案件相关的信息，以及从社交关系上挖掘出隐藏的犯罪模式和特征，然而现有的取证工具无法从社交关系上分析出可疑事件的相关信息。

7.1.5　位置取证技术相关研究

从取证的角度来看，犯罪嫌疑人的历史位置对案件的侦破和审判起到至关重要的推动作用，通过位置取证可发现犯罪事件发生的犯罪现场、推断犯罪嫌疑人的作案可能性，以及当事人是否在场等证据。

现在的即时通信软件纷纷推出基于位置的垂直社交功能，主要通过定位技术增加即时通信用户位置属性，从而根据位置信息开展新型的社交活动。例如，陌陌、微信、QQ 等即时通信软件根据地理位置推荐好友和社群；微信、Facebook、Instagram 等即时通信软件分享照片时会自动上传用户的位置信息。

目前常用的定位技术主要有以下 5 种方法。①卫星定位技术：根据多颗卫星与同一移动设备之间通信时在时间上的延迟，使用三角测量方法可以获取移动物体的经纬度。②IP 定位技术：移动设备接入互联网时会被分配一个 IP 地址，IP 地址的分配是和地域有关的，通过分析 IP 设备的名称、注册信息和时延信息，并采用相应的估计算法可以将移动物体的位置定位到城市或者公司级别的地域。③Wi-Fi 查询定位：由于手机、PAD 等具有定位功能的设备通过 Wi-Fi 上网时，将赋予 Wi-Fi 一个精确的经纬度信息；而当新的设备再次接入该 Wi-Fi 时，不管该设备是否具有定位功能，均可以通过在 Wi-Fi 指纹库中查询 Wi-Fi 全球唯一标识码来获取相应设备的位置信息。④基站定位技术：当电子设备处于 3 个基本的信号范围内时，通过三角测量可获取电子设备的位置信息。⑤感知定位技术：随着新兴感知芯片的应用，如光感测距、三轴陀螺仪，以及蓝牙和 RFID 技术，通过分析这些感应数据，可以在局部范围内精准获取用户的地理位置信息。各种定位技术的比较如表 7-4 所示。

表 7-4　定位技术对比

类别	代表性技术	精度	覆盖范围	应用场景
卫星定位技术	GPS、北斗、伽利略	中高	广	室外
网络定位技术	GSM、3G、CDMA、Wi-Fi、IP	中低	较广	室外、室内
感知定位技术	RFID、蓝牙、红外	高	小	室内

　　虽然上述定位方法均能获取相应的位置信息，但是作为移动设备中的基础功能，并不会存储大量的历史位置数据；即时通信往往提供基于位置维度的社交服务功能，其作为一种社交应用软件，产生的历史数据存储在移动设备的外置存储器中，如 SD 卡。该类数据中包含犯罪嫌疑人许多历史位置信息，对其挖掘、转化和分析，可有获取犯罪嫌疑人的运动轨迹。

7.1.6　存在的问题及解决思路

　　通过对即时通信取证相关技术的分析，总结出即时通信取证存在以下几点问题。

　　1) 现有的数字取证模型对于即时通信取证不适用

　　现有的数字取证模型多数是针对计算机取证，并没有针对即时通信的取证模型，而即时通信这一重要的社交工具，与传统的计算机取证存在很大差异，因此现有的数字取证模型并不能完全适用于即时通信取证。

　　2) 传统的会话内容取证依赖于人工取证分析

　　目前针对即时通信会话内容的智能分析研究相对较少，随着即时通信数据量和格式种类的不断增长，如仅靠人工分析和查阅的方式，将使会话内容分析成为即时通信取证中耗时耗力的巨大挑战。传统的主题挖掘技术主要针对结构完整的文章，但即时通信会话内容往往口语化严重，且其数据较为零散，同时由于语义倾斜所产生的"暗语"和"行话"等犯罪会话，无法对会话内容进行精准的主题挖掘。

　　3) 现有的社交关系取证分析无法应对反取证技术的干扰

　　现有的社交关系取证分析技术主要针对邮件系统、社交网站，以及某一款即时通信软件等。在即时通信犯罪案件中，犯罪嫌疑人利用多款即时通信软件通信协议标准不同的现状，进行反取证干扰，从而阻碍司法取证人员对其社交关系的综合取证分析，造成无法形成完整的关系链，导致错失取证调查的良机。

　　4) 位置取证需要依赖软件服务商

　　目前国内外在位置取证方面的研究相对较少，传统的位置取证方法主要利用基站进行定位，依赖于移动运营商，程序复杂且周期长。即时通信作为人们社交生活中必备的工具，其提供基于位置的垂直社交功能产生许多具有位置属性的数据，并且对即时通信数据的恢复研究相对较少，并没充分利用即时通信数据进行犯罪嫌疑人的位置取证调查。

7.2　即时通信取证模型

即时通信在人们日常生活中使用越发广泛，在新型数字犯罪案件中，涉及即时通信的案件逐年增加，因此对即时通信的调查取证工作显得尤为重要。但是在即时通信取证过程中，由于缺乏即时通信取证标准，造成操作不规范、不严谨的问题，从而降低证据的有效性和权威性；由于即时通信数据即时性、易失性、难获取等特点，使得即时通信证据易于破坏和流失。例如，在 2015 年快播案件中，由于海淀文化委员会对快播公司四台服务器不规范严谨的取证操作，从而造成该证据法律效力的降低；同样在即时通信取证调查过程中，也面临操作不规范不严谨的问题。

即时通信取证模型可有效引导取证调查人员快速获取犯罪嫌疑人成千上万的即时通信信息，发现联系人和即时消息之间的关联信息，使取证人员能快速、方便地找到关键即时通信数据，提高取证人员的工作效率，有效地识别和阻止犯罪、恐怖主义、洗钱和欺诈等活动。采用有效合理的取证模型，可有效规范即时通信取证过程中的操作流程，有利于增强司法取证的公正性和有效性，对于即时通信取证工作具有重要的意义。因此，即时通信取证模型应该包含一套规范化、标准化的取证流程和一致化的、通用的技术框架，可以适用于各种即时通信的取证模型。现有数字取证模型大多是针对计算机取证，并且是根据特定领域内的取证经验进行构建的，对于即时通信取证并不完全适用。因此，设计一个合理的即时通信取证模型具有重要的研究价值。

7.2.1　即时通信数据的特点

即时通信作为人们生活中的重要社交工具，其历史数据作为电子数据的一种，不仅具有一般电子数据的特点，还具有以下特点。

1) 隐蔽性

即时通信历史数据作为一种并不被经常访问的数据，且软件在安装和使用过程中部分数据文件以隐藏的方式存储，使得即时通信证据极为隐蔽。同时即时通信历史数据由软件产生，其格式往往各不相同，无法使用通用软件正常获取文件中的重要信息。

2) 易失性

由于即时通信数据更新较快，部分即时通信软件产生的数据易于覆盖原有的历史数据；同时由于即时通信历史数据中往往包含有用户的隐私信息，对于信息安全意识比较强的用户，会定期整理和删除即时通信历史数据，从而造成即时通信数据的缺失。但通过适当的恢复算法，可有效获取部分被用户删除的历史数据。

3) 无结构性

即时通信常用于社交活动，其产生的短文本数据往往具有口语化、零散性等特点，因此其数据存储的格式不像常规文件具有完整的结构性。司法取证人员采用传统的数字取证流程，无法对证据进行关联分析，从而错失关键的证据，使得数据失去法律效力。

正是由于即时通信数据具有以上的特点，才使得调查取证人员无法对犯罪嫌疑人遗留的即时通信数据进行有效取证，而即时通信取证又不同于传统数字取证，其主要区别在于：

(1)不同的证据格式。由于计算机的主流操作系统类型有限，其数据的分布往往遵循统一的系统格式，所以计算机中数据的存储格式和位置相对规范和统一。相反，即时通信作为一种典型应用程序，其数据的分布往往跨越多个运行平台，且各即时通信软件并没有统一的标准，其产生的数据格式千差万别。

(2)取证的粒度不同。计算机取证可查找和恢复的文件大多是结构性文件，其调查取证的单位是独立的文件。而即时通信取证是针对文件中的一部分，如聊天记录中的某次会话内容、某条信息，或某段数据等，并且会话内容常常采用无结构的存储方式。

(3)取证的层次不同。传统的计算机取证研究是针对数据文件的查找和恢复，重点是数据收集过程。而即时通信作为一种社交工具，其不仅仅是发送文字和文件的通信软件，也是人与人之间事件协商和任务完成的社交工具。对即时通信的取证调查，不是为了收集数据，而是从即时通信证据中还原涉案的事实事件。

7.2.2　即时通信取证模型分析

结合数字取证模型的研究现状，重点分析抽象数字取证模型和综合数字取证模型中各阶段的具体任务和操作，并结合即时通信数据的特点和取证目标，提出了如图 7-2 所示的即时通信取证通用模型。

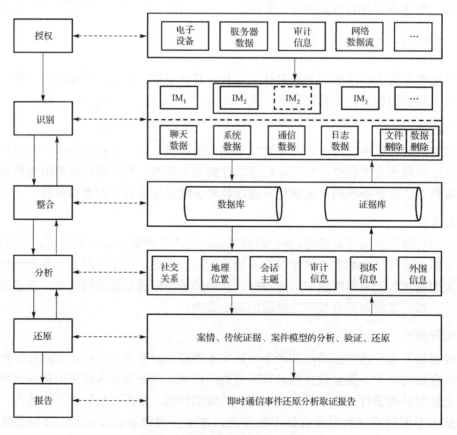

图 7-2　即时通信取证通用模型

该模型包含数字取证分析过程中必要的取证阶段：授权、识别、整合、分析、还原、报告，此外该模型增加了整合机制、回溯机制、证据保存机制，从而提高证据分析的完整性和安全性。在模型的分析阶段采用主题挖掘、社交关系分析、位置取证等关键技术增强取证调查人员对即时通信数据的快速取证分析能力。

1) 授权

取证调查人员在进行即时通信取证前，必须获取对该事件进行调查的授权。授权方可能是司法机构和信息安全管理部门，也可能是案件当事人和委托人。

2) 识别

取证人员在获取对涉案数据的调查分析授权之后，应迅速识别映像中所安装的即时通信软件信息，包括已被卸载和删除软件的痕迹信息，对于不同平台安装的同一即时通信进行标注，以备后续数据交叉综合分析；同时识别和收集即时通信历史数据。即时通信证据主要包含 5 类数据。

(1) 聊天内容数据。这些数据既有文本、图片、语音、视频等即时消息，也有个人资料、搜索记录、辅助功能等相关痕迹信息。

(2) 系统数据。系统数据包括设备的硬件信息、软件信息，以及系统审计信息，用以辅助证明网络聊天证据的真实性。

(3) 通信数据。通信数据 IP 地址、上网账号、防火墙信息、数据传递的路径等，从而将聊天者与某个特定的行为人联系起来。

(4) 日志数据。日志数据包括系统和网络的日志文件，以及即时通信软件本身的日志文件，从而获取系统和即时通信软件的状态信息，并将聊天对象与某些特定信息有效结合。

(5) 删除信息。删除信息包括即时通信中删除的历史文件和文件内部删除的部分数据。

3) 整合

为了便于在各即时通信软件和平台之间综合取证分析，建立综合数据库整合所获取的即时通信数据，消除数据分析的格式限制，分析各即时通信数据文件的存储格式，以统一格式提取重要的信息，按即时通信的功能分类整合到综合数据库中，并建立索引，以便后续的取证分析。

同时将后续分析的证据信息及时整合到司法部门的证据库中。一方面，便于证据在后续的分析和使用中保留备份；另一方面，便于扩大调查取证部门的知识库和模式库，掌握新型犯罪类型的发展动态，便于司法部门在类似案件的侦破和取证工作。

4) 分析

该阶段是即时通信取证模型中最重要的阶段，其主要的任务是进行即时通信的行为检查与分析，对获取的即时通信数据进行多次的解析分析，如社交关系网的取证分析、用户运动轨迹的取证分析、会话内容的主题挖掘、系统日志的分析取证、删除数据的恢复、传统外围信息的分析等。通过这一步骤，将用户近期所使用即时通信软件参与的社交活动进行多维度的取证分析，分析出用户社交对象的重要程度、最近的运动轨迹、关注的话题、会话内容的主题、软件和系统运行的情况，以及与即时通信相关的外围信息。尤其将一些看似无关的信息进行关联分析，从而获取数据中隐含的证据信息，使得司法取证人员能快速从即时通信数据中获取与案件相关的重要证据。

5) 还原

将上述阶段各个方面的分析结果，与案件的传统证据和案件进展进行综合分析、验证和还原，尤其将上一阶段分析的结果与其他数字证据、传统证据关联分析，以及在各个分析结果之间进行相互验证，将对案件产生意想不到的突破。例如，从犯罪嫌疑人的聊天记录中还原经济诈骗的过程，与当事人口供进行关联分析，相互验证犯罪嫌疑人口供中所隐瞒和虚报的情节；根据案情调查和外围信息分析弥补即时通信证据中所缺失的信息，并根据常见案件建立相应的知识库和模型库，如广告信息的恶意转发行为、关键信息转发路径的溯源等，将已有案件模型与现有分析结果关联分析，从而快速还原可疑事件的事实。

6) 报告

最后一步不管是在传统的取证分析模型中，还是在即时通信取证模型中都至关重要。报告犯罪嫌疑人即时通信数据分析结果，并给出分析结论。例如，即时通信数据的固定保全情况、即时通信记录的分析结果、客户端与服务器端的即时通信记录的取证结果，以及即时通信记录的真实性结论，并且形成证据档案保存。通过这一步骤，取证分析人员可以直观地展示所得到的证据，并以报告的形式准确表达，作为证据提交给司法部门。

7.2.3　模型特点

同现有的数字取证模型相比较，即时通信模型具有规范的取证流程，可全面获取、分析即时通信数据中的可疑数据，同时保证所获取证据的有效性，形成即时通信取证的标准。即时通信取证通用模型主要有以下特点。

1) 取证流程系统完整

该模型的取证流程中包括数字取证的必要步骤，同时针对即时通信数据的特点，在模型中增加回溯机制和证据保存机制。回溯机制不仅有助于证据的不断收集和完善，而且增加取证分析的透明性，便于司法部门解释所获取证据的合理性和合法性。证据保存机制，不仅有助于证据的安全保存、增加证据的法律效应，还有助于完善司法取证部门的知识库，形成取证的良性循环。

2) 软件平台兼容性强

该模型在数据识别后并没有立即进行分析，而是将所识别的数据进行整合，分析即时通信软件产生数据存储的格式，将其关键信息内容存储在统一的数据库中，有助于取证调查人员实现多源即时通信综合取证分析。该模型不仅适用于主流的即时通信软件，也适用于其他社交工具的取证分析，如微博、邮件的取证分析。

3) 快速简单可视化

该模型在数据分析阶段利用自然语言处理、关联分析、数据恢复及可视化技术，在即时通信数据种类和数据量不断增加的前提下，可快速获取与案件相关的数据，并能自动将零散、隐藏的信息进行关联分析,获取犯罪嫌疑人数据背后隐含的模式和特征信息,同时提高即时通信取证的自动化和集成化,最后以清晰形象的可视化技术呈现给司法调查人员,这样也有助于司法部门解释获取和呈现证据,增加证据的可读性和有效性。

4) 可操作性的技术标准

数字取证的结果是否可靠,主要看其是否具备法律性和科学性,即该模型取证所依赖的技术、流程和标准是否符合法律程序。该模型不仅从抽象层面提出六层取证阶段,具有较强的指导思想,还从技术层面满足取证各阶段的需求,形成具有实际操作性的标准规范。该标准的实现,有助于不同取证调查机构之间对取证结果的认可。

该模型的缺点在于是,讨论和研究重点主要集中在数据分析和还原阶段,并未对数据的获取进行深入的研究。但是这并不表示该模型不重视数据获取阶段,主要有两方面的原因:一方面,即时通信取证往往发生在案件发生后,相应的数据获取和固定过程已处理完毕,即时通信取证是在已有的数据映像上进行;另一方面,现有的证据获取技术相对于数据分析技术已较为成熟,而我们重点研究即时通信取证分析技术可以弥补当前该领域在研究和应用上的不足。

此外,在即时通信取证调查过程中,除了关注即时通信的数字证据,还应与其他数字取证相结合,如手机取证、传统的非数字取证等。

7.2.4　模型应用案例

1. 毒品交易案件描述

2014 年 1 月 31 日,某市公安机关获取重要信息:当晚,几名贩毒人员将在某小区内进行一次数额巨大的毒品交易。经警方布控,3 个正在该小区内交易的犯罪嫌疑人被一举抓获。并在屋内搜缴现金 318 万元,在犯罪嫌疑人刘某的车内搜出现金 170 万元,在犯罪嫌疑人温某的车内搜出 17 板"麻果",经鉴定,17 板"麻果"均为毒品甲基苯丙胺,重 9498.47 克。但是 3 个犯罪嫌疑人被抓后拒不认罪,他们矢口否认贩毒事实。但 3 个犯罪嫌疑人 8 部手机引起了公安机关的注意,随后委托网络警察进行数字案件的调查。

2. 取证分析过程

根据案件描述,可以看出该案件涉及网络警察、公安机关和犯罪团伙。利用即时通信取证通用模型对犯罪团伙之间的即时通信数据进行调查取证,其具体应用包含以下几个阶段。

(1)授权。该阶段涉及即时通信取证调查的授权问题,一方面网络警察获取对案件的调查权,这其中也潜在包含对犯罪团伙的审讯权利。另一方面网络警察在进行调查过程中,必须拥有对涉案的电子设备进行取证操作的授权,才能依法进行取证调查。

(2)识别。网络警察分别获取 8 部手机的映像,对其进行证据固定。然后快速识别犯罪嫌疑人 8 部手机映像中所安装的即时通信软件和即时通信相关数据;并分别提取各即时通信相应的信息,主要有各软件的聊天记录(包括文本和语音)、账号信息、软件和系统的日志,以及被删除的重要信息。

(3)整合。在对即时通信数据进行分析之前,将所获取的各种即时通信数据进行整合。

以犯罪嫌疑人为单位，将其所有电子设备上的即时通信数据进行整合，尤其不同即时通信之间的交叉聊天记录，将微信、QQ、Skype 的历史数据进行整合。提取聊天记录中的关键信息，存入综合数据库中，并建立索引；同时将后续的分析结果整合到证据库中，便于后续同类案件的调查分析。

(4)分析。对涉案的即时通信数据进行主题挖掘，获取各个会话内容的主题，快速获取与案件相关的会话内容；对各犯罪嫌疑人的社交关系进行多维计算和可视化呈现；对即时通信中具有位置属性的数据进行分析和转化，获取犯罪嫌疑人近期的活动轨迹等证据。

(5)还原。结合传统证据和对嫌疑人的审问，分析在案发现场所缴获的毒品数量，以及常见毒品贩卖案件情况，将所获取的即时通信证据和其他传统证据相互验证，并形成完整的证据链。还原该案件中毒品交易的真相：温某和刘某通过即时通信软件提前约定好以"钱货分离"的方式进行交易，从而避免"人赃俱获"的风险交易；并通过分析犯罪嫌疑人的社交关系，掌握与其他犯罪嫌疑人的社交关系。

(6)报告。将分析所得到的结论以及分析过程，以报告的形式提交司法部门。司法取证调查者在法庭上呈现即时通信证据，还原犯罪嫌疑人之间毒品交易的协商过程，并与传统证据结合证明犯罪嫌疑人之间毒品交易的事实。

3. 模型应用的意义

在上述毒品交易的案件中，通过应用即时通信取证模型对该案件取证调查，能够有效还原犯罪嫌疑人"钱货分离"的交易事实，及时掌握其犯罪的证据。对于像"打卡埋雷"、"钱货分离"及"网络诱骗"等新型数字犯罪案件，即时通信取证模型可有效还原犯罪事实的全过程，包含其交易协商的过程、线上线下的联络方式，以及犯罪嫌疑人的社交关系等重要证据。

即时通信取证模型有效引导司法取证调查人员对涉案电子设备中的即时通信进行取证分析，从即时通信零散的数据中重现其犯罪实施全过程；并且规范取证调查人员的操作流程，保证证据的有效性，同时增强取证调查的透明性和可读性。

7.3　基于语义倾斜的会话主题挖掘取证算法

在 7.2 节重点研究了即时通信取证模型及其应用，当发生数字案件时，取证调查人员根据即时通信取证模型，采用规范的取证流程和标准的取证技术对涉案人员的即时通信数据进行有效的取证分析，掌握犯罪嫌疑人犯罪的事实证据，并提交给司法部门。人们在享受即时通信的便利社交功能时产生大量的历史数据，当发生数字案件时，即时通信会话内容往往是调查取证的首要目标，因此本节重点研究即时通信的会话内容取证分析技术。

针对涉案的大量会话数据，传统的取证分析技术是利用关键字搜索、人工查阅等方式来提取证据信息。由于即时通信的便利性，即时通信广泛应用于人们的社交生活中，其产生的数据种类和数据总量急剧增长。若司法部门仍采用传统的人工分析方法，将耗费巨大的人力、物力和时间，延误案件侦破的最佳时机；同时由于即时通信数据的易失性，依靠人工取证分析可能破坏数据的完整性，从而降低证据的有效性和权威性。另外，由于犯罪嫌疑人反取证意识不断增强，在使用即时通信进行犯罪活动时，往往采用"暗语"或者"行话"来阻碍司法部门的调查取证。据报道，ISIL 的极端分子利用 Twitter、Facebook 和 WhatsApp 等各种即时通信工具以及他们约定的"暗语"进行相互联络。这些"暗语""行话"在不同时期爆发式地出现和改变，司法部门所维持的关键字库将逐渐失去特征效应，传统的关键字搜索技术无法获取含有"暗语""行话"的相关信息，甚至掩盖关键数据，从而错失案件中的关键证据。因此，关键字搜索和人工阅读等传统取证分析技术已不能有效满足当前即时通信会话内容的快速取证需求。

取证分析人员面对日益增长的会话内容数据，急需一种机器挖掘算法来快速有效地获取会话内容的主题，尤其与案件相关的犯罪会话主题，从而使司法部门能在有效时间内从即时通信聊天记录中获取关键证据。主题挖掘技术可根据文本内容获取其所表达的主题，同样对于即时通信，会话内容往往是围绕一个主题进行的，如教育学习、体育赛事、房产物业等，尤其通过即时通信所建立的兴趣群组或临时讨论组，其会话内容往往是围绕某一主题。因此，采用主题挖掘技术获取会话内容的主题，能大量减少人工分析的会话内容的工作量，从而让司法部门能够高效地分析与案件相关的可疑数据。

本节提出一种基于语义倾斜的会话主题挖掘取证算法，即利用 PLSA 算法对即时通信的会话内容进行主题挖掘，从大量的聊天记录中自动挖掘出会话主题；并针对犯罪嫌疑人采用"暗语""行话"等反取证手段的问题，通过建立自定义词库和动态调整特征项矢量权重的方法，提高犯罪会话主题挖掘的准确率。实验结果表明，该算法可有效获取即时通信中会话内容的主题，尤其在具有犯罪背景的会话主题挖掘取证方面准确性和实用性较高。

7.3.1　PLSA 算法基本原理

PLSA 算法是主题挖掘算法中的一种重要算法，是基于双模式和共现的数据分析方法延伸的经典统计学方法。PLSA 算法的主要思想：通过计算文档中共现词的分布来分析文档语义，即 $p(d_i, w_j) = p(d_i)p(w_j|d_i)$，这个概率背后隐藏着潜在的语义空间 $z_k \in \{z_1, z_2, \cdots, z_k\}$，其中

$$p(w_j|d_i) = \sum_{k=1}^{k} p(w_j|z_k)p(z_k|d_i) \tag{7-1}$$

则

$$p(d_i, w_j) = p(d_i)p(w_j|z_k)p(z_k|d_i) \tag{7-2}$$

根据分析文档-词汇矩阵 $n(d_i, w_j)$，得到其最大似然函数为

$$\ell = \sum_{i=1}^{i=I} \sum_{j=1}^{j=J} n(d_i, w_j) \log p(d_i, w_j) \tag{7-3}$$

$$\ell = \sum_{i=1}^{i=I} \sum_{j=1}^{j=J} n(d_i, w_j) \log \sum_{k=1}^{k=K} p(w_j|z_k)p(z_k|d_i)p(d_i) \tag{7-4}$$

PLSA 算法中，潜在变量的估计用的是期望最大算法（Expectation Maximization，EM），在该算法 E 步骤中，根据参数初始化或上一次迭代的模型参数计算隐含变量的后验概率，做隐形变量的期望，其具体的计算如下：

$$p(z_k \mid d_i, w_j) = \frac{p(w_j \mid z_k)p(z_k \mid d_i)}{\sum\limits_{k=1}^{k} p(w_j \mid z_k)p(z_k \mid d_i)} \tag{7-5}$$

在该算法 M 步骤中，将似然函数最大化以获得新的参数值，其计算过程如下：

$$p(w_j \mid z_k) = \frac{\sum\limits_{i=1}^{N} n(d_i, w_j)p(z_k \mid d_j, w_i)}{\sum\limits_{m=1}^{M}\sum\limits_{i=1}^{N} n(d_i, w_m)p(z_k \mid d_i, w_m)} \tag{7-6}$$

$$p(z_k \mid d_i) = \frac{\sum\limits_{i=1}^{M} n(d_i, w_j)p(z_k \mid d_i, w_j)}{n(d_i)} \tag{7-7}$$

经 E、M 步骤不断迭代，最终满足收敛条件时停止。

7.3.2　语义倾斜的动态调整

词是语言系统中最小的能够独立运用的单位，是信息处理的基本单位，即逻辑语言中的特征项。例如，与某人的会话表示为 $C:(c_1, c_2, \cdots, c_i)$，其中 c_i 代表会话 C 中第 i 个特征项，特征项的权重代表该特征项在会话 C 中语义能力的大小。然而一个词可以作为不同主题的特征项，在不同主题会话中的权重也各不相同，尤其一些词项发生了明显的语义倾斜，其所属的主题已发生转变，即在语义倾斜后，该词项已不再作为原主题领域下的特征项。

1. 语义倾斜

语义倾斜是指语言单位的意义从指某一范围的事物变为指另一个范围的事物。其主要有 3 种类型，分别是具体向抽象的倾斜、空间向时间的倾斜、感情色彩的倾斜等，如网络术语、行业黑话、组织暗语等。

一些不法分子利用语义倾斜的现象来隐藏其犯罪活动，如在毒品交易中："出肉""嘎嘎"等指冰毒，"溜冰"指吸食冰毒，"四号"代表海洛因。虚拟财产盗窃中："信封""信"指银行卡账号密码，"洗信人"指购买"信封"的人等。

2. 建立自定义词库

通过建立自定义词库，不断收集和更新发生语义倾斜的词汇，尤其在办案过程中收集新型犯罪术语，并统计分析短期内爆发的"暗语""行话"等发生语义倾斜的词汇，不断调整特征项的矢量权重。从而在主题挖掘时，准确计算其主题矢量值，使得能对一些蕴含可疑会话的聊天记录恰当挖掘其主题。为了使特征项的权重能恰当地表示其在不同主题中会话能力的大小，本文采用矢量权重来表示特征项在会话中的能力，其结构如图 7-3 所示。

```
1   struct Custom_Thesaurus
2   {
3   char Term[36];              //特征项内容
4   float Vector_1;             //特征项矢量权重分量1
5   float Vector_2;             //特征项矢量权重分量2
6   float Vector_3;             //…
7   float Vector_4;
8   float Vector_5;
9   float Vector_6;
10          float Vector_7;
11          float Vector_8;
12          float Vector_9;
13          float Vector_10;
14          float Vector_11;
15  };
```

图 7-3　特征项权重结构

即 $w_i = (x_1, x_2, \cdots, x_j, \cdots, x_n)$，其中 w_i 为会话中第 i 个特征项的权重；x_j 为特征项权重分量，即特征项在第 j 个主题上的表达能力。实际用例如图 7-4 所示。

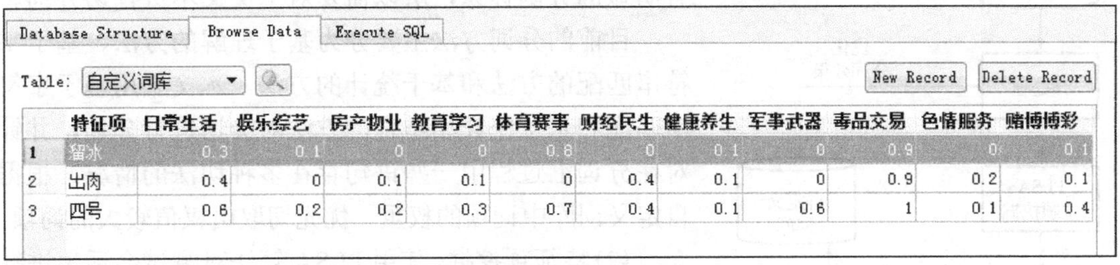

	特征项	日常生活	娱乐综艺	房产物业	教育学习	体育赛事	财经民生	健康养生	军事武器	毒品交易	色情服务	赌博博彩
1	溜冰	0.3	0.1	0	0	0.8	0	0.1	0	0.9	0	0.1
2	出肉	0.4	0	0.1	0.1	0	0.4	0.1	0	0.9	0.2	0.1
3	四号	0.6	0.2	0.2	0.3	0.7	0.4	0.1	0.6	1	0.1	0.4

图 7-4　自定义词库示例

从图 7-4 可知，自定义词库中的"溜冰""出肉""四号"，这些词汇的语义在网络会话中均发生了语义倾斜，不再仅用于原属主题的表达，而是被特定用于网络毒品的交易会话中。若这些词项的矢量权重不及时调整，仍然作为原主题的特征项，对于出现这些词项的会话内容在主题挖掘时将被忽略为日常会话，从而错失关键证据。

3. 动态调整特征项的矢量权重

随着时代的发展，以及应用场景的不同，特征项所表达的语义也发生倾斜，其所属的主题也不同，因此，特征项在不同主题上的表达能力也应不断调整，即其矢量权重需不断地调整和优化。在主题挖掘取证调查中通过及时调整特征项的矢量权重分量，使其能恰当表达特征项在会话中的主题。

最常用的权重分量计算方法为布尔权重计算，即第 j 个主题会话中出现了该词，则第 j 个权重分量为 1，否则为 0。因为这种方法无法体现特征词在不同主题分量上的作用程度，所以采用项频率逆文档频率(TF-IDF)来计算：

$$x(t,z) = \frac{tf(t,z)\log\left(\dfrac{N_t}{cf}\right)}{\sqrt{\displaystyle\sum_{i=1}^{N_t}\left[tf_i(t,z)\log\left(\dfrac{N_t}{cf_i}\right)\right]^2}} \tag{7-8}$$

其中，$x(t,z)$ 为特征词 t 在主题 z 上的权重分量；N_t 为会话总数；$tf_i(t,z)$ 为特征词 t 在主题为 z 的会话中出现的次数；cf 为训练会话集中出现词 t 的会话数。

由于犯罪嫌疑人常常使用一些"行话"来阻碍司法部门的调查取证，而且不同时期的"行话"和"网络术语"也在发生变化。因此自定义词库也应该是随着对"网络术语"和案件所涉及"新词"的掌握情况不断补充词库，以及特征项在语义上的倾斜，运用式(7-8)动态调整特征项在不同主题方向上的权重分量。

7.3.3　基于语义倾斜的会话主题挖掘取证算法分析

基于语义倾斜的会话主题挖掘取证算法流程，如图 7-5 所示。

(1)会话内容预处理。即将会话内容中与主题挖掘无关的部分去掉，如停用词、无意义的符号等。对于会话中的中文文本，不像英文单词之间有明显的分割标识，所以需要对中文文本进行切分词。

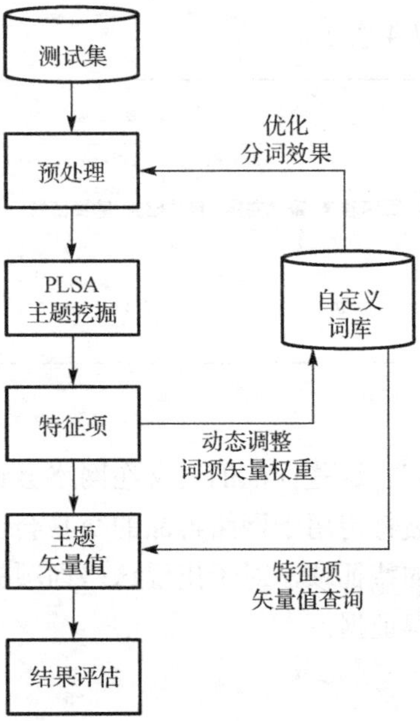

目前的分词方法主要分为基于理解的方法、基于字符串匹配的方法和基于统计的方法。本文采用基于字符串匹配和基于统计相结合的方法对会话进行分词，并针对在分词汇过程中一些语句存在多种切法的情况，根据自定义词库中词项的权重，优先切取出权值较大的词项。

(2)特征项挖掘。使用 PLSA 算法对测试会话集进行主题挖掘，获取具有代表性的特征项，将所挖掘出的特征项补充到自定义词库并及时动态调整词库中特征项的权重分量。

(3)建立自定义词库。根据已知主题的会话内容，将其主题特征项及时存入自定义词库中，尤其对发生语义倾斜的特征项，并根据特征项的矢量权重计算式(7-8)对特征项的权重动态调整。而且在后续的案件调查中不断积累"网络术语"和"行话"，不断对自定义词库中词项的矢量权重进行优化，掌握新型案件中发生语义倾斜的"犯罪行话"，从而提高主题挖掘的准确性。

图 7-5　即时通信会话主题挖掘算法

(4)主题的矢量和。将所挖掘的特征项进行矢量计算，并将所挖掘的主题结果进行可视化显示。

对即时通信聊天记录中的会话进行主题挖掘之后，应将其主题进行量化，即计算特征项权重的矢量和。首先从词库中查找特征项及其矢量权重；然后计算特征项的平均矢量和，即

$$V = (w_1 + w_2 + ... + w_i + \cdots + w_n)/n$$

其中，V 为该会话的主题矢量值；w_i 为第 i 个特征项的矢量权重；n 为特征项的个数。最

后对所挖掘主题的矢量和进行可视化呈现，便于司法取证人员的分析判断。

表 7-5 是从一个有主题的会话中所挖掘的具有主题代表性的特征项及其矢量权重，其主题词的矢量方向为(日常生活，娱乐综艺，房产物业，教育学习，体育赛事，财经民生，健康养生，毒品交易，色情服务，赌博博彩)，其权重由式(7-8)计算所得。

表 7-5　特征项及其矢量权重

特征项		权重
球赛	w_1	(0.2, 0.1, 0.0, 0.1, 0.8, 0.1, 0.3, 0.0, 0.0, 0.4)
兴奋剂	w_2	(0.1, 0.2, 0.0, 0.0, 0.6, 0.1, 0.2, 0.8, 0.4, 0.0)
强壮	w_3	(0.2, 0.1, 0.1, 0.0, 0.7, 0.2, 0.6, 0.0, 0.5, 0.1)
锻炼	w_4	(0.1, 0.2, 0.0, 0.2, 0.7, 0.1, 0.6, 0.0, 0.1, 0.0)
替补	w_5	(0.1, 0.4, 0.0, 0.2, 0.6, 0.0, 0.2, 0.0, 0.0, 0.2)
享受	w_6	(0.2, 0.5, 0.4, 0.1, 0.6, 0.1, 0.3, 0.4, 0.5, 0.1)
加油	w_7	(0.2, 0.2, 0.0, 0.4, 0.8, 0.1, 0.1, 0.0, 0.0, 0.1)
精彩	w_8	(0.3, 0.4, 0.0, 0.3, 0.7, 0.2, 0.0, 0.1, 0.4, 0.6)

因此该会话主题的矢量值为

$$V = (w_1 + w_2 + w_3 + w_4 + w_5 + w_6 + w_7 + w_8)/8$$
$$= (0.175, 0.2625, 0.0625, 0.1625, 0.6875, 0.1125, 0.2875, 0.0375, 0.2375, 0.1875)$$

将该主题的矢量值在主题矢量图上可视化显示，如图 7-6 所示，显然该聊天会话主题为体育赛事。

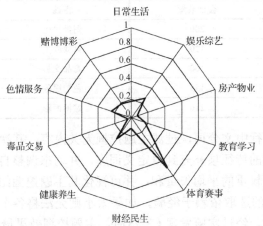

图 7-6　主题挖掘结果可视化图

(5)主题挖掘结果评估。主题挖掘系统常用的评估标志是准确度，其准确度的考量标准是将通过机器挖掘的结果和人工分析结果相对比，如果两者相似度越高，则说明主题挖掘算法的准确度就越高。评估主题挖掘算法的指标分别为准确率和召回率。

准确率计算：

$$准确率(p) = \frac{主题正确的会话数}{实际测试的会话数} \tag{7-9}$$

召回率计算：

$$召回率(R) = \frac{正确挖掘的会话数}{应有会话数} \qquad (7\text{-}10)$$

准确率和召回率之间相互影响，在司法取证中，如想获得较高的召回率，则需要牺牲准确率，这将把一些不相关的会话误判为可疑会话，从而增加司法取证人员的工作量；反之，将牺牲召回率，可能错失一些可疑会话，从而失去取证调查的机会。F_1 值是一种使准确率与召回率达到平衡的计算方法，在司法取证中可对主题挖掘结果进行综合测评。

F_1 值为

$$F_1 = \frac{P \times R \times 2}{P + R} \qquad (7\text{-}11)$$

7.3.4　实验及结果分析

实验平台：ThinkPad L440 笔记本电脑（Windows 7）、HP 台式计算机（Windows 7）；iPhone 4S 手机（iOS 6.1.3）、PE-UL00 华为手机（Android OS 4.4）。

实验准备：实验数据取自实验设备中基于客户端的即时通信会话内容，即 QQ、Skype 和微信的聊天记录，其中包含 500 个 QQ 好友的聊天记录、100 个 QQ 群的聊天记录、500 个微信朋友聊天记录、100 个微信讨论组聊天记录，并预设有毒品交易、色情服务、赌博博彩的场景会话，其数据如表 7-6 所示。

表 7-6　实验数据

主题	会话数量	主题	会话数量
日常生活	200	财经民生	70
娱乐综艺	120	健康养生	170
房产物业	160	毒品交易	20
教育学习	155	色情服务	60
体育赛事	210	赌博博彩	35

首先对聊天会话进行中文分词，过滤主题挖掘无关内容；其次运用 PLSA 算法进行主题挖掘；然后将所挖掘的特征项补充到自定义词库，并动态调整自定义词库中词项的矢量权重；最后计算特征项权重的平均矢量和，并可视化其主题挖掘结果。对于潜在语义集合 $z_k \in \{z_1, z_2, \cdots, z_k\}$，$k$ 值的选取依赖于经验，如果太小则无法将各个主题分开；如果太大则太敏感，容易引入噪声。经过实验发现 $k = 25$ 时，主题挖掘效果最好。

分别采用传统 PLSA 算法、基于语义倾斜的会话主题挖掘算法和人工分析方法对上述数据进行主题挖掘，并对其结果进行评估，实验结果对比如表 7-7 所示。

表 7-7　会话主题挖掘结果评估

结果	准确率 P	召回率 R	F_1	时间 T
PLSA	0.607	0.807	0.490	900s
语义倾斜 PLSA	0.694	0.812	0.564	1000s
人工分析	0.868	0.853	0.740	6h

从表 7-7 可知，通过主题挖掘算法可在较短时间内获取即时通信会话内容的主题，相对于人工取证分析耗费 6h 的时间，主题挖掘可快速获取案件中的可疑会话数据，缩小调查取证所需分析数据的范围，从而有效解决海量即时通信数据取证分析耗时耗力的问题。

基于语义倾斜的会话主题挖掘取证算法与 PLSA 算法相比，在普通会话主题挖掘上，其准确率、召回率、F_1 值上并无太大优势。但是由表 7-8 可知，基于语义倾斜的会话主题挖掘取证算法在犯罪会话主题挖掘上具有较大的优势。由此可知，通过基于语义倾斜的会话主题挖掘取证算法可有效提高在犯罪会话主题挖掘上的准确率。

表 7-8　犯罪会话主题挖掘结果评估

结果	准确率 P	召回率 R	F_1	时间 T
PLSA	0.575	0.807	0.464	900s
语义倾斜 PLSA	0.885	0.875	0.774	1000s
人工分析	0.920	0.892	0.820	6h

7.4　多源即时通信社交关系取证方法

在 7.3 节重点研究了即时通信会话内容的主题挖掘算法，从而快速获取与案件相关的可疑数据，而即时通信的社交网络是虚拟世界与现实世界的桥梁，它将现实生活中人与人的真实关系搬到互联网上。即时通信历史数据中保存有用户近期真实的社交关系和社交活动信息，因此从即时通信的聊天记录中提取犯罪嫌疑人的社交关系是最真实、最能反映犯罪嫌疑人近期社交活动的关系网络。通过分析聊天记录中的通信数据以及计算用户之间的社交关系，不仅可还原犯罪嫌疑人社交关系的种类和亲密程度，而且可对犯罪团伙之间的信息转发路径进行有效取证分析。

由于各种即时通信软件采用的通信协议不同，其数据的存储格式各有差异，用户针对不同聊天对象或者在不同时间段使用不同的即时通信软件进行社交通信活动。同时由于即时通信软件在桌面端和移动端的兼容性逐步提升，用户往往在不同场景交叉使用移动端和桌面端上的即时通信软件，从而实现时间和空间上的无缝社交活动。

如图 7-7 所示，用户与其好友之间的通信路径有多种组合，既可以通过移动端又可以通过桌面端；而且其使用的即时通信软件多种多样，甚至在同一会话中交叉组合，从而使同一会话的数据散落于多个平台和软件之间。尤其犯罪嫌疑人为了隐藏其犯罪行为常常采用交叉通信通道等反取证手段，来隐藏其重要的社交关系。

现有的社交关系取证分析技术受限于软件或平台之间数据格式的不同，无法实现跨即时通信软件之间综合取证分析，导致案件中所涉及的社交关系无法形成完整有效的关系链。社交关系的计算并没考虑即时通信中丰富的多媒体会话形式，如文本、图片、语音、视频等。因此司法取证部门需要一种对多种格式的即时通信数据均可实现采集、规范、多维计算等的综合取证分析技术，即实现一种无平台差异的即时通信社交关系取证方法，从而解决各即时通信数据存储格式不一的困难和打击犯罪嫌疑人反取证的意图。

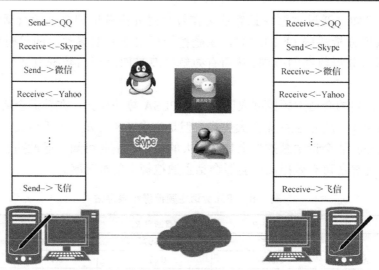

图 7-7　即时通信多通道信息流通图

　　本节提出一种多源即时通信社交关系取证方法，该方法主要分为 3 个阶段：第 1 个阶段针对涉案的所有电子映像，快速识别出映像中所安装的即时通信软件，以及其各自产生的数据，并分析其聊天记录存储的格式，根据取证分析的需求，将其关键信息进行提取和整合，存入综合 IM 数据库中；第 2 阶段对综合数据库中犯罪嫌疑人的社交关系进行多维计算，结合即时通信多形式交流特性，综合计算犯罪嫌疑人的社交关系，并采用拓扑图的形式还原犯罪嫌疑人的社交关系，以及节点之间的关系种类和关系程度；第 3 阶段通过分析即时通信会话信息的元数据，采用统计会话内容 Hash 值的方法，快速甄别出恶意的转发行为，以及实现犯罪团伙之间关键信息转发路径的溯源。

7.4.1　建立多源即时通信社交关系库

　　由于各即时通信聊天记录的存储格式不同，并且数据库中许多字段冗余和无效数据，这无疑增加取证分析的难度。通过建立即时通信综合数据库，提取各即时通信软件历史数据中的必要信息，如会话对象、会话内容、会话时间，以及软件运行的 Log 信息，可以去除各即时通信软件所产生数据的平台限制，便于多源即时通信数据进行综合分析，在满足有效取证分析的前提下精简所需分析的数据，便于司法取证人员快速取证分析。多源即时通信社交关系库的框架图如图 7-8 所示。

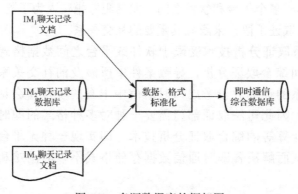

图 7-8　多源数据库的框架图

为了规范统一数据库中的单元格式，对其进行统一格式定义，其数据结构如图 7-9 所示。

```
1    struct Message
2    {
3        time_t time;                //消息发送/接收时间
4        char Send_Name[32];         //消息发送者标识
5        char Reciv_Name[32];        //消息接收者标识
6        char Type[16];              //消息类型
7        char Source_Soft[16];       //消息来源
8        char Plat_From[16];         //消息来源平台
9        char Content[256];          //消息内容
10       char Reserve[32];           //保留区域，以备特殊信息的标注
11   };
```

图 7-9　通信关系数据结构

其会话内容数据库中存储的数据实例如图 7-10 所示。

	Time	Send_Name	Reciv_Name	Type	Source_soft	Platfrom	Content	Reserve
1	2015-05-04 23:09	毛	skype	text	QQ	PC	小调查，报名参加了学校组织腾讯的创意大赛，对腾讯目前的软件	
2	2015-05-04 23:10	skype	毛	text	QQ	PC	这是什么意思	
3	2015-05-04 23:11	毛	skype	text	QQ	PC	就是对腾讯的目前的产品挑刺。提出一些好的建议供它改进	
4	2015-05-04 23:11	skype	毛	text	QQ	PC	最近重庆，天气咋样，是不是要穿短袖了？	
5	2015-05-04 23:12	毛	skype	text	QQ	PC	还有就是腾讯目前莫有的。提出来。供他参考。很京快，下小雨	
6	2015-05-04 23:12	毛	skype	text	QQ	PC	雨一停，就是30多度了	
7	2015-05-04 23:13	skype	毛	text	QQ	PC	去重庆的话，买特产。最值得带什么	
8	2015-05-04 23:13	毛	skype	text	QQ	PC	各种火锅底料	
9	2015-06-09 13:27	毛	skype	text	微信	Phone	最近学习忙不	
10	2015-06-09 13:27	skype	毛	text	微信	Phone	还行，平常做一下项目，写写论文！	
11	2015-06-09 13:28	skype	毛	text	微信	Phone	你呢，应该比较忙吧，课程多吗？	
12	2015-06-09 13:30	毛	skype	text	微信	Phone	恩，比较多	
13	2015-06-09 13:30	skype	毛	text	微信	Phone	课程没必要修那么多，重点是多做项目，多看论文	
14	2015-06-09 13:39	毛	skype	text	微信	Phone	好的，不聊了，回头有时间好好聊	
15	2015-06-09 13:40	skype	毛	text	微信	Phone	好的，再见！	

图 7-10　综合数据库内容示例

7.4.2　社交关系的分析取证

社交关系是由社会成员中的个体和组织以及他们之间相互的关系组成，其注重的是个体与个体之间的相互关系。在社交关系网络中，每个个体是一个节点，个体之间的关系用节点之间的边来表示，个体之间关系的强弱可以由边上不同的权重来体现。即时通信中的社交关系反映的是基于 Internet 的真实人际关系网络，体现出现实世界中人与人之间真实的社交关系网络。

1. 社交关系网络的建立

对即时通信中的社交关系取证分析可有效获取犯罪嫌疑人近期的社交关系网络特征，如好友数量、交友圈特征，与好友之间的亲密度、熟识度，以及与线下好友之间联系的时间特点和频率。熟识度是指社交网络中人与人之间的熟悉程度，它反映人与人关系的交往程度，而线下好友联系频率和时间的变化可获知用户与线下好友的社交规律和特点。

如今即时通信的大量使用，使人们的社交网络规模迅速发展，且其结构非常复杂，导致司法取证人员仅采用数字和表格等分析方式已无法处理涉案人员的社交关系。同时社交关系网络中往往蕴含一些社交模式、行为习惯等隐含信息，可视化技术可有效从复杂的社交网络结构中挖掘出有价值的信息。

通过建立社交关系网络拓扑图，可清晰明了地确定用户的社交关系网络及其特征，并从中挖掘出用户的行为模式。多源即时通信软件平台的社交关系取证可根据所建立的即时通信综合数据库，实现多源即时通信中社交关系网络的取证分析，尤其是犯罪嫌疑人跨平台和软件之间的社交关系网络，可将不同即时通信软件所形成的离散社交关系进行有效关联分析，并发现犯罪分子在不同社交关系网络之间的关键地位。

2. 社交关系的多维计算

分析即时通信的社交关系，不仅需要构造出犯罪嫌疑人的社交关系拓扑图，还应准确计算出社交关系的种类及其关系重要程度。此外还应进一步挖掘出犯罪嫌疑人与好友之间会话的特点，如会话频率、时间变化，以及他们之间会话的行为特点等信息。例如，A 到 B 之间的信息是通过 QQ，而 B 到 A 的信息则通过微信。

在社交网络拓扑图中，如果两个节点之间的距离越近，则表示这两个节点之间越熟悉，所代表的两个用户之间的关系越亲密，两者之间的影响力也就越大。而社交网络拓扑图中边上的权重的大小可准确表示节点之间关系的大小，因此采用多维的计算方式来精确计算犯罪嫌疑人与其好友之间的关系，准确还原犯罪嫌疑人近期的社交关系网络。

如图 7-11 所示，该拓扑图表示犯罪嫌疑人分别在微信、QQ、Skype 产生的局部关系网络，图 7-11 中节点之间的权重由节点之间边上的权重来反映，该权重通过式(7-12)计算所得，即计算两节点之间信息数量占所有信息数量的比例。

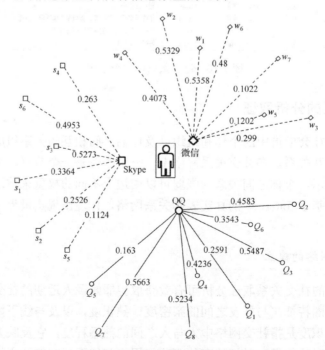

图 7-11　信息量为权重的拓扑图

$$F(u,f_i) = \frac{t(u,f_i)}{\sum_{i=0}^{n} t(u,f_i)} \qquad (7\text{-}12)$$

其中，$F(u,f_i)$ 为犯罪嫌疑人 u 与好友 f_i 之间的亲密度；$t(u,f_i)$ 为犯罪嫌疑人 u 与好友 f_i 之间通信的次数。

图 7-12 中犯罪嫌疑人与好友之间的权重由熟识度来反映，通过计算犯罪嫌疑人之间共同的好友数量所得，其节点之间的权重采用式(7-13)计算所得。若两者之间拥有共同好友数量越多，表示节点之间熟知度较高，即节点相互之间交集也越多，同样可表示节点之间关系的重要程度。

$$J(u,f_i) = \frac{|u \bigcap f_i|}{|u \bigcup f_i|} \qquad (7\text{-}13)$$

其中，$J(u,f_i)$ 为犯罪嫌疑人 u 与好友 f_i 之间的熟识度；$|u \bigcap f_i|$ 为犯罪嫌疑人与好友 f_i 之间共同好友数；$|u \bigcup f_i|$ 为犯罪嫌疑人与 f_i 所有的好友数量。

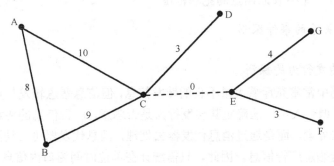

图 7-12 共同好友量为权重的拓扑图

即时通信软件提供多形式会话服务，如文本、表情、图片、语音、视频等。不同形式的即时聊天服务往往发生在不同社交关系中，如陌生人之间仅仅依靠文本进行交流沟通，而与家人、朋友等亲密关系会采用语音、视频等会话方式。在计算犯罪嫌疑人的社交关系时，对用户的通信次数和频率不能简单地累计，而是应当分类统计，再做进一步的取证分析。因此，采用一种动态权重的计算方法来计算即时通信中不同格式的信息量，即

$$F(u,f_i) = w_1 \sum^t I_1(u,f_i) + w_2 \sum^t I_2(u,f_i) + \cdots + w_n \sum^t I_n(u,f_i) \qquad (7\text{-}14)$$

其中，$F(u,f_i)$ 为犯罪嫌疑人 u 与好友 f_i 之间的亲密度；$I_n(u,f_i)$ 为第 n 种形式信息的数量；w_1、w_2、w_n 为不同形式信息的权重，其不同信息类型的权重通过式(7-14)回归训练所得。

虽然从图 7-11 和图 7-12 可知犯罪嫌疑人与其好友之间的社交关系，以及节点之间边上的权重，但它们仅反映一方面的关系重要程度，信息数量或共同好友数量，而用户之间关系的计算应从多方面考虑。例如，节点之间的共同好友数量多，并不一定表示节点之间信息数量大，只是表示两者属于同一领域，或者同一单位，并不能反映两者之间的亲密度；反之，节点之间的信息数量较大，不一定表示两者共同好友数量多。而节点之间的信息通道的数量同样可反映出节点之间关系重要程度，因此采用一种多维计算的方法来综合计算用户与好友之间的社交关系，即

$$Q(u, f_i) = w_j J(u, f_i) + w_f F(u, f_i) + w_v V(u, f_i) + K \tag{7-15}$$

其中，$Q(u, f_i)$ 为犯罪嫌疑人 u 与其好友 f_i 之间的综合权重；$J(u, f_i)$ 为犯罪嫌疑人 u 与好友 f_i 之间的熟识度，由式(7-13)计算所得；$F(u, f_i)$ 为犯罪嫌疑人 u 与好友 f_i 之间的亲密度，由式(7-14)计算所得；$V(u, f_i)$ 为犯罪嫌疑人 u 与好友 f_i 之间平均会话长度，由式(7-16)计算所得；K 为两者之间信息通道的数量。

$$V(u, f_i) = \frac{\sum_{j=0}^{j=n} M(u, f_i)}{n} \tag{7-16}$$

其中，$M(u, f_i)$ 为犯罪嫌疑人 u 与 f_i 单次通信的会话长度，其会话长度指会话中交互信息的数量。

通过采用多维计算的方法综合计算节点之间的关系权重，从信息量、共同好友数量、平均会话长度，以及信息通道数量 4 个维度计算节点之间的综合关系权重，将其关系权重标注在犯罪嫌疑人的社交关系拓扑图上，从而掌握犯罪嫌疑人的重要社交关系，以便在案件的侦破和审查时，缩小取证调查的犯罪范围。

3. 基于社交关系的事件探测

1) 信息恶意转发行为的探测

即时通信数据中常常充斥着大量不良的转发信息，但信息恶意转发与正常转发的区别比较模糊，使得取证调查人员无法确定其转发行为是否恶意，广告信息的恶意转发并不是依靠犯罪嫌疑人手动去处理，而是通过消息代发器去处理，消息代发器可自动添加好友，并可在短时间内大量发送恶意广告信息。因此，只需统计在单位时间窗口内信息内容相同的数量，即可快速识别出信息恶意转发行为，如逐条查看其内容，往往需消耗大量的时间，取证调查时仅需计算会话内容的 Hash 值，并以单位时间窗口滑动会话内容的 Hash 值散列分布图，即可快速直观探测出广告信息的恶意转发。采用 PJWHash 方式来计算会话内容的 Hash 值，即

$$\text{Val(Content)} = \text{PJWHash(Content)} \tag{7-17}$$

将综合数据库中的会话内容的 Hash 值散列分布于坐标轴，如图 7-13 所示，其中横坐标轴表示 300s 的时间窗口，纵坐标轴表示会话内容的 Hash 值，图中的点表示消息分别对应的 Hash 值和其转发时间。

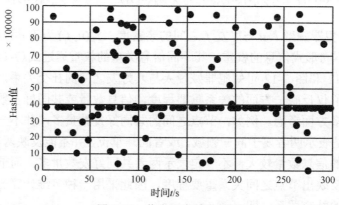

图 7-13　信息恶意转发探测

由图 7-13 可知，在一个时间为 300s 的时间窗口内，用户的聊天记录中出现大量会话内容相同的即时消息。其信息发送的间隔较为稳定和密集，由此可判断出该信息内容并不是正常的会话内容，而是通过软件恶意转发的广告信息。

2) 关键信息转发路径的溯源

不管是账号信息的贩卖，还是毒品信息的扩散，其交易过程往往是分阶段进行，犯罪分子为了避免司法部门直接获取其整个组织网络，其交易过程分阶段、分层次进行，并且其中间人使用不同的即时通信工具进行关键信息转发。在案件调查中，各个犯罪嫌疑人往往相互推卸责任，不能较好地还原关键信息的转发路径，从而造成司法认定时无法确认最初始的信息来源，因此如何按时间线还原信息的复制转发流程成为网络信息认定的关键问题，尤其是犯罪团伙中关键人物的确定。本文提出一种基于会话内容 Hash 值的关键信息转发路径溯源方法，即通过查询关键信息内容的 Hash 值，将相同 Hash 值的信息来源和时间进行有序组合，从而将该信息以时间为序获取该信息的转发路径，其关键信息的 Hash 值分布如图 7-14 所示，其中横坐标表示信息出现的时间节点，纵坐标表示信息内容的 Hash 值，图中的点表示目标信息对应的 Hash 值和时间节点。

关键信息的转发路径如图 7-15 所示，图中的折线表示关键信息转发的路径。由图 7-14 和图 7-15 可知，通过筛选出关键信息的 Hash 值，并将其相应的时间和用户信息进行关联，将关键信息的转发时间和用户编号进行组合，根据信息出现的时间先后顺序获知关键信息的转发路径，从而可对关键信息的转发路径进行有效溯源，并能获取"关系链"中的关键节点，如图 7-15 中编号为 17、1 和 22 的犯罪嫌疑人，有助于犯罪团伙中关键人物的分析和确定。

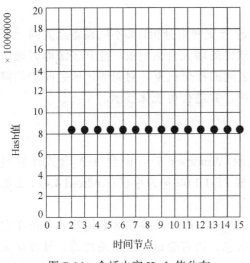

图 7-14　会话内容 Hash 值分布

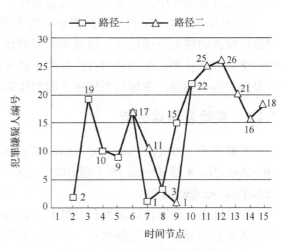

图 7-15　关键信息转发路径溯源

7.4.3　多源即时通信社交关系取证分析

图 7-16 是多源即时通信社交关系网络取证分析的流程。

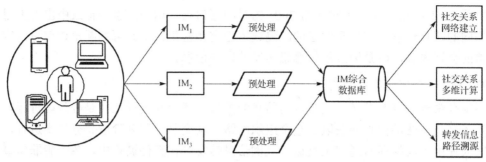

图 7-16　多源即时通信社交关系取证流程

（1）取证准备。司法取证人员在进行取证分析之前，必须取得对犯罪嫌疑人进行调查的授权，并做好相应的准备工作，如选择合适的取证工具和方案，了解相关的法律条例等。

（2）获取电子设备的物理映像。司法取证人员使用映像获取工具获取电子设备的映像，后续的取证分析均在映像上进行。因为在数字取证领域，原则上不允许在原始数据上进行取证分析，这样可以避免电子设备中数据的进一步破坏，并对所获取的物理映像进行 MD5 值计算，从而保证数据源在取证分析时的完整性。

（3）识别即时通信数据。分析所获取的映像，识别映像中所安装的即时通信软件，并获取各即时通信软件历史数据的存储位置。

（4）数据预处理。分析即时通信软件所产生的数据，并提取与案件取证相关的重要信息。通过分析各即时通信软件所产生数据的格式，及其存储的字段信息，根据所需信息进行结构提取，如会话消息发送者、会话消息接收者、会话消息发送时间，以及消息内容等关键信息。

（5）数据整合。将上一步骤所提取的必要数据，进行预处理，并以独立人为单位存入即时通信综合数据库中，以备后续的取证分析。

（6）社交网络分析。对综合数据库中的数据进行社交网络分析，如不同设备上的同一即时通信软件的聊天会话记录，以及不同即时通信软件的聊天会话记录。建立多源即时通信的社交关系拓扑图，采用式(7-15)多维计算节点之间的社交权重，对犯罪团伙之间的关键信息转发路径溯源，掌握犯罪团伙之间的组织结构，并进行可视化展示。

7.4.4　实验及结果分析

实验平台：6 台 ThinkPad L440 笔记本电脑（Windows 7）、6 台 HP 台式计算机（Windows7）、4 部 iPhone 4S 手机（IOS 6.1.3）、4 部 PE-UL00 华为手机（Android 4.4）、2 部红米手机（Android 4.2）。

实验准备：分别在计算机和手机上安装 QQ、Skype、微信，并以 8 名用户的身份在实验设备中正常使用即时通信软件一个月，如收发信息、语音会话、发送图片等。预设交叉会话的场景，即在同一会话中分别采用 QQ、Skype、微信，以及不同平台之间交叉会话；预设恶意转发消息的情景，即在实验准备期间使用信息代发器软件恶意转发广告信息，预设在小范围好友圈里转发关键信息的情景。

1. 社交关系网络分析结果

首先，运用映像获取工具获取电子设备的映像，并对其进行 MD5 计算，以保证证据的完整性，后续的取证分析操作均在映像上进行，从而避免对原始证据的破坏。其次，分别从获取的映像中识别实验设备上安装的即时通信软件，以及各即时通信历史数据的存储位置，重点分析其会话记录数据格式，将会话记录中重要的关键信息采用统一格式提取，并存入即时通信综合数据库。最后，根据数据库中的数据建立用户的社交关系拓扑图，并计算用户与好友之间的关系。其实验结果如图 7-17 所示，表示用户 User 的社交关系拓扑图，图中的节点表示用户的名称，节点之间边上的权重表示节点关系的重要程度。

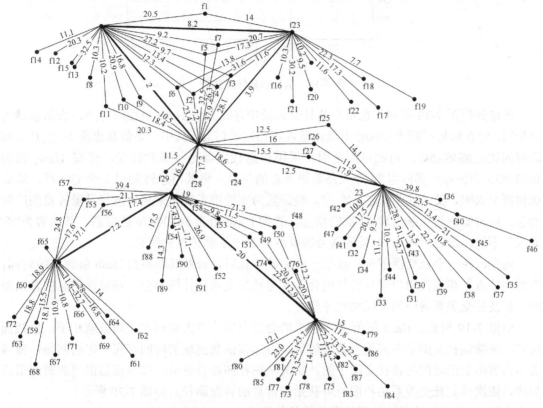

图 7-17　犯罪团伙社交关系拓扑图

由图 7-17 所示为涉案 8 名用户所使用的即时通信信息，包含 8 名用户所有的即时通信社交关系。节点之间边上的权值表示为节点之间的重要程度，该结果以独立人为节点，既包含不同平台的数据，也包含不同软件的社交信息。尤其 8 名用户之间的关系权重采用式（7-15）多维度计算所得，实现对多源交叉通信的社交关系多维计算。通过社交关系拓扑图的可视化呈现，可帮助司法取证人员快速理清犯罪团伙之间复杂的人际关系，同时也便于后续事件的取证分析。

2. 事件探测实验结果

将实验设备中的即时通信会话内容存入综合数据库，并对其会话内容进行 Hash 值计算，将其 Hash 值进行散列图观察，用 300s 的时间窗口滑动会话 Hash 值散列图，并滤除时间窗口内相同信息数量少于 10 的信息，其实验结果如图 7-18 所示。

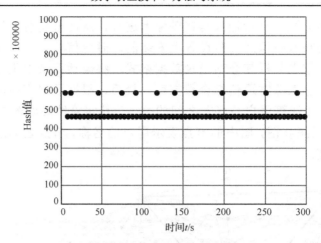

图 7-18　信息恶意转发结果

通过分析图 7-18 可知，在用户的社交记录中存在大量 Hash 值相同的点，表示会话内容相同，即在较短时间内 (300s) 出现两条内容相同的信息，其中一条信息出现 59 次且其间隔时间比较固定 (5s)，由此可判定用户采用信息代发器进行恶意转发，查询 Hash 值为 46724835 的信息，其内容为"今天是腾讯老总的生日，将其消息转发到 5 个 QQ 群，就会送你两个太阳，我试过了，是真的。"，验证其为实验准备阶段采用消息代发器转发的广告消息，同时验证另一条出现 12 次的信息，查询 Hash 值为 56300976 的信息，其内容为"今天天气不错，出去玩吗？"，验证其为实验准备阶段手动转发的信息。

同样，在一个社交圈子里，获取一条关键信息后，查看其相应的 Hash 值转发的时间，将时间节点与相应的用户编号进行组合，并与社交关系拓扑图结合，获取该信息的转发路径，以及社交关系网中的组织结构等信息。

由图 7-19 可知，Hash 值为 3823617 的会话内容为"大量回收废旧玻璃瓶子，价钱面谈！"。去除该社交圈子中其他无关的信息，得知该信息出现的时间存在一定的间隔；将该会话内容出现的时间与该社交圈子的社交关系拓扑图结合分析，以该信息出现的时间节点为序，依次标记社交关系拓扑图，可获知该信息的转发路径，如图 7-20 所示。

由图 7-20 可知该关键信息转发的路径依次为 A → B/C → E/D → G/F → H/I，从而获取信息的源头为 A；并且验证多条关键信息的传输路径其结果均与图 7-20 中转发路径类似，即可显示该拓扑图中关键节点和组织层次。

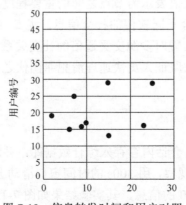

图 7-19　信息转发时间和用户对照

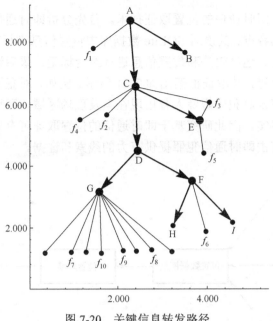

图 7-20　关键信息转发路径

7.5　基于即时通信的位置取证技术

7.4 节中重点研究了即时通信的社交关系取证方法，可有效获取犯罪嫌疑人的社交关系。即时通信为了更好地满足人们的社交需求，大多具备位置分享、位置签到、位置标识等位置分享功能，以及基于位置信息的垂直社交功能，具体功能如表 7-9 所示，这些基于位置信息的垂直社交功能使人们享受现实和虚拟世界相结合的综合社交活动。位置取证不仅可以为侦查破案提供最直接有用的线索，还可以作为证据，在诉讼中起到认定犯罪的作用。但现有的即时通信取证研究缺乏对即时通信位置取证的系统研究。

表 7-9　基于位置服务的垂直社交功能

软件名称	运行平台	基于位置的社交功能
QQ	IOS、Android、Windows Phone、Blackberry	附近的群、附近的活动、同城服务
微信		附近的人、摇一摇、地理位置共享
陌陌	IOS、Android、Windows Phone	附近的人、附近的群组、同城服务、附近活动
Skype		IP 电话
Line	IOS、Android、Windows Phone、Blackberry	附近的人、地理位置共享、附近商家
WhatsApp Messenger		地理位置共享

如表 7-9 所示，这些新兴的社交功能，不仅具有即时通信软件基本的社交功能，如消息的发送接收、社交关系的建立；而且利用地理空间和位置感知与识别技术，在用户的个人信息中增加地理位置这一生活维度信息；同时即时通信用户可以将自己的实时地理位置信息分享到好友或者网络中，从而使得即时通信历史数据中蕴含有用户近期的运动痕迹等信息。

　　本节提出一种基于即时通信的位置取证技术。首先分析即时通信软件产生的地理位置数据和具有位置属性的数据；其次对 SQLite 数据库中位置信息进行有效恢复；然后将犯罪嫌疑人近期的时间序列、运动轨迹和位置信息进行组合标记；最后通过可视化技术呈现犯罪嫌疑人近期的运动轨迹，其取证框架图如 7-21 所示。例如，对犯罪嫌疑人的即时通信数据取证分析，发现在案发时犯罪嫌疑人曾出现在案发现场区域，即可作为佐证来印证犯罪嫌疑人与案件相关的事实。因此研究基于即时通信的位置取证可有效获取与案件相关的位置证据，为司法部门打击即时通信犯罪提供有力的线索和证据。

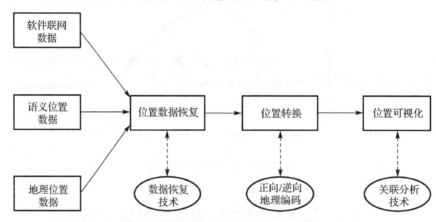

图 7-21　基于即时通信的位置取证框架

7.5.1　位置数据简介

　　当用户在使用这些新型社交功能时，即时通信软件获取设备上的地理位置信息，如 GPS 数据、街区、距离等数据，从而满足基于位置的社交服务。用户在享用这些功能时，即时通信将所采取的地理位置数据保存在相应的数据库文件中，成为记录用户历史运动轨迹的痕迹信息。同时即时通信软件在使用的过程中产生日志文件同样包含许多具有位置属性的日志信息，如软件联网时所分配的 IP、Wi-Fi 信息等，均可转化为用户的地理位置信息数据。甚至用户在共享位置信息时一些约定性的信息，如"家""学校""公司"等，通过相应的提取和转化均可获取用户的地理位置信息。

　　由于来源于即时通信的位置信息具有更新快、混杂性强等特点，而且各即时通信软件中不同功能存储的位置信息的粒度不同，从而造成位置信息具有复杂性、稀疏性等特点。与此同时，具有反取证意识的犯罪分子往往定期删除和破坏即时通信中关键的地理位置信息，从而阻碍司法部门的正常取证。因此如何从即时通信数据中获取犯罪嫌疑人的运动轨迹和其活动规律成为即时通信取证新的挑战。

7.5.2　基于可视化的地理位置关联分析技术

　　位置可视化技术是通过基本电子地图、图层、标注以及各种多媒体信息，充分利用其位置表现和空间分析能力，直观地将位置服务信息提供给用户的技术。即时通信数据中搜集的地理位置数据不断增加,靠人工手动查看和分析位置数据越来越不能满足实际工作需要。因此通过位置可视化技术,将所获取犯罪嫌疑人的地理位置数据进行直观形象呈现,提高位置证据的可读性和透明性。

1. 地理位置数据转换

地理位置数据的转换是将获取的地理位置数据,或具有地理位置属性的数据转化成一种标准的格式,以便后续进行分析取证。其转化的方向可以双向进行,既可以将语义文本信息转化为标准格式的数字存储格式,也可以将存储的数字格式信息转化为文本信息便于取证人员理解。

1) 正向地理编码

正向地理编码即将中文地址或地名描述转换为地球表面上经纬度的功能,同时一些具有位置属性的数据同样可以转换成地球表面上相应的地理坐标。

(1) 语义地址转换。对于一个语义描述的地址,通过现有的网络工具可以轻松将其转化成经纬度坐标。百度提供地理数据转换 API 接口,输入一个语义性地址,返回的是经纬度坐标。例如,将一个语义描述性地址转化成相应的坐标,可以使用如下的 URL:http://api.map.baidu.com/geocoder/v2/?ak=key&callback=renderOption&output=json&address=郑州火车站&city=郑州市,返回的结果是一个 Json 结构信息,如图 7-22 所示,包含郑州火车站的经纬度坐标。

```
1   renderOption&&renderOption({
2       "status":0,
3       "result":{
4           "location":{
5               "lng":113.66469048512,
6               "lat":34.752210913292
7               },
8       "precise":0,
9       "confidence":50,
10      "level":""
11      }
12  })
```

图 7-22　语义位置正向地理编码

(2) 网络数据的转化。使用相同的方法,对于典型的具有位置属性的网络数据,如 IP、Wi-Fi 等数据,同样可以转换成相应的地理位置信息,如使用 URL: http://api.map.baidu.com/location/ip?ak=key&ip=218.29.102.120&coor=bd09ll,返回的结果是一个 Json 结构的信息,如图 7-23 所示。

2) 逆向地理编码

逆向地理编码是将地球表面的地址坐标转化为标准语义地址的过程,方便地址坐标在位置可视化的过程中呈现坐标所在的行政区划、街道,以及分析过程。

```
1    {
2    "address":"CN|河南|郑州|None|UNICOM|0|0",
3    "content":{
4        "address":"河南省郑州市",
5        "address_detail":{
6            "city":"郑州市",
7            "city_code":268,
8            "district":"",
9            "province":"河南省",
10           "street":"",
11           "street_number":""
12           },
13       "point":{
14               "x":"113.64964385",
15               "y":"34.75661006"
16               }
17       },
18   "status":0
19}
```

图 7-23　IP 信息正向地理编码

例如，将一个经纬度坐标转换成相应的语义地址信息，使用 URL：http://api.map.baidu.com/geocoder/v2/?ak=key&callback=renderReverse&location=34.749020,113.661677&output=json&pois=0。返回的结果是一个 Json 结构的信息，如图 7-24 所示。

```
1 renderReverse&&renderReverse({
2 "status":0,
3 "result":{
4 "location":{
5     "lng":113.66167701149,
6     "lat":34.749019958784
7     },
8 "formatted_address":"河南省郑州市二七区京广北路 17 号",
9 "business":"郑州铁路局,京广路,火车站",
10    "addressComponent":{
11        "adcode":"410103",
12        "city":"郑州市",
13        "country":"中国",
14        "direction":"东北",
15        "distance":"100",
16        "district":"二七区",
17        "province":"河南省",
18        "street":"京广北路",
19        "street_number":"17 号",
20        "country_code":0
21        },
22    "poiRegions":[],
23    "sematic_description":"马寨村附近 40 米",
24    "cityCode":268
25    }
26 })
```

图 7-24　逆向地理编码

将所获取的地理位置数据和具有位置属性的数据转化成统一格式的数据，以便可视化分析所需，同时便于数据的管理存储，其数据结构如图 7-25 所示。

```
1 struct Location
2 {
3      time_t time;              //数据产生时间
4      char Type[16];            //数据类型
5      char Source_Soft[16];     //数据来源软件
6      char Plat_From[16];       //数据来源平台
7      char Location_Date[64];   //数据内容
8      char Geo_data[32];        //经纬度数据
9      char Particle_Size[32];   //粒度等级
10     };
```

图 7-25　地理位置数据结构

2. 地理位置可视化

为了将所获取的地理位置数据进行可视化，将所获取的位置信息进行点可视化、线可视化和面可视化。

1）点可视化

为了自动化地对位置信息进行标注，制作点可视化信息的 KML（Keyhole Markup Language）文件，图 7-26 是一个点可视化信息在 KML 文件中的描述。

```
1  <?xml version="1.0" encoding="UTF-8"?>
2  <kml xmlns="http://earth.google.com/kml/2.1" >
3     <Document>
4     …
5     <Placemark>
6         <name>
7         点可视化示例
8         </name>
9     <description>
10        郑州火车站
11        2016-2-25 09:35
12     </description>
13     <styleUrl>
14     </styleUrl>
15      <Point>
16         <coordinates>
17             113.659757,34.746275,0
18         </coordinates>
19      </Point>
20     </Placemark>
21  </Document>
22  </kml>
```

图 7-26　点可视化 KML 文件

在点可视化 KML 文件中包含一个名为"点可视化示例"的<Placemark>标签，当奥维地图软件读取该文件时，将 KML 文件中的经纬度坐标进行标记，并将记录该地点的时间、名称等信息进行显示，通过上面的方式将对取证人员所获取的位置信息可视化显示，如图 7-27 所示。

2) 线可视化

线可视化是以时间先后顺序，将零散的地理位置数据形成一条轨迹线，从而将犯罪嫌疑人的运动轨迹呈现给司法部门，图 7-28 为地理位置线可视化信息的 KML 文件描述。

如图 7-28 所示，这个 KML 文件包含一个名为"线可视化示例"的<Placemark>标签，该标签描述了线可视化中关键节点的信息，当奥维地图软件读取该文件时，<Placemark>将会以<Document>描述的属性特征来显示<coordinates>中指定的经纬度。通过上面的方式，将犯罪嫌疑人近期的运动轨迹呈现在地图上，如图 7-29 所示。

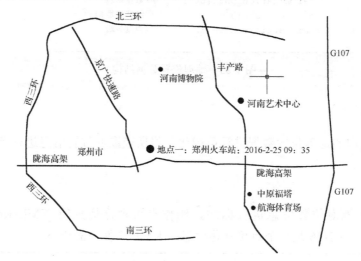

图 7-27　点可视化结果

```
1    <?xml version="1.0" encoding="UTF-8"?>
2    <kml xmlns="http://earth.google.com/kml/2.1" >
3      <Document>
4        <Placemark>
5          <name>
6            线可视化示例
7          </name>
8          <LineString>
9            <coordinates>
10             116.321193,39.894700,0
11             114.487711,38.009479,0
12             114.476671,36.603377,0
13             113.659757,34.746275,0
14             113.659757,34.746275,0
15             109.004030,34.288056,0
16           </coordinates>
17         </LineString>
18       </Placemark>
19     </Document>
20   </kml>
```

图 7-28　线可视化 KML 文件

3) 面可视化

面可视化是将零散的几个点形成一个封闭的区域，再将该区域在地图上呈现，从而将犯罪嫌疑人活动的区域或者可疑区域呈现给司法部门，图 7-30 为地理位置面可视化所用的

KML 文件描述。

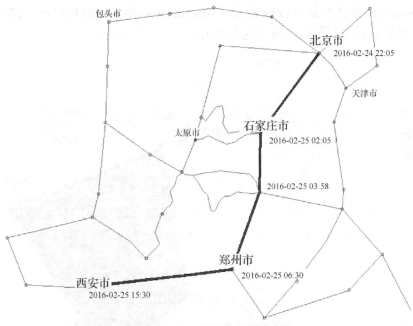

图 7-29　线可视化结果

```
1   <?xml version="1.0" encoding="UTF-8"?>
2   <kml xmlns="http://earth.google.com/kml/2.1" >
3   ...
4    <Document>
5     <Placemark>
6      <name>
7         面可视化示例
8      </name>
9      <styleUrl>
10        #OUTLINE_RED
11     </styleUrl>
12     <Polygon>
13      <outerBoundaryIs>
14       <LinearRing>
15        <coordinates>
16           113.662090,34.747743,0
17           113.671360,34.787379,0
18           113.722912,34.771153,0
19           113.690139,34.730050,0
20           113.662090,34.747743,0
21           113.662090,34.747743,0
22        </coordinates>
23       </LinearRing>
24      </outerBoundaryIs>
25     </Polygon>
26    </Placemark>
27   </Document>
28  </kml>
```

图 7-30　面可视化 KML 文件

如图 7-30 所示，这个 KML 文件包含一个名为"面可视化示例"的<Placemark>标签，该标签描述了面可视化中关键节点的信息，当奥维地图软件读取该文件时，<Placemark>将会以<Document>描述的属性特征来显示<coordinates>中指定的经纬度。通过上面的方式，将犯罪嫌疑人近期的运动区域呈现在地图上，如图 7-31 所示。

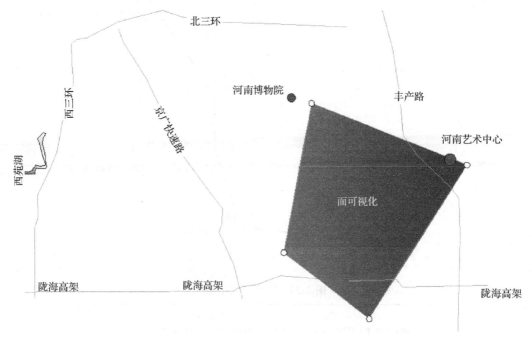

图 7-31　面可视化结果

3. 关联分析方法

通过可视化呈现犯罪嫌疑人历史记录位置点，不仅可以形成犯罪嫌疑人的运动轨迹，从直观视觉层面直接显示犯罪嫌疑人的运动轨迹和其行为特点；而且可以将一些看似无关的事件很好地关联分析，如历史位置点周围的区域，为公安机关的侦查提供相应的地理位置范围。同时将位置取证与会话内容、位置搜索痕迹进行关联分析，可以形成疑似运动轨迹。在充分了解真实运动轨迹和疑似运动轨迹的基础上，根据实际需求定制研判分析模型，推测出深层次的轨迹信息，做到有效阻止和预防恶性案件的发生。

采用关联分析的方式确定犯罪嫌疑人运动轨迹的流程如下。

(1)数据预处理。将所获取的位置信息数据进行转换，如将语义位置、相对位置、网络数据转化成经纬度，对其进行统一格式化处理，并注明其粒度等级。

(2)点标注。将粒度不同的位置信息进行不同范围的标注，如城市等级的位置，则将整个城市级别范围标注；而对于粒度较小、比较精确的位置数据，将其显著标明。

(3)轨迹和区域标注。根据已获取的位置信息，按照时间顺序形成犯罪嫌疑人的运动轨迹和运动区域，尤其不同粒度等级标注所形成的交叉区域，优先保留粒度较小的区域，并根据小粒度位置信息不断约简粗粒度的位置区域，从而不断精确犯罪嫌疑人的运动区域。

（4）疑似轨迹和疑似区域的标注。根据所获取的运动轨迹和区域，结合其他证据进一步获取犯罪嫌疑人的疑似运动轨迹，如犯罪嫌疑人会话内容中频繁出现的地点名，近期搜索过的地点信息，以及犯罪嫌疑人的口供信息等，从而推断出犯罪嫌疑人的可疑运动轨迹和区域，以及相应的交通方式。

7.5.3　实验及结果分析

实验平台：ThinkPad L440 笔记本电脑（Windows 7）、iPhone 4S 手机（IOS 6.1.3）、PE-UL00 华为手机（Android OS 4.4）；VS2010、SQLite Database Browse 等软件。

实验准备：正常使用实验设备上微信、陌陌、QQ 的位置服务功能，使即时通信数据中记录用户的轨迹信息。

1. 关联位置数据分析结果

通过 iTunes 和 DD 工具分别获取实验设备的映像，并对即时通信中的位置数据依次进行恢复、提取、转换、分析，其结果如表 7-10 所示。

表 7-10　嫌疑人地理位置数据

时间	原始数据	坐标	来源
2015-03-02 19:59	61.158.152.221	34.6836,113.5325	QQ、Log
2015-03-02 23:55	zhengzhouhotel_B4	34.749020,113.661677	QQ、Wi-Fi
2015-03-03 08:50	旭光眼镜（南阳路店）	34.807933,113.614684	陌陌、附近的人
2015-03-03 09:05	34.804654,113.598164	34.804654,113.598164	微信
2015-03-03 10:10	石佛小学	34.813600,113.581000	QQ、附近的群
2015-03-03 10:40	与"哎都不知道怎么说"相距500m	34.815998,113.571448	QQ、附近的人
2015-03-03 10:50	218.29.102.120	34.6836,113.5325	Skype、网络电话

通过分析实验设备中即时通信数据可知：QQ、Skype 中包含具有位置属性的网络信息；QQ、陌陌中包含有语义位置信息；微信中包含有经纬度信息。通过转换方法可有效获取实验设备中位置数据的综合信息，如坐标、语义地理位置等信息。通过该方法可有效将掌握犯罪嫌疑人的抽象位置与具体位置相互转换，增强位置数据的可读性，并以标准化的坐标格式存储便于后续可视化分析的操作。

2. 位置数据可视化结果

为了便于取证调查人员进一步分析犯罪嫌疑人位置信息，利用关联分析方法，将犯罪嫌疑人的运动轨迹和疑似轨迹可视化显示，结果如图 7-32 所示。

实验结果表明，将实验设备中的位置数据与其时间序列组合，可有效形成犯罪嫌疑人的运动轨迹；进一步综合犯罪嫌疑人会话内容中出现的地点和其搜索记录，将犯罪嫌疑人会话记录中频繁出现的"咖啡店"标注在运动轨迹附近，形成犯罪嫌疑人的疑似运动轨迹和区域。

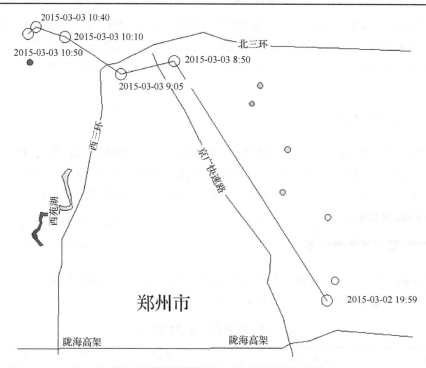

图 7-32　犯罪嫌疑人位置可视化分析结果

7.6　小　　结

即时通信已成为人们社交生活的一部分，在给人们社交活动带来便利的同时，也面临着多方面的安全问题。犯罪嫌疑人可能利用即时通信进行多种犯罪活动，因此如何快速、有效地进行即时通信取证已成为数字取证领域亟待解决的问题。针对即时通信的数据特点和研究现状，以及当前取证需求，本章就即时通信取证模型及其关键技术进行了深入研究，主要工作总结如下。

1) 设计了一种即时通信取证通用模型

首先针对即时通信在数字案件中的重要作用，及其在取证分析时的难点，提出了即时通信取证模型。其次，概述了即时通信取证模型在取证过程中的重要作用，总结现有数字取证模型的优缺点和即时通信数据的特点。然后设计一种即时通信取证通用模型，该模型主要分为授权、识别、整合、分析、还原和报告 6 个阶段，并详述各阶段的任务和操作流程。最后总结了该模型的特点与应用。即时通信取证模型的提出为即时通信的取证分析奠定了基础。

2) 设计了基于语义倾斜的会话主题挖掘算法

首先介绍了传统的主题挖掘算法，并总结即时通信会话内容的特点。其次分析了 PLSA 算法对于会话内容主题挖掘效果的不足，提出基于语义倾斜的会话主题挖掘取证算法，解决会话中语义倾斜的问题，尤其针对犯罪背景的会话内容，具有较高的准确性。然后将主题挖掘的结果进行量化和可视化。最后通过理论分析和实验结果显示，基于语义倾斜的会话主题挖掘取证算法，在犯罪背景会话主题挖掘中的准确率达 88.5%，比传统 PLSA 主题挖掘算法高 19.1%，有效解决传统取证分析时依靠人工分析消耗大、效率低的问题，可帮助司法取证人员快速有效地获取与案件相关的数据。

3）提出了多源即时通信社交关系取证分析方法

由于犯罪嫌疑人利用多种即时通信软件进行社交活动，导致司法取证人员无法获取涉案人员完整的社交关系链等问题，提出了一种多源即时通信社交关系取证分析方法。首先通过建立即时通信综合数据库，融合各种即时通信软件的社交关系，突破不同即时通信数据之间不能有效交叉分析的限制，采用多维计算犯罪嫌疑人的社交关系的方法，有效地梳理犯罪嫌疑人的社交关系情况。然后采用 Hash 值计算的方法分析会话内容，快速有效识别出信息的恶意转发行为，并且对犯罪团伙之间关键信息的转发路径有效溯源。最后通过可视化技术重现犯罪嫌疑人的社交关系，并对其中的可疑社交关系进行定性和定量取证分析。

4）提出了基于即时通信的位置取证技术

鉴于即时通信提供基于地理位置的垂直社交功能，研究了基于即时通信的位置取证技术。首先提出一种基于 SQLite 的内容雕刻算法，有效解决即时通信删除信息的恢复问题，其次将相对位置、语义位置和 IP 位置转化成绝对位置，实现了位置信息的地理编码，便于后续的分析和可视化。然后将所获取的位置信息关联分析，并通过可视化技术将犯罪嫌疑人的位置信息呈现在地图上。最后实验数据显示，该方法可有效获取犯罪嫌疑人近期的运动轨迹，便于取证调查人员对犯罪嫌疑人的近期行为进一步分析取证。

第8章 云计算取证

  云计算能够提供按需、弹性、易扩展的网络访问和计算资源,目前已成为 IT 领域的主流技术,在全球范围内得到广泛应用。据国际数据公司(International Data Corporation,IDC)预测,2019 年全球的云计算服务(以下简称云服务)年收益将达到 2290 亿美元,在 2019~2023 年的预测期内,年增长率高达 22.3%,2023 年收益将接近 5000 亿美元。在我国,信息通信研究院 2019 年的《云计算白皮书》称,2018 年云计算市场整体规模达 1363 亿美元,2022 年市场规模将超过 2700 亿美元,年增长率高达 20%左右。①

  云计算的快速发展使其成为数字犯罪新的攻击目标。云安全提供商 Alert Logic 2015 年的云安全报告称,受到 APP 攻击、可疑行为攻击、暴力破解攻击的云服务提供商(Cloud Service Provider,CSP)分别占 70%、68%和 56%。云安全联盟(Cloud Security Alliance,CSA)2016 年的一项调查报告称,65%的调查对象认为云计算面临着与内部 IT 系统相当的或更加严重的安全威胁。恶意的内部人员也是云计算面临的主要威胁之一。美国最大的电信公司 Verizon 2016 年的数据泄露调查报告称,77%的数据泄露是由内部用户和特权滥用引起的。当前的信息安全技术不能完全防止云环境下的网络入侵或恶意内部人员。

  云取证作为数字取证在云计算中的应用,是对云计算环境(以下简称云环境)下的数字证据进行识别、收集、分析,以证明安全事件的发生并对其进行重构的过程。研究云取证对于打击云环境中的犯罪活动和维护云安全具有重要意义。2013 年,CSA 发布的《云计算关键领域安全指南 V3.0》提出云取证是一项关系云计算发展的重大问题。2014 年,美国国家标准与技术研究院(National Institute of Standards and Technology,NIST)成立了专门的云取证科学研讨会。国际著名的数字取证研究研讨会(Digital Forensic Research Workshop,DFRWS)对云取证表示了极大关注。2011 年 6 月,我国也成立了中国云计算安全政策与法律工作组,并将执法取证作为云安全领域的主要研究方向。

  云计算是跨主机的磁盘、内存、网络等多种资源的整合和部署,具有虚拟性、分布性、共享性等特性。数据存储环境开放、共享,用户对数据的物理控制权限低。分析现有的数字取证与云取证相关文献,云取证主要面临以下问题。

  (1)传统的数字取证模型多针对单个或少量的计算机或服务器,难以适用于云环境。现有的云取证模型多针对云计算的特性和云取证面临的挑战进行理论分析,并就其中的部分问题指出某种应对方法的必要性与可行性,但没有真正结合云服务部署模式、数据类型与存储方式的多样性以及云取证的现实需求(如云服务器不能关闭)等,提出面对不同犯罪目的和手段,在多种取证场景和条件下的综合性、整体性的取证策略与实施方法,不足以指导云环境下的取证工作。

  (2)云存储是云取证重要的证据来源。为满足云计算对计算和存储高效性、分布性的要求,云环境下多采用分布式文件系统(Distributed File System,DFS)作为主要的文件系统。

---

① http://www.caict.ac.cn/kxyj/qwfb/bps/201907/P020190702307633995649.pdf.

由于完整文件的各数据块可能分割存储在不同的物理节点上，DFS 证据收集的方法在"精确完整定位数据物理位置，减小数据提取量，提高数据收集效率"方面面临着很高的要求。传统的磁盘取证方法多针对 NTFS、Ext(x) 等单磁盘文件系统，难以适用于 DFS 数据的提取。此外，云计算平台(以下简称云平台)中资源的分配和回收频繁，DFS 中被删除的数据需要从多个节点进行恢复，也是取证的一大难题。

(3)数据安全是云服务用户最主要关注的安全问题之一。在 CSA 2013～2016 年发布的云计算顶级威胁报告中，数据泄露威胁一直排在首位。当前的数据窃取检测方法多以单磁盘文件系统为分析对象，由于 DFS 在云平台中的广泛应用，待检测的数据量大，单纯的数据窃取检测方法一般不具备大数据的处理能力，难以满足云取证的时效性要求。DFS 数据访问痕迹的记录方式与单磁盘文件系统也存在很大差异。并且数据窃取手段多样，尤其是恶意内部人员以合法权限进行的窃取，系统可能不表现出任何异常，增加了窃取检测的困难。

8.1 云计算取证技术的现状

8.1.1 云计算的定义

云计算在学术界没有统一的定义。目前最广为人们接受的是来自 NIST 的定义：云计算能提供对可配置的共享资源池(如网络、服务器、存储、应用和服务)快捷、按需的网络访问，它能够以极小的管理负担以及与 CSP 的交互实现资源的快速配置和释放。云计算的主要特点如下。

(1)大规模。云计算倾向于充分扩大其规模以利用规模经济的优势。市场调研公司 Gartner 估算 2014 年亚马逊云服务(Amazon Web Services，AWS)的物理服务器数量已超过 200 万台。

(2)虚拟化。虚拟化技术是云计算实现的关键技术。单个物理服务器可通过虚拟化技术支持多个 VM 的同时运行，极大提高服务器的利用率，并提供弹性灵活、动态易扩展的云服务。

(3)分布性。中国云计算专家咨询委员会刘鹏提出云计算通过网络提供可伸缩的分布式计算能力。分布式云存储是实现分布式计算技术的主要基础，并能为用户提供廉价、高吞吐量和高可靠性的存储服务。

(4)共享性。一方面由于云计算的虚拟性，VM 实例在逻辑相互隔离，但是共享物理服务器的磁盘、内存等硬件设施；另一方面在 DFS 中，用户数据共享存储空间。

(5)高可靠性。通过数据多副本容错和计算节点同构可互换等措施，云计算能够提供可靠的业务连续性和数据可恢复性。

1. 云计算服务模式

云计算分为三种服务模式：Software-as-a-service(SaaS)、Platform-as-a-Service(PaaS) 和 Infrastracture-as-a-Service(IaaS)。

在 SaaS 模式下，用户可以通过浏览器或客户端使用 CSP 提供的应用，但不能管理或控制云的基础设施，包括网络、服务器、操作系统、存储甚至应用的性能等。常见的 SaaS 模式云服务有 Salesforce、Google Apps 等。

　　在 PaaS 模式下，用户可以基于 CSP 提供的编程语言、库和工具等自行部署应用，同样不能管理或控制底层基础设施。但用户可以控制部署的应用。常见的 PaaS 模式云服务有 Google App Engine 和 Windows Azure。

　　在 IaaS 模式下，CSP 为用户提供网络、存储等基本资源用于部署操作系统和应用。用户不能管理或控制底层基础设施，但能够管理操作系统、存储和部署的应用。当前应用最为广泛的 IaaS 模式云服务有 Amazon EC2、OpenStack 等。

　　三种服务模式下，用户对云计算资源的控制权限如图 8-1 所示。

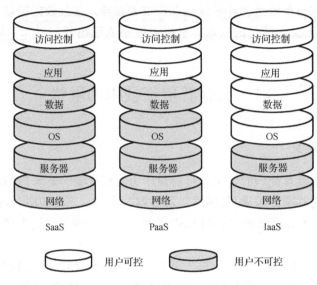

图 8-1　三种云服务模式下的用户权限

2. 云计算部署模式

　　云计算分为四种部署模式：公有云、私有云、社区云和混合云。

　　(1)公有云。云基础设施由 CSP 开放给公众使用。它可以由商业、学术或政府组织拥有、管理和操作。公有云的最大优势是能够以低廉的价格，向用户提供有吸引力的服务。通常，公有云的规模远远超过其他部署模式。

　　(2)私有云。云基础设施由一个组织独占使用。私有云能够有效控制数据、安全性和服务质量。私有云有两种实现方式：内部(on-premise)私有云，由组织在自己的数据中心内构建；外部(off-premise)私有云，部署在组织外部，由第三方负责管理。

　　(3)社区云。云基础设施由具有共同关注(如任务、安全要求、策略和合规性考虑)的组织专用。社区云可以由社区中的一个或多个组织、第三方或它们的某种组合所拥有、管理和操控。

　　(4)混合云。混合云是以上三种部署模式中两种及以上模式的组合，每种部署模式保持自己的特性，并通过标准化的或专有技术绑定在一起，实现数据与应用的可移植性。当前，混合云由于其特性在众多接触云计算的企业中获得广泛青睐。

8.1.2　云取证相关概念

1. 云取证的定义

云取证是数字取证中一个新兴的研究领域。2011年，Ruan 等提出云取证是数字取证科学在云环境下的应用，并将其划分为三个维度：技术、组织和法律。技术维度主要涉及在云环境中执行取证工作的工具和过程，关键内容包括：证据收集，弹性、静态和实时取证，证据分离，虚拟环境下取证和取证准备。组织维度主要指云计算包含的角色(CSP、用户、取证人员、云服务中介和审计人员等)之间的交互，以促进云取证的实施。法律维度主要关注在涉及多管辖权和多租户的情况下，取证活动不违背数据所在国家或地区的法律，同时保证无关用户数据的机密性不被破坏。

2013 年，Zawoad 根据云计算的服务模式与部署模式对云取证过程进行分类。不同服务与部署模式下，证据的识别、收集和分析过程明显不同。在 SaaS 模式下，取证人员只能通过 CSP 获取应用日志；而在 IaaS 模式下，能够部署日志记录机制，并通过用户获取 VM 实例。在私有云中，取证人员能够物理访问证据，而在公有云中是几乎不可能的。但在真实云环境下，不同模式的服务间存在内部关联，并不能依据服务模式简单限定证据类型。

2014 年，NIST 提出云取证科学是应用科学原理、技术实践以及由此衍生并得到证实的方法重构云环境下发生的事件，云取证过程可划分为数字证据的识别、收集、保护、检验、解释和报告六个阶段。

2015 年，Zawoad 等将云取证定义为一门在保证数据机密性和完整性的基础上，对所有可能的证据进行保留，然后对证据数据进行识别、收集、组织、出示和认证，以判定云平台中安全事件的事实的科学。

云计算在飞速发展的同时，其自身面临着巨大的安全威胁，如数据泄露、恶意内部人员和高级持续性威胁攻击等，当前的信息安全技术不能完全防止外部入侵或内部破坏的发生。云取证是云安全的重要组成部分，能够收集犯罪活动的相关证据，对犯罪人员进行追责，并对潜在的犯罪活动进行威慑；另一方面，云取证过程能够发现系统漏洞，新的攻击类型或特征，促进云平台安全性的提高。因此，CSA、NIST 和 DFRWS 等机构都对云取证开展了研究。

云计算是跨主机的磁盘、内存、网络等多种资源的整合和部署，具有虚拟性、分布性等诸多单机环境不具有的特性。传统的数字取证方法在云环境下存在局限性。云计算的固有特性给云取证带来了巨大挑战，是云取证研究需要解决的最主要问题。下面对云取证面临的主要挑战进行详细介绍。

2. 云取证面临的主要挑战

1)取证数据量大

云计算平台规模庞大，并且易于扩展。一方面，云服务产生大量数据，多种结构化、半结构化和非结构化的数据并存，并且很多数据格式是云计算专有的；另一方面，数字设备的数量和容量增长迅速。在云环境下识别与安全事件相关的数据并定位其物理存储位置十分困难。证据分析面临巨大负担，现有的取证工具在云平台独有数据格式的分析上存在很大局限性。

2）数据存储的分布性

DFS 分布式的特性导致文件被分割成数据块，存储在不同的数据节点，这些节点可能位于不同的数据中心，甚至跨越多个司法管辖范围，极大增加了完整定位用户数据的复杂性。此外，一些 DFS（如 HDFS）将分割后的块文件以数据块编号命名，仅从文件名无法判断文件的类型和归属关系，为可疑人员的追溯与判定带来了困扰。

3）不同用户数据存储的混杂性

虚拟性是云计算的显著特点之一。在云环境下，大量用户共享云的基础设施或应用，数据混杂存储。由于数据存储的非连续性和分布性，用户数据的分离困难，收集证据时可能会掺杂无关用户的数据，增大数据提取量和数据分析负担。被指控的用户可能会称证据当中包含了其他用户的数据，此时需要充足的证据判定数据的所属关系；此外，取证过程必须保护无关用户的数据隐私。

4）证据易失性

云环境下数字证据的易失性主要体现在删除数据难以恢复。对于 VM 实例，当用户释放 VM 后，VM 占用的空间将被 CSP 收回，此时在众多的云节点中识别、定位删除数据是很困难的。对于其他被删除的用户数据，一些 CSP 为保护数据的隐私性，将完全删除用户数据及相关元数据，如 Google 云①。一段时间后，删除数据将被覆盖，入侵者可利用这一特性销毁证据。Zawoad 等提出由 CSP 建立永久性存储，并通过与 VM 实例的频繁同步来解决该问题，但这极大增加了云计算的运营成本。

5）证据监管链维护困难

证据监管链（Chain of Custody）在取证过程中十分重要，它需要清晰地表明证据是如何被收集、分析和保存的，以确保证据在法庭中可以被接受。由于取证人员对云平台中数据的物理控制能力下降，取证过程对 CSP 有依赖性，但无法证实 CSP 是否提供真实可信的数据，并且云取证过程可能涉及多个司法管辖范围的取证人员，导致证据监管链的维护困难。

6）时间线重建复杂

时间线的重建是重构完整犯罪过程的关键，但是从不同系统中获取的时间戳不一定完全同步。在云环境下，一方面，同一用户（或云服务）的数据可能存储在不同的地理区域，这些区域处于不同的时区；另一方面，VM 时间戳容易受到 VM 运行状态变化等因素的影响，产生时间漂移，增加正确分析时间戳的复杂性。此外，不同文件系统时间戳的变化规则也不完全相同。这些大大增加了云取证时间戳分析的复杂度。

针对云计算的固有特性带来的取证挑战，在当前的云取证研究领域，云取证模型的设计、云平台证据的收集与分析技术是最主要的研究方向，这些内容在 8.1.3～8.1.5 节介绍相关研究的现状和存在的问题，进而提出相应问题的解决思路。

---

① https://cloud.google.com/security/whitepaper.

8.1.3　云取证模型相关研究

数字取证模型是一套标准化取证流程和规范化取证方法的集合，采用一种通用的取证技术框架，可以应对未来的新型数字取证的需求，对数字取证调查程序和操作产生普遍的指导作用。

国外对数字取证研究较早，并率先提出了数字取证模型的概念。其中比较有代表性的包括：美国司法部提出的取证过程模型、Reith 和 Carr 提出的抽象数字模型、Carrier 和 Spafford 提出的综合数字取证模型、Mandia 和 Prosise 提出的事件响应模型、Farmer 和 Venema 提出的基本过程模型。国内对数字取证模型也展开了广泛研究。谭建伟等考虑到不同阶段证据的属性约束不同而提出实务工作模型。丁丽萍等针对计算机证据的可采用性问题，提出一种多维计算机取证模型。郭金香等认为电子数据取证流程包括需求、受理、制定鉴定方案、数据收集获取、数据固定、副本制作、数据搜索分析、数据提取、数据保全、证据报告和证据验证、报告投出和出庭等过程。

传统的数字取证模型主要集中在单一计算机的取证流程，没有考虑云计算的特性，不能很好地指导云取证工作。NIST 报告称，当前几乎不存在专门面向云环境的取证行动指南，导致证据的收集和分析能力不足。但云取证模型的研究当前已得到了广泛关注。2013 年，Ruan 等在全球范围发起的一项调查表明，87%的数字取证专家认为设计云取证模型是当前云取证研究的主要方向之一。

2012 年，Martini 等提出了一种综合性的四步概念取证框架：证据源的识别与保护、证据收集、检查与分析、报告与呈现。在证据的识别与保护阶段，提出通过迭代的策略逐渐缩小证据的识别范围，提高证据的精度，并在 CSP 的协助下对识别到的数据进行保护。在证据收集阶段，着重分析了证据监管链、文件系统元数据和日志的重要性，并分析了实时取证、取证准备等策略的可行性。在检查与分析阶段，强调数据处理前的检查(数据是否经过加密、压缩等)和针对不同数据格式的对应分析方法。报告与呈现阶段关注证据的合法化展示。该框架只是分析了各取证阶段的关键问题与对应取证方法的可行性，没有针对特定的取证对象提出具体的指导措施。

2013 年，Zawoad 等提出数字取证流程主要包含四个阶段：①识别，包括事件的识别和证据的识别。②收集，取证人员从各种类型的存储介质中获取证据，同时保证其完整性。③组织，该阶段分为两个步骤：检测和分析。取证人员首先提取并检验数据及其属性，然后通过解析和关联有价值的数据来证明安全事件的发生。④出示，取证人员向法庭提供一份条理清晰的报告来陈述关于安全事件的发现，这份报告必须具备充分的合理性，以被法庭所接受。

2014 年，Trenwith 等提出一种提供"数据起源(Data Provanance)"的云取证模型。针对云环境下数据的存储位置易变，一般的取证方法难以确定数据的物理存储设备的问题，提出一种基于"数据起源"的取证模型，以识别数据的物理位置，包括数据的生成节点和经过的节点。但 Trenwith 没有说明如何创建"起源"数据，也没有涉及数据的分析等阶段。

2015 年，Zawoad 等在之前提出的四步取证流程的基础上，在取证工作的开始和结束部分分别加入保留和认证阶段，充分考虑 CSP 的角色来支持可靠取证的实现，提出了一种可靠的开放云取证模型(OCF)。该模型重点关注证据的完整性，提出由 CSP 对云平台易失性数据进行实时保留，以对证据的伪造和篡改进行检测，但没有提出明确的保留对象。该模型没有提出证据收集、分析等取证工作的指导方法。

在国内，2012 年，公伟等针对计算机取证中存在的证据获取困难以及日志处理量大的问题，将云计算引入了计算机取证，提出了云取证模型。该模型将云计算用于辅助计算机取证，而不是以云计算为取证对象。

2016 年，王健等为保证提供的云取证的证据能够作为庭审的依据，提出一种基于面向特征的领域分析方法和对象约束语言的可扩展的云取证静态属性语义特征形式化模型，主要解决了电子数据的静态属性特征的表示问题。但没有针对云计算的特性和证据收集、分析等关键问题提出解决方法，难以指导云取证工作。

综上所述，当前的云取证模型多针对云计算的固有特性和云取证挑战进行表面化的分析，并没有真正基于上述特性分析云计算在服务部署模式、数据存储和用户关系等方面的复杂性以及取证的现实需求，提出面对不同犯罪目的和手段、不同取证场景和条件的取证策略与方法，不能很好地指导取证工作。针对云计算的特性和云取证挑战，建立适合于云环境的取证模型是必要且紧迫的。

8.1.4　云平台证据的提取技术相关研究

由于云计算具有分布性和虚拟性等特性，云平台证据的提取是云取证研究的热点和难点。当前的云平台证据提取技术主要包括以下四类。

(1)将现有的取证工具部署在云平台中。该方法能够在很大程度上不对云平台的基础设施进行改动，并减少 CSP 对取证的直接参与。但这些工具通常拥有系统特权，当它们受到攻击时，就会影响整个取证过程。

(2)从客户端提取证据。主要针对与云服务交互的浏览器或客户端软件，从缓存文件、应用日志等数据中发现用户使用云服务的痕迹。该方法易于实施，但获取的证据量小，并且对目标主机的定位比较困难。

(3)VM 证据提取技术。谢亚龙等提出一种证据抓取器，能够限定 VM 中证据的抓取范围，提高取证效率。Zawoad 提出通过虚拟机内省(Virtual Machine Introspection，VMI)获取 VM 数据，实现实时取证，而不必改变 VM 的运行状态。但 VM 若被关机或释放，证据就会丧失。

(4)云存储证据提取技术。云存储系统维护着云计算资源的配置信息和大量的用户数据(VM 也以文件或文件集合的形式存在)，针对云平台的攻击和基于云平台实施的攻击都会在云存储系统中留下痕迹。因此，云存储是云取证的重要证据来源。本课题主要针对分布式云存储的证据提取技术开展研究。

1. DFS 数据提取技术相关研究

DFS 自身的分布性给证据的跨节点识别与定位带来了挑战。当 DFS 应用在云计算中时，由于用户数据量与磁盘数量的不断增长，证据提取效率的提高也是亟待解决的问题。Marturana 等概述了在磁盘持续保持最大吞吐量的情况下，对一个 3TB 的硬盘进行映像大约需要 7h，速率为 123MB/s，而在实际情况下需要 11h。云取证无疑将面临更大的数据量，同时具有严格的实效性要求。

Quick 等针对当犯罪嫌疑人同时使用不同 CSP 提供的多种云服务时，难以识别、获取证据的问题，分别以 Dropbox 和 Google Drive（两种云存储服务）作为研究对象，研究了用户在 Windows 7 和 iPhone 3G 客户端中使用上述云服务时的数据残留，以促进对用户行为的理解。Quick 仍是从客户端的角度进行证据提取，并没有针对 Dropbox 或 Google Drive 本身的数据存储与管理架构进行分析，提出具有借鉴意义的方法。

Martini 等针对"存储即服务（StaaS）"云计算框架增长显著、云存储取证成为当前重要取证领域的现状，以一种开源 StaaS 应用 ownCloud 为研究对象，从客户端和服务端两个方面分析 ownCloud 的配置、元数据和用户数据的存储路径等，但没有提出在云环境下定位文件所在的数据节点以及节点内地址的方法。

Martini 等以分布式文件系统 XtreemFS 作为研究对象，重点分析它的三个组件：目录服务、元数据和副本目录以及对象存储设备，进而讨论该文件系统在云环境下的数据收集技术与过程。但是该文缺乏详细的实验验证过程，对于如何恢复被删除文件也没有进行明确说明。

当前的云存储证据提取研究多针对特定存储服务或分布式文件系统的配置、元数据含义、数据存储路径以及本地客户端的用户操作痕迹进行分析，没有提出面对云环境中大量分布式混杂存储的用户数据时，精确定位并高效提取数据的具体方法。

2. 删除文件恢复技术相关研究

犯罪嫌疑人经常通过删除文件来销毁证据。在取证调查过程中，对删除文件的恢复往往能够获取隐藏的犯罪证据。当前的文件恢复技术主要分为两大类：一是结合文件系统的组织结构特点，利用文件删除后在文件系统中残存的元数据直接从磁盘中对文件数据块进行读取和恢复；二是基于特定类型文件的格式特征进行文件雕刻。

文件系统元数据是描述文件系统特征并对文件操作进行管理和记录的数据。元数据在磁盘上表现为一系列数据结构，不同文件系统的元数据结构存在很大差异。因此，基于元数据进行文件恢复具有很强的针对性。这类方法当前主要针对单磁盘文件系统，下面以 NTFS 和 Ext4 为例进行说明。

在 NTFS 中，主文件表（Master File Table，MFT）用于存储文件（或文件夹）的元数据（包括文件的定位信息）是文件恢复的关键。MFT 实际上是一个特殊的元文件，其他文件的元数据作为表项集中存储在 MFT 中。MFT 可由分区引导扇区（DOS Boot Record，DBR）进行定位。当文件删除后，只是在 MFT 的相关表项中（包括该文件的父目录项）将其标记为已删除文件，文件的表项本身和数据并没有被删除。

在 Ext4 中，inode 存储着文件（或文件夹）除文件名外的所有元数据。文件夹有独立的数据区，存储子文件的名称和 inode 号等信息。inode 是以独立数据结构的形式存在，inode 数据一般按照文件的创建次序顺序存储，没有严格的规律。因此，对下层文件的定位只能从根目录开始，逐级索引，获取该文件的 inode 号，进而从文件 inode 中提取定位信息。当文件删除后，文件数据及其在父目录中的数据项没有被删除，但 inode 中的文件定位信息根据文件的大小可能会被清零或部分保留。

基于元数据能够精确获取文件的数据地址，若元数据被覆盖，或者文件恢复过程中某一环节的信息被破坏，就可能导致文件恢复的失败。因此，部分研究人员提出一种基于文件结构特征的数据恢复方法——文件雕刻。文件雕刻主要利用已知的文件头/尾特征进行文件恢复，只考虑文件的内容与结构，而不关心文件系统的结构。针对磁盘上的文件可能存在多个数据段的问题，文件雕刻主要分为三类。

(1)段间隙雕刻。Simon Garfinkel 设计了一种段间隙雕刻方法，在检测出文件的头部和尾部指针后，逐扇区增加两部分之间的间隙直到雕刻出有效的文件，但没有解决当离散的文件段超过两个时的雕刻办法。

(2)统计与机器学习雕刻。这种方法将文件段按照与文件类型相近的统计规律进行分类，依赖于文件内字节统计特征，如字节频率分布。这类方法可以通过机器进行训练和分类，建立文件类型特征模型，进而对数据段进行分类，以判断未知数据段的类型。

(3)可视化雕刻。这种方法利用逆向工程完成扇区数据可视化。Pal 等利用二维视图实现了同一类型文件碎片的识别，并利用文件内的特征识别码完成文件重组。

当前的文件雕刻方法只适用于全部文件块存储在一个磁盘中的情况，而无法完整雕刻DFS 中大量存在的跨节点存储的大文件。即使能够完成小文件的雕刻，由于数据节点通常不存储用户的信息，基于文件雕刻无法确定数据的归属关系。

8.1.5　云平台证据的分析技术相关研究

涉案数据量大、数据类型多样是云取证分析面临的最主要挑战。为解决大数据的分析问题，专家学者提出了诸如机器学习、数据标准化存储、数据分级(Data Triage)等处理方法。其中，基于 MapReduce 框架进行数据分析是当前的研究热点，我们以 MapReduce 作为数据分析的基础。具体的数据分析方法因分析目的(如事件重构、数据窃取检测等)和分析对象(如 DFS、VM 等)数据特点的不同存在很大的差异。在此，为了解决云计算面临的数据泄露安全威胁问题，下面重点对 DFS 数据窃取检测的方法进行研究。

1. 数据窃取检测技术相关研究

不同于本地磁盘数据，云平台中的数据完全由 CSP 控制和管理。按照攻击来源分类，数据窃取可划分为外部窃取与内部窃取。

(1)外部窃取。发生频率很高，由于网络攻击工具泛滥，事件发起人不仅仅局限于专业计算机技术人员，也包括大量的非专业人员。云计算自身的虚拟性和共享性为数据窃取提供了新的途径，有学者提出一种边信道攻击，一个 VM 实例能够从与其位于同一物理机的其他 VM 中窃取信息。数据窃取检测面临着更复杂的取证环境。

(2)内部窃取。发生概率虽然较小，但危害却远远超过外部窃取。CSP 内部人员通常具有很高的存储系统访问权限，可以将大量重要信息复制并传输至安全区之外。由于文件操作行为被视为合法的，并没有十分有效的方法对这些操作进行取证检测。由于内部窃取的隐蔽性，案件通常在一段时间后才立案并进行调查，相关线索搜集更加困难。

根据检测对象的不同，数据检测技术主要包括三类。

(1)依靠外围数据，即利用入侵检测系统、操作系统日志等检测大规模数据流动以判定数据窃取。

(2)利用文件系统元数据检测数据移动所遗留的痕迹。

(3)基于硬件的数据传输介质检测。

第一类方法需要检测具有实时特性，但并不能检测内部人员的数据复制，若日志被破坏则无法确定被窃取的数据。第二类方法通过文件系统元数据查看文件被移动的痕迹以确定数据窃取事件的发生，该方法不依赖外围设备，从根本上反映文件系统的活动，能够在事后较长时间延迟内进行检测。第三类方法主要检测 USB 等硬件接口何时接入设备并进行数据传输，此类方法记录准确，记录结果不会被人为修改，由于云平台设备量的巨大和数据存储的分布性，通过硬件接口窃取数据的可能性较小。

基于上述分析，下面主要介绍基于文件系统元数据中的时间戳，研究数据窃取检测的方法。2005 年，Farme 首先提出了使用 MAC 时间戳恢复过去某一时段内的文件操作行为。M(mtime) 和 A(atime) 分别代表文件最近修改和最近访问时间，C(ctime) 在不同的文件系统中表示的意义不同，如在 NTFS 中代表文件创建时间，而在 Ext2/3/4 中表示 inode 更改时间。取证人员能够通过 MAC 时间戳重构文件系统活动时间线，发现可疑行为，如异常时间点的文件创建或文件删除。

在数据窃取检测方面，Grier 发现了 MAC 时间戳在大量文件复制时所产生的统计特性，并以 NTFS 为例提出两种文件访问模型。

(1) 常规访问模式(Routine Access Pattern)。用户只访问个别的文件或文件夹，时间戳变化不规则。当访问行为完成后，在一个文件夹内只有被访问文件的 atime 发生改变。

(2) 应急模式(Emergent Pattern)。文件夹的复制使该文件夹内所有子文件夹和文件的时间戳发生一致性更新。当复制完成后，被复制文件夹及其所有子文件夹的 atime 不小于复制操作的时刻，并且大量文件夹的 atime 等于复制发生时刻。

依据上述理论基础，Grier 针对 NTFS 提出一种基于随机模型的数据窃取取证方法，通过统计文件夹中所有子文件夹的 MAC 时间戳，对该文件夹在某一时刻被复制的可能性进行量化分析，进而对数据窃取进行检测。由于 Grier 没有提出区分文件搜索、文件夹压缩等其他产生应急模式特征的类复制操作的方法，该取证方法可能产生较高的误检测率。此外，不同文件系统的 atime 更新方式不同，度量值的量化方式不是通用的。

针对 Grier 所提方法可能产生大量错误检测的问题，Patel 等为区分复制和非复制操作，采用基于自适应网络的模糊推理系统、人工神经网络和分类回归树三种模式挖掘算法对复制和非复制操作进行分类。该方法能够提高数据窃取检测的正确率，但它以整个的文件系统映像作为输入获取 MAC 时间戳，对于 DFS 显然是不可行的。

Stolfo 等提出一种通过识别异常的数据访问模式检测云计算内部人员数据窃取的方法。该方法主要基于以下假设：计算机系统的合法用户熟悉文件存储位置，对文件的搜索有针对性并且范围有限；非法入侵用户不熟悉文件系统，文件的搜索范围广，没有目的性。基于上述假设，并结合陷阱文件，该方法对用户的文件系统访问行为特征(如文件访问数据、访问频率)进行分析，检测异常用户的入侵。该方法以单一用户的本地操作系统作为测试环境，但分布式云环境下，数据的存储与访问方式与本地环境有很大差异。此外，陷阱文件的设置需要对当前已运行的云存储服务进行整体的改动，代价过高。

2. 基于 MapReduce 的文件系统分析技术研究现状

数据量大是云环境下证据分析面临的最直接挑战。思科全球云指数预测到 2020 年，全球数据中心内存储的数据量将到达 915EB。为提高 DFS 数据的分析效率，研究基于

MapReduce 的文件系统分析技术。MapReduce 是一个在大型集群上并行处理大数据集的软件编程框架，能够实现排序、词频统计、文档索引等基本算法和 Web 摸索引擎、聚类等复杂应用。但当前 MapReduce 在取证领域尤其是文件系统分析上的研究还比较少。

Wen 等提出了"取证即服务"的云计算服务模式，将 MapReduce 用于大数据的分析，但没有提出 MapReduce 的具体应用方法。在实验中，使用磁盘映像对 MapReduce 的数据分析能力进行测试，但没有说明使用 MapReduce 进行了何种处理。

Lim 提出一种基于 MapReduce 的云存储取证分析方法，针对获取的文件在大小、更新频率与共享性等方面的特征对 MapReduce 任务划分造成的不便，根据文件夹的大小或包含的文件数量对文件集进行划分。文件夹的大小通过遍历整个文件系统获取，但会产生额外的开销。在 MapReduce 数据处理方面，只测试了文件数量、类型及访问时间等信息的统计效率，没有提出进一步挖掘文件系统活动的方法。

Povar 等提出一种基于 MapReduce 的实时云数据分级取证方法，以最小化数据的分析处理时间。该方法针对利用云平台进行色情传播、经济诈骗等通常存在某些关键字的犯罪案件，将 KMP 字符串匹配方法应用于 MapReduce 数据处理过程，在获取的大量虚拟磁盘中对特定关键字进行搜索，以确定是否对该磁盘进行进一步的取证调查。由于只涉及字符串搜索，该方法同样没有基于 MapReduce 进行文件系统活动的更深层次分析。

8.1.6 存在的问题及解决思路

针对云计算的大规模、虚拟性、分布性、共享性等特性给云取证带来的挑战，通过对云取证模型、云平台证据的提取与分析技术研究现状进行深入分析，总结出云取证主要存在的三点问题。

(1)传统的数字取证模型没有考虑云计算的特性，在云环境下存在较大局限性。现有的云取证模型多针对云计算特性和云取证挑战进行表面化的分析，并没有真正基于上述特性分析云取证环境的复杂性和取证的现实需求，提出面对不同犯罪目的和手段、不同取证场景和条件的取证策略与方法，不足以指导取证人员完成云取证工作。

(2)当前的 DFS 或云存储的证据提取研究大多没有分析 DFS 的组织架构与数据管理特性，提出在 DFS 中精确定位、提取数据的方法，进而导致难以基于元数据进行删除文件的恢复。文件雕刻方法需要提取文件的头尾特征，不适用于跨节点文件的数据块恢复。

(3)DFS 在数据的存储与管理方面与单磁盘文件系统存在很大差异，在实际的运行过程中，表现出独特的用户行为特点和 MAC 时间戳特征，传统的数据窃取检测方法不能完全适用于 DFS。当前基于 MapReduce 的文件系统分析方法多将其用于文件信息统计、文本匹配等简单操作，没有对文件系统活动的特征或异常进行更深入的分析。

针对上述问题，解决思路如下。

(1)针对云取证面临的主要挑战和当前云取证模型研究的不足，分析云计算的特性以及由此带来的云服务部署模式、攻击方式、证据类型及存储方式等方面的多样性，提出了一种云取证模型。该模型提出了取证准备、证据识别、证据收集、证据分析等各阶段的取证策略与方法，指导、规范取证人员的行为，以实现全面、精确、高效收集数据并分析得到有效证据。最后，结合云环境下的案例场景，分析了该模型的有效性。

(2)针对当前 DFS 组织结构和文件管理方式的研究缺乏，难以精确定位、提取文件，并恢复删除文件的问题，以 HDFS 为研究对象，从 HDFS 的整体结构和元数据特性以及 HDFS 基于本地文件系统特征两个层次进行深入分析，提出了一种基于三级映射的文件高效提取方法。该方法建立从 HDFS 命名空间到本地数据块地址的映射，能够对磁盘进行选择性精确映像，通过减小数据的提取量提高取证效率。在文件恢复方面，采用预留删除文件的三级映射数据的方式，结合 HDFS 自身的备份机制和本地文件系统的块位图，能够在最大限度上对删除文件进行恢复。

(3)针对当前的数据窃取检测方法不适用于 DFS，而 MapReduce 难以解析结构化的文件系统以完成更复杂的取证任务的问题，以 HDFS 为分析对象，提出一种基于 MapReduce 的数据窃取随机检测算法。该算法通过分析 HDFS 文件夹复制表现出的 MAC 时间戳特性，建立 HDFS 行为随机模型，生成文件夹复制行为检测的度量值。为满足 MapReduce 的数据处理特性并保证数据的任意分割不会对检测结果造成影响，以文件为输入数据单元设计了数据项格式，将文件与其所有上层文件夹的关联包含在该文件对应的数据项内；以文件夹为检测单元，实现文件夹复制行为检测度量值的统计与计算。

8.2 云计算取证模型

8.2.1 云计算取证模型概述

云计算基础设施规模庞大，服务种类多样，并且具有分布性、虚拟性和共享性等特点。证据的识别、收集与分析面临巨大挑战。云取证模型能够引导取证人员从大量用户和云服务数据中识别涉案数据的范围，定位以虚拟化或分布式方式存储数据的物理位置；采取合理可行的证据收集策略与方法，规范证据收集操作，确保原始数据不被破坏；提供大数据和云平台独有数据类型的有效分析方法。此外，在整个取证过程中维护证据的完整性，增强司法取证的公正性，对于云取证工作具有重要的指导意义。因此，设计合理的云取证模型具有重要的研究意义。2013 年，Ruan 等在全球范围发起了一项关于云取证关键问题的调查，回复的 257 位数字取证专家中，87%认为设计云取证模型是当前云取证研究的主要方向之一。

云取证作为新兴的数字取证领域，NIST 报告称，当前几乎不存在专门面向云环境的取证行动指南，而当前一些得到验证的行动指南仍可应用于云取证。但 Barrett 和 Kipper 认为现有的数字取证方法难以适用于云环境，Birk 和 Huber 也提出，现有的证据收集指南往往是过时的，并不适用于云环境。分析云计算环境的特点及其给云取证带来的挑战，提出了一种云取证模型。

1. 云计算取证模型的五个阶段

云计算取证模型包括取证准备、证据识别、证据收集、证据分析和报告五个阶段。

(1)取证准备阶段。针对数据的易失性，部署了云存储元数据和 VM 管理数据实时备份的取证准备服务，以促进证据的识别和收集。

(2)证据识别阶段。分析云取证环境的大规模、多层次性和攻击方式的多样性，提出多角度的证据识别策略，基于"迭代"思想的多轮次识别过程和 DFS 的多层级数据定位方法，以提升证据识别的完备性与精确性。

(3)证据收集阶段。针对数据存储的开放性与混杂性，提出"数据隔离"和"按需收集"策略，以防止证据被破坏或收集过多无关数据；为高效收集多种类型证据，提出虚拟机监控器(Virtual Machine Monitor，VMM)、磁盘底层数据块提取 API 和传统取证工具的综合运用。

(4)证据分析阶段。针对证据量大、类型多样的问题，提出利用云计算的资源建立 Hadoop 大数据分析框架和综合性取证工具库，以增强数据的深度分析能力。

(5)报告阶段。以报告或证言的形式将证据提交给司法部门。此外，该模型提出损失方代表的角色，结合数字签名原理，保护证据的完整性，确保证据监管链的建立。最后，结合云环境下的案例场景，在理论上分析了模型的有效性。

2. 术语定义

CSP：云服务提供商，具有对云平台中所有数据的控制权。

用户 U：给定 CSP 的用户合集。假设用户数量为 n，$U = \{u_1, u_2, \cdots, u_n\}$，其中 $u_i(1 < i < n)$ 代表使用云服务的单独个体、组织或公司。

云服务 S：IaaS、PaaS 和 SaaS 三种模式下的服务合集。设服务数量为 m，则 $S = \{s_1, s_2, \cdots, s_m\}$，其中 $s_j(1 < j < m)$ 代表单个服务。

取证人员 I：取证过程的执行者。

司法部门 J：正确使用有关的法律规定，判定证据的有效性，并准确认定案件事实。

损失方代表 LPR：损失方可能是 CSP 本身或用户。损失方的加入能够对取证过程进行监督。由于涉及用户较多，选择出若干人员作为监督代表，即 LPR。

物理节点 PN：物理节点是云平台部署的基本单元，用于运行多种云服务或存储用户数据。云计算取证模型以内部 IP 标识 PN，如 PN_{IP-1} 表示内部 IP 为 IP−1 的物理节点。

虚拟机 VM：VM 通过 PN 和 VM 在 PN 中的编号进行标识，如 VM_{PN-1} 表示某 PN 中编号为 1 的虚拟机。

数据对象 d：针对用户 u_i 的个人数据，以 $d_k^{u_i}(1 < k < p)$ 表示该用户的单一数据对象，p 代表数据对象的个数。D^{u_i} 表示 u_i 的数据对象集合；针对云服务 s_j 的数据，以 $d_k^{s_j}(1 < k < q)$ 表示该服务的单一数据对象，以 D^{s_j} 表示数据集合。

数据条目 E_d：在取证人员获取的原始数据中加入部分描述信息形成数据条目。E_D 表示所有数据条目的集合。

分析结果条目 E_a：在取证人员分析原始数据产生的输出结果中加入描述信息形成结果条目。E_A 表示所有结果条目的合集。

取证数据中心 FDC：集中存储收集及分析得出的数据，确保数据的完整性。

证据分析平台 EAP：利用云计算的资源搭建的专门用于证据分析的综合性平台，要求具有良好的可扩展性，能够实现多种数据分析框架和取证工具的部署、开发。

8.2.2　云计算取证模型及其特点

云取证模型框图如图 8-2 所示，其中取证准备服务由 CSP 部署，后四个阶段主要由取证人员完成。此外，云计算取证模型假设在取证工作开始时，发生安全事件的云服务是已知的，设为 s_j。

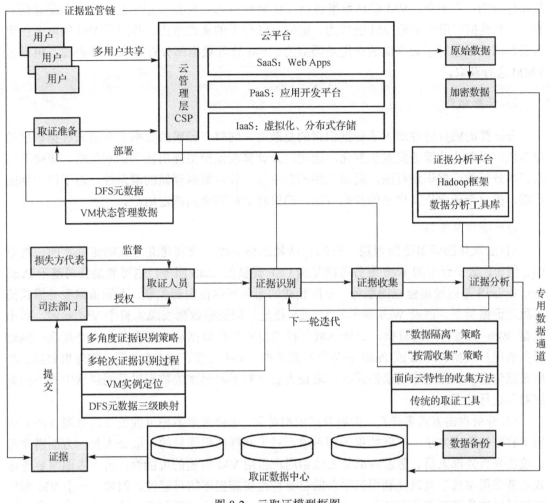

图 8-2　云取证模型框图

1. 取证准备

针对云平台数据的易失性，同时预防潜在证据在取证开始前受到攻击人员或恶意内部人员的破坏，在普通云服务正常工作的同时，本模型提出部署实时的取证准备服务，对取证具有关键作用、易受破坏的数据持续地存储到取证数据中心，同时确保不产生过多的传输和存储开销。本模型选择两种数据：云存储元数据和 VM 管理数据。

云存储维护着大量的用户数据，是重要的证据来源。元数据记录了数据对象在云存储中的产生和存储过程，以及访问权限和时间戳等信息，具有还原事件时间线、追溯犯罪嫌疑人的作用。针对被删除文件，保留其在取证数据中心的元数据，能够作为该文件曾经存在的证据和识别定位的依据。若用户数据与 CSP 没有直接利益关系，潜在证据可能受到恶意 CSP 的删除、篡改或伪造，对元数据的实时预留能有效支持证据存在性和真实性的判定。此外，一些 DFS 采用集中管理的方式存储元数据（如 HDFS、GFS、Lustre 等），相比于实际数据，元数据更易于获取，并且存储开销较小。

VM 在云环境下广泛应用，既是犯罪嫌疑人主要的攻击目标，也是其利用云资源实施犯罪行为的主要手段。VM 管理数据包括 VM 网络日志、安全日志、运行日志和配置信息等。这些数据可用于重构 VM 的行为、定位 VM 位于的物理节点，其对于 VM 的取证作用与云存储元数据对于云存储的作用是类似的。VM 管理数据部分存储在 VM 内部，可通过 VMM 进行获取。

2. 证据识别

云计算的固有特性增大了证据识别的复杂性，同时，频繁的数据交互要求证据识别的时效性，以防止关键证据发生变化。因此，云计算取证模型提出四条识别策略，明确不同取证场景下的证据识别范围，提高识别的完备性。针对数据存储的混杂性，对于已识别的数据，提出精确定位其物理位置的方法，确保将数据归属到特定用户。

1) 证据识别策略

(1) 层次化的证据范围识别。依据 s_j 所属的服务模式及其建立方式确定基本的证据范围。例如，云平台中的 Web 服务可能是由 CSP 提供的 SaaS 服务，也可能是公司基于 PaaS 平台或 IaaS 基础设施建立的服务。不同模式的服务间存在内部关联，不能依据服务模式简单限定证据类型。假设 Web 服务基于 IaaS 搭建，则证据数据表现为整个 VM 实例，而不只是 Web 服务相关的数据。云计算取证模型将云平台数据从上至下分为六个层次：SaaS 服务的用户数据、SaaS 或 PaaS 服务自身的数据、VM 映像、VMM 数据、物理机数据、基础设施信息。依据犯罪场景的差异，取证人员可对不同层次的数据以及同层次中的不同数据对象进行选择。

(2) 分析攻击方式多样性，扩展数据识别对象。综合考虑多种可能的攻击来源以及云环境下独特的攻击方法，扩展数据识别对象。对于同样的犯罪目的，取证人员一方面需要考虑攻击来自外部人员、恶意内部员工或由用户租用 VM 实施的可能性；另一方面需要考虑攻击者采用常规手段以及利用云平台的自身特性实施犯罪的可能性。例如，一个 VM 实例能够通过边信道攻击从与其处于同一物理机的其他 VM 中窃取信息，该 VM 实例本身也可能受到了入侵。综合两个方面，取证人员可将取证对象扩展到云服务的管理员、同一物理节点上的其他 VM、物理机等。

(3) 网络通信记录识别。识别与 s_j 所在 PN 或 VM 相关的网络通信记录。网络通信记录是攻击者溯源和事件还原的重要依据，包括云平台内部和外部两个方面，主要分为以下五类：①服务的访问记录；②不同云服务之间出于管理、协作等目的的通信记录；③单一云服务内部不同节点间的交互记录；④服务所在节点的登录记录，如 SSH 登录；⑤邮件。根据服务的工作特点和异常状态的差异，取证人员可以选择不同的数据。

(4) 基于"迭代"思想的多轮次证据识别。由于云服务的大规模和攻击手段的多样性，一次性识别所有涉案数据是不现实的。云计算取证模型采用迭代策略，将本轮次的数据分析结果用作下一轮次证据识别的线索，并权衡证据的识别范围与数量，如图 8-3 所示。首轮当中，主要识别 s_j 自身产生的数据，可依据 s_j 的异常状态，从磁盘、内存和网络三个方面限定主要的证据类型和识别范畴。分析上述数据，判断可能的攻击类型，发现可疑的用户访问，在第二轮次中，识别 s_j 中可疑用户产生的数据，并以 s_j 为中心，从 s_j 所在节点、云内部和外部节点三个方向识别可疑人员与 s_j 有关的数据交互痕迹，如与 s_j 的通信记录、缓存文件等。分析上述数据，在第三轮次中，进一步缩小证据的识别范围，同时扩大范围内数据的收集量，如映像整个磁盘。通过多个轮次的证据识别，取证人员能够不断提升证据识别的精确性和完备性。除首轮外，其他轮次需要补充上一轮次遗漏的数据。

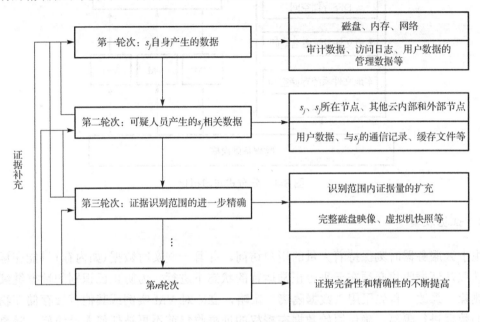

图 8-3　基于迭代的证据识别策略

2) 证据定位

云计算取证模型将数据的存储位置划分为三个层次：数据中心、物理节点和文件系统数据块。一个 CSP 通常拥有众多数据中心。受到攻击的数据中心是已知的，但识别的相关数据可能存储在其他数据中心。此时，可通过分析网络通信记录在下一轮迭代中对相关数据中心进行定位。

物理节点和底层数据块的识别主要面临云计算的虚拟性和分布性。VM 作为具有操作系统的运行实体，并不建立在 DFS 上，但 DFS 可以基于多个 VM 搭建，如图 8-4 所示。对于虚拟磁盘、内存等 VM 数据的获取，通常只涉及对其所在物理节点的定位。基于取证准备阶段存储的 VM 管理数据能够实现；对于 DFS 中的文件，云计算取证模型提出一种基于三级映射的文件定位方法，以获取文件本地数据块的地址。我们将 DFS 从上至下划分为四个层次：DFS 命名空间、DFS 存储空间、本地文件系统命名空间及其存储空间。本地文件系统指组成 DFS 的各存储节点自身的文件系统。DFS 存储分配单元在本地存储节点中通常以文件的形式存在，DFS 文件到存储节点数据块的映射可划分为三个级别：DFS 命名空间与存储单元间的映射，DFS 存储单元与本地存储节点间的映射，本地文件系统命名空间与存储单元间的映射。存储节点可能是物理机或 VM，若为物理机，则定位过程结束；若为 VM，则取证人员还需定位 VM 所在的物理节点。

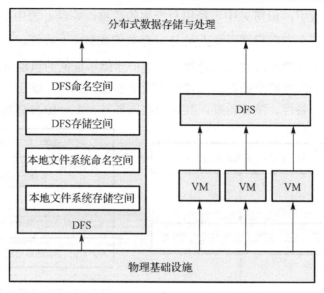

图 8-4　分布式与虚拟化

3. 证据收集

由于云服务器时刻保持着大量的用户访问，并且一些实时数据(如内存)只能在运行状态下获取，证据收集必须在云平台正常运行的状态下进行。为防止已识别的数据继续变化或被删除、篡改，首先采用"数据隔离"策略，立即对 VM 实例或其他直接存储在物理节点上的数据进行隔离，确保原始数据在授权的证据收集前不再被任何人员访问。隔离工作可利用云计算自身的数据多备份、计算节点迁移等机制，将云服务新产生的数据或无关 VM 实例重新存储到其他节点。不对已识别数据进行迁移，能够防止迁移过程中数据的遗失或损坏。

针对云平台的数据量大，并且不同用户的数据混杂存储的客观情况，云计算取证模型提出"按需收集"策略，依据识别的数据物理位置，采用细粒度的数据收集方法，防止提取过多无关数据，在提升取证效率的同时，维护无关用户的数据隐私。此外，云平台在取证过程中新产生的数据可能具有一定的取证价值。例如，引起安全事件的用户在取证过程中可能仍存在违法行为。因此，取证人员要按需收集迁移到其他节点中的数据。

云计算取证模型依据云计算的虚拟性将证据收集对象划分为两类：VM 和物理机。它们主要的动态数据是内存，静态数据是文件。文件系统包括单磁盘文件系统(如 NTFS)和 DFS(如 HDFS)。

物理机的内存映像可通过传统的工具进行获取，因为云计算并没有创造新的操作系统，仍然采用 Linux、Windows 等操作系统，如图 8-5 所示。若物理机中运行有 VM，只获取相关 VM 的内存数据更符合"按需收集"策略。VM 由 VMM 进行管理，其内存映像可通过 VMM 获取。取证人员需要先通过 VM 的挂起机制冻结 VM 系统，然后进行数据收集，以阻止内存数据变化。

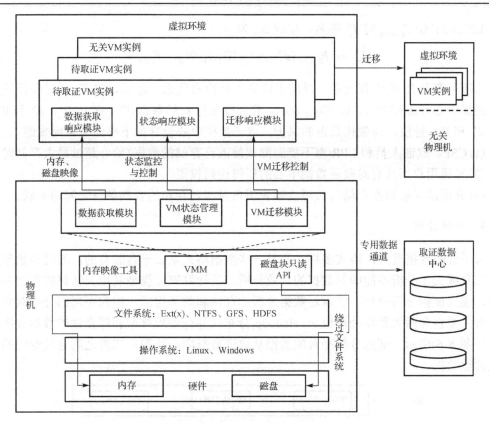

图 8-5　云环境下证据收集

对于文件的收集，云计算取证模型采取绕过文件系统命名空间，直接提取磁盘底层数据块的方式，防止对文件的时间戳等逻辑特性造成影响。单磁盘文件系统命名空间与存储空间的映射相对简单；DFS 文件可以通过三级映射方法定位它的本地数据块地址。对于 VM 中的文件(包括整个的虚拟磁盘)，取证人员可通过 VMM 对数据块进行收集、重组。对于物理机上的文件(包括整个 VM 映像)，云计算取证模型提出通过一种数据块的只读 API 进行收集。API 的设计需要直接从不同节点的底层数据块中进行文件的提取和重组。云计算取证模型不通过取证工具进行文件收集：一是由于它们在 DFS 数据收集中的局限性；二是由于目前没有权威机构对"使用取证工具获取文件是否对文件的逻辑特性造成影响"进行证明，而直接获取整个磁盘映像违背"按需收集"策略。

证据收集过程可能涉及隶属不同机构的多个取证人员，并且对 CSP 具有一定依赖性。因此，数据的收集由 LPR 监督全程进行，防止恶意 CSP 或取证人员删除证据。数据获取完成后，要及时生成数据条目，记录数据的提取过程，保证数据的可认证性并维护证据监管链的完整。云计算取证模型中，假设取证人员 I 在 t 时刻、数据节点 $\mathrm{PN}_{\mathrm{IP-1}}$ 上获取用户 u_i 的数据 $d_1^{u_i}$，数据条目 E_d 可表示为

$$E_d = <d_1^{u_i}, \mathrm{ID}_{u_i}, \mathrm{ID}_I, t, \mathrm{PN}_{\mathrm{IP-1}}, F_{\mathrm{CSP}}> \tag{8-1}$$

其中，ID_{u_i} 为用户 u_i 的身份标识；ID_I 为 I 在云平台中注册的取证专用 ID；F_{CSP} 为 CSP 是否直接参与证据提取的标记，$F_{\mathrm{CSP}}=1$ 表示是，$F_{\mathrm{CSP}}=0$ 表示否。为防止 $d_1^{u_i}$ 被篡改或伪造，

使用 LPR 的私钥 $P_{k-\text{LPR}}$ 对 $d_1^{u_i}$ 签名，生成 E_{ed} 为

$$E_{\text{ed}} = < P_{k-\text{LPR}}(d_1^{u_i}), \text{ID}_{u_i}, \text{ID}_I, t, \text{PN}_{\text{IP}-1}, F_{\text{CSP}} > \tag{8-2}$$

此处不签名 E_d 的所有元素，以便于取证人员检索数据。最后，将 E_{ed} 通过专用通道传输到证据中心并进行编号，以 $\text{ID}_{E_{\text{ed}}}$ 表示。若获取服务 s_j 的数据 $d_1^{s_j}$，在 E_d 中，$d_1^{u_i}$ 和 ID_{u_i} 分别用 $d_1^{s_j}$ 和 ID_{s_j} 替换。为强化数据的保护，取证数据中心设立如下存储与访问规则。

(1)CSP、取证人员和 LPR 都不能删除或修改已存储的数据(除非超过最大存储时限)。

(2)普通用户不具有对取证数据中心的任何访问权限。

(3)分析结果条目在存储时必须能够表明自身与已存在的数据条目之间的关联。

4. 证据分析

云平台的数据量大，格式多样，并且一些数据格式是云平台独有的。通过少量常规的取证工具或人工分析不能确保数据的有效分析。云计算取证模型利用云计算的存储和计算资源，建立证据分析平台，以满足数据分析的存储和效率需求。面向不同的分析对象，分析平台主要包含两大数据处理模块：Hadoop 分布式并行处理框架和综合性的数据分析工具库，如图 8-6 所示。证据分析平台的数据从取证数据中心获得，二者之间通过专门的安全通道传输数据。

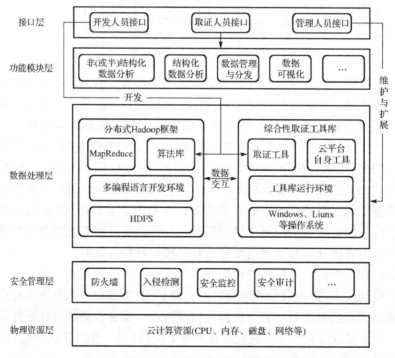

图 8-6 证据分析平台架构

面对巨大的数据量，很多研究机构已经从"分析所有数据以确保不遗漏任何内容"的取证思路转变为更多地依赖于智能方法。云计算取证模型采用 Hadoop 和智能数据分析算法结合的方式，分析云服务日志等非结构化或半结构化的数据。Hadoop 的主要组件 MapReduce 是一种数据并行处理的编程模型，具体的数据分析程序由开发人员实现。生成

的程序存储在图 8-6 中的算法库中，由取证人员调用。基于该模式，取证人员能够深度挖掘云服务内部各组件的行为特点、多种日志中记载的事件之间的关联和顺序、文件系统的活动特征等，同时提高数据的分析效率。

目前，云计算取证模型针对文件系统 MAC 时间戳，基于文件系统行为随机模型的思想，分析特定文件系统 MAC 时间戳的更新规则，对文件系统活动表现出的特征进行建模，提出基于 MapReduce 对出现上述活动的文件数量及所占比例、异常活动所属的用户（或应用）等信息进行量化分析的方法。由于从不同系统中获取的时间戳可能不完全同步，在分析之前，取证人员首先要建立统一的时间标准，将获取的时间戳转化为标准时间。

针对结构化数据的分析，云计算取证模型从三方面建立综合性的取证工具库。一是针对常见的磁盘、内存、网络数据包等数据格式，部署现有取证工具（如 FTK、EnCase、Volatility 等）。搭建取证工具需要的运行环境，并统一管理，以便于不同工具间的协作与对比；二是针对云平台独有的数据格式，一方面采用云平台自身的数据处理工具，另一方面开发新的分析工具。利用云平台自身的工具是最高效的方式，但由于环境限制或 CSP 不提供而无法实现，开发对应的数据分析工具是必要的。工具库可由 CSP 进行管理，对已安装的取证工具进行定期维护与更新，并对新开发的取证工具进行测试与扩展。

分析工具的输出可作为 Hadoop 的输入进行进一步的处理，例如，MAC 时间戳是从文件系统的元数据中提取的，元数据的预处理需要由分析工具完成。Hadoop 的输出也可作为分析工具的数据来源。为便于 Hadoop 框架与工具库的协作，在两者之间设置数据通道，以实现自动化的数据交互。

数据分析的输出结果可能不够直观，云计算取证模型采用数据可视化方法，借助于图形化手段，传达数据的关键方面与特征。取证人员通常只使用可视化工具的功能而不负责工具的开发。因此，综合使用开源的数据分析工具与智能化的可视化工具能更好地展示证据。云计算取证模型对可视化的实现主要利用 Graphviz——一种开源的基于代码生成图像的可视化工具。一方面，Graphviz 能够通过编程批量处理同类数据，清晰展示数据集中的特殊元素；另一方面，Graphviz 能够以子进程调用的方式运行，便于嵌入数据分析工具，取证人员可根据展示需求，将主要精力放在数据的处理上。Graphviz 能够用于 Windows、Linux、Mac 等多种操作系统，并具有 Java、Phtyon、Perl 等多种语言的调用接口，实用性较强。

证据分析平台存储着大量的涉案数据，其安全性十分重要。云计算取证模型通过防火墙、入侵检测等安全技术防止其受到外部入侵，并通过安全监控与审计监视取证平台的运行状态，确保其正常运行。数据分析完成后，为维护证据监管链的完整，生成结果条目 E_a。为保护分析结果及其与已存在的数据条目或分析结果条目间关联的完整性，使用 $P_{k-\mathrm{LPR}}$ 对 E_a 签名生成 E_{ea}。

$$E_a = <D_a, \mathrm{ID}_{E_{\mathrm{ED}}}, \mathrm{ID}_{E_{\mathrm{EA}}}, \mathrm{ID}_I, t_s, t_e> \tag{8-3}$$

$$E_{\mathrm{ea}} = <P_{k-\mathrm{LPR}}(D_a, \mathrm{ID}_{E_{\mathrm{ED}}}, \mathrm{ID}_{E_{\mathrm{EA}}}), \quad \mathrm{ID}_I, t_s, t_e> \tag{8-4}$$

其中，D_a 为该结果条目的具体数据集合，它由取证人员 I 分析数据集 E_{ED} 与 E_{EA} 得出；t_s 和

t_e 分别为分析的开始和结束时间；E_{ea} 通过专用通道存储到证据中心中并编号，以 $\mathrm{ID}_{E_{ea}}$ 表示。分析得出的数据，能帮助取证人员识别新的潜在证据，开始下一轮的证据识别及后续过程。

5. 报告

在该阶段，证据以报告或证言的形式提交给司法部门。考虑到司法人员通常只拥有基本的计算机知识，取证人员需要以简单明了的方式向司法部门介绍云计算、云取证的概念以及在取证过程中运用的技术手段。

报告应当条理清晰，涵盖取证的所有阶段，详细阐述证据是如何识别、收集、存储和分析的，确保整个取证过程的可重复性，便于司法人员对存在疑问的取证操作在同样条件下进行验证；在整个过程中，证据的完整性没有遭到破坏，证据监管链能够完整地建立；以直观的方式展示证据的分析结果，能够对发生的违法行为进行证明，对犯罪人员进行追责，并重构事件的整个过程。

8.2.3　模型分析

结合云环境下的案例场景，本节对所提模型各阶段的取证策略与方法的有效性进行理论分析，并与相关工作进行对比。

1. 云环境下的案例场景

假设 CSP A 部署了云计算取证模型提出的取证准备服务。公司 B 基于 A 提供的 IaaS 服务合集 S_{I1}（包含一种或多种 IaaS 服务），将其 Web 服务 W 部署在云平台中。$W=\{w_1,w_2,\cdots,w_n\}$ 是一系列服务的集合，产生的数据 D^W 保存在 A 提供的分布式云存储中。恶意用户 u_i 基于 IaaS 服务合集 S_{I2}，创建了若干台虚拟机 VMs，利用 B 的服务 w_k 的漏洞，窃取了 D^W 中的数据。攻击完成后，u_i 将数据传回本地终端，并释放了 VMs。B 发现数据被盗后，委托取证人员 I 对事件进行调查，并委派损失方代表 LPR 进行监督。I 在获取司法部门 J 的授权后，在 A 的协助下对云平台进行证据识别与收集，并在专门的证据分析平台下分析数据，最后将取证分析报告提交给 J。整体的案件场景如图 8-7 所示。

2. 模型有效性分析

若采用传统的数字取证模型，由于案件涉及的用户量和数据量大，数据存储具有虚拟性、共享性和分布性，并且资源的回收和再分配频繁，证据的识别和收集工作难以开展。当前的取证工具无法有效分析"大证据"、DFS 或云平台独有的数据格式。针对云取证面临的主要挑战，云计算取证模型的有效性主要体现在以下五个方面。

1）取证准备阶段

针对数据的易失性，在云平台正常工作的同时，将云存储元数据和 VM 管理数据实时存储到取证数据中心。即使 u_i 释放了 VMs，VMs 的使用和通信记录及其所在的物理节点仍然可以识别。云存储元数据提供了文件的时间戳和定位信息等关键数据，并为删除数据的恢复提供了数据基础。

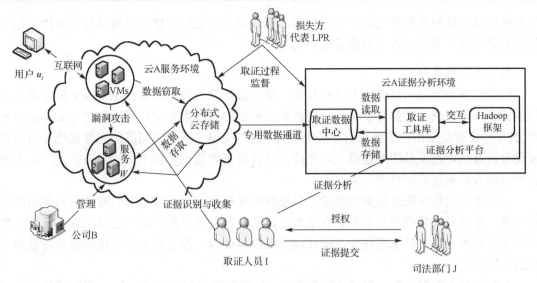

图 8-7　云环境下的案例场景

云平台的数据备份通常只备份用户或服务数据，而云存储元数据和 VM 管理数据没有进行专门的预留和保护。传统的数字取证模型提出的取证准备工作主要是保证取证的人力物力资源，而非关键数据的预留。有学者主要针对 VM 分析了数据易失性，但没有提出明确的数据预留对象。

2）证据识别阶段

针对取证环境的多层次性和攻击方式的多样性，云计算取证模型依据 W 的部署方式、可能的攻击来源以及 W 一段时间内的网络通信情况提出了多角度的证据识别策略，并基于"迭代"思想提出多轮次的识别过程，以最终识别 u_i 租用的 VMs。Martini 等只对不同服务模式下的数据类型和"迭代"思想进行了概念性介绍，没有提出详细的涉案数据识别策略，不足以指导具体的证据识别工作。

针对数据存储的混杂性与分布性，云计算取证模型提出了基于元数据层间映射的 DFS 数据定位方法，能够快速、精确定位 W 的数据在 DFS 中的存储节点及数据块地址。传统的数字取证模型多针对单计算机的取证环境，没有针对 DFS 数据定位的策略。有学者提出通过"数据起源"识别数据的物理存储设备，但没有提出"起源数据"的生成方法。

3）证据收集阶段

针对云环境下用户和取证人员对数据的物理控制权限下降的客观状况，首先采用"数据隔离"策略，确保原始数据不再变化或受到删除、篡改等破坏。云计算取证模型采取迁移无关数据或 VM 实例的"隔离"方法，而有学者对涉案 VM 实例进行迁移，可能造成数据在传输过程中的破坏。

针对多用户数据存储的混杂性，提出"按需收集"策略，以尽量避免无关数据的收集，并减少对云 A 和服务 W 的影响。针对证据类型及存储方式的多样性，综合运用 VMM、文件数据块只读 API 或传统取证工具对内存或磁盘数据进行细粒度提取，确保不改变数据内容及其逻辑特性。有些学者提出的取证模型更侧重于对"数据隔离"等策略以及只读 API

等数据获取方法的必要性与可行性的分析，但没有结合数据存储的虚拟性与分布性提出具体的实施方法，对取证人员的指导性不足。

4) 证据分析阶段

针对涉案数据量大且格式多样的问题，基于云计算的资源建立由 Hadoop 框架和综合性取证工具库组成的证据分析平台。通过在二者之间建立数据交互通道，使 Hadoop 能够对 DFS 等具有复杂结构的数据进行分割处理，进而提出了基于时间戳的文件系统行为特征量化分析方法。在工具库的建设上，支持云平台自带的数据分析工具的动态扩展，以提高云平台独有数据格式的处理能力。

基于传统的数字取证模型和方法，只能解决单机环境与云环境所共有的证据类型的分析问题，难以对大数据或云平台独有的数据格式进行有效分析。当前运用 Hadoop 进行的文件系统分析多是文件信息统计或模式匹配等简单处理，没有对文件系统活动进行更深层次的取证分析。

可视化是大数据分析结果展示的要点，云计算取证模型采用 Graphviz 等智能化的可视化工具对数据分析结果进行可视化，能够更直观清晰地展示数据的特性或异常。而传统的数字取证模型或现有的云取证模型一般没有提及分析结果可视化的问题。

5) 证据完整性保护

在云平台中，数据的存储与传输环境开放，证据的完整性易于受到破坏。云计算取证模型在取证过程中的各阶段提出证据完整性的保护措施。

(1) 证据识别后到证据收集前。识别涉案数据后，立即采取"隔离"策略，防止数据在收集前继续变化或被攻击人员、恶意的 CSP 内部人员等破坏。

(2) 证据收集及存储阶段。证据的收集过程由 LPR 监督，获取的数据条目需由 LPR 签名，防止数据篡改或伪造。此外，取证数据中心禁止对已存储数据的修改。

(3) 证据分析及分析结果存储阶段。证据的分析过程由 LPR 监督，分析结果条目由 LPR 签名，并且必须与已存在的数据条目建立关联，确保数据分析过程可重复验证，防止恶意取证人员伪造分析结果。

(4) 取证数据的传输。取证过程中产生的数据条目和分析结果条目在网络中传输时，都是经过 LPR 签名的，能够对其完整性进行检验。

在证据监管链的维护方面，假设本案例识别到的用户 u_i 的数据集合为 D^{u_i}，取证人员 I 收集数据后，生成数据条目集合 $E_D^{u_i}$ 并由 P_{k-LPR} 签名生成 $E_{ED}^{u_i}$，将 $E_{ED}^{u_i}$ 存储在证据中心。分析 $E_{ED}^{u_i}$ 后，生成的结果条目集合 $E_A^{u_i}$ 同样用 P_{k-LPR} 签名形成 $E_{EA}^{u_i}$ 后，存储到证据中心。数据是由谁、何时、如何、在什么位置被收集、分析、存储的等信息通过 $E_{ED}^{u_i}$ 和 $E_{EA}^{u_i}$ 进行了记录。因此，在整个取证过程中，云计算取证模型能够维护证据监管链的完整。

8.3　基于三级映射的 HDFS 文件高效提取取证方法

云存储系统维护着云计算各种资源的配置信息和大量的用户数据。同时，针对云计算发起的攻击和以云计算为平台实施的攻击都会在云存储系统中留下蛛丝马迹。因此，云存储是云取证重要的证据来源。

为满足云计算对存储和计算高效性的要求，DFS 成为云计算的主要文件系统。DFS 的分布式特性导致一个完整文件被分割成多个块文件、存储在不同的数据节点中，这些节点可能位于不同地理区域。原始文件的名称与块文件的名称之间可能不存在关联。CSP 几乎不提供关于文件存储位置的任何细节。若在云环境下运用传统的磁盘取证方法，由于同一用户的数据可能跨越大量磁盘，将导致证据提取效率低下，并且无法确定块文件的归属关系，取证价值较低。此外，云环境下资源的回收和再分配频繁，删除数据的恢复也是云取证的一大难题，犯罪人员可以利用这一特性实施入侵活动而难以被发现。

Hadoop 是由 Apache 开发的对大规模数据进行分布式并行处理的框架。Hadoop 分布式文件系统 HDFS 可部署在低成本的商用硬件上，提供高吞吐量和高容错性，能够跨异构的硬件和软件平台进行移植，在云计算中得到了广泛应用。为解决分布式云存储证据提取面临的困难，下面以 HDFS 为对象，研究 DFS 文件提取的方法。

HDFS 由大量的本地文件系统组成。此例采用主流 Linux 发行版本的默认文件系统 Ext4 作为 HDFS 的本地文件系统。HDFS 文件的元数据与数据位置的映射远比 Ext4 中逻辑与存储空间之间的映射复杂。通过对 HDFS 的整体框架与元数据以及 Ext4 结构特征的分析，提出一种基于三级映射的文件提取方法。首先以形式化的方式对三级映射进行描述，然后分三步建立了三级映射：①分析 HDFS 元数据文件的管理方式，解析文件基于 Google protocol buffers（简称 protobuf）的内部结构及数据的序列化方式，重建 HDFS 命名空间，建立 HDFS 文件与数据块的映射；②分析块文件在数据存储节点中的组织方式，建立 HDFS 数据块与数据节点之间的映射；③分析 Ext4 的结构特征和文件定位流程，建立 HDFS 数据块与 Ext4 数据块之间的映射。在 HDFS 运行过程中，周期性更新文件的三级映射信息。

分析 HDFS 及 Ext4 在文件删除后相关元数据的变化，提出对删除文件的三级映射数据的预留，为文件恢复提供数据基础。利用 HDFS 的数据多备份特性和 Ext4 块位图，在最大限度上实现对删除文件的精确恢复。

下面以 Xen 虚拟化平台为实验环境，搭建完全分布方式的 Hadoop 框架，对三级映射方法的性能进行测试。实验表明，该方法能够完整定位跨节点存储文件的数据块地址，实现对磁盘数据的选择性映像以提高取证效率，并能够对删除文件进行最大限度恢复。

8.3.1　HDFS 元数据分析

1. HDFS 架构分析

HDFS 采用主从式的架构。通常情况下，一个 HDFS 集群的基本组成部分包含一个 NameNode 和众多的 DataNode。NameNode 管理 HDFS 命名空间，DataNode 用于存储实际的数据。在 Hadoop 2.x 版本中，引入联邦 HDFS（federated HDFS cluster）。一个 HDFS 集群通过添加 NameNode 实现命名空间的扩展。每个 NameNode 管理相互独立的命名空间和数据块池（block pool），DataNode 为所有的 NameNode 共同使用。单 NameNode HDFS 框架如图 8-8 所示。

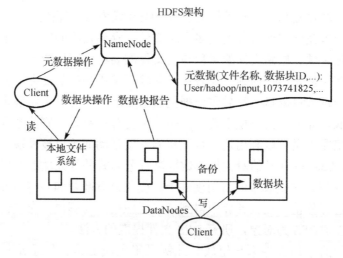

图 8-8　单 NameNode HDFS 架构图

（1）NameNode：HDFS 支持分层的目录和文件，并在命名空间中用 inode 进行表示。inode 存储了文件的逻辑属性，如访问权限、时间戳、分配的存储单元等，并且具有唯一 ID。NameNode 通常部署在专用机器上，维护着 HDFS 命名空间，并执行和记录文件操作。NameNode 将元数据文件存储在宿主机的本地文件系统中。

（2）DataNode：HDFS 以块为基本单元存储实际的数据，为方便寻址，块的默认大小为 128MB。DataNode 并不知道命名空间的存在，而是以 HDFS 创建文件时为其分配的块号为名称，在宿主机的本地文件系统中存储数据。默认情况下，每个文件会在不同的 DataNode 上保留 3 个备份。DataNode 在启动时扫描本地文件系统，生成一个数据块的列表，并发送给 NameNode，随后定期发送当前的块列表（block list）报告。

（3）HDFS client：对外开放 HDFS 接口的代码库。用户应用通过 HDFS client 对文件进行访问，一般不需要了解 NameNode 和 DataNode 功能的实现过程以及元数据和文件数据的管理方式。因此，从客户端获取的证据较少。

除上述基本组成部分外，大型的 HDFS 集群还包含以下三种节点。

（1）Secondary NameNode（二级 NameNode）：HDFS 有一种检查点机制，当 Hadoop 启动时或经过固定的时间间隔，HDFS 将最近更新的 FsImage 与之后所记录的事务（transaction）进行合并，创建一个新的 FsImage，并删除过期的 FsImage。默认情况下，HDFS 只保留两个最近更新的 FsImage。Hadoop 启动时的检查工作由 NameNode 完成，而 Hadoop 运行过程中的检查工作由二级 NameNode 完成。二级 NameNode 通常与活动 NameNode 运行在不同的机器上，当活动 NameNode 失效后，二级 NameNode 可以作为 NameNode 使用。但在节点较少的集群中，二级 NameNode 也可以与活动 NameNode 运行在同一个节点上。

（2）Checkpoint node（检查节点）：用于执行周期性的检查点。可以替代二级 NameNode 的角色，但目前不是强制性的。只要系统中没有注册 Backup node（备份节点），NameNode 可以支持多个检查节点的同时运行。

（3）Backup node：同样能够实现检查点功能，并始终在内存中维持与活动 NameNode 状态同步的 HDFS 命名空间数据的最新副本。除了接收来自 NameNode 的文件系统日志流并将其永久性存储在磁盘中，备份节点还将日志中的文件系统操作信息应用于内存中的命名空间副本，从而创建 NameNode 命名空间的备份。由于备份节点已经将命名空间的最新状态保存在内存中，它不需要从活动 NameNode 下载元数据映像文件和日志文件。因此，备份节点的检查点进程更高效。

2. HDFS 元数据文件类型

HDFS 的元数据文件包含两种类型：FsImage 和 EditLog。

FsImage 存储着 HDFS 元数据的完整映像，包含文件系统属性与结构、文件(或目录)属性等信息。在 FsImage 中，目录和文件用 inode 表示。inode 包含的主要信息如表 8-1 所示。每个目录包含的子文件(或子目录)通过 inode ID 列表表示。

EditLog 持续性地记录文件系统的每一个变化(文件创建、修改、删除等)。用户的每个操作都由若干 HDFS 定义的底层事务组成，每个事务被分配一个唯一的、单调递增的事务 ID。EditLog 中记录的事务会在检查点或当 EditLog 到达一定大小时，集成到 FsImage 中，使得 EditLog 的大小总保持在一定范围内。

表 8-1　HDFS inode 主要元素

名称	描述	默认值	文件 inode	目录 inode
replication	复制因子	3	√	×
modificationTime	最近修改时间	—	√	√
accessTime	最近访问时间	—	√	×
preferredBlockSize	默认数据块大小	128MB	√	×
permission	所属用户、组及访问权限	—	√	√
blockId	数据块编号	—	√	×
genStamp	数据块生成时间	—	√	×
numBytes	数据块字节数	0B	√	×
nsQuota	命名空间配额	—	×	√
dsQuota	磁盘空间配额	—	×	√

3. FsImage 结构特性分析

FsImage 文件整体上分为四个部分：Magic、Sections、FileSummary 和 FileSummaryLength。Magic 用于判定 FsImage 文件的有效性，值为 HDFSIMG1。Sections 是 FsImage 的主体部分，存储 HDFS 文件系统的元数据，包括 NameSystemSection、INodeSection 等。FileSummary 存储 FsImage 自身的信息，主要包括各 Section 采用的压缩及编码方式、偏移量和长度等。解析 FsImage 时，首先要读取 FileSummary 的数据。FileSummaryLength 表示 FileSummary 的长度。

为了高效利用存储空间并实现数据快速读写，FsImage 按照 protobuf 的格式对数据进行编码，然后以分隔的方式进行序列化后存储。protobuf 是一种独立于语言和平台的轻便高效的结构化数据(Message)存储格式。开发人员可以通过".proto"文件定义 Message 结构并用工具"protoc.exe"对文件进行编译。以 FsImage 为例，它的源文件是"fsimage.proto"。目前，Google 提供了 protobuf 的多种语言实现，包括 Java、C#、C++和 Python 等。

在 FsImage 中，大量的整形数据(integers)经过不定长编码后进行序列化，以小端顺序存储，无法直接分析。如图 8-9 所示，HDFS 根目录的 inode ID 号为 0x4001（"x40 表示十六进制数，十进制值为 16385），但在 WinHex 中查看它的值为 0x018081。Apache 提供了一种 FsImage 解析工具 Offline Image Viewer，该工具能够创建 FsImage 的 xml 格式文档，但它只能在 HDFS 框架下运行，并且没有更深层次的数据处理功能。将在 8.3.4 节中，对 FsImage 的解析和分析过程进行详细介绍。

```
Offset  | 0  1  2  3  4  5  6  7   8  9  A  B  C  D  E  F
00000020| 06 08 82 81 01 10 42 2F  08 02 10 81 80 01 1A 00
00000030| 2A 25 08 85 A9 CA 8C 9D  2A 10 FF FF FF FF FF FF
00000040| FF FF 7F 18 FF FF FF FF  FF FF FF FF FF 01 21 ED
00000050| 01 02 00 00 01 00 00 34  08 02 10 82 80 01 1A 04
```

图 8-9　经过非定长编码的根目录 inode ID

8.3.2　Ext4 文件系统分析

NameNode 和 DataNode 的宿主机一般采用 GNU/Linux 系统，Ext4 是 Linux 版本的默认文件系统。以 Ext4 作为 HDFS 的本地文件系统，分析 Ext4 的结构与元数据特征以实现对本地数据块的精确快速定位。Ext4 文件系统整体结构如图 8-10 所示。

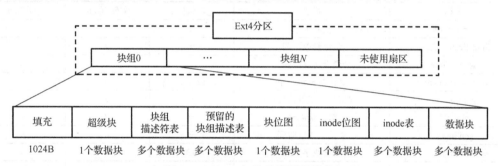

图 8-10　Ext4 文件系统整体结构

在 Ext4 的逻辑空间中，文件和目录同样使用 inode 表示。inode 存储着除文件名以外的所有文件元数据，其主要元素如表 8-2 所示。Ext4 的存储空间分配单元是块，由块组成更大的空间单位称为块组（block group），Ext4 由一系列块组构成。Ext4 的整体布局和 0 号块组（块组从 0 开始编号）的具体结构及各部分占用空间如图 8-10 所示。

表 8-2　Ext4 inode 主要元素表

名称	偏移量	长度/B	描述
i_mode	0x00	2	文件模式：类型及访问权限
i_uid	0x02	2	文件拥有者 ID 的低 16 位
i_size_lo	0x04	4	文件长度的低 32 位
i_atime	0x08	4	文件最近访问时间
i_ctime	0x0c	4	文件 inode 最近更改时间
i_mtime	0x10	4	文件数据最近修改时间
i_dtime	0x14	4	文件删除时间
i_gid	0x18	2	文件所属组 ID 的低 16 位

名称	偏移量	长度/B	描述
i_flags	0x20	4	inode 标志，说明文件属性
i_block	0x28	60	数据块地址映射，在 Ext4 中即 Extent 树
i_size_high	0x6c	4	文件长度的高 32 位
i_uid_high	0x78	2	文件拥有者 ID 的高 16 位
i_gid_high	0x7a	2	文件所属组 ID 的高 16 位
i_crtime	0x90	4	文件创建时间

Ext4 是在 Ext3 的基础上发展而来，并对 Ext3 向后兼容。与 Ext3 相比，Ext4 支持更大的文件系统和文件，拥有新的 inode 结构，采用 Extent 树取代了 Ext2/3 中传统的数据块地址映射机制，并且默认使用哈希树目录（一种专门的 B-树）取代了之前的线性目录。这些都增加了文件系统结构分析和数据定位的复杂度。

8.3.3　Ext4 文件定位流程

为减少磁盘映像过程中提取的数据量，下面从文件系统的角度，对文件数据块的地址定位流程进行分析。基于 Ext4 的结构，文件的定位流程如下。

1）读取超级块参数

超级块（super block）记录着文件系统的配置信息，包括块的大小、inode 大小和支持的特征等，是文件定位的基础。超级块的起始地址为 Ext4 分区的第 1024B 处（从第 0 字节算起），大小为 1024B。Ext4 超级块重要参数如表 8-3 所示。

表 8-3　Ext4 超级块重要参数

名称	描述	默认值
s_log_block_size	数据块大小为 $2^\wedge$（$10 + $ s_log_block_size）	4096B
s_blocks_per_group	每个块组的数据块数量	32768
s_inodes_per_group	每个块组的 inode 数量	7168
s_magic	Magic	0xEF53
s_feature_incompat	INCOMPAT_EXTENTS，文件 inode 使用 Extent 树	支持
	INCOMPAT_64BIT，文件系统最大为 $2^\wedge 64$ 个数据块	不支持
	INCOMPAT_FLEX_BG，灵活块组	支持
s_inode_size	inode 数据结构大小	256B

2）读取块组描述符参数

块组描述符（Block Group Descriptor，BGD）记录着块组的块位图（block bitmap）、inode 位图和 inode 表的地址。BGD 的大小（S_{BGD}）默认为 32B。若超级块中"INCOMPAT_64BIT"特征被激活，S_{BGD} 至少扩展到 64B，实际值存储在超级块中。

所有 BGD 集中连续存放，组成块组描述符表（Group Descriptor Table，GDT）。GDT 起始地址（A_{GDT}）固定为超级块所在块的下一个块。对于一般的 inode，可根据式（8-5）计算其所属 BGD 的地址（A_{BGD}）：

$$A_{BGD} = A_{GDT} + ((I_{num} - 1) / I_{amount})S_{BGD} \tag{8-5}$$

其中，I_{num} 为 inode 编号（从 1 开始）；I_{amount} 为每个块组中 inode 的数量。

3）读取 inode 表

计算出 A_{BGD} 后，inode 表的基地址 A_{inodeT} 可以从 BGD 中读取。inode 的基地址 A_{inode} 为

$$A_{\mathrm{inode}} = A_{\mathrm{inodeT}} + ((I_{\mathrm{num}} - 1) \bmod I_{\mathrm{amount}})S_{\mathrm{inode}} \tag{8-6}$$

其中，S_{inode} 为 inode 对应数据结构的字节数。

在 Ext4 中，文件数据块的地址映射由 Extent 树存储。经研究发现，除 Ext4 根目录和"/lost+found"的 inode 外，其他 inode 均使用 Extent 树。Extent 树的整体结构如图 8-11 所示，树中的节点分为两类：内部（索引）节点和叶子节点。内部节点指向包含更多 Extent 节点的数据块，叶子节点存储着连续数据块的起始块号和长度。每个节点以"ext4_extent_header"结构开头，头部信息决定了节点的类型。Avantika Mathur 对 Extent 树各节点对应的数据结构进行了详细介绍。Extent 树的根节点存储在文件 inode 中，文件的所有数据块能够通过深度优先遍历的方式定位。

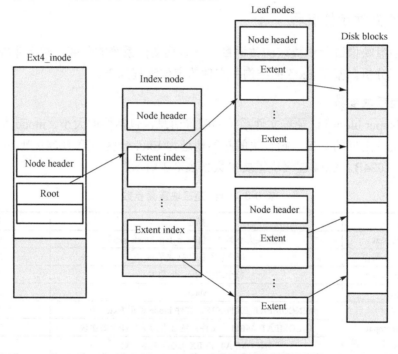

图 8-11　Ext4 Extent 树整体结构

4）读取目录的数据块

目录 inode 指向的数据块存储着其下层子文件（或子目录）的目录项。每个目录项包含文件的 inode 号、文件名称等信息。目录项的组织方式有两种：线性目录和哈希树目录。

第一种方式，目录条目以近似线性数组的方式存储，每个目录项记录其自身的长度，可依次进行遍历，查找特定文件。第二种方式，目录项按照哈希 B-树的方式组织。为了支持对 Ext2/3 的兼容性，哈希树目录仍可以按照线性目录的方式进行读取。

5）递归查找文件

基于从目录项中获取的文件 inode 号，重复执行 Ext4 文件定位流程 2）～4）步，能够以递归的方式检索特定文件的数据块。

8.3.4　基于三级映射的高效文件提取方法

8.3.3 节中的 Ext4 文件定位流程只是针对单一的 DataNode。NameNode 在云环境下包含大量的 DataNode。为了定位文件分散在不同 DataNode 上的数据块并提高证据的收集效率，提出一种基于三级映射的 HDFS 文件提取方法。三级映射包括：HDFS 命名空间与数据块的映射、HDFS 数据块与 DataNode 的映射及 HDFS 数据块与 Ext4 数据块的映射。基于三级映射，能够实现磁盘数据的选择性映像和删除文件的恢复。三级映射的关系图如图 8-12 所示。

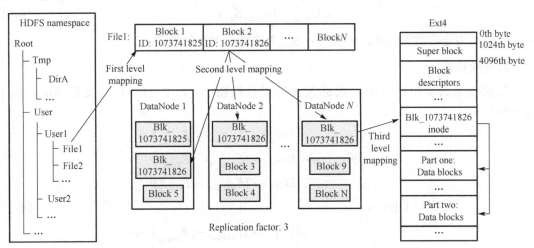

图 8-12　三级映射关系图

1. 三级映射方法的形式化描述

为了精确描述云取证问题，揭示三级映射的必要性和内在逻辑关系，量化分析该方法实施的难度和性能，首先对三级映射方法进行形式化描述。

1）概念定义

(1)联合 HDFS 集群。联邦 HDFS 集群由命名空间和存储空间组成，定义如下：

$$\text{HDFS} = (\text{ID}_C, \{(\text{NN}_1, \text{BP}_1), \cdots, (\text{NN}_n, \text{BP}_n)\}, \{\text{DN}_1, \cdots, \text{DN}_m\}) \tag{8-7}$$

其中，ID_C 表示集群 ID；NN 表示 NameNode；DN 表示 DataNode；BP 表示块池；n 是 NN 的数量；m 为 DN 的数量。NN 定义为

$$\text{NN} = (\text{ID}_N, \text{ID}_C, \text{ID}_B) \tag{8-8}$$

其中，ID_N 表示命名空间 ID，ID_B 表示块池 ID(包含 NN 的内部 IP 地址)，DN 定义为

$$\text{DN} = (\text{ID}_C, \text{IP}, \{\text{BP}_1, \cdots, \text{BP}_n\}) \tag{8-9}$$

其中，IP 表示 DN 的内部 IP 地址。

(2)HDFS 文件(HF)和 HDFS inode(H_{inode})。

$$\text{HF} = (\text{ID}_N, H_{\text{inode}}, F_{\text{deleted}}) \tag{8-10}$$

$$H_{\text{inode}} = (\text{ID}_{\text{HI}}, \text{Attr}(\text{name}, H_{\text{blocks}}, \cdots), \text{ID}_P) \tag{8-11}$$

其中，$F_{deleted}$ 是文件的删除标志，1 表示真，0 表示假；ID_{HI} 表示 H_{inode} ID。Attr( ) 存储了 HF 的属性信息，如名称、HDFS 块 (H_{block}) 等；ID_P 表示 H_{inode} 父 inode 的 ID。H_{block} 定义为

$$H_{block} = (ID_{HB}, size) \tag{8-12}$$

其中，ID_{HB} 为 H_{inode} ID；size 为 H_{inode} 的实际字节数。

(3) Ext4 inode (E_{inode}) 和 Ext4 块 (E_{block})。

$$E_{inode} = (I_{num}, struct, F_{deleted}) \tag{8-13}$$

其中，struct 为 inode 的数据结构；$F_{deleted}$ 为 Ext4 文件的删除标志。E_{block} 定义为

$$E_{block} = (B_{base}, B_{len}) \tag{8-14}$$

其中，B_{base} 为连续数据块的起始块号；B_{len} 为连续数据块的数量。

2) 问题描述

假设在某云安全事件中，取证人员需要获取图 8-11 中 User1 的文件 File1（大于 128MB）。

$$\text{File1} \rightarrow \begin{cases} H_{block_1} \rightarrow \begin{cases} DN_a \rightarrow \{E_{block_1}, \cdots, E_{block_n}\} \\ DN_b \rightarrow \{E_{block_1}, \cdots, E_{block_n}\} \\ DN_c \rightarrow \{E_{block_1}, \cdots, E_{block_n}\} \end{cases} \\ \quad\vdots \qquad\qquad\qquad \vdots \\ H_{block_n} \rightarrow \begin{cases} DN_x \rightarrow \{E_{block_1}, \cdots, E_{block_n}\} \\ DN_y \rightarrow \{E_{block_1}, \cdots, E_{block_n}\} \\ DN_z \rightarrow \{E_{block_1}, \cdots, E_{block_n}\} \end{cases} \end{cases} \tag{8-15}$$

File1 在存储时首先被分割为若干数据块，每个数据块被分发到三个 DN 上。DN 上的每个块文件又再次被分割。若没有建立三级映射，取证人员可能从以下三种情况获取文件。

(1) 取证人员不了解 HDFS 的框架和元数据特征，此时由于无法得知文件 H_{blocks} 的 ID 和顺序，文件提取是不可能的。

(2) 已知文件使用的 H_{blocks}，但不知道 H_{blocks} 位于的 DN 集合。由于云规模的庞大，即使最终能够成功提取文件，时间开销也是不能接受的。

(3) 已知文件 H_{blocks} 所在的 DN，但不了解 DN 的本地文件系统的结构，提取文件仍需消耗较多的时间。

综上，由于云计算的大规模和 HDFS 的分布性，文件提取应该从 HDFS 的逻辑空间开始。所以提出基于三级映射的方法，以一种取证就绪（forensic readiness）的方式进行调查取证以提高证据获取的效率和成功率。

3) 三级映射的形式化描述

(1) 需要识别 HF 使用的 H_{blocks}。为了从不同角度进行文件收集并控制文件检索的范围，HF 通过一个三元组 F_{tag} 进行标识：

$$F_{tag} = (ID_{HI}, ID_U, name) \tag{8-16}$$

其中，ID_U 为单一用户根目录的 inode ID。HDFS 命名空间与 H_{blocks} 之间的第一级映射（FL-M）

可定义为

$$\text{FL-M}: F_{\text{tag}} \rightarrow \{H_{\text{block}_1}, \cdots, H_{\text{block}_n}\} \tag{8-17}$$

(2) 需要确定 H_{block} 位于的 DN。NN 不永久性存储 H_{block} 与 DN 间的映射，只是将映射关系存储在内存中。为了在 HDFS 停止或文件被删除后，仍能进行文件恢复，有必要建立永久性的映射关系。H_{block} 与 DN 间的第二级映射 (SL-M) 定义为

$$\text{SL-M}: \text{ID}_{\text{HB}} \rightarrow \text{IP}(\text{DN}_1, \text{DN}_2, \text{DN}_3) \tag{8-18}$$

(3) 需要定位 Ext4 文件系统中 H_{block} 使用的 E_{blocks}。DN 以 HDFS 创建文件时为其分配的块号 (ID_{HB}) 为名称创建块文件。E_{blocks} 的地址信息存储在文件 inode 中。由于 Extent 树的结构是变长的并且相对庞大，我们建立 H_{block} 与 E_{inode} 的映射。E_{blocks} 可以通过遍历 Extent 树获取。第三级映射 (TL-M) 定义为

$$\text{TL-M}: \text{ID}_{\text{HB}} \rightarrow E_{\text{inode}} \tag{8-19}$$

为保护三级映射信息的完整性，通过 SHA-256 方法计算它的哈希值：

$$H(\text{3L-M}) = H(\text{FL-M}, \text{SL-M}, \text{TL-M}) \tag{8-20}$$

其中，3L-M 表示三级映射。

2. 三级映射的建立过程

1) HDFS 命名空间与 Hblocks 间的映射

在 NameNode 上，HDFS 元数据的本地目录路径由 Hadoop 配置文件 hdfs-site.xml 中的属性 dfs.namenode.name.dir 指定。元数据文件目录结构如图 8-13(a) 所示。VERSION 存储着命名空间 ID 等标识信息。edits 是事务日志，包括已经完成的日志和当前正在记录的日志。"fsimage_end transaction ID"存储着到事务 ID 为止的完整元数据映像。

获取 FsImage 后，在 Microsoft Visual C++平台下对其进行反序列化。首先运用 Google 提供的 C++版本的编译工具源码，生成 protobuf 编译工具"protoc.exe"和相关库文件。然后使用 protoc.exe 对 fsimage.proto 进行编译，生成 FsImage "Messages"的类和序列化数据读写的 API 函数。最后按照 FsImage 布局，以分隔的方式将序列化的 Messages 解析为人可理解的形式，进而提取出待查找 HF 的 F_{tag}。

FsImage 中，InodeDirectorySection 以 inode ID 列表的方式存储目录包含的子文件。以 InodeDirectorySection 为依据，重建 HDFS 的树形目录结构，然后通过 Graphviz 对目录树进行可视化展示。Graphviz 能以树状图的方式高效清晰地展示用户的目录结构，并对删除文件进行特殊标识。

InodeSection 存储 HF 占用的块号及各数据块实际的大小,基于此信息，能够得到 H_{block},建立 HF 与 H_{blocks} 间的第一级映射。此外，记录当前 FsImage 的最大 inode ID 用于 3L-M 的更新。以图 8-12 中 User1 的文件 File1 为例，FL-M 映射到的 ID_{HB} 包括 1073741825、1073741826 等。

2) Hblock 与 DNs 间的映射

在 DataNode 上，块文件的存储路径由 hdfs-site.xml 中的属性 "dfs.datanode.data.dir" 指定。如图 8-13(b) 所示，BP-10795…5469 表示块池标识。finalized 和 rbw 目录都包含块

文件和相关.meta 文件（存储 MD5 检验和信息）的目录结构。rbw 代表正在被写入的备份，finalized 包含已经完成的块文件。

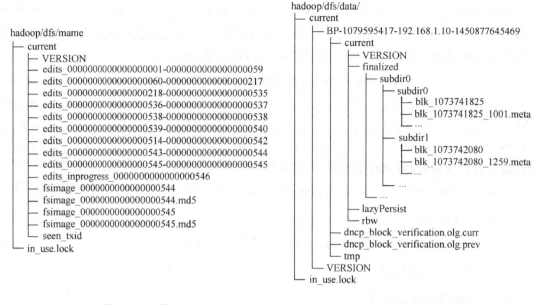

(a) NameNode 上的 HDFS 元文件目录　　　　　　　(b) DataNode 上的 HDFS 块文件目录

图 8-13　HDFS 文件在本地文件系统中的目录结构

(1)基于 DataNode 上块池的本地目录，对 HDFS 集群中所有 DataNode 的各个块池进行深度优先遍历以获取当前存在的 H_{blocks} ID，并分别记录下 DataNode 的各个块池的最大 ID_{HB}。然后，各命名空间的 H_{blocks} ID 被分别聚集在一起并形成各自的块列表。块列表将 H_{block} 按 ID_{HB} 的递增顺序存储。块列表条目（BLE）定义为

$$BLE = (ID_{HB}, IP(DN_1, DN_2, DN_3)) \tag{8-21}$$

(2)按照二叉树遍历的方式，在相关的块列表中检索 HF 使用的 H_{blocks} ID，确定存储 H_{block} 的 DataNode 的 IP 地址，建立 HF 到 DataNode 的第二级映射。在图 8-12 中，SL-M 将数据块 1073741826 映射到 DN1、DN2 和 DN_N。然后，删除已加入 SL-M 的 BLE，以节省存储空间。

3) Hblock 与 Einode 间的映射

在"Hblock 与 DNs 间的映射"中，遍历 HDFS 在 DataNode 上的本地目录时，从块文件上层目录的目录项中可以读取其名称（ID_{HB}）和 E_{inode} 编号（I_{num}）。按照式(8-1)和(8-2)，可计算出 E_{inode} "struct" 的基地址，进而建立 TL-M。图 8-12 中展示了块文件 "blk_1073741826" 到其 E_{inode} 的映射，进而获取所有的 E_{blocks}。

每次 FsImage 在检查点更新后，对三级映射进行同步更新保持其有效性。根据上个检查点记录的最大 ID_{HI} 和 ID_{HB}，可以为两个检查点之间内容扩充和新创建的文件建立三级映射。为了恢复被删除的 HF，保留其三级映射数据及该文件在 HDFS 目录树中的条目。在事件发生后，取证人员能够高效地展开证据收集工作。

3. 基于三级映射的删除文件恢复方法

在 HDFS 中，文件删除后，文件的数据不会被清零，而是随着新文件的创建逐渐被覆盖。虽然删除操作会记录在某个 EditLog 中，但 HDFS 块到 DataNode 的映射信息并不存储在 EditLog 中。更新的 FsImage 直接删除该文件的元数据。由于 HDFS 一般只保留两个最近更新的 FsImage 文件，经过两个检查点后，在 FsImage 中无法找到删除文件的元数据。若没有及时保留 FsImage，将面临 HDFS 元数据丢失的问题，文件的恢复几乎是不可能的。此外，DataNode 的块列表中也清除了该文件占用的块号。这些给文件恢复带来了巨大困难。

基于三级映射方法，预留了删除文件的目录条目和映射数据，并添加了删除标识以与正常文件区分。因此，被删除文件及相关 DataNode 能够被快速识别。

在 Ext4 中，文件被删除后，该文件的目录项被相邻的前一个目录项覆盖。blk_1073742195 是一个块文件，图 8-14 表示该文件未被删除时的目录项信息，图 8-15 表示该文件被删除后的目录项变化。文件本身的信息没有变化，但 blk_1073742194 将 blk_1073742195 及其相关.meta 文件的目录项包含在自身目录项之内，blk_1073742194 目录项的长度为 0x50 而不是 0x18。

```
Offset     0  1  2  3  4  5  6  7   8  9  A  B  C  D  E  F
8020B2EE0  1C F7 1F 00 18 00 0E 01  62 6C 6B 5F 31 30 37 33  ÷    blk_1073
8020B2EF0  37 34 32 31 39 34 00 00  1F F7 1F 00 20 00 18 01  742194       ÷
8020B2F00  62 6C 6B 5F 31 30 37 33  37 34 32 31 39 35 5F 31  blk_1073742195_1
8020B2F10  33 37 35 2E 6D 65 74 61  1E F7 1F 00 18 00 0E 01  375.meta ÷
8020B2F20  62 6C 6B 5F 31 30 37 33  37 34 32 31 39 35 00 00  blk_1073742195
```

图 8-14　blk_1073742195 删除前的目录项
目录项长度以黑框表示，文件名称以灰色背景表示

```
Offset     0  1  2  3  4  5  6  7   8  9  A  B  C  D  E  F
8020B2EE0  1C F7 1F 00 50 00 0E 01  62 6C 6B 5F 31 30 37 33  ÷  P  blk_1073
8020B2EF0  37 34 32 31 39 34 00 00  1F F7 1F 00 38 00 18 01  742194   ÷  8
8020B2F00  62 6C 6B 5F 31 30 37 33  37 34 32 31 39 35 5F 31  blk_1073742195_1
8020B2F10  33 37 35 2E 6D 65 74 61  1E F7 1F 00 18 00 0E 01  375.meta ÷
8020B2F20  62 6C 6B 5F 31 30 37 33  37 34 32 31 39 35 00 00  blk_1073742195
```

图 8-15　blk_1073742195 删除后的目录项

此外，在被删除文件的 inode 中，ext4_extent_header 结构的 entries 和 depth 字段被清零，leaf extent 的数据也被清零，导致 extent 树的深度和 Ext4 数据块的指针无法确定。图 8-16 和图 8-17 分别表示 blk_1073742195 删除前后的 Extent 树信息。

Fairbanks 提出 Extent 头部后面的 index extent 仍然存在，但并非所有文件的 Extent 树都拥有索引节点。Fairbanks 提出运用 Ext4 文件系统 Journal 恢复删除文件。Ext4 使用专门的日志空间（即 Journal）保护文件系统能从系统崩溃中恢复，这些日志记录着文件系统元数据，可用于删除数据的恢复。但由于 Journal 空间有限，且循环使用，当删除文件的数据空间被其他文件重新使用时，恢复效果会受到影响。但在三级映射中，保留了删除文件的 inode 信息，文件使用的所有数据块能够被快速定位。

```
Offset    0  1  2  3  4  5  6  7   8  9  A  B  C  D  E  F
800091D00 B4 81 F4 01 00 14 9A 03  9E A5 EF 56 9F A5 EF 56
800091D10 9F A5 EF 56 00 00 00 00  F4 01 01 00 10 CD 01 00
800091D20 00 00 08 00 01 00 00 00  0A F3 01 00 04 00 00 00
800091D30 00 00 00 00 00 00 00 00  A2 39 00 00 D0 26 00 00
800091D40 00 00 00 00 00 00 00 00  00 00 00 00 00 00 00 00
800091D50 00 00 00 00 00 00 00 00  00 00 00 00 00 00 00 00
800091D60 00 00 00 00 9C 5F CE 0D  00 00 00 00 00 00 00 00
```

图 8-16　"blk_1073742195" 删除前的 Extent 树根节点
entries 和 depth 字段以黑框表示，整个 extent 树根节点以灰色背景表示

```
Offset    0  1  2  3  4  5  6  7   8  9  A  B  C  D  E  F
800091D00 B4 81 F4 01 00 00 00 00  9E A5 EF 56 73 0D F2 56
800091D10 73 0D F2 56 73 0D F2 56  F4 01 00 00 00 00 00 00
800091D20 00 00 08 00 01 00 00 00  0A F3 00 00 04 00 00 00
800091D30 00 00 00 00 00 00 00 00  00 00 00 00 00 00 00 00
800091D40 00 00 00 00 00 00 00 00  00 00 00 00 00 00 00 00
800091D50 00 00 00 00 00 00 00 00  00 00 00 00 00 00 00 00
800091D60 00 00 00 00 9C 5F CE 0D  00 00 00 00 00 00 00 00
```

图 8-17　"blk_1073742195" 删除后的 Extent 树根节点

　　只依靠三级映射信息，Ext4 数据块并不能精确定位。块位图记录了块组内所有数据块的使用情况，通常 1 比特(bit)代表块组中的一个数据块。比特值为"1"表示数据块被使用，为"0"表示数据块空闲。通过块位图可以确定删除文件没有被重新分配的数据块，以实现对文件的完整或最大限度恢复。图 8-18 展示了块文件 blk_1073742195 在某 DataNode 上被删除后其占用块位图的变化过程。图 8-18(a)表示文件被删除前占用的位图地址范围是 0x20000DA00～0x20000E134。图 8-18(b)表示文件刚被删除时，其空间没有被重新分配，可以实现完全的数据恢复。图 8-18(c)表示当重新创建大量文件后，"blk_1073742195"使用的数据块已全部被覆盖，不能从该 DataNode 上对其进行恢复。

```
Offset    0  1  2  3  4  5  6  7   8  9  A  B  C  D  E  F
20000DA00 FF FF FF FF FF FF FF FF  FF FF FF FF FF FF FF FF
20000DA10 FF FF FF FF FF FF FF FF  FF FF FF FF FF FF FF FF
20000DA20 FF FF FF FF FF FF FF FF  FF FF FF FF FF FF FF FF
                          ⋮
20000E120 FF FF FF FF FF FF FF FF  FF FF FF FF FF FF FF FF
20000E130 FF FF FF FF 03 00 00 00  00 00 00 00 00 00 00 00
20000E140 FF FF FF FF FF FF FF FF  FF FF FF FF FF 0F 00 00
```

(a) blk_1073742195 删除前占用的位图范围

```
Offset    0  1  2  3  4  5  6  7   8  9  A  B  C  D  E  F
20000DA00 00 00 00 00 00 00 00 00  00 00 00 00 00 00 00 00
20000DA10 00 00 00 00 00 00 00 00  00 00 00 00 00 00 00 00
20000DA20 00 00 00 00 00 00 00 00  00 00 00 00 00 00 00 00
                          ⋮
20000E120 00 00 00 00 00 00 00 00  00 00 00 00 00 00 00 00
20000E130 00 00 00 00 00 00 00 00  00 00 00 00 00 00 00 00
20000E140 FF FF FF FF FF FF FF FF  FF FF FF FF FF 0F 00 00
```

(b) blk_1073742195 刚刚删除时的位图变化

```
Offset    0  1  2  3  4  5  6  7   8  9  A  B  C  D  E  F
20000DA00 FF FF FF FF FF FF FF FF  FF FF FF FF FF FF FF FF
20000DA10 FF FF FF FF FF FF FF FF  FF FF FF FF FF FF FF FF
20000DA20 FF FF FF FF FF FF FF FF  FF FF FF FF FF FF FF FF
                          ⋮
20000E120 FF FF FF FF FF FF FF FF  FF FF FF FF FF FF FF FF
20000E130 FF FF FF FF FF FF FF FF  FF FF FF FF FF FF FF FF
20000E140 FF FF FF FF FF FF FF FF  FF FF FF FF FF FF FF FF
```

(c) blk_1073742195 被覆盖后的位图变化

图 8-18　blk_1073742195 位图变化

对于一个 E_{block}，其位于的块组的 BGD 地址 A_{BGD} 计算如下：

$$A_{BGD} = A_{GDT} + \frac{B_{base}}{B_{amount}} S_{BGD} \tag{8-22}$$

其中，B_{amount} 为每个块组中数据块的数量。从 BGD 中获取块位图的基地址后，E_{block} 在位图中的起始比特（BM_{start}）计算如下：

$$BM_{start} = B_{base} \bmod B_{amount} \tag{8-23}$$

其中，E_{block} 占用的比特数量是 B_{len}。

4. 方法分析

由于云计算的大规模性和 HDFS 的分布性，若不建立三级映射，文件提取难以克服云计算和 HDFS 自身特性导致的困难。基于三级映射，能够实现文件数据块的快速定位，极大减少磁盘数据的提取量，提升取证效率。文件提取主要存在以下三种情况。

(1) 正常文件。文件提取的时间开销与文件占用的 E_{block} 数量近似成正比，三级映射方法性能良好。

(2) 曾在某检查点被 FsImage 记录的删除文件。结合 Ext4 块位图，综合三个备份的数据，文件可以在最大程度上被恢复甚至实现完整恢复。

(3) 在两个相邻检查点之间创建并删除的文件。由于 FsImage 不会记录该文件的元数据，此时只能通过对 EditLog 的分析获取文件的 H_{block} 信息，并在不知道 Hblocks 位于的 DN 集合情况下提取文件。适当缩短检查点的时间间隔，可减少该类型文件所占的比例。

三级映射的更新过程中，由于 FsImage 文件本身较小，主要的计算资源开销来自 SL-M 和 TL-M 的更新。但由于每次只处理两个检查点之间扩容和更新的文件，FsImage 和 EditLog 可从二级 NameNode 或备份节点中获取，更新过程可由专门的取证机器进行，对 HDFS 正常的服务影响比较小。

三级映射数据需要划分专门的存储空间。E_{inode} "struct" 的大小为 256B，$H(3L-M)$ 的大小为 256bit。假设文件名称的平均长度为 32B，IP 地址以 32 位整型存储，文件删除标识以 bool 类型存储，其他数据均以 64 位整型存储，维护一个 H_{block} 映射信息的空间开销，$S(M-H_{block})$ 如计算下：

$$S(M-H_{block}) = S(H_{block}) + 3 \times S(IP) + S(E_{inode}) \tag{8-24}$$

$S(M-H_{block})$ 经计算为 293B。维护一个 HF 映射信息的空间开销，$S(M-HF)$ 计算如下：

$$S(M-HF) = S(F_{tag}) + kS(M-H_{block}) + S(H(3L-M)) = 80 + k \times 293 \tag{8-25}$$

其中，k 为 HF 使用的 H_{block} 数量。此外，块列表主要用于三级映射的建立，表中的条目当三级映射更新完成后就被清除，占用的空间相对较少。虽然当 HDFS 中存储大量文件时，维护三级映射会占用较多的空间，考虑到三级映射在 HDFS 证据提取中的作用和云计算丰富的存储资源，维护三级映射的空间开销是值得的。

8.3.5 实验结果及分析

1. 实验环境

为检验三级映射方法的性能，基于 Xen 虚拟化平台搭建完全分布式的 Hadoop 框架。

Xen 是一个高性能的资源管理 VMM，能够实现分布式的网络服务，安全的计算平台和虚拟机迁移等功能。实验中，在一台物理机中创建 Xen 虚拟环境，建立四台 CentOS 虚拟机，其中一个用作 NameNode：master，其余的作为 DataNode，分别为 slave1、slave2、slave3。实验环境如图 8-19 所示，配置如下。

物理机配置：Intel Core I5 四核 CPU@2.6 GHz；500GB 硬盘；8GB 内存；操作系统，Ubuntu 12.04 LTS 64 位；IP，192.168.122.1。

虚拟机配置：Intel Core I5 双核 CPU@2.6 GHz，40GB 硬盘；NameNode 内存为 2GB，DataNode 内存为 1GB；操作系统，CentOS 6.5 x86_64；域1～域4 的 IP 地址，192.168.122.10～192.168.122.13。此外，NameNode 配置与各 DataNode 间的 SSH 公钥无密码登录，以便于命令与数据的自动交互。

Xen 配置：版本，4.1；hypervisor，64 位。

Hadoop 配置：版本，2.6.0 稳定版；块大小，128MB；复制因子，2。在 HDFS 中创建三个用户：Hadoop、User1 和 User2。

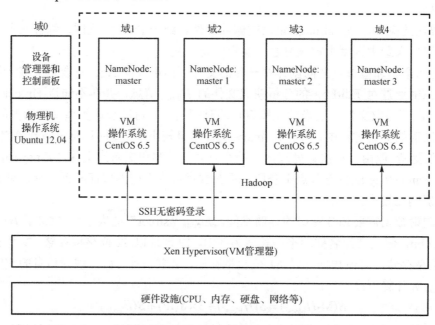

图 8-19　基于 Xen 的实验环境架构

2. 基于 Graphviz 的 HDFS 命名空间可视化

Graphviz 通过编制代码生成图像，无须手工绘图。依据数据的逻辑特性对数据进行分类，设置点、边的属性和图的整体布局，可以方便地完成所有数据的绘制和修改，避免了大量重复操作，面对 HDFS 中大的文件数量时，能够显著提高效率。

从 Hadoop 首次启动开始，获取并解析每个检查点的 FsImage 文件，重建 HDFS 目录结构并按照检查点周期进行更新。然后，将解析出的 FsImage 数据转换为 Graphviz 可识别的格式，以新建进程的方式调用 Graphviz 完成 HDFS 命名空间的可视化。图 8-20 展示了用户的部分目录结构。

从图 8-20 中可以看出三个用户的数据各有特点，Hadoop 用户存储 Hadoop 框架的配置文件，User1 用户存储 Metasploit 渗透测试的资料，User2 用户存储 Hadoop 相关的学习资料。用户数据的特性可能成为潜在证据的线索。此外，用虚线框对删除文件进行区分以便于识别。

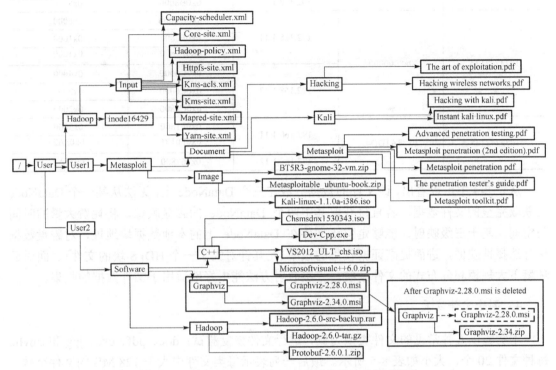

图 8-20　基于 Graphviz 的 HDFS 部分目录结构可视化

3. 三级映射信息展示

由于 HDFS 存储的文件较多，下面节以 "/User/User1/Metasploit/Image /Metasploitable_ubuntu_book.zip"为例展示文件的三级映射信息，如表 8-4 所示。该文件大小为 563.63MB，占用 5 个 HDFS 块。表 8-4 最近一列的"块长度"表示连续 Ext4 数据块的个数。

表 8-4　HDFS 测试文件的三级映射信息

数据块 ID	文件大小/B	DataNode IP	块号	数据块长度
1073742121	0x8000000	192.168.1.11	0x0D8800	0x4800
			0x0DE000	0x3800
		192.168.1.13	0x0A7000	0x6000
			0x0AD800	0x0800
			0x0B2800	0x1800
1073742122	0x8000000	192.168.1.12	0x160000	0x6000
			0x166800	0x1000
			0x170000	0x1000
		192.168.1.13	0x0AE000	0x4000
			0x0B4000	0x4000

续表

数据块 ID	文件大小/B	DataNode IP	块号	数据块长度
1073742123	0x8000000	192.168.1.11	0x0E1800	0x6000
			0x0E8000	0x2000
		192.168.1.13	0x0B8000	0x8000
1073742124	0x8000000	192.168.1.11	0x0EA000	0x6000
			0x0F0800	0x1000
			0x0F9800	0x1000
		192.168.1.13	0x0C0000	0x4000
			0x0C6000	0x2000
			0x0C8800	0x2000
1073742125	0x33A1DD4	192.168.1.11	0x0F1800	0x3000
			0x0F0101	0x03A2
		192.168.1.12	0x167800	0x33A2

从表 8-4 中可以看出,该文件的数据分散在三个 DataNode 上,无法从某一个 DataNode 上获取完整的文件数据。若直接获取其中两个 DataNode 的磁盘映像,将耗费大量的时间与空间。基于三级映射,能够定位该文件在 DataNode 上的本地数据块地址,对磁盘数据进行选择性映像,进而提高证据收集的效率(尤其针对大于一个 HDFS 块的文件)。面对云环境下大规模和分布式的文件系统,三级映射方法能更好地适用于文件数据的收集。

4. 删除文件恢复

本实验以五种常见的文件类型为例,进行文件恢复测试:doc、pdf、exe、jpg 和 rmvb。每种文件 20 个,大小如表 8-5 所示。最后一列表示每类文件中大于 128 MB 的文件个数。文件的恢复结果是对三个 DataNode 上数据的综合。当文件大于 128 MB 时,需要人工将其合并成原来的文件。将基于三级映射的文件恢复方法的效果与取证工具 Digital Forensics Framework(DFF) 和 UFS Explorer 进行对比。

表 8-5　测试文件的大小

文件类型	文件大小/KB			大于 128MB 的文件数量
	最小值	最大值	平均值	
doc	7	3910	527	0
pdf	82	335251	23282	5
exe	534	1405406	103809	5
jpg	95	7504	1731	0
rmvb	104034	1596777	160432	15

实验过程中,首先将测试文件传入 HDFS,当 FsImage 和三级映射数据更新后,将文件删除。创建新文件前的恢复结果对比如表 8-6 所示。从表中可以看出,当文件小于 128MB 时,DFF 和 Explorer 可以恢复大部分文件;当文件大于 128MB 时,这两种工具的文件恢复率明显下降。相对地,三级映射方法可以恢复所有的文件,测试文件的整体恢复率分别是 DFF 和 Explorer 的 1.39 倍和 1.33 倍。

表 8-6　创建新文件前的恢复结果对比

方法	doc		pdf		exe		jpg		rmvb	
	<128MB	>128MB	<128MB	>128MB	<128MB	>128MB	<128MB	>128MB	<128MB	>128MB
DFF	16	—	13	2	10	2	17	—	3	9
Explorer	17	—	12	3	13	2	18	—	4	6
三级映射	20	—	15	5	15	5	20	—	5	15

经过若干检查点以后,向 HDFS 再上传一批文件,使得测试文件原来占用的部分存储空间被重新分配。创建新文件后的恢复结果对比如表 8-7 所示。Explorer 几乎丧失了文件恢复能力,这是由于它主要依赖 Ext4 Journal 进行文件恢复,而删除文件的 Journal 空间可能已被覆盖。DFF 的文件恢复效果也由于块文件的父目录数据块中大量条目的删除和创建而大为下降,并且出现文件名与内容不匹配的情况。只有三级映射方法的恢复效果较好,综合两个备份的数据,并结合 Ext4 块位图,能够在最大程度上对文件进行恢复。针对跨节点存储的大文件,三级映射方法的恢复率是 DFF 的 4.25 倍。

表 8-7　创建新文件后的恢复结果对比

方法	doc		pdf		exe		jpg		rmvb	
	<128MB	>128MB	<128MB	>128MB	<128MB	>128MB	<128MB	>128MB	<128MB	>128MB
DFF	9	—	7	0	8	0	8	—	2	4
Explorer	0	—	2	0	0	0	3	—	0	0
三级映射	17	—	13	3	14	3	17	—	4	11

此外,HDFS 的元数据集中存储在 NameNode 上,DataNode 上只存储块文件。传统的面向单一磁盘的文件恢复工具无法得知块文件在 HDFS 中的归属关系。三级映射信息保留了删除文件的元数据和逻辑特性,取证价值更高。

8.4　基于 MapReduce 的 HDFS 数据窃取随机检测算法

云计算的巨大优越性使其在世界范围内得到了广泛应用,但新的数据安全威胁也随之而来。其中,数据泄露是云服务用户最主要的关注之一。在 CSA 从 2013 年至 2016 年发布的云计算顶级威胁报告中,数据泄露威胁一直排在首位。2010 年,存储在 Google Docs(一种云服务)中的 Twitter 公司文档被黑客窃取。2015 年,由于 AWS 的安全漏洞,存储在 AWS 上的 BitDefender 公司数据被窃取。2015 年,Anthem(美国第二大医疗保险公司)在使用第三方云服务将公司数据传输到公共云平台中时,遭到黑客入侵,8000 多万用户数据被窃取。在我国,云计算安全政策与法律工作组发布的《中国云计算安全政策与法律蓝皮书(2016)》披露,近年来,云平台大规模数据泄露的安全事件不绝于耳。研究云存储数据窃取的检测方法是十分紧迫的,并且现实意义重大。

由于云计算自身的软、硬件漏洞和数据窃取方式的多样性,当前的数据保护方法并不能完全保证数据的安全。尤其当窃取者是恶意内部人员时,系统可能不表现出任何异常,数据窃取难以检测,云服务将面临巨大的损失。并且,云计算的用户量和数据量大,DFS 的数据存储和管理方式与单磁盘文件系统差异较大。当前的数据窃取检测方法多面向 NTFS 等单磁盘文件系统,一般没有考虑大数据的分析问题。

　　为解决上述问题，以 HDFS 为检测对象，主要针对数据的批量窃取行为，提出一种基于 MapReduce 的数据窃取随机检测算法。HDFS 和 MapReduce 是 Hadoop 大数据分析框架的基本组件。其中，MapReduce 是一个在大型集群上并行处理大数据集的软件编程框架。二者在云计算中的应用得到了广泛研究。数据窃取的随机检测算法基于文件系统行为随机模型的思想：文件的批量复制会在文件系统时间戳上表现出不同于常规文件访问的明显特征，即使经过一段时间，该特征仍能被检测到。

　　HDFS 数据访问痕迹的记录方式和时间戳特性与单磁盘文件系统差异较大。分析 HDFS 的时间戳特性，以文件夹为检测单位，针对特定时刻，对文件夹中的文件依据其创建时间和最近访问时间与该时刻的关系进行分类，统计不同类别文件的数量，进而计算时间戳特征的度量值，对该文件夹发生复制行为的可能性进行量化，判断数据窃取是否发生。文件系统时间戳的记录是不区分用户的，即使数据窃取人员以合法的身份登录到被攻击者的系统中，通过时间戳的量化分析仍然能够检测到窃取人员的复制行为。

　　度量值的统计与计算由 MapReduce 以并行的方式实现，以提高数据的分析效率。MapReduce 处理的数据集中，各数据项通常相互独立，而这里数据窃取的检测算法正依赖于文件与其上层文件夹之间的父子关系。由于 HDFS 文件的元数据不包含其父文件夹的信息，在数据集的设计方面，结合 HDFS 时间戳更新特点，只以文件作为输入，将文件与其所有上层文件夹的关联包含在该文件对应的数据项内。依据文件夹下层文件所属的类别统计文件夹的度量特征，综合不同计算节点的统计结果对文件夹是否发生复制行为进行判断。确保算法的整个执行过程不会因数据集的切分方式不同对判断结果造成影响。

　　基于 Xen 虚拟化平台搭建了由 10 个节点组成的 Hadoop 集群，对提出的随机检测算法的性能进行检验。实验结果表明，依据文件夹包含的文件数量进行分段检测，通过合理调整检测阈值，能够很好地控制漏检率和误检文件夹数量。多节点相对单节点的执行效率随着数据量的增长而提高，依据数据量合理分配计算节点，能够充分利用计算资源，并维持较高的算法执行效率。

8.4.1　文件系统行为随机模型

　　Grier 提出一种基于文件系统行为随机模型(the stochastic model of file system behavior)进行数据窃取检测的方法。Grier 发现，当文件系统发生文件的批量复制时，被访问文件夹的 MAC 时间戳统计特性与常规文件访问产生的 MAC 时间戳变化特性明显不同，并用应急模式和常规模式进行区分。在 Grier 提出的模型中，M 代表文件最近修改时间(mtime)，A 代表文件最近访问时间(atime)，C 代表文件创建时间(ctime)。

　　在常规模式下，文件访问通常是选择性和不规则的，只有个别的文件或文件夹被打开。访问行为完成后，文件夹内只有被访问文件的 atime 发生改变。

　　在应急模式下，文件夹的复制表现为一种一致性行为，该文件夹内所有子文件夹和文件都被复制，导致所有文件的 atime 全部更新(或只更新所有子文件夹的 atime，不同的文件系统的 atime 更新方式不同)。

　　不考虑时间戳的恶意篡改，MAC 时间戳总是单调递增的。如果一个文件夹被复制，即使在几周甚至几个月以后，它的 MAC 时间戳仍将表现出以下特性。

　　(1)被复制的文件夹和所有子文件夹的 atime 都不小于复制发生时间。

(2)被复制的文件夹和所有子文件夹中大量文件夹的 atime 等同于复制发生时间。

(3)在 Windows 系统下，文件夹复制不会更新文件的 atime。很多文件的 atime 通常小于被复制文件夹的 atime。

基于上述特性，对于一个文件夹和某一特定时刻，若任何子文件夹的 atime 都不小于该时刻，并且一定比例的子文件夹的 atime 等于该时刻，则称创建了一个 cutoff cluster（截止簇）。atime 等于该时刻的子文件夹属于该截止簇。Grier 以 NTFS 文件系统为检测对象，对一个文件夹中属于截止簇的子文件夹数量及其占总文件夹数的比例进行量化分析，以判断该文件夹是否被复制。

Grier 提出的随机模型是数据窃取检测的理论基础，但不同文件系统的 MAC 时间戳涵义和更新方式不同，量化分析的过程不是通用的。并且除文件夹复制外，文件搜索和"ls –r"等操作也可能造成文件(或文件夹)atime 的批量更新，对检测准确性造成影响。因此，量化分析过程和数据窃取检测方法需要依据特定文件系统的 MAC 时间戳特性进行设计。

8.4.2　MapReduce 数据处理框架

YARN 系统(yet another resource negotiator)：在 Hadoop 2.0 及以上版本中，雅虎设计了新一代的 MapReduce，即 YARN 系统。YARN 将应用管理的职能划分为多个独立的实体，从而改善了大型集群面临的扩展性瓶颈问题。一个 YARN 框架由一个资源管理器(resource manager，RM)、多个节点管理器(node manager，NM)和多个应用管理器(application manager，AM)组成，如图 8-21 所示。

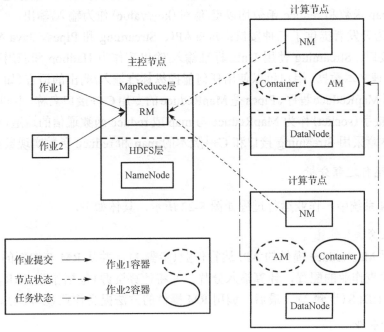

图 8-21　YARN 基本框架

(1)资源管理器。运行在 NameNode 上，负责集群中所有作业(job)的计算资源分配和任务(task)调度。客户端将作业提交给 RM。

(2)节点管理器。运行在 DataNode 上，负责启动和管理单个节点上的容器(container)。

容器是计算节点中资源的分配单元，每个任务对应一个容器。NM 确保任务使用的资源不超过分配给它的资源。

（3）应用管理器。运行在 DataNode 上，负责协调运行作业的任务。对于一个 MapReduce 作业，AM 决定如何运行构成该作业的不同任务。根据作业量的大小（mapper、reducer 个数及输入数据量），AM 可能选择在同一个计算节点上依次执行各个任务，或者在不同节点上创建更多的容器以提高数据处理效率。在图 8-22 中，若容器中有 AM 在运行，则容器以 AM 表示。

（4）本地化资源与非本地化资源。对于一个计算节点，若某作业至少有一个任务的待处理数据存储在该节点上，则称此节点为该作业的本地化资源；若该作业所有任务的待处理数据都没有存在这个节点上，则称此节点为该作业的非本地化资源。

（5）本地化调度和非本地化调度。Hadoop 将本地化资源分配给作业时，称为本地化调度；反之称为非本地化调度。本地化调度能够产生非常高的聚合带宽，提高作业执行效率。

（6）心跳机制。NameNode 对 DataNode 的管理通过相互间的心跳信息来完成，即 DataNode 定期向 NameNode 发送心跳信息来报告自己当前的状态，如可用计算资源数量、存储的文件等。Hadoop 调度器（schelular）依据心跳信息进行任务分配。

1. Hadoop 编程接口

MapReduce 将运行于大规模集群上的复杂的并行计算任务抽象为两个函数：map 和 reduce。一个 MapReduce 作业一般将数据集划分成相互独立的子集（或分片），这些分片由 map 任务以完全并行的方式处理，map 任务输出的中间结果由 reduce 任务进行合并。在执行过程中，map 函数和 reduce 函数均以键/值对（key/value）作为输入/输出。

Hadoop 为开发者提供了三种接口：Java API、Streaming 和 Pipes。Java API 是 Hadoop 提供的原生接口。Streaming 使用 Unix 标准输入/输出流作为 Hadoop 和应用程序之间的接口，适合于处理文本数据。用户可以使用任何能操纵标准输入/输出的语言（如 C++、Python、Ruby 等）编写 MapReduce 程序。Pipes 是 MapReduce 的专用 C++接口名称。不同于 Streaming，Pipes 使用套接字（socket）作为 MapReduce 与 map 或 reduce 函数通信的通道，而不使用 Java 本地接口。本章采用 Streaming 接口和 C++版本的 map 和 reduce 函数实现数据处理。

2. 作业运行过程分析

在 YARN 系统中，作业运行过程如图 8-22 所示，具体如下。

1）作业提交

用户使用 MapReduce 提供的 API 运行作业（步骤 1），并从 RM 获取新的作业 ID（步骤 2）。客户端检查作业的配置，计算输入分片，并将计算资源（包括作业 JAR、配置、分片信息）上传到 HDFS（步骤 3）。最后，调用 RM 提供的方法提交作业（步骤 4）。

2）作业初始化

RM 将作业请求传递给调度器。调度器分配一个容器，然后 RM 在 NM 的管理下在容器中启动 AM（步骤 5a 和 5b）。AM 通过创建多个记簿对象（bookkeeping objects）对作业进行初始化，以跟踪作业进度（步骤 6）。然后，AM 接受输入分片，对每个分片创建一个 map 任务（步骤 7）。

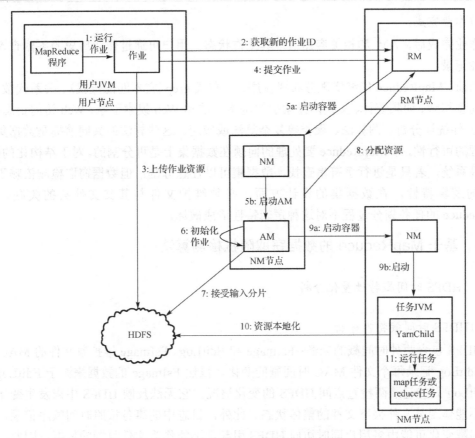

图 8-22 YARN 框架下作业执行过程

对于小作业，若 YARN 系统判断在新的容器中分配和运行任务的开销大于并行运行它们的开销，AM 选择在其自身所在的容器中顺序运行所有任务。这样的作业称为"uberized 作业或 uber 任务"。默认情况下，小作业指 mapper 数量小于 10，reducer 数量为 1，且输入数据量小于 1 个 HDFS 块的作业。但 YARN 系统默认没有启用 uberized 作业(可通过 MapReduce 配置文件启用)，仍要像之前的 MapReduce 一样，在多个 DataNode 上执行作业。

3) 任务分配

若作业没有作为 uber 任务运行，AM 就会为该作业中的所有 map 和 reduce 任务向 RM 请求容器(步骤 8)。理想情况下，调度器将任务分配到资源本地化的节点，如果不能实现，则优先使用机架本地化的分配。

4) 任务执行

RM 的调度器为任务分配容器之后，AM 通过与 NM 通信启动容器(步骤 9a 和 9b)。任务由主类为 YarnChild 的 Java 应用程序运行。在它运行任务前，将任务所需的资源本地化，这会产生一定的时间开销(步骤 10)。最后，运行 map 和 reduce 任务(步骤 11)。

5) 进度和状态更新

在 YARN 框架下，任务每 3s 向 AM 汇报任务进度与状态。用户可通过 RM 的 Web UI 查看作业进度、作业已执行时间及连接到的对应 AM 等信息。

6）作业完成

作业完成后，AM 和相关容器清理其工作状态。用户可通过作业历史服务器查询以往的作业记录。

当前，MapReduce 能够实现分布式排序、分布式 grep（文本匹配查找）、关系代数操作、矩阵向量相乘、词频统计、文档倒排索引等基本算法和 Web 摸索引擎、Web 访问日志分析、数据/文件统计分析、图算法、聚类等复杂算法或应用。这些算法的共同前提是数据集并行化处理的可行性，即 MapReduce 要处理的问题在数据集上是可分割的。对于结构化的数据，如文件系统，若只是进行字符串查找，数据集可以任意分割；但数据窃取检测依赖于文件系统的逻辑特性，在数据集的设计方面，必须维护文件与其父文件夹的关联，确保MapReduce 的任务划分过程不对这种逻辑特性造成破坏。

8.4.3　基于 MapReduce 的数据窃取随机检测算法

1. HDFS 时间戳特性量化分析

1）HDFS 时间戳特性分析

HDFS 包含两种时间戳的来源：FsImage 和 EditLog。FsImage 维护着文件的 MAC 时间戳，EditLog 记录每个文件 MAC 时间戳的变化。虽然 FsImage 的数据来源于 EditLog，由于 EditLog 只能记录两检查点间 HDFS 的变化情况，它无法反映 HDFS 中未发生变化的文件，不能体现某文件夹下文件的整体状态。此外，日志中的事务按照时间顺序记录，密集的时间戳变化可能由多用户同时访问 HDFS 引起，不能作为文件复制的依据。因此，下面以 FsImage 作为 MAC 时间戳的主要来源，进行数据窃取的检测。

与 NTFS、Ext4 等文件系统不同，HDFS 只记录文件夹的 mtime 和 ctime（创建时间）以及文件的 mtime 和 atime。由于在 NTFS 中对文件夹的复制不更新文件的 atime，Grier 基于文件夹的 atime 和 ctime 对截止簇进行量化分析。在 HDFS 中，无法利用文件夹的 atime 生成截止簇。经过实验验证，对 HDFS 文件夹进行复制时，该文件夹下所有文件的 atime 都会更新，因此通过文件的时间戳进行截止簇的量化分析。

对于文件的 ctime，分析 EditLog 发现，HDFS 在创建文件时，会记录两次时间戳的变化。第一次是建立空文件时，此时 mtime 的值等于 atime。第二次是当文件创建完后关闭时，mtime 发生更新而 atime 的值保持不变。因此假设文件的 ctime 等于文件创建时的 atime。

2）截止簇量化分析

首先针对文件夹 f 做如下定义：

$$D(f) = \{x \mid x 是 f 中的文件\} \tag{8-26}$$

其中，$D(f)$ 为 f 中所有文件的集合；x 为单个文件。对于给定时刻 t，将 $D(f)$ 分割成四个不相交的子集：

$$Db_t(f) = \{x \mid x \in D(f) \land (A(x) < t) \land (C(x) < t)\} \tag{8-27}$$

$$De_t(f) = \{x \mid x \in D(f) \land (t \leqslant A(x) \leqslant t + \varepsilon) \land (C(x) < t)\} \tag{8-28}$$

$$Da_t(f) = \{x \mid x \in D(f) \land (A(x) > t + \varepsilon) \land (C(x) < t)\} \tag{8-29}$$

$$Di_t(f) = \{x \mid x \in D(f) \land (C(x) \geq t)\} \tag{8-30}$$

其中，$A(x)$ 为 x 的最近访问时间；$C(x)$ 为 x 的创建时间。ε 稍大于复制所需的预计时间。由于文件复制需要一定时间，以 $t \leq A(x) \leq t + \varepsilon \land (C(x) < t)$ 的文件属于截止簇，用 $De_t(f)$ 表示。

基于上述四个子集，定义了截止簇的度量值 $C_t(f)$ 和 $M_t(f)$：

$$C_t(f) = \begin{cases} 0, & |Db_t(f)| > 0 \\ |De_t(f)| / (|De_t(f)| + |Da_t(f)|), & \text{其他} \end{cases} \tag{8-31}$$

$$M_t(f) = \begin{cases} \infty, & |Db_t(f)| > 0 \\ |De_t(f)| + |Da_t(f)|, & \text{其他} \end{cases} \tag{8-32}$$

其中，$C_t(f)$ 截止簇的相对大小和文件夹 f 在时刻 t 被复制的可能性，取值范围为 0～1。若 $Db_t(f)$ 不为空集，表明 f 中存在 t 之前被访问的文件，f 不可能在时刻 t 被复制，因此 $C_t(f)$ 为 0。$M_t(f)$ 表示 $C_t(f)$ 的可信度，$Db_t(f)$ 非空时的可信度最高，用"∞"表示。其他情况下，$De_t(f)$ 和 $Da_t(f)$ 中文件的总量越多，用户通过常规模式更新所有文件 atime 的概率越小，f 在时刻 t 被复制过的可信度就越高。

2. 基于 MapReduce 的数据窃取检测算法

1）数据预处理

由于 FsImage 不记录文件的 ctime，首先基于"文件 ctime 等于其创建时的 atime"的假设，生成文件的 ctime。HDFS 两个检查点间的文件系统变化存储在单独的 EditLog 中。在 HDFS 中，文件对应的 inode 编号是唯一且单调递增的。FsImage 记录了本文件内的最大 inode 编号。对比最近更新的 FsImage 和前一个检查点的 FsImage，能够得出两个检查点间的新增文件。在最近的已完成 EditLog 中检索这些文件，能够获得它们的 ctime。

MapReduce 数据集的各数据项之间是完全独立的，而 HDFS 是一个多层次的树形结构，数据窃取的检测也依赖于文件间的父子关系。由于文件的元数据并不包含其父文件夹的信息，若按照 MapReduce 默认方式划分任务很可能破坏目录树的完整性，导致数据统计的错误；若按照目录树的分支结构划分任务，不但目录树的遍历会产生额外开销，数据的均衡划分也将带来新的问题。为生成适合于 MapReduce 的数据集，设计如下数据项作为 MapReduce 的输入：

$$\text{data entry:} < \text{inode\_id}, \text{atime}, \text{ctime}, \text{inode}_{P_1}\_\text{id ID}, \text{inode}_{P_2}\_\text{id}, \cdots, \text{inode}_{P_n}\_\text{id} > \tag{8-33}$$

基于文件的时间戳进行数据窃取检测，每个输入数据项与文件一一对应。将文件的所有上层文件夹的 inode ID 保存在该文件的数据项中，以 inode_P 表示，n 表示上层文件夹的个数。由于 n 值无法确定，数据项字段的个数是不固定的。每次 FsImage 更新后，对 FsImage 元数据进行预处理，并把更新的数据集存储在".csv"文件中。

2）基于 MapReduce 的算法过程

集群上的可用带宽限制了 MapReduce 作业的数量。为减少 map 和 reduce 节点间的数据传输，Hadoop 引入了 combiner 函数。combiner 对 map 函数的输出在本地节点做进一步简化,但使用 combinder 需要保证 reduce 函数的输出不变。下面采用 map、combiner 和 reduce 三个函数进行数据处理。

　　map 函数以原始数据集作为输入,每一行作为一个 key/value 对。对于输入的每行内容,Streaming 默认以 tab("\t") 作为 key 和 value 的分隔符。若没有 tab,则整行作为 key,value 值为 null。此处,以 "inode_id" 作为 key,把该行的其他数据作为 value。作业的输入示例如表 8-8 所示。其中,atime 和 ctime 采用 UNIX 纪元法,如 "1490006411841" 代表 "2017-03-20 18:40:11"。该纪元法的单位为毫秒。

表 8-8　MapReduce 作业输入示例

行号	inode_id	atime	ctime	inodeP1_id	inodeP2_id	...	inodePn_id
0	19449	1490006411841	1488326413425	19448	19028	...	16385
1	19450	1490006412091	1488326413464	19448	19028	...	16385
2	19449	1490006680113	1488326413506	19478	19028	...	16385
3	19480	1490006680213	1488326413522	19478	19028	...	16385

　　对于给定时刻 t,map 函数主要判断文件 atime、ctime 与 t 的关系,并采用 if then 的结构对其所有的上层文件夹进行相应处理。ε 表示稍大于复制所需的预计时间,将 ε 初始值设定为 7200s。具体算法如下:

算法 8.1:map 函数

输入:原始数据集,时刻 t

输出:(output_key, output_value)

```
1   map ( const Key&key, const Value&value ) {
2       atime = value.atime, ctime = value.ctime;
3       Create folder_b[ ];              //存储 atime < t 文件的上层文件夹的 inode_id
4       if ( ctime >t )
5           pass;                        //文件在 t 时刻还未创建,无需统计在内
6       else{
7           if ( atime <t ) {            //文件属于 Db_t(f)
8               for (inodeP in value.inodeP[]) {
9                   if not (inodeP in folder_b[ ]) {
10      Add inodeP to folder_b[ ];                   //将 inodeP 存储到 folder_b[ ]
11                  output_key = inodeP;
12                  output_value.copy_n=0;           //表示该文件夹没有被复制
13                  output_value.total_n=0; }}}      //不关心该文件夹下总的文件数量
14          else if ( ( atime >t ) && ( atime <t + ε ) ) {   //文件属于 De_t(f)
15              for (inodeP in value.inodeP[]) {
16                  if not (inodeP in folder_b[ ]) {
17                  output_key = inodeP;
18                  output_value.copy_n=1, output_value.total_n=1; }}}   //表示该文件被复制
19          else {      //文件属于 Da_t(f)
20              for (inodeP in value.inodeP[]) {
21                  if not (inode in folder_b[ ]) {
```

```
22            output_key = inode_P;
23            output_value.copy_n=0, output_value.total_n=1; }}}    //不确定该文件是否被复制
24       }
25   Emit（output_key, output_value）;
26   }
```

map 函数的输出按照 key 进行排序，即具有相同 key 值的数据项是连续存储的，这为 combiner 函数的执行提供了便利。combiner 函数以 map 函数的输出作为输入，对 t 时刻之前存在访问行为的文件夹进行特殊处理，并统计其余文件夹中属于 $De_t(f)$ 的文件数量和时刻 t 存在的总文件数量。具体算法如下：

算法 8.2：combiner 函数

输入：map 函数输出

输出：(output_key, output_value)

```
1   combiner（const Key&key, const Value&value）{
2     For each key { // 指 inode 值互不相同的 key
3       output_key ＝key;
4       copy_n = value. copy_n, total_n = value. total_n;
5       if exists（(copy_n==0) &&（total_n==0)）{
6         output_value.copy_n= 0, output_value.total_n= 0; }
7       else {
8         output_value.copy_n= Get the sum of all copy_n for the same key;
9         output_value.total_n= Get the sum of all total_n for the same key; }
10  Emit（output_key, output_value）;}
11  }
```

combiner 函数执行后，map 节点按照 AM 使用的 Partitioner（分发者）规则将数据传输到特定的 reduce 节点，确保具有相同 key 值的数据项被同一个 reduce 节点处理。在执行 reduce 函数之前，数据项按照 key 值进行排序。

主要针对文件的批量复制进行检测，若犯罪嫌疑人窃取特定文件，可通过其他取证方法进行检测。因此，reduce 函数依据度量值 $C_t(f)$ 和 $M_t(f)$ 对所有可能存在复制行为的文件夹进行过滤。预设的度量值可作为参数输入，具体算法如下：

算法 8.3：reduce 函数

输入：combiner 函数输出，$C_t(f)$ 和 $M_t(f)$ 检测阈值

输出：(output_key, output_value)

```
1   reduce（const Key&key, const Value&value, float C_f, int M_f）{
2     For each key { // 指 inode 值互不相同的 key
3       copy_n = value. copy_n, total_n = value. total_n;
4       if exists（(copy_n==0) &&（total_n==0)）{
5         pass; }   //过滤时刻 t 前存在访问行为的文件夹
6       else {
7         copy_sum= Get the sum of all copy_n for the same key;
8         total_sum= Get the sum of all total_n for the same key;
```

```
9          C_test=copy_sum /total_sum;
10         if((C_test > C_f) && (total_sum > M_f)){
11             output_key  = key;
12    Emit(output_key, (copy_sum, total_sum, C_test));}}}
13    }
```

对于符合阈值条件的文件夹，MapReduce 输出其 inode 编号、时刻 t 的截止簇文件数量、总文件数量（$M_t(f)$ 测量值）以及 $C_t(f)$ 测量值。$C_t(f)$ 和 $M_t(f)$ 越大，该文件夹被复制的可能性越高。算法的准确率可通过调整 $C_t(f)$ 和 $M_t(f)$ 进行提升。

除文件复制外，文件系统其他的操作也可能批量改变文件的 atime，产生应急模式，对复制操作的判定造成影响。考虑以下五类操作：文件夹加密和压缩、文件搜索和计数以及 ls 命令。HDFS 支持文件加密，加密过程在用户端完成，上传到 HDFS 中的数据是经过加密的。HDFS 能够处理多种文件压缩格式，压缩操作同样在数据存储前完成，HDFS 不提供文件压缩命令。对于搜索、计数和 ls 命令，经实验验证，EditLog 没有记录这三种操作的发生时间，因此 FsImage 不会更新文件的 atime。此外，在 HDFS 中（尤其在云环境下），不同于个人控制的操作系统，用户能够执行的操作较少，这里不考虑由杀毒软件或文件压缩工具等额外工具实现的上述操作。因此，可以认为只有常规文件访问和复制对 HDFS 文件的 atime 进行更新。

8.4.4　实验结果及分析

1. 集群环境

Hadoop 分布式集群由一个 NameNode 节点、一个二级 NameNode 节点和 8 个 DataNode 节点组成。集群环境基于 Xen 虚拟化平台搭建，所有节点是 Xen 管理下的虚拟机。Xen 平台建立在一台浪潮服务器上。服务器、Hadoop 节点、Xen 和 Hadoop 的配置如下。

（1）服务器配置：型号，NF5280M4；CPU，E5-2620v3，两个；内存，96GB；硬盘，3TB；操作系统，Ubuntu 12.04 LTS 64 位；IP，192.168.122.1。

（2）Hadoop 节点配置：Intel Core I5 双核 CPU@2.6 GHz；内存，4GB；硬盘，200GB；操作系统，CentOS 6.5 x86_64；域 1～域 10 IP 地址，192.168.122.10～192.168.122.19。此外，所有节点配置到其他各节点的 SSH 公钥无密码登录，以便于命令与数据的交互。

（3）Xen 配置：版本，4.1；hypervisor，64 位。

（4）Hadoop 配置：版本，2.6.0 稳定版；数据块大小，128MB；复制因子，3。在 HDFS 中创建 10 个用户：Hadoop（在 NameNode 节点上创建），sec-hadoop（在二级 NameNode 节点上创建），user1～user8（在 8 个 DataNode 上创建）。其中 Hadoop 为超级用户。

2. 数据集

此例采用人工生成的数据集进行测试。在 2017 年 3 月 1 日，10 个 Hadoop 用户分别上传文件到 HDFS，每个用户的文件数量超过 100 百万个，总文件夹数据约为 102 万个，总文件量超过 1500 万个。文件类型主要为 txt、jpg、doc 等小文件。在实验室条件下，为仿真云平台中大的用户量和频繁的数据访问，创建文件后，将数据的访问过程持续 30 天，以增加文件操作的数量。文件访问行为遵循帕累托分布(即大多数的文件访问集中于少量文件,大多数文件在被上传后没有被访问)。在此期间,随机选择 10 个时刻对部分文件夹进行复制,以产生截止簇。被复制文件夹的信息及复制操作时刻如表 8-9 所示。为便于实验描述,将其从 A 到 J 依次编号,文件夹路径能够表明用户信息。在表 8-9 第二行、第三列中,"3-2 09:43:23"表示复制发生时间为 3 月 2 日 9 时 43 分 23 秒。在第五行中,路径"/user/user2/document"下有 20 个文件夹,总文件数量为 94358,选择 doc1 和 doc2 进行复制,分别用 D-1 和 D-2 表示。

访问过程结束后,从二级 NameNode 中获取存储有测试文件 ctime 信息的 EditLog 和最近更新的 FsImage,保存在专门用于证据分析的计算机中。由于用户的数据访问请求提交给 NameNode,从二级 NameNode 上获取元数据,能够减轻数据传输给 Hadoop 的正常运行造成的影响。

表 8-9　测试文件夹信息

文件夹 inode	编号	复制时间	下层文件夹数量	下层文件数量	路径
35968	A	3-2 09:43:23	12	61504	/user/hadoop/service1/edit-logs
1225535	B	3-4 19:32:45	16	69574	/user/sec-hadoop/document1/jpg
3895403	C	3-7 23:05:11	30	18225	/user/user1/txt/test1/txt1/txt3
5503203	D1	3-11 12:34:32	0	347	/user/user2/document/doc1
55033551	D2	3-11 12:42:37	0	3210	/user/user2/document/doc2
6803295	E	3-15 01:34:21	200	7940	/user/user3/test/document1/html
8006871	F	3-17 15:43:45	3	37456	/user/user4/documents1/doc1
9503476	G	3-20 18:40:11	458	20329	/user/user5/C++/projects
10305798	H	3-24 05:00:32	228	108589	/user/user6/papers/forensics
12103358	I	3-27 09:43:23	106	11558	/user/user7/test1/data
13894231	J	3-30 20:15:59	134	4398	/user/user8/sources/pdf

由于需从 EditLog 中获取文件 ctime,而数据集的生成主要依赖于 FsImage,所以采用 Hadoop 自带的日志分析工具 Edits Viewer,将 EditLog 解析为 xml 文档格式,进而提取文件 ctime。FsImage 的解析在 Microsoft Visual C++平台下,由 protoc.exe 生成 FsImage 数据读写的 API 函数完成,具体可参考 HDFS 命名空间中 FsImage 的解析过程。将提取的文件信息按照式(8-8)的格式和 Streaming 的输入格式生成数据集,存储在".csv"文件中。在本实验中,数据集中的数据条目达 14008320 条,数据量为 951MB。

3. 截止簇度量值的影响

测试 $C_t(f)$ 和 $M_t(f)$ 的检测阈值(分别设为 C_f 和 M_f)对算法准确率的影响。其中,C_f 选择的测量值:0.1,0.3,0.5,0.7,0.9;M_f 选择的测量值:50,100,200,500,1000,2000,5000。针对特定 C_f 和 M_f 组合,输出大于检测阈值的文件夹信息。

实验过程中,首先固定 C_f,测试不同 M_f 值对算法准确率的影响,评估该算法能够检测的文件数量的下限。依据 M_f 的 7 个测量值,将 $M_t(f)$ 划分为 7 个分段:$50 \leqslant M_t(f) < 100$、$100 \leqslant M_t(f) < 200$、$200 \leqslant M_t(f) < 500$ 一直到 $M_t(f) > 5000$。所有的 C_f 测试完毕后,针对特定 $M_t(f)$ 段,评估 C_f 的最优值。

　　从文件创建完成时开始，待检时刻 t 以 1 小时为间隔递增，检测 30 天中出现的所有文件复制行为，并对正确检测个数（以文件夹为单位）、漏检个数、误检个数进行统计。表 8-10 表示 A~J 文件夹中大于对应 M_f 的子文件夹的个数（包括它本身）。表 8-11~表 8-15 表示按照 C_f 递增顺序排列的 A~J 文件夹的检测结果的正确率。

表 8-10　测试文件夹大于 M_f 值的子文件夹数量

M_f	A	B	C	D-1	D-2	E	F	G	H	I	J
50	13	17	31	1	1	61	4	317	140	107	53
100	13	17	31	1	1	11	4	179	85	107	19
200	13	17	31	1	1	1	4	55	51	84	1
500	13	17	16	0	1	1	4	1	30	50	1
1000	13	17	1	0	1	1	4	1	17	1	1
2000	10	14	1	0	1	1	4	1	9	1	1
5000	7	9	1	0	0	1	4	1	4	1	0

表 8-11　C_f = 0.1 时的检测结果正确率

M_f	A	B	C	D-1	D-2	E	F	G	H	I	J
50	100%	100%	100%	100%	100%	30.3%	100%	66.2%	59%	99.1%	38.5%
100	100%	100%	100%	100%	100%	5.5%	100%	38.8%	36.7%	99.1%	14.1%
200	100%	100%	100%	100%	100%	0.5%	100%	11.5%	22.3%	78.5%	0.74%
500	100%	100%	51.6%	0	100%	0.5%	100%	0.22%	13.1%	46.7%	0.74%
1000	100%	100%	3.2%	0	100%	0.5%	100%	0.22%	7.42%	0.93%	0.74%
2000	77%	82.4%	3.2%	0	100%	0.5%	100%	0.22%	3.93%	0.93%	0.74%
5000	53.8%	52.9%	3.2%	0	0	0.5%	100%	0.22%	1.75%	0.93%	0

表 8-12　C_f = 0.3 时的检测结果正确率

M_f	A	B	C	D-1	D-2	E	F	G	H	I	J
50	100%	100%	100%	100%	100%	30.3%	100%	62.5%	56.3%	99.1%	37%
100	100%	100%	100%	100%	100%	5.5%	100%	37.5%	36.7%	99.1%	14.1%
200	100%	100%	100%	100%	100%	0.5%	100%	11.5%	22.3%	78.5%	0.74%
500	100%	100%	51.6%	0	100%	0.5%	100%	0.22%	13.1%	46.7%	0.74%
1000	100%	100%	3.2%	0	100%	0.5%	100%	0.22%	7.42%	0.93%	0.74%
2000	77%	82.4%	3.2%	0	100%	0.5%	100%	0.22%	3.93%	0.93%	0.74%
5000	53.8%	52.9%	3.2%	0	0	0.5%	100%	0.22%	1.75%	0.93%	0

表 8-13　C_f = 0.5 时的检测结果正确率

M_f	A	B	C	D-1	D-2	E	F	G	H	I	J
50	100%	100%	96.8%	100%	100%	30.3%	100%	58.2%	51.1%	97.2%	33.3%
100	100%	100%	96.8%	100%	100%	5.5%	100%	36.2%	34.9%	97.2%	13.3%
200	100%	100%	96.8%	100%	100%	0.5%	100%	11.4%	21.8%	77.6%	0.74%
500	100%	100%	51.6%	0	100%	0.5%	100%	0.22%	13.1%	46.7%	0.74%
1000	100%	100%	3.2%	0	100%	0.5%	100%	0.22%	7.42%	0.93%	0.74%
2000	77%	82.4%	3.2%	0	100%	0.5%	100%	0.22%	3.93%	0.93%	0.74%
5000	53.8%	52.9%	3.2%	0	0	0.5%	100%	0.22%	1.75%	0.93%	0

表 8-14　C_f = 0.7 时的检测结果正确率

M_f	A	B	C	D-1	D-2	E	F	G	H	I	J
50	100%	100%	87.1%	100%	100%	27.9%	100%	47.7%	43.2%	91.6%	31.9%
100	100%	100%	87.1%	100%	100%	5.5%	100%	32.5%	31.9%	91.6%	13.3%
200	100%	100%	87.1%	100%	100%	0.5%	100%	11.1%	20.5%	74.8%	0.74%
500	100%	100%	50%	0	100%	0.5%	100%	0	12.7%	45.8%	0.74%
1000	100%	100%	51.6%	0	100%	0.5%	100%	0	7.4%	0.93%	0.74%
2000	77%	82.4%	3.2%	0	100%	0.5%	100%	0	3.93%	0.93%	0.74%
5000	53.8%	52.9%	3.2%	0	0	0.5%	100%	0	1.75%	0.93%	0

表 8-15　C_f = 0.9 时的检测结果正确率

M_f	A	B	C	D-1	D-2	E	F	G	H	I	J
50	92.3%	100%	67.7%	0	100%	27.4%	100%	32.9%	35.9%	89.7%	28.1%
100	92.3%	100%	67.7%	0	100%	5%	100%	25.3%	28.4%	89.7%	11.9%
200	92.3%	100%	67.7%	0	100%	0.5%	100%	8.7%	20.1%	73.8%	0
500	92.3%	100%	45.2%	0	100%	0.5%	100%	0	12.6%	45.8%	0
1000	92.3%	100%	0	0	100%	0.5%	100%	0	7.4%	0	0
2000	77%	82.4%	0	0	100%	0.5%	100%	0	3.93%	0	0
5000	53.8%	52.9%	0	0	0	0.5%	100%	0	1.75%	0	0

表 8-16 表示综合全部测试文件夹的检测结果，各个 $M_t(f)$ 段针对不同 C_f 的漏检率。

表 8-11～表 8-15 主要体现了测试文件夹的正确率和漏检率。由于在实验过程中没有进行其他文件复制，算法检测到的其他复制行为全部属于误检。针对不同 C_f，各个 $M_t(f)$ 段的文件夹错误检测个数如表 8-17 所示。

分析测试文件夹的检测结果和算法的错误检测结果，得出以下六条结论。

(1) 漏检率受 M_f 的影响很大。H 包含各个检测段的文件夹，随着 M_f 的增大，检测的正确率下降明显，而 F 中子文件夹包含的文件数量不受 M_f 影响，正确率一直保持在 100%。由于文件夹中的文件数量是随机的，采用分段检测策略，根据 $M_t(f)$ 范围，绑定合适的 C_f 值，组成检测对是有必要的。

(2) 分段检测对的设置还需考虑错误检测的数量。这里只考虑文件夹复制和常规访问对文件 atime 的更新，当文件夹中文件数量较大时，根据帕累托分布原理，通过常规访问模式更新所有文件的 atime 是很少发生的。因此，误检测数量随着 $M_t(f)$ 值的增大逐渐降低并最终减为 0。

表 8-16　各 $M_t(f)$ 段不同 C_f 条件下的整体漏检率

$M_t(f)$ \ C_f	0.1	0.3	0.5	0.7	0.9
$50 \leqslant M_t(f) < 100$	6.50%	13.4%	26.4%	40.1%	57.0%
$100 \leqslant M_t(f) < 200$	1.44%	3.35%	8.61%	19.1%	34.9%
$200 \leqslant M_t(f) < 500$	0	1.60%	4.00%	11.2%	25.6%
$500 \leqslant M_t(f) < 1000$	0	0	0	2.60%	3.90%
$1000 \leqslant M_t(f) < 2000$	0	0	0	0	7.14%
$2000 \leqslant M_t(f) < 5000$	0	0	0	0	6.67%
$M_t(f) \geqslant 5000$	0	0	0	3.57%	10.7%

表 8-17　各 $M_t(f)$ 段不同 C_f 条件下的误检文件夹个数

C_f $M_t(f)$	0.1	0.3	0.5	0.7	0.9
$50 \leqslant M_t(f) < 100$	129	87	43	17	13
$100 \leqslant M_t(f) < 200$	23	9	1	1	1
$200 \leqslant M_t(f) < 500$	3	2	0	0	0
$500 \leqslant M_t(f) < 1000$	0	0	0	0	0
$1000 \leqslant M_t(f) < 2000$	0	0	0	0	0
$2000 \leqslant M_t(f) < 5000$	0	0	0	0	0
$M_t(f) \geqslant 5000$	0	0	0	0	0

（3）分析 E、G 的检测结果，若文件夹下的文件数量小于 200，漏检率受数据访问频率的影响较大。在 E 中，大部分文件被复制后，没有后续访问，故正确率较高；G 中的文件夹在被复制后，又被用户频繁访问，随着 C_f 的增大，正确率迅速下降。若将 C_f 调低，则错误检测较多。因此，将随机检测算法的下限定为 $M_f = 100$。对于 $M_t(f) < 100$ 的情况，可通过其他方法检测。当 $100 \leqslant M_t(f) < 200$ 时，可将 C_f 设定为 $0.3 < C_f \leqslant 0.5$，C_f 随着的 $M_t(f)$ 增大而减小。

（4）分析 C、J 的检测结果，若文件夹下的文件数量处于 200 到 1000 之间，当 $C_f \leqslant 0.5$ 时正确率变化较小，而当 $C_f \geqslant 0.7$ 时正确率下降明显。同时，考虑到处于此范围内的文件夹错误检测数量很少，为获取较高正确率，当 $200 \leqslant M_t(f) < 1000$ 时，可将 C_f 设定为 $0.1 < C_f \leqslant 0.5$。

（5）分析 A、B 的检测结果，若文件夹下的文件数量处于 1000 至 5000 之间，漏检率主要受 M_f 的影响，C_f 对检测结果的正确性影响较小，其中只有 A 的一个文件夹发生了漏检，且 $C_f = 0.9$。此外，C_f 对错误检测没有影响。因此，当 $1000 \leqslant M_t(f) < 5000$ 时，将 C_f 设定为 $0.1 < C_f \leqslant 0.7$。

（6）分析 C、I、D-1 的检测结果，当 $C_f = 0.9$ 且 $M_t(f) \geqslant 5000$ 时，正确率为 0。D 文件夹只复制了 D-1 和 D-2，因此没有数据复制范围判断的错误。但 C、I 全部由文件数量小于 1000 的中、小型文件夹组成，由于下层文件访问频繁，产生了没有完全检测出数据复制范围的情况。按照文件系统行为随机模型的理论基础，文件夹复制行为产生的 atime 时间戳特性能够长久保持，但在云环境下，数据的访问与交互相对频繁，文件 atime 更新的时间间隔较短。为提高数据窃取检测的正确率，按照一定的时间周期进行定期检测是有必要的，同时 C_f 不宜设置过高。

综上，基于分段检测策略，为控制漏检率和错误检测数量，随着 $M_t(f)$ 的增大，C_f 的上、下限变化如图 8-23 所示。

检测出的文件夹复制是否是数据窃取行为，可依据复制发生时间和相关用户的行为规律等进一步判断。例如，若截止簇产生在某工作日的上午，可能是由于工作人员在一段时间内频繁访问这些文件；若截止簇产生在凌晨时分，则发生数据窃取的可能性较高，进一步检测复制文件夹的用户（或云内部人员），若发现其之前没有在凌晨访问被复制文件的记录，则可对该人员的本地终端或移动终端进行取证分析，获取更深层次的证据，证实是否发生了数据窃取。

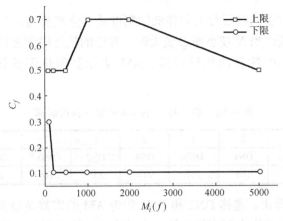

图 8-23　不同 $M_t(f)$ 段 C_f 的上、下限范围

4. 数据集数据量及 DataNode 节点数量的影响

本节测试数据量和 DataNode 节点数量对算法执行时间的影响。测试数据集设为 S，数据量为 951MB。测试数据量以 Q 表示，分别取 S 的 1/8、1/4、1/2、1 倍和 2 倍。前 3 种数据量可通过对 S 随机抽样生成（此时不关心算法的正确率），2 倍数据量可直接对 Q 进行复制生成。测试节点数以 N 表示，取值 1、2、4 和 8。针对每个 Q、N 组合，进行 10 次实验，计算检测算法的平均执行时间，测试结果如图 8-24 所示。

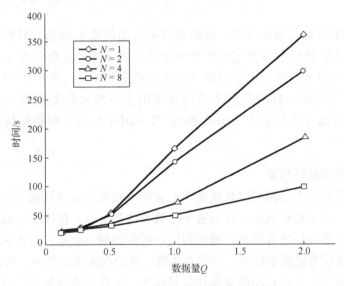

图 8-24　不同 N 值下的算法执行时间

从图 8-24 中可以看出，当 Q 仅为 S 的 1/8 时，N 越大，执行时间反而越长，这一方面是由于数据规模相对于节点数量过小，计算资源无法充分利用；另一方面是由于 YARN 系统没有启用 uberized 作业，AM 对数据分片、分发的过程同样产生时间开销。随着 Q 的增大，MapReduce 的多节点并行处理特性逐渐显示出优势。当 $Q=2S$，$N=8$ 时，MapReduce 平均每秒处理近 300 万条数据，计算效率分别是 N 为 1、2、4 时的 3.64 倍、3.02 倍和 1.85 倍。依据数据集的数据量，合理分配计算节点数量，能够在保证算法执行效率的同时，有

效利用计算资源。这对于同时运行大量作业的集群是十分重要的。

实验过程中还发现，当 N 较小而 Q 较大时，算法的执行时间差别较大。表 8-18 表示 $Q=2S$，$N=4$ 时的 10 次算法执行时间。AM 表示其所位于的计算节点，DN1 表示 DataNode1。

表 8-18　$Q=2S$，$N=4$ 的算法执行时间

	1	2	3	4	5	6	7	8	9	10
AM	DN2	DN2	DN1	DN3	DN4	DN2	DN3	DN1	DN2	DN3
时间/s	194	167	178	183	210	156	166	204	163	212

从表 8-18 中可以看出，选择 DN2 和 DN3 作为 AM 的次数是最多的。查看输入数据集的存储情况，发现其数据块主要存储在这两个节点上。这主要是由于当节点数目较小时，若之前各节点的空闲空间大小差异较大，为保持各节点之间空闲空间的均衡，大文件的数据块没有均衡存储在各节点上。因此，一方面，当 AM 处于不同节点时，作业的初始化过程不同，导致执行时间的差异；另一方面，调度器通常将任务分配到资源本地化的节点，数据存储的不均衡可能导致计算资源没有充分利用，使部分节点一直处于闲置状态，降低算法执行效率。

8.5　小　　结

云计算在全球快速发展的同时，也面临着多方面的安全威胁，限制了云计算涉及的领域。当前的信息安全技术不能完全防止安全事件的发生，云取证对于打击云犯罪活动和维护云安全有着重要作用。本章分析了云取证模型设计、云平台下的证据收集与分析技术的国内外研究现状，针对当前主要问题提出了一种云取证模型、基于三级映射的 HDFS 文件提取取证方法和基于 MapReduce 的 HDFS 数据窃取随机检测算法，主要工作总结如下。

1）设计了一种云取证模型

针对云取证面临的主要挑战、传统数字取证模型和当前云取证模型的不足，分析云计算特性，提出了一种云取证模型。针对云平台数据的易失性，提出了云存储元数据和 VM 管理数据实时备份的取证准备服务，能够促进证据的识别与收集；分析云取证环境的大规模、多层次性和攻击方式的多样性，制定多角度、多轮次的识别策略，提出 DFS 的多层级数据定位方法，提升了证据识别的完备性与精确性；针对云存储的开放性与共享性，提出"数据隔离"和"按需收集"策略，防止证据被破坏或收集过多无关数据，并针对数据存储的虚拟性与分布性，提出收集不同类型数据的方法；针对证据量大且结构多样的问题，提出利用云计算的资源建立综合性、易扩展的证据分析平台，具有大数据和云平台独有数据格式的分析能力。此外，提出损失方代表角色进行取证过程监督，并结合数字签名原理，保护证据在取证过程中的完整性，确保证据监管链的建立。最后，结合云环境下的案例场景，在理论上分析了模型的有效性。

2) 提出了基于三级映射的 HDFS 文件高效提取取证方法

针对分布式云存储证据识别与收集困难的问题,以及当前 DFS 证据提取方法研究的不足,以 HDFS 为研究对象,分析了 HDFS 的数据管理特点,元数据的结构与存储特性以及 HDFS 基于的本地文件系统 Ext4 的结构特点,提出了基于三级映射的 HDFS 文件高效提取取证方法。解析 FsImage 的序列化数据,遍历 DataNode 块文件列表,设计了三级映射的建立过程。分析 HDFS 及 Ext4 在文件删除后元数据的变化,提出了基于三级映射的文件恢复方法。最后,基于 Xen 虚拟化平台搭建了完全分布式的 Hadoop 框架。实验结果表明,该方法能够获取 HDFS 文件的三级映射信息,精确定位文件的本地数据块地址,以实现磁盘的选择性映像,提高证据收集的时间和空间利用率。删除的测试文件数据被部分覆盖时,三级映射方法的恢复率(尤其针对跨节点存储的大文件)远高于取证工具 DFF 和 Explorer。此外,运用 Graphviz 对 HDFS 的命名空间进行了可视化展示。

3) 提出了基于 MapReduce 的 HDFS 数据窃取随机检测算法

分析现有数据窃取检测方法的优缺点,针对分布式云存储的数据量大,内部数据窃取难以检测的问题,以 HDFS 为研究对象,分析文件系统行为随机模型的理论基础和 MapReduce 的并行数据处理特性,提出了基于 MapReduce 的 HDFS 数据窃取随机检测算法。分析 HDFS 文件夹复制产生的 MAC 时间戳特性,提出了文件夹复制的检测与度量方法,确保能够检测到恶意内部人员以合法权限进行的数据窃取行为。设计了以文件为输入数据单元、以文件夹为检测单元的算法执行过程,将文件与其所有上层文件夹的关联保存在数据项内部,以满足 MapReduce 任意的任务划分,并保持文件系统的逻辑层次。实验结果表明,依据文件夹包含的文件数量采用分段检测的策略,通过合理设定检测阈值,能够很好地控制漏检率和误检文件夹数量。随着数据量的增长,多节点相对单节点的执行效率不断提高,当数据量为 1902MB 时,8 节点的执行效率达到单节点的 3.64 倍。

参 考 文 献

丁丽萍, 王永吉, 2005. 多维计算机取证研究[J]. 信息网络安全, 2: 345-350.

高元照, 李炳龙, 陈性元, 2018. 基于 MapReduce 的 HDFS 数据窃取随机检测算法[J]. 通信学报, 39(10)：11-21.

高元照, 李炳龙, 吴熙曦, 2016. 基于物理内存的注册表逆向重建取证分析算法[J]. 山东大学学报(理学版), 51(9), 127-136.

高元照, 李学娟, 李炳龙, 等, 2017. 云计算取证模型[J]. 网络与信息安全学报, 3(9)：13-18.

公伟, 刘培玉, 迟学芝, 等, 2012. 云取证模型的构建与分析[J]. 计算机工程, 38(11)：14-16.

郭秋香, 朱金义, 2010. 电子数据鉴定体系建设构想[J]. 中国司法鉴定 (2)：57-60.

韩宗达, 李炳龙, 2015. 基于证据库的数据证据转换模型[J]. 计算机应用研究, 32(7)：2140-2143.

兰国亮, 杨海波, 孙建伟, 等, 2014. 基于 SIP 协议的 Presence/IM 技术研究与进展[J]. 小型微型计算机系统, 35(11)：2440-2444.

黎筱彦, 王清贤, 杨林, 2011. 网络安全态势指标体系及可视化技术研究[J]. 通信学报, 32(11A)：109-118.

李炳龙, 暴占彪, 王鲁, 等, 2012. 基于磁盘碎片熵值特征的文件雕刻算法研究[J]. 计算机工程, 38(16)：40-43, 48.

李炳龙, 贾俊峰, 王清贤, 等, 2007. 文档碎片取证分析模型[J]. 郑州大学学报, 39(3)：64-68.

李炳龙, 王清贤, 郝继红, 等, 2007. 数字取证技术综述[J]. 兰州大学学报, 43(suppl)：323-329.

李炳龙, 王清贤, 罗军勇, 2006. 文档碎片分类模型及其关键问题[J]. 哈尔滨工业大学学报, 38(suppl)：834-839.

李炳龙, 王清贤, 罗军勇, 等, 2006. 可信计算环境中的数字取证[J]. 武汉大学学报(理学版), 52(5)：523-526.

李炳龙, 张传富, 韩宗达, 等, 2014. 基于集合论划分思想的 E-mail 碎片文件雕刻模型及算法[J]. 计算机工程, 40(5)：317-321.

林闯, 苏文博, 孟坤, 等, 2013. 云计算安全: 架构、机制与模型评价[J]. 计算机学报, 36(9)：1765-1784.

马庆杰, 李炳龙, 2016. 基于 PLSA 的即时通信取证方法[J]. 武汉大学学报(理学版), 62(2)：122-126.

马庆杰, 李炳龙, 位丽娜, 2017a. 基于 SQLite 内容雕刻的即时通信取证[J]. 计算机应用, 37(2)：392-396。

马庆杰, 李炳龙, 位丽娜, 2017b. 跨即时通信平台的社交网络取证研究[J]. 信息工程大学学报, 18(2)：231-235.

麦永浩, 邹锦沛, 许榕生, 等, 2014. 计算机取证与司法鉴定 [M]. 2 版. 北京：清华大学出版社.

欧阳永基, 魏强, 王清贤, 等, 2015. 基于异常分布导向的智能 Fuzzing 方法[J]. 电子与信息学报, 37(1)：143-149.

田志宏, 姜伟, 张宏莉, 2014. 一种支持犯罪重现的按需取证技术[J]. 清华大学学报(自然科学版), (1)：20-28.

王东平, 王清贤, 罗军勇, 等, 2007. BMP 图像碎片重组中的候选权重算法[J]. 计算机应用, 27(12), 3062-3068.

王健, 唐振民, 2016. 面向领域特征的云取证模型[J]. 南京理工大学学报, 40(4): 477-484.

位丽娜, 李炳龙, 2017. 基于 Ext4 元数据 Extent 树重构的数据恢复研究[J]. 信息工程大学学报, 18(1): 98: 100.

吴熙曦, 李炳龙, 2013. 基于 Android 平台的智能手机地理数据恢复[J]. 武汉大学学报, 59(5): 449-452.

吴熙曦, 李炳龙, 2014. 基于 KNN 的 Android 智能手机微信取证算法[J]. 山东大学学报, 49(9): 150-153.

吴信东, 李亚东, 胡东辉, 2014. 社交网络取证初探[J]. 软件学报, 25(12): 2877-2892.

肖竹, 王东, 李仁发, 等, 2013. 物联网定位与位置感知研究[J]. 中国科学: 信息科学, 43(10): 1265-1287.

谢亚龙, 丁丽萍, 林渝淇, 等, 2013. ICFF: 一种 IaaS 模式下的云取证框架[J]. 通信学报, 34(5): 200-206.

杨泽明, 刘宝旭, 许榕生, 2015. 数字取证研究现状与发展态势[J]. 科研信息化技术与应用, 6(1): 3-11.

周天阳, 朱俊虎, 李鹤帅, 等, 2011. 一种利用物理内存搜索硬件虚拟化 Rootkit 的检测方法[J]. 软件学报, 22(suppl): 1-8.

ALEX M E, KISHORE R 2017. Forensics framework for cloud computing[J]. Computers & Electrical Engineering, 60:195-205.

ALQAHTANY S, CLARKE N, FURNELL S, et al, 2016. A forensic acquisition and analysis system for IaaS[J]. Cluster Computing, 19(1): 439-453.

AMIRANI M C, TOORANI M, MIHANDOOST S, 2013. Feature-based type identification of file fragments[J]. Security and Communication Networks, 6(1): 115-128.

ANGLANO C, 2014. Forensic analysis of WhatsApp messenger on android smartphones[J]. Digital Investigation, 11(3): 201-213.

AZIZ S R A, IBRAHIM M, SAUTI M S, 2016. The exploitation of instant messaging to monitor computer networks using XMPP: A study focuses on school computer labs [J]. Journal of Advanced Management Science, 4(3): 265-270.

BARGHUTHI N B A, 2013. Said H. Social networks IM forensics: Encryption analysis[J]. Journal of Communications, 8(11): 708-715.

BARHAM P, DRAGOVIC B, FRASER K, et al, 2003. Xen and the art of virtualization[C] // ACM SIGOPS Operating Systems Review, 37(5): 164-177.

BROOK J M, FIELD S, SHACKLEFORD D, et al, 2016. The treacherous 12: Cloud computing top threats in 2016[R]. St Petersburg: CSA.

CARRIER B, 2003. Definition digital forensic examination and analysis tools using abstraction layers[J]. International Journal of Digital Evidence, 3(2): 10-21.

CARRIER B, SPAFFORD E H, 2006. Categories of digital investigation analysis techniques based on the computer history model[J]. Digital Investigation (Elsevier), 3S(2006): 121-130.

CHANGTONG L, 2016. An improved HDFS for small file[C]. The 18th International Conference on of Advanced Communication Technology (ICACT). IEEE: 474-477.

CHEN L, XU L, YUAN X, et al, 2015. Digital forensics in social networks and the cloud: Process, approaches, methods, tools, and challenges[C]. International Conference on Computing, Networking and Communications. IEEE: 1132-1136.

CHU H C, LO C H, CHAO H C, 2013. The disclosure of an android smartphone's digital footprint respecting the instant messaging utilizing skype and MSN[J]. Electronic Commerce Research, 13(3): 399-410.

DERBEKO P, DOLEV S, GUDES E, et al, 2016. Security and privacy aspects in MapReduce on clouds: A survey[J]. Computer Science Review, 20: 1-28.

DEWALD A, SEUFERT S, 2017. AFEIC: Advanced forensic Ext4 inode carving[J]. Digital Investigation, 20: S83-S91.

DOMENICONI G, MORO G, PASOLINI R, et al, 2015. A Study on term weighting for text categorization: A novel supervised variant of TF.IDF[C]. The 4th International Conference on Data Management Technologies and Applications: 26-37.

FAHDI M A, CLARKE N L, LI F, et al, 2016. A suspect-oriented intelligent and automated computer forensic analysis[J]. Digital Investigation, 18: 65-76.

FAIRBANKS K D, 2015. A technique for measuring data persistence using the Ext4 file system journal[C] // The 39th Computer Software and Applications Conference. IEEE, 3: 18-23.

FARMER D, VENEMA W, 2005. Forensic discovery[M]. Upper Saddle River: Addison-Wesley.

FEINERER I, BUCHTA C, GEIGER W, et al, 2013. The textcat package for N-gram based text categorization in R[J]. Journal of Statistical Software, 52(6): 1-17.

GAO Y H, CAO T J, 2010. Memory forensics for QQ from a live system[J]. Journal of Computers, 5(4): 541-548.

GAO Y Z, LI B L, 2017. A Forensic method for efficient file extraction in HDFS based on three-level mapping[J]. Wuhan University Journal of Natural Science, 22(2): 114-126.

GARFINKEL S L, 2007. Carving contiguous and fragmented files with fast object validation[J]. Digital Investigation (Elsevier), 3S: 2-12.

HAN Z D, LI B L, 2014. Detecting Data Theft Based on Subtracting Matrix[C]. 2014 Seventh International Symposium on Computational Intelligence and Design (ISCID 2014):498-503.

HAN Z D, LI B L, 2015. A new method of File Type Identification based on two level 2DPCA[C]. 2015 Second International Conference on Computer, Intelligent and Education Technology (CICET 2015):477-482.

IQBAL A, MARRINGTON A, BAGGILI I, 2014. Forensic artifacts of the ChatON instant messaging application[C]. The 8th International Workshop on the Systematic Approaches to Digital Forensic Engineering. IEEE: 1-6.

ISLAM N S, LU X, WASIURRAHMAN M, et al, 2015. Triple-H: A Hybrid approach to accelerate HDFS on HPC clusters with heterogeneous storage architecture[C]. The 15th International Symposium on Cluster, Cloud and Grid Computing. IEEE: 101-110.

JAIN A, CHHABRA G S, 2014. Anti-forensics techniques: An analytical review[C]. The 7th International Conference on Contemporary Computing. IEEE : 412-418.

KARRESAND M, SHAHMEHRI N, 2006. File type identification of data fragments by their binary structure[C]. Information Assurance Workshop. IEEE: 200-208.

KIAT B W, CHEN W, 2015. Mobile instant messaging for the elderly[C]. The 6th International Conference on Software Development Technologies for Enhancing Accessibility and Fighting Info-exclusion: 28-37.

KIZZA J M, 2013. Computer and network forensics[M]. London: Springer.

LI B L, WANG L, SUN Y F, et al, 2012. Image fragment carving algorithms based on pixel similarity[C]. The 4th International Conference on Multimedia Information Networking and Security. IEEE, (2-4): 979-982.

LI B L, WANG Q X, 2013. Forensic analysis of windows swap file[C]. The 5th International Conference on Multimedia Information Networking and Security. IEEE: 106-109.

LI B L, WANG Q X, LUO J Y, 2006. Forensic analysis of document fragment based on SVM[C]. IEEE 2006 International Conference on Intelligent Information Hiding and Multimedia (IIHMSP, 2006): 236-239.

MARTINI B, CHOO K K R, 2013. Cloud storage forensics: ownCloud as a case study[J]. Digital Investigation, 10(4): 287-299.

MARTINI B, CHOO K K R, 2014. Distributed filesystem forensics: Xtreem FS as a case study[J]. Digital Investigation, 11(4): 295-313.

MEHROTRA T, MEHTRE B M, 2014. An automated forensic tool for image metadata and Windows 7 recycle bin[C]. International Conference on Control. IEEE: 419-425.

MELL P, GRANCE T, 2011. The NIST definition of cloud computing[R]. Gaithersburg: NIST.

NABITY P, LANDRY B J L, 2013. Recovering deleted and wiped files: A digital forensic comparison of FAT32 and NTFS file systems using evidence eliminator[EB/OL].[2020-04-30], https://www.researchgate.net/publication/267959752.

PASQUALE L, HANVEY S, MCGLOIN M, et al, 2016. Adaptive evidence collection in the cloud using attack scenarios[J]. Computers & Security, 59: 236-254.

PATEL P C, SINGH U, 2013. A novel classification model for data theft detection using advanced pattern mining[J]. Digital Investigation, 10(4): 385-397.

PATEL P, MISHRA S, 2013. A survey on various methods to detect forgery and computer crime in transaction database[J]. International Journal of Scientific & Technology Research, 2(11): 144-146.

PICHAN A, LAZARESCU M, SOH S T, 2015. Cloud forensics: technical challenges, solutions and comparative analysis[J]. Digital Investigation, 13: 38-57.

POVAR D, SAIBHARATH, GEETHAKUMARI G, 2014. Real-time digital forensic triaging for cloud data analysis using MapReduce on Hadoop framework[J]. International Journal of Electronic Security & Digital Forensics, 7(2).

PUTHAL D, SAHOO B P S, MISHRA S, et al, 2015. Cloud computing features, issues, and challenges: A big picture[C]. International Conference on Computational Intelligence & Networks: 116-123.

RAMISCH F, RIEGER M, 2015. Recovery of SQLite data using expired indexes[C]. The 9th International Conference on IT Security Incident Management & IT Forensics: 19-25.

ROUSSEV V, QUATES C, 2013. File fragment encoding classification: An empirical approach[J]. Digital Investigation, 10: 69-77.

SALINAS S, LEE M, COTY S, et al, 2015. Cloud security report 2015[R]. Houston: Alter Logic.

SHRIVASTAVA G, GUPTA B B, 2014. An encapsulated approach of forensic model for digital investigation[C]. The 3rd Global Conference on Consumer Electronics: 280-284.

SIBIYA G, VENTER H S, FOGWILL T, 2015. Digital forensics in the cloud: the state of the art[C]. IST-Africa Conference: 1-9.

SIMOU S, KALLONIATIS C, MOURATIDIS H, et al, 2015. Towards the development of a cloud forensics methodology: A conceptual model[J]. Lecture Notes in Business Information Processing, 215: 470-481.

TAGARELLI A, INTERDONATO R, 2014. Lurking in social networks: Topology-based analysis and ranking methods [J]. Social Network Analysis and Mining, 4(1): 1-27.

VERIZON, 2016. Verizon 2016 data breach investigations report[R]. New York : Verizon.

WANDA P, HANTONO B S, 2014. Model of secure P2P mobile instant messaging based on virtual network[C]. International Conference on Information Technology Systems and Innovation: 81-85.

YANG C T, SHIH W C, CHEN L T, et al, 2015. Accessing medical image file with co-allocation HDFS in cloud[J]. Future Generation Computer Systems, 43: 61-73.

YASIN M, ABULAISH M, 2013. DigLA-A digsby log analysis tool to identify forensic artifacts [J]. Digital Investigation, 9(3): 222-234.

YASIN M, KAUSAR F, ALEISA E, et al, 2014. Correlating messages from multiple IM networks to identify digital forensic artifacts[J]. Electronic Commerce Research, 14(3): 369-387.

ZAWOAD S, HASAN R, SKJELLUM A, 2015. OCF: An open cloud forensics model for reliable digital forensics[C]. The 8th International Conference on Cloud Computing (CLOUD). IEEE: 437-444.

ZHANG C F, WANG X N, LI B L, et al, 2012. A novel self-certified security access authentication protocol in the space network[C]. The 14th International Conference on Communication Technology. IEEE: 712-716.

ZHANG P, NIU S, HUANG Z, et al, 2017. Adaptive data wiping scheme with adjustable parameters for ext4 file system[J]. Chinese Journal of Electronics, 26(2): 392-398.

ZHANG R, LI Z, YANG Y, et al, 2013. An efficient massive evidence storage and retrieval scheme in encrypted database[J]. Information and Network Security (ICINS): 1-6.

ZHOU X F, LIANG J G, HU Y, et al, 2014. Text document latent subspace clustering by PLSA factors[C]. International Joint Conferences on Web Intelligence (WI) and Intelligent Agent Technologies (IAT). IEEE: 442-448.